무선이동통신 기술의 이해

물리계층 중심

Wireless Mobile Communication Technologies

Physical Layer Perspective

윤석현 지음

홍릉과학출판사

저자 서문

본 서에서는 LTE 및 802.11 WLAN 등 현재 상용화되어 있는 무선/이동통신 시스템에 도입된 제반 물리계층 기술(OFDM, MIMO, 터보/LDPC 부호 등)의 원리를 소개하고 이 기술들이 실제 시스템에서 어떻게 구현되고 있는지 실제 규격에 대한 설명을 추가하여 이론에 기초하여 실제 시스템을 더 쉽게 이해할 수 있도록 구성하였다.

본 서는 1차적으로 전자/컴퓨터/통신 관련 학부의 4학년 혹은 석사 과정 학생을 대상으로 하고 있으며 통신을 전공하지는 않았으나 통신 모뎀 혹은 시스템 개발 업무를 담당하는 개발자를 모두 고려하여 내용을 구성하였다.

이미 본 서에서 다루는 주제에 대한 많은 서적들이 시중에 판매되고 있으나 많은 경우 학부 4학년 학생이 접근하기 어렵거나 내용의 방대함으로 제한된 시간에 다루기 어려운 면이 없지 않았다. 본 서에서 저자는 핵심 기술들을 중심으로 꼭 필요한 부분들만을 관련 학부 4학년 혹은 석사 1학년 학생들이 이해할 수 있는 언어로 작성하려고 노력하였다.

본 서에서 다루는 내용은 대부분 전자/컴퓨터/통신 관련 학부의 기초 교과(신호 및 시스템, 이산신호처리, 디지털통신 등)에 대한 학부 수준의 지식을 요구하며 일부 내용은 확률 및 랜덤 변수, 기초 선형대수 등을 요구한다. 특히, 확률 및 랜덤 변수는 통신에서 광범위하게 나오기는 하나 이를 수강하지 않은 독자들을 위해 각 장 별로 확률 및 랜덤 변수가 광범위하게 포함된 내용은 가급적 절을 분리하여 따로 다루었으며 이들 절에는 (*) 표기를 하였다.

본 서는 다음의 서적들을 부분적으로 참고하였다.

- Theodore S. Rappaport, *Wireless Communications: Principles and Practice*, Prentice Hall, 1996
- D. P. Agrawal and Q. Zeng, *Introduction to Wireless and Mobile Systems*, 3rd ed., Cengage Learning, 2011 (김낙명, 강충구, 윤석현 역, 무선 및 이동통신 3판, 센게이지러닝)
- John G. Proakis, *Digital Communications*, 5th ed., McGraw-Hill, 2007
- Salvatore Gravano, *Introduction to Error Control Codes*, Oxford 2001

- Shu Lin, Daniel J. Costello Jr., *Error Control Coding: Fundamentals and applications*, Prentice Hall, 1983
- David Tse and Pramod Viswanath, *Fundamentals of Wireless Communication*, Cambridge, 2005
- 조용수, 김재권, 양원영, *MIMO-OFDM 무선통신과 MATLAB*, 홍릉과학출판사, 2008
- Erik Dahlman, Stafan Parkvall, Johan Skold and Per Beming, 3G Evolution: LTE for Mobile Broadband, 2nd ed., Elsevier, 2009 (조봉열, 김진영 역, LTE를 통한 3G 진화, 홍릉과학출판사)

마지막으로 본 서의 기술적 내용을 검토해 주신 신동준(한양대) 교수님, 이정우(중앙대) 교수님, 장석호(단국대) 교수님, 신원용(단국대) 교수님께 감사드리며 작성 초기에 문서 작업을 도와준 서강운, 이중호, 임재홍 학생에게도 고마움의 말을 전한다.

2015년 4월 17일

윤 석현

목차

CHAPTER 01 소개-무선/이동통신 시스템

CHAPTER 02 무선/이동통신 채널

03 셀룰라 시스템

04 무선 전송 기술

CHAPTER 05 오류 제어 부호(Error Control Codes)

CHAPTER 06 적응형 변조/부호화와 사용자 다중화 이득

CHAPTER 07 다중 안테나 전송 기술

CHAPTER 01

소개-무선/이동통신 시스템

무선/이동통신망의 대표적인 예는 셀룰라 망(cellular network)과 무선 지역망(Wireless Local area network, WLAN)으로 이들 시스템의 일반적인 구성은 그림 1.0.1과 같다. 이동통신의 용어를 사용한다면 전체 통신망은 네트워크 서브시스템(Network subsystem)과 무선 서브시스템(radio subsystem)으로 나누는데, 본 서에서는 무선 서브시스템의 물리계층과 링크 계층의 일부에 초점을 둔다.

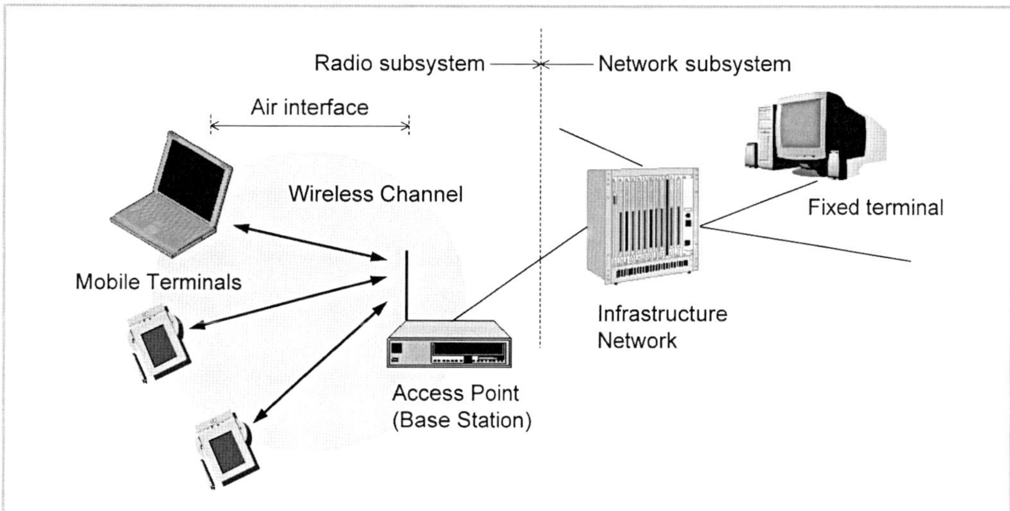

그림 1.0.1 본 서에서 고려하는 무선/이동통신 시스템

1.1 무선/이동통신 시스템의 구성요소와 설계 요구사항

무선 인터페이스를 구성하는 실체(entity)는 (1) 이동 단말, (2) 무선 채널, (3) 접속점(혹은

기지국), 3가지이다.

우선, 이동 단말은 사용자가 구매하여 사용하는 소형의 컴퓨팅 장치로 제한된 에너지를 갖는 배터리로 동작되며 사용자가 요청하는 데이터를 '다운로드'받거나 자신의 데이터를 '업로드'하기 위해 단말에 장착된 '모뎀'(Modem)을 사용한다. 사용자 입장에서 본다면 다운로드 및 업로드 시 높은 전송률(data rate)로 전송 지연(delay) 없이 데이터를 주고 받기를 원하며 아무리 많은 데이터를 주고 받아도 배터리의 충전 없이 오랜 시간 사용하기를 원할 것이다.

데이터를 실은 전파의 전송 매체인 무선 채널은 기본적으로 많은 서비스 제공업자와 사용자가 공유하여 사용하는 '공용시설'로 각종 방송 및 통신(지상파뿐 아니라 위성을 이용한) 서비스의 제공을 위해 정부차원에서 관리를 하고 있으며 전파의 사용은 전파 관리법에 따라 사전 허가를 받아야 한다. 국내의 경우 중앙전파관리소에서 주파수의 할당 및 관리를 수행하고 있다. 또한, 국경이 없는 전파의 효과적인 사용을 위해서는 인접국과의 협약이 요구되므로 국제 협의체가 제시하는 가이드라인에 따라 사용할 필요가 있는데, 국제 협의체로 ITU(international telecommunication union)가 있으며 여기에서 전파 사용관련 가이드라인을 만들어 배포하고 있다. 한편, 새로운 통신/방송 서비스를 위한 주파수의 획득은 날이 갈수록 어려워지고 있는데, 지난 100년간 각종 방송/통신 서비스가 도입되면서 주파수 자원의 고갈은 심해지는 반면 기술의 발전에 따른 새로운 통신/방송 서비스가 생겨남에 따라 이를 위한 주파수 할당 경쟁은 갈수록 심해져 (서비스 업자가) 주파수 스펙트럼의 획득을 위해 지불해야 하는 비용은 천문학적으로 늘어나는 추세이며 이에 따라 '주파수/스펙트럼 효율성'은 통신 시스템 설계에서 매우 중요한 요소가 되었다. 한편, 무선 채널에 대해 고려해야 할 또 한 가지는 매체 자체의 특성이다. 광섬유나 케이블 같은 일반 유선 전송 매체와 달리 무선 채널은 송수신기의 상대적 위치와 주변 환경(주변 지형지물)에 따라 수신 신호 전력과 전송 특성이 판이하게 달라질 수 있기 때문에 낮은 신호대 잡음비와 큰 간섭에도 전송품질을 유지할 수 있는 효과적인 통신기술이 요구된다.

마지막으로 기지국은 대개 방송 또는 통신망 서비스 업자가 설치하여 운영하는 장비로(무선랜의 경우는 소형의 기지국을 사용자가 직접 구매하는 방식이기는 하지만) 서비스 업자는 이들 장비를 이용하여 많은 가입자에게 고품질의 서비스(통신 서비스의 경우 높은 다운 및 업로드 속도와 낮은 전송 지연, 또는, 방송 서비스의 경우, 고화질/고음질의 끊김 없는 전송)를 제공하기를 원하는 한편 주파수의 획득 및 기지국/방송(송출) 장비의 매입 비용은 낮추기를 원할 것이다.

결국, 통신 시스템의 설계는 통신/방송 서비스 제공자(service provider)와 이동 단말 사용자 모두의 요구를 고려하여 이루어져야 하며 통신 시스템뿐 아니라 모든 공학적 설계가 그렇겠지만 서비스 제공자와 사용자의 요구를 반영한 설계 요구사항(design requirement) 혹은 설계 목표(design objective)가 존재한다. 특히, 통신 시스템의 설계는 낮은 개발 및 제조 비용은 물론이지만 다음의 내용들이 고려되어야 한다.

(1) 낮은 전력 소모
(2) 주파수/스펙트럼 사용의 효율성
(3) 높은 전송 품질(전송 수율, 커버리지, 전송 지연 등)

우선, 낮은 전력 소모는 이동 단말의 경우 송신 전력과 수신 알고리즘의 연산에 상당 부분의 배터리 에너지를 소모하므로 전력 소모를 고려한 시스템 설계는 필수적이다.

주파수/스펙트럼 사용의 효율성은 정해진 대역폭 내에서 얼마나 높은 전송 수율을 얻을 수 있는가를 나타내는 지표로 셀룰라 시스템이나 방송 시스템과 같이 **허가 대역**(licensed band)을 사용하는 서비스에서는 주파수의 획득 비용이 날로 높아짐에 따라 제한된 주파수 자원을 얼마나 효율적으로 사용하는가는 시스템 설계와 기술 개발에서 가장 중요한 이슈의 하나이다. 한편, **비허가 대역**(unlicensed band)을 사용하는 무선랜도 대역폭은 제한되어 있으므로 제한된 대역폭 내에서 얼마나 높은 전송 수율을 얻을 수 있는가는 매우 중요한 이슈로 앞으로 다루게 될 다중접속 프로토콜, 공간 다중화 등의 기술은 모두 제한된 주파수 자원으로 전송 수율의 극대화를 얻기 위한 기술들이다.

전송 품질은 서비스에 따라 여러 가지의 지표가 존재하는데, 일반적으로 사용되는 전송 품질의 지표로는 전송 수율, 커버리지 및 전송 지연이 있다.

전송 수율(Throughput) 전송 수율은 (여러 가지의 정의가 존재하나) 간단히 말하면 유효 데이터 전송률로, 일반인들이 알고 있는 데이터 전송률(data rate)과 단위는 동일하나 정의는 약간 다르다. 전송 수율을 좀 더 구체적으로 기술하면 송신단에서 전송된 데이터 중 오류 없이 수신된 유효 정보 데이터의 전송률로 정의된다. 예를 들어 송신단에서 1 Gbps로 데이터를 보내봤자 채널에서의 잡음으로 모두 오류가 발생했다면 전송 수율은 매우 낮을 것이다. 전송 수율은 주로 4세대 이동통신 혹은 무선랜과 같은 데이터 통신 서비스의 전송 품질 지표로 3세대 이동통신 시스템까지만 해도 주요 서비스는 전화(telephony)였고 얼마나 많은 사용자가 동시에 통화가 가능한지를 나타내는 **사용자 용량**(user capacity)이 1차적인 시스템 성능 지표였지만 4세대로 넘어오면서 데이터 서비스가 주를 이루게 되어 **셀당 전송 수율** 혹은 **섹터당 전송 수율**이 1차적인 전송 품질 지표가 되었다. 한편, 다중화 방식에 따라 혹은 무선 자원 관리방식에 따라 셀당의 전송 수율이 개별 사용자가 느끼는 전송률에 정확히 비례하지 않을 수 있으며 사용자 간의 **공평성**(fairness) 문제가 발생할 수 있다. 실제로 셀당 전송 수율과 공평성 간에는 교환 관계가 있으며 이 두 가지 지표를 모두 고려한 다중화 및 무선 자원 관리 방안이 요구된다.

커버리지(coverage) 커버리지는 통신 서비스보다는 방송 서비스에서 많이 사용되는 지표로 정해진 영역 내에서 '양질의' 서비스를 받을 수 있는 확률로 정의될 수 있으며 종종 서비스를 받지 못할 확률인 Outage **확률**(outage probability)을 사용하기도 한다. 좀 더 구체적으로 기술하면, 방송 서비스의 경우 요구되는 전송률은 대체로 정해져 있으며(예를 들면 HDTV의 경우 20 Mbps 정도, 고음질 오디오의 경우 100 kbps 이상이 요구됨) 전송 대역폭과 방식이 정해지면 방송 데이터를 수신하기 위한 최소한의 신호대 잡음비가 (대체적으로) 정해지는데, 전파가 제대로 수신이 안 되는 음영지역에서는 수신이 불가능한 경우가 발생하며 결국 커버리지란 주어진 영역(예를 들면 송신국으로부터 일정 거리 이내의 영역)에서 수신 가능한 지역의 percentage를 나타내며 얼마나 낮은 SNR에서도 신호의 수신이 가능한지가 커버리지를 결정하는 요소이다. 일반적으로 정해진 대역폭에서 전송률을 낮추면 낮은 SNR에서도 신호의 수신을 가능하게 할 수 있어 전송률과 커버리지 간에도 교환 관계(tradeoff)가 존재한다.

전송 지연 전송 지연은 인터넷 게임과 같은 interactive application이나 전화/화상 통화와 같은 실시간 서비스에서는 매우 중요한 전송 품질 지표로 데이터 통신 서비스에서도 VoIP와 같은 서비스가 제대로 이루어지려면 짧은 패킷의 **왕복 지연 시간**(round trip time)이(예를 들면) 100 ms 이내이어야 한다.

1.2 기본적 상관관계 – 잡음, 송신 전력, 대역폭 및 전송률

이상에서 논의한 전송 품질 지표 간에는 (때로는 명백하고 때로는 함축적이긴 하나) 기본적인 상관관계(fundamental relation)가 존재한다. 본 부절에서는 전송 품질 지표와 제한 요소 간의 기본적인 상관관계에 대해 논의한다.

대역폭과 전송률의 관계 다음의 변수들을 정의해 보자.

W : 대역폭 [Hz]

P : 전력 [Watt]

R_b : 데이터 전송률 [bps]

통신 시스템의 설계 목표는 1차적으로는 정해진 대역폭과 정해진 전력으로 높은 전송률을 얻고자 하는 것인데, 물론, 1 W의 송신 전력으로 화성에서 찍은 고화질의 비디오 클립을 지구로 1초 내에 보낼 수 있다면 통신 시스템의 설계자가 할 일은 별로 없을 것이다. 우선, 디지털 통신에서 배웠던 내용을 기억해 보면 데이터 전송률과 그에 필요한 대역폭 간에는 다음과 같은 관계가 존재한다.

$$W = R_s \cdot (1+\alpha) \tag{1.1.1}$$

$$R_b = mR_s \tag{1.1.2}$$

여기서, 추가적인 변수들은 다음과 같다.

R_s : 심벌 전송률[symbols/sec]

m : 심벌당 비트 수[bits/symbol]

식 (1.1.1)은 이른바 심벌 전송률(symbol rate)로 알려진 R_s와 신호 대역폭의 관계를 나타내는 식으로 상수 α는 (펄스의 형태에 따라 다르겠지만 여기서는) 상승 여현 펄스(raised cosine pulse)의 롤오프(roll-off) 인자이다. α는 0에서 1사이의 값을 갖는데, 문제를 단순화하기 위해 0으로 놓자. 한편, (QPSK나 16QAM과 같은 신호 성좌도를 떠올려보면) 하나의 데이터 심벌에는 여러 비트의 정보를 실을 수 있는데 심벌당 실린 비트 수를 m이라 하면 식 (1.1.2)에 나타낸 바와 같은 초당 비트 전송률 R_b가 얻어진다. 식 (1.1.1)과 (1.1.2)는 더 높은 데이터 전송률을 얻기 위해서는 더 넓은 대역폭이 요구됨을 나타낸다. 물론 제한된 대역폭 내에서 심벌당 비트 수 m을 늘려 데이터 전송률 R_b를 늘릴 수 있겠지만 송신 전력이 제한되고 잡음이 존재하는 경우 하나의 심벌에 실어 보낼 수 있는 '유효 비트 수'는 제한되는데 여기서 유효 비트 수란 하나의 심벌에 실어 오류가 (거의) 없이 전송 가능한 비트 수를 나타낸다.

잡음이 존재하는 경우 송신 전력과 전송률의 관계 이제 신호대 잡음비와 '유효 비트 수'의 관계를 확인해 보자. 신호대 잡음비(SNR)는 (수신) 신호 전력 P와 잡음 전력 N의 비로 (채널에서의 감쇠나 왜곡을 무시하면) 다음과 같이 정의된다.

$$SNR \equiv \frac{P}{N} = \frac{P}{N_0 W} = \frac{PT_s}{N_0} = \frac{E_s}{N_0} = \frac{mE_b}{N_0} \tag{1.1.3}$$

여기서, N_0는 잡음의 전력 스펙트럼 밀도(Watt/Hz), $T_s = 1/R_s$는 심벌 주기, $E_s = PT_s$는 심벌 에너지, $E_b = E_s / m$은 비트당 에너지이다. 한 가지 주목할 점은 신호 전력을 고정한 경우 신호 대역폭이 늘어나면 SNR에서 손해를 보게 되는데, 이는 잡음이 정해진 전력 밀도 N_0를 갖는 백색의 스펙트럼을 갖기 때문이다. 디지털 통신에서 다룬 내용으로부터 유효 비트 수를 확인해 볼 수 있는데, 그림 1.2.1의 BER 곡선을 보자. 그림 1.2.1로부터 몇 가지 디지털 변조 방식에 대해 어느 정도의 신호대 잡음비에서 비트 오류율을 (예를 들면) 10^{-6} 이하로 떨어뜨릴 수 있는지 확인할 수 있는데, $m = 2$(QPSK), 4(16QAM), 6(64QAM), 8(256QAM)에 대해 10^{-6} 이하의 BER을 얻기 위해 요구되는 최소 SNR(E_b/N_0)은 각각 10.5, 14.3, 18.7 및 23.5 dB 정도이다. 이들 결과로부터 SNR(E_b/N_0)에 따른 유효 비트 수 m을 나타내보면 그림 1.2.2의 □로 표기된 점선과 같다.

그림 1.2.2에서 (실선으로 표시된) '유효 비트 수'의 이론적 한계는 Shannon에 의해 처음으로 유도되었으며 다음의 복소 AWGN(부가 백색 가우시언 잡음) '채널 용량' 식으로부터 얻어진다.

$$R_b \le W \log_2(1 + SNR) = W \log_2\left(1 + \frac{P}{N_0 W}\right)$$
$$= W \log_2\left(1 + \frac{mE_b}{N_0}\right) \qquad (1.1.4)$$

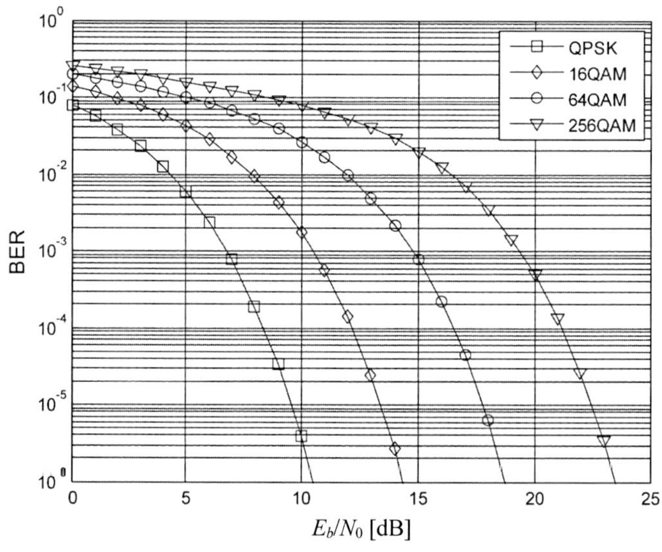

그림 1.2.1 비트당 신호대 잡음비(E_b/N_0)에 따른 QAM 신호의 비트 오류율 곡선

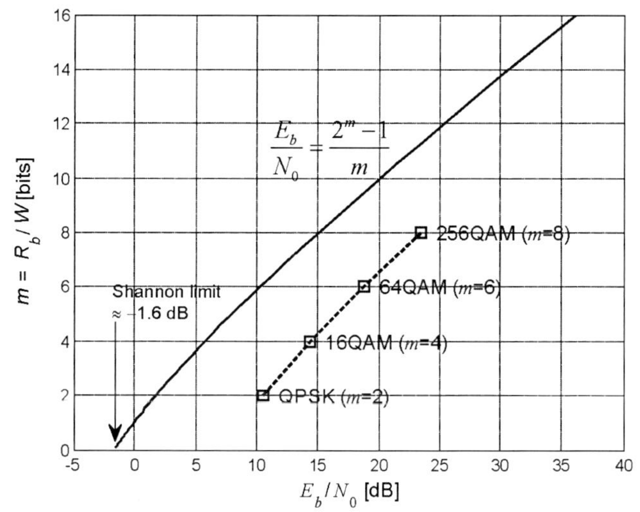

그림 1.2.2 실제적인 디지털 변조 방식의 대역폭 효율(ㅁ로 표기된 점선)과 이론적 효율 한계(실선)

이제 $R_b / W = m$이라 놓고 식 (1.1.4)를 E_b/N_0에 대해 정리하면

$$\frac{E_b}{N_0} \geq \frac{2^m - 1}{m} \tag{1.1.5}$$

을 얻는다. 위 식은 하나의 심벌에 m비트의 정보를 실어서 오류 없이 전송하기 위해 요구되는 최소한의 비트당 SNR을 나타내는 식으로 한 심벌에 더 많은 비트를 실어서 오류 없이 전송하려면 더 높은 비트당 SNR 혹은 더 높은 전력이 요구됨을 의미한다. 결국 정해진 대역폭 내에서 전송률을 높이기 위해서는 송신 전력을 크게 하거나 잡음 전력을 줄이는 것인데, 후자는 사실상 불가능하다. 왜냐하면 잡음은 수신기 디바이스 내의 전자가 브라운 운동을 하기 때문에 발생한 것이므로 디바이스를 극저온에서 동작시키지 않는 한 줄일 수는 없으며 상온의 경우 잡음 전력밀도로 알려진 상수(N_0)에 대역폭(W)을 곱한 값으로 정해진다. 따라서 SNR을 높이려면 송신 전력을 늘릴 수밖에 없으나 송신기가 배터리로 동작되면 전력을 늘리는 데는 한계가 있다. 결국 서비스 사업자나 사용자가 원하는 (유효) 전송률을 높이려면 송신 전력을 늘리거나 대역폭을 늘려야 하는데 이 두 가지 자원에는 한계가 있으며 통신 시스템을 얼마나 잘 설계했는가는 제한된 자원 내에서 얼마나 높은 전송률을 얻을 수 있는가로 결정된다.

제한된 송신 전력에서 전송률(대역폭)과 SNR의 교환관계 위의 논의에서는 대역폭이 고정된 경우 송신 전력을 늘려 유효 전송률을 높일 수 있음을 보았다. 이제 송신 전력이 고정된 경우 이상의 기본적인 상관관계를 약간 다른 관점에서 생각해 보자. 식 (1.1.3)의 SNR의 정의를 보면 대역폭 W를 줄여서 SNR을 향상시킬 수 있는데, 이는 심벌 주기 T_s를 늘리는 것 혹은 정해진 심벌당 실효 비트 수 m을 줄이는 것과 동일하다(m을 1 이하로 줄이는 것은 한 비트를 여러 번 보내는 것과 같으므로 실효적으로 T_s를 늘리는 것과 동일하다). 따라서 전송률과 SNR 간에는 교환관계가 성립하며 전송률을 줄여 SNR을 향상시킬 수 있음을 알 수 있다. NASA에서 보낸 화성 탐사 로버(rover)가 화성에서 지구로 보내는 데이터 전송률이 고작 수kbps에서 12 kbps 정도인 것은 제한된 송신 전력으로 최소한의 수신 SNR을 얻기 위해 전송률을 낮출 수밖에 없기 때문이다. 동일한 해석을 방송 시스템에 적용해 보면, 전송률과 커버리지 간에도 기본적인 교환관계가 성립함을 알 수 있다. 즉, 전송률을 낮추면 SNR이 향상되므로 커버리지 역시 향상됨을 알 수 있다.

물론, 송신 전력, 대역폭, SNR 및 전송률이 기본적인 상관관계를 가지고 있기는 하나 이들은 말 그대로 '기본적인' 관계일 뿐 이들에 의해 모든 것이 결정되는 것은 아니며 통신기술의 개발은 제한된 대역폭과 송신 전력으로 전송률 혹은 커버리지 등으로 표현되는 서비스 품질을 향상시키는 기술의 개발이며 안테나 설계를 통한 SNR 이득의 향상이나 공간 다중화를 통한 전송률의 증대 등은 모두 제한된 대역폭과 송신 전력으로 전송률을 극대화하기 위한 방안들이다. 또한, 그림 1.2.2에서 한 가지 더 주목할 것은 주어진 SNR에서 실질적인 디지털 변조 방식을 적용해 얻을 수 있는 유효 비트 수와 이론적인 한계 값과는 많은 차이가 나는데 이 차이를 줄이는 것 역시 물리계층 기술 개발의 한 목표이기도 하며 이는 제5장에서 다룰 오류 정정 부호의 설계 목표이기도 하다.

1.3 전통적인 다중접속 방식

1.2절의 내용은 하나의 이동 단말과 기지국 간 점대점(point-to-point) 링크에 적용되는 내용으로 물리계층 기술 개발에서 주로 고려되는 반면 다중의 이동 단말이 동시에 하나의 기지국에 접속하여 서비스를 받는 점대 다중점(point-to-multi-point) 통신에서는 사용자 간 자원의 분배 또는 효율적 공유에 대한 문제가 대두되며 이는 사용자들이 생성하는 트래픽의 특성에 따라 그 접근 방식이 달라진다. 일반적으로 여러 명의 사용자가 정해진 주파수 대역을 공유하는 방식은 크게 다음의 세 가지로 분류한다.

(1) 채널 구획(channel partitioning)을 통한 다중접속(multi-access)

(2) 랜덤 접속(random access)

(3) 제어접속(controlled access)

(2)와 (3)은 주로 패킷 교환망(IP 망)에서 지역망(local area network) 접속 방식으로 개발되었으며 기본적으로 (인터넷 서핑이나 이메일과 같은) 데이터 트래픽의 처리에 적합한 방식인 반면, (1)은 전화가 주요 서비스인 호(call) 기반의 회선 교환망에서 주로 사용되었다. 이동통신 서비스도 전통적으로는 대부분의 서비스가 음성 통화였는데 이는 매우 낮은 전송률(10 kbps 정도)의 연속적인 트래픽을 생성하며 기본적으로 모든 사용자의 요구 전송률이 동일하기 때문에 3세대 이동통신 표준까지만 해도 채널 구획에 기반한 다중접속 방식을 채택하였다. 물론, 4세대로 넘이가면서 데이터 서비스가 주를 이루게 되었고 이에 따라 채널 구획과 (기지국에 의한) 제어접속이 혼합된 형태를 갖게 되었으나 이에 대한 논의는 뒤로 미루고 여기서는 전통적인 다중접속 방식에 대해 먼저 알아보자.

채널 구획 기반의 다중접속의 대표적인 예는 주파수분할 다중접속(frequency division multiple access, FDMA), 시분할 다중접속(time division multiple access) 및 부호분할 다중접속(code division multiple access)이 있는데 '구획'이란 전체 가용 주파수/시간 자원을 하나의 통화에 필요한 전송률을 지원하는 '조각(piece)'으로 분할하는 것을 말한다. (경우에 따라 조금씩 다르기는 하지만) 일반적으로 이들 조각을 (통화)'채널'이라 하며 (물론 이는 무선 채널에서의 채널과는 구분되어야 한다) 이들 채널은 기지국 혹은 교환국의 중앙관리를 통해 사용자에게 할당되고 통화 종료와 함께 다시 회수된다.

한편, 하나의 통화는 보내는 채널과 받는 채널 2개가 쌍으로 할당되는데, 단말로부터 기지국으로 데이터가 이동하는 채널을 상향 링크(uplink) 채널이라 하며 반대방향의 채널을 하향 링크(downlink) 채널이라 한다. 이들 하향 링크와 상향 링크 채널들은 2중화(duplexing) 하는 방법도 다중접속과 마찬가지로 주파수분할 이중화(frequency division duplexing, FDD), 시분할 이중화(time division duplexing, TDD) 등이 가능하다.

주파수분할 다중접속(FDMA) 주파수분할 다중접속은 전체 주파수 대역폭 B[Hz]를 여러 개의(K개의) 부대역(sub-band)으로 나누어 채널 집합을 구성한다. 그림 1.3.1(a)는 전체 대역폭을 4개 채널로 구획한 예를 보인다. 각 채널은 중심 주파수에 해당하는 반송파에 채널 대역폭에 상응한 대역폭을 갖는 데이터 신호를 실어 전송하며 송신단 필터의 결함 및 주파수 오프셋에 따른 채널 간 간섭을 고려하여 채널과 채널 간에는 가드 대역(guard band)을 둔다. 가드 대역의 넓이를 B_g라 하면 채널당 유효 대역폭은 다음과 같다.

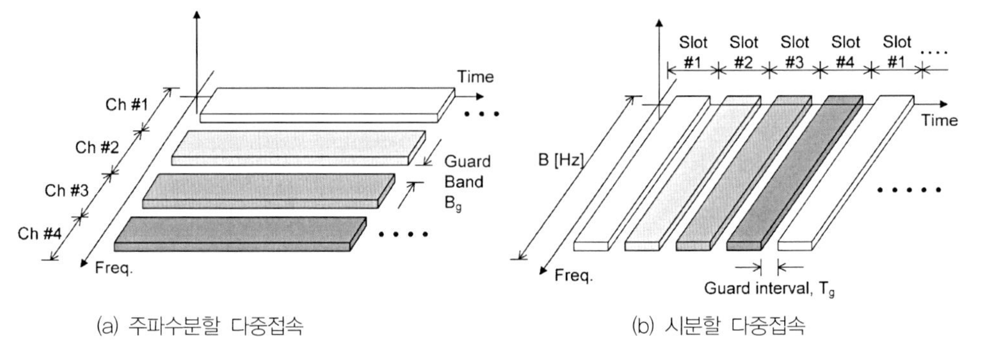

그림 1.3.1 주파수분할 및 시분할 다중접속

$$B_{ch} = \frac{B}{K} - B_g = B \cdot \left(\frac{1}{K} - \frac{B_g}{B} \right) \tag{1.3.1}$$

전통적인 FDMA에서 이동 단말이 호 설정 과정을 통해 기지국 혹은 교환국으로부터 하나의 채널을 할당 받으면 호가 종료될 때까지 해당 채널은 해당 이동 단말이 전용하게 되므로 연속적인 신호의 송수신이 가능하다. 한편, 주파수분할 다중접속을 무선/이동 시스템에 적용할 경우 채널의 주파수 선택성으로 인해 할당 받은 통화 채널이 깊은 페이딩에 빠지면 통화를 전혀 할 수 없는 경우가 발생할 수 있는데 이러한 문제는 주기적인 패턴을 갖는 혹은 적극적인 부대역 탐색을 통한 '**주파수 뜀**(frequency hopping)'을 도입하여 해결 가능하다.

시분할 다중접속(TDMA) TDMA의 경우 프레임이라는 일정 주기 T_{fr}을 정의하고 이를 K개의 슬롯(slot)으로 나누어 통화 채널 집합을 구성하는데, 하나의 통화 채널은 특정 슬롯을 매 프레임마다 반복하여 사용하며 할당된 슬롯 내에서는 전체 대역폭을 모두 사용한다. 그림 1.3.1(b)는 프레임을 4개의 슬롯으로 나누어 구성한 시분할 다중접속 방식의 예를 나타낸다. TDMA는 이동 단말 간 슬롯 동기가 유지되어야 하는데, 이를 위해 기지국은 참조 신호를 주기적으로 송신하여야 하며 모든 이동 단말은 이에 맞춰 내부 클록을 주기적으로 갱신할 필요가 있다. 그러나 클록을 갱신한다 하더라도 전송 지연에 따른 이동 단말 간 클록 오프셋이 존재하므로 전송 지연을 고려한 슬롯 간 가드 인터벌을 결정할 필요가 있다. 전체 주파수 대역폭을 B[Hz], 프레임 길이를 T_{fr} [sec], 가드 인터벌의 길이를 T_g라 하면 각 통화 채널의 유효 대역폭은 다음과 같다.

$$B_{ch} = B \cdot \frac{T_{fr} / K - T_g}{T_{fr}} = B \cdot \left(\frac{1}{K} - \frac{T_g}{T_{fr}} \right) \tag{1.3.2}$$

가드 인터벌은 최대의 경로 지연을 고려하여 설정해야 하는데, 이는 송수신기 간 최대 거리(셀룰라 시스템의 경우 최대 셀 반경)에 의해 결정된다. 예를 들어 셀 반경이 최대 10 km라 하면 경로 지연에 따른 최대 왕복 시간은 66 μs 정도가 된다. 이러한 왕복 시간이 프레임 길이에 비해 너무 커서 유효 대역폭의 손실이 큰 경우 **타이밍 정렬**(timing alignment, TA) 혹은 **레인징**(ranging) **프로토콜**을 이용하여 이동 단말 간 타이밍 오프셋을 줄이는 것도 가능하다. 한편, TDMA는 FDMA에 비해 넓은 대역을 사용하므로 FDMA와 동일한 송신 전력을 사용한다 하더라도 SNR에서 손해를 볼 수밖에 없으나(앞서 언급했듯이 전체 잡음전력 $N=N_0W$임을 상기해보라) 한편으로는 넓은 대역의 사용을 통해 주파수 다이버시티 이득을 얻을 수 있다는 장점도 동시에 존재한다(다이버시티와 관련된 내용은 뒤에서 자세히 다룰 것이다).

F-TDMA(FDMA+TDMA) 가드 인터벌과 가드 대역에 따른 손실을 무시할 수 있다면 FDMA와 TDMA를 동시에 사용하여 각각이 갖는 장점을 취하는 것도 가능하다. 그림 1.3.2는 전체 대역폭을 3개의 부대역으로 나누고 하나의 프레임을 3개 슬롯으로 나누어 주파수 및 시간 자원을 할당하는 시간-주파수분할 다중접속 방식의 예를 보여준다. 이러한 방식의 장점은 우선, 기본적으로 하나의 부대역만 사용하므로 전 대역을 다 사용함으로써 발생하는 SNR의 손실을 줄일 수 있으며, 주파수 뜀의 적용이 용이하여 이를 통한 주파수 다이버시티 이득을 얻을 수 있다. 한편, 기본적으로 각 채널은 하나의 부대역, 하나의 슬롯으로 구성되겠지만 필요 시 하나의 단말에 2개 이상의 시간-주파수 자원을 할당하는 것도 가능하므로 자원 할당을 보다 유연하게 할 수 있다.

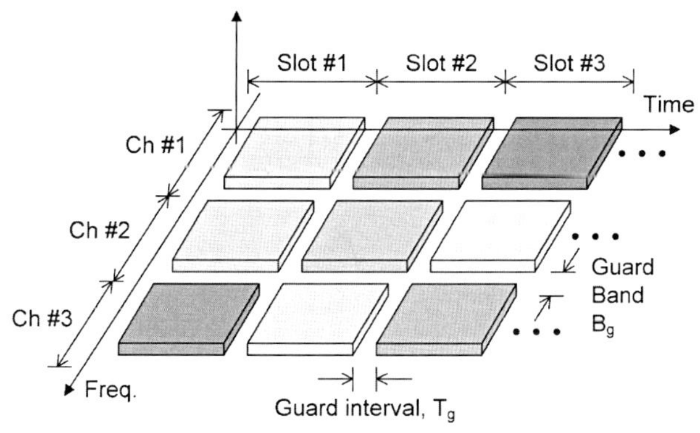

그림 1.3.2 F-TDMA(FDMA + TDMA)

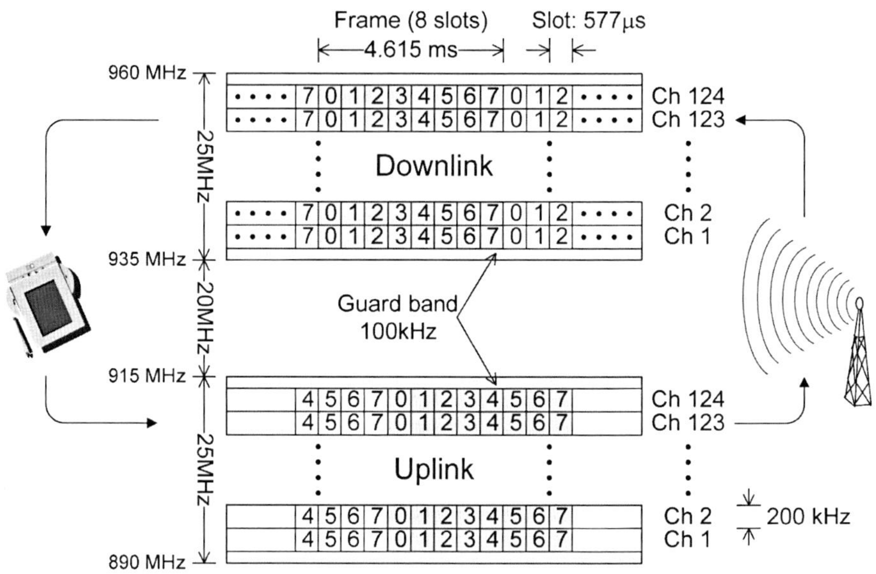

그림 1.3.3 GSM 900 시스템의 채널 및 프레임 구성

유럽의 2세대 이동통신 규격인 GSM 900은 이러한 F-TDMA 방식을 채택하였는데, 이의 프레임 및 부대역 구성을 그림 1.3.3에 나타내었다. GSM 900의 부대역/프레임 구조에 대한 구체적인 파라미터는 다음과 같다.

(1) 부대역(주파수 채널) 대역폭: 200 kHz

(2) 부대역(주파수 채널) 개수: 상향 및 하향 각 124개

(3) 총 대역폭: 상/하향 각 25 MHz(가드 밴드 2100 kHz 포함)

(4) 프레임 길이: 4.615 ms

(5) 프레임당 슬롯 수: 8

(6) 슬롯 길이: 577 ms

[예제]

GSM 900 시스템의 총 (통화) 채널 수는 몇 개인가? 또한, 각 채널의 유효 대역폭은 얼마인가? (가드 밴드와 가드 인터벌은 무시하라.)

답 992개, 25 kHz

1.4 이동통신 시스템의 진화와 핵심 기술의 변화

표 1.4.1은 세대별 이동통신 시스템의 특징 및 기반기술을 요약하여 보여준다. 먼저, 주 서비스를 보면 3세대를 전후로 전화 서비스에서 데이터 서비스로의 전환이 이루어졌으며 이에 따라 성능 목표 역시 셀당 동시 통화가 가능한 사용자 수(사용자 용량)에서 셀당(혹은 섹터당) 수율로 바뀐 것을 볼 수 있다.

표 1.4.1 세대별 이동통신 시스템의 특징 및 기반기술

세대	2G		3G	4G
규격	GSM(1992)	IS-95(1991)	IMT-2K(2001)	LTE/LTE-A (2008/2010)
주 서비스	전화	전화	전화/데이터	데이터
다중화 및 이중화	F-TDMA FDD	CDMA FDD	CDMA FDD	OFDMA/SC-FDM FDD/TDD/HDD
대역폭	25 MHz	1.5 MHz	5 MHz	5/10/20+ MHz
성능 목표	124*8*FRF users/cell	최대 64 users/cell	평균 2.5 Mbps/cell 최고 7 Mbps/cell (단일안테나 기준)	평균 20 Mbps/cell 최고 100 Mbps/cell (단일안테나 20 MHz 대역폭 기준)
물리계층 기반기술	• 직접변조 (GMSK) • 콘볼루션 부호	• DSSS 확산대역 통신(레이크 수신기) • 콘볼루션부호	• DSSS 확산대역 통신 • 터보부호 • MIMO(2x2) • 패킷스케줄링 • AMC, HARQ	• OFDM/SC-FDM • 터보부호 • MIMO(8x4, SU/MU) • 패킷스케줄링 • AMC, HARQ • CoMP • Relay, RRH
기타특징	• FRF 《 1 • 로밍	• FRF = 1	• FRF = 1 • 로밍	• 높은 수율 • 이종망을 위한 ICIC → FRF 〈 1 • Carrier Aggregation

- FRF: 주파수 재사용률(Frequency reuse factor)
- AMC: 적응형 변조/부호화(Adaptive modulation and coding)
- HARQ: 하이브리드 ARQ(Hybrid ARQ)
- CoMP: 다중점 협력(Coordinated multi-point)
- RRH: Remote radio head

한편, 다중접속 방식과 기본적인 전송방식을 보면 2세대 일부 규격과 3세대에서는 확산대역 통신과 부호분할 다중접속(Code division multiple access, CDMA)방식이 주를 이루다가 4세대로 넘어오면서 OFDM과 OFDMA 방식으로 전환되었는데, 이러한 전환의 이유는 OFDM이 갖는 ISI 채널 성능에서의 장점도 있으나 패킷 스케줄링을 통한 다중사용자 다이버시티 이득의 극대화와 MIMO 기술 적용의 용이성이 큰 역할을 했다고 봐야 할 것이다. 확산대역 통신과 CDMA 방식의 경우, 간섭에 대한 면역성에 기초한 공격적인 주파수 재사용(FRF = 1)이 가능했고 레이크 수신기가 갖는 특징으로 전화 서비스에서는 매우 중요한 끊김 없는 핸드오버와 서비스가 가능했기 때문에 2세대와 3세대 이동통신 시스템에서 광범위하게 도입되었으나 사용자 채널 간 직교성의 보장이 어려워 전송 수율이 1차 성능 지표인 데이터 통신에서는 그리 빛을 보지는 못하게 되었다. 한편, OFDM의 경우 셀 내에서의 사용자 채널(엄밀히는 주파수 및 시간 자원) 간 직교성은 보장이 되나 타 셀로부터의 간섭에 대한 면역성은 없어 공격적인 주파수 재사용은 어렵게 되었으며 셀 간 간섭과 이종망 간의 간섭의 해결을 위해 부분적으로나마 셀 간 시간/주파수 자원의 배타적 사용이 요구된다.

마지막으로 3세대와 4세대에서 도입된 추가적인 기술은 다음과 같다.

(1) MIMO 전송 기술: 다중 안테나를 이용하여 공간 영역을 적극적으로 활용하는 기술로 공간 영역을 어떻게 활용하느냐에 따라 공간 다중화와 공간 다이버시티 기술로 분류되는데, 공간 다중화의 경우 안테나 수에 비례하여 전송 수율을 늘릴 수 있으며 공간 다이버시티의 경우 보다 안정적인 링크 품질의 유지가 가능하다. 본 서에서는 제7장에서 다룬다.

(2) 터보 부호: 강력한 오류 정정 성능을 갖는 채널 부호로 채널 용량에 가까운 전송 수율을 얻을 수 있어 3세대 시스템부터 이동통신 시스템의 핵심 기술로 도입되었으며 본 서의 제5장에서 다룬다.

(3) AMC 및 패킷 스케줄링: OFDMA 기반 시스템에서 주파수 및 시간자원을 보다 효율적으로 제어하여 전송 수율을 극대화 할 수 있는 기술로 특히, 주파수 및 시간 영역에서의 다중사용자 패킷 스케줄링을 통해 상당한 전송 수율의 증대를 얻을 수 있다. 본 서에서는 제6장에서 다룬다.

OFDM에 대해서는 제4장에서, HARQ는 제5장에서 부분적으로 다룰 예정이나 그 외에 Relay, RRH, CA(Carrier aggregation) 및 ICIC(Inter-cell interference cancellation) 등의 주제는 본 서에서는 다루지 않는다.

CHAPTER

02 무선/이동통신 채널

무선/이동통신기술의 이해는 무선/이동 채널에 대한 이해가 선행되어야 한다. 왜냐하면 무선/이동통신기술은 무선/이동 채널에서 발생하는 문제점을 어떻게 해결하는가에서 비롯되기 때문이다. 본 장에서는 무선/이동 채널에서 발생하는 현상에 대해 물리적인 측면에서 알아보고 이에 대한 모형화 방법에 대해 알아본다.

본 장의 구성은 다음과 같다.

2.1 무선/이동통신 채널의 일반적 특성 및 모형화 방법: 본 절에서는 물리적인 측면에서 송수신기간 전송 채널에서 어떤 현상이 발생하는지 알아보고 이를 어떻게 모델링 할 것인지에 대해 논의한다.

2.2 거시적 경로손실 모형: 전파전파(EM Wave Propagation) 특성의 거리 의존성과 전파 경로 상 지형지물에 의한 랜덤 손실을 거시적 관점에서 통계적으로 모형화(Modeling)한다.

2.3 미시적 다중경로 페이딩 모형: 다중경로 전파와 송수신기의 상대적인 이동 속도에 의해 발생하는 채널의 랜덤한 변동을 시변필터로 모형화한다.

2.4 페이딩 계수의 통계 모형

2.5 요약

2.1 무선/이동통신 채널의 일반적 특성 및 모형화 방법

2.1.1 자유공간에서의 전파전파와 기본적인 용어들의 정의

자유공간에서의 전파전파 무지향성(등방성) 안테나 혹은 옴니 안테나(Omni-antenna)의 경우 안테나로부터 송출된 전파(EM wave)는 동심구의 형태로 방사되며 전력 밀도는 동심구의 반경 혹은 송신점과 수신점 간의 거리의 제곱에 반비례한다. 일반적으로, 송신 안테나로부터 거리 d에 있는 수신 안테나로 수신한 전파의 전력은 다음과 같이 표현될 수 있다.

$$P_r(d) = G_r G_t \left(\frac{\lambda}{4\pi \cdot d} \right)^2 P_t \quad \text{for relatively large } d \tag{2.1.1}$$

여기서, 사용된 각 변수는 다음과 같다.

P_t : 송출 전력(Transmitted power) [W]

$P_r(d)$: 수신 전력(Received power) [W]

G_t : 송신 안테나 이득(Transmit Antenna gain) - 단위 없음

G : 수신 안테나 이득(Receive Antenna gain) - 단위 없음

d : 송수신기 간 거리(T-R distance) [m]

λ : 전파의 파장(wavelength) [m]

평면파(Plane wave) 무지향성 안테나를 통해 자유공간으로 방사된 전파는 동심구를 따라 동위상을 갖게 되고 전송점으로부터 먼 거리에서 구면은 평면에 가깝게 되는데, 이렇게 평면을 따라 진폭과 위상이 같은 파를 평면파라고 한다.

정의 경로손실(path-loss) 경로손실은 수신 전력 대 송출 전력의 비로 자유공간에서의 전파전파의 경우 거리의 함수로 나타나며 다음과 같이 정의한다.

$$L(d) = \frac{P_r(d)}{P_t} = \frac{1}{G_r G_t} \left(\frac{4\pi \cdot d}{\lambda} \right)^2 = L_0 \cdot d^2 \tag{2.1.2}$$

여기서, **기준점 손실**(reference loss) L_0는 다음과 같다.

$$L_0 = \frac{1}{G_r G_t} \left(\frac{4\pi}{\lambda} \right)^2 \tag{2.1.3}$$

경로손실이나 안테나 이득은 두 값의 비를 나타내며 단위가 없는 값들이다.

dB 단위 표기: 일반적으로 송출/수신 전력과 이득/손실은 dB-스케일 값을 사용하여 표기하는데, 전력의 경우 통상 $10\log_{10}(\cdot)$을 취하여 dB 단위로 나타낸다.

$$X\,[\text{dB}] = 10 \cdot \log_{10}(X) \tag{2.1.4}$$

이러한 정의를 이용하여 (2.1.1), (2.1.2), (2.1.3)을 다시 나타내면 다음과 같다.

$$L_{0,\mathrm{dB}} = 10\log_{10}\left(\frac{1}{G_r G_t}\left(\frac{4\pi}{\lambda}\right)^2\right) \tag{2.1.5}$$

$$L_{dB}(d) = 10 \cdot \log_{10}(L(d)) = L_{0,dB} + 20\log_{10} d \tag{2.1.6}$$

$$P_{r,dB}(d) = P_{t,dB} - L_{0,dB} - 20\log_{10}(d) \tag{2.1.7}$$

한편, 통신에서의 송출 전력이나 수신 전력은 값이 매우 작아 [mW] 혹은 그보다 더 작은 [μW], [nW]의 단위로 표기되는 경우가 많아 mW 값에 $10\log_{10}(\cdot)$을 취하여 정의되는 dBm을 많이 사용하는데 이의 정의는 다음과 같다.

$$X\,[\mathrm{dBm}] = 10 \cdot \log_{10}(X\,[\mathrm{mW}]) \tag{2.1.8}$$

이러한 정의에 따르면 1[W], 1[mW], 1[μW], 1[nW]는 각각 dBm 값으로 다음과 같다.

1[W] → 30 [dBm]
1[mW] → 0 [dBm]
1[μW] → −30 [dBm]
1[nW] → −60 [dBm]

이를 이용하여 식 (2.1.7)을 다시 쓰면 다음과 같다.

$$P_{r,dBm}(d) = P_{t,dBm} - L_{0,dB} - 20\log_{10}(d) \tag{2.1.9}$$

다음의 표 2.1에 대표적인 방송 및 통신 규격의 송출 전력 값을 나타내었다.

표 2.1 대표적인 방송 및 통신 규격의 송출 전력

규격	송출 전력	dBm	통달 거리[m]
T-DMB	2 [KW]	63 dBm	수백 [Km]
Cellular(WCDMA, LTE) 기지국	20 [W]	43 dBm	1 ~ 10 [Km]
Cellular(WCDMA, LTE) 단말기	200 [mW]	23 dBm	1 ~ < 10 [Km]
WLAN(802.11a/b/g/n 등)	100 [mW]	20 dBm	100 [m]

[예제 2.1]

방송용으로 사용되는 정지 궤도 위성은 지구 상공 3,600[Km]를 지구의 자전속도와 동일한 각속도로 선회한다. 어떤 정지 궤도 위성의 송출 전력이 100 W이고 10 GHz의 주파수를 사용한다고 하자. 다음 물음에 답하라.

(1) 송신 및 수신 안테나의 이득이 각각 10 dB라고 하자. 대기권을 통과하면서 발생하는 추가적인 손실은 없다고 가정하면 지상의 수신기에서 수신한 신호 전력은 몇 dBm인가?
(2) 신호의 대역폭은 10 MHz이고 잡음의 전력밀도는 -175 dBm/Hz라고 하자. 이때 RF BPF를 통과한 후의 신호대 잡음비는 몇 dB인가? (힌트: RF BPF 통과 후의 잡음 전력[mW]은 잡음 전력 밀도[mW/Hz] × 대역폭 임)
(3) 신호대 잡음비를 향상시키기 위한 방안을 제시하고 그 방안이 실현 가능한지 논하라. (방안은 여러 가지의 조합을 제시하여도 무방하나 현실적으로 구현 가능하여야 함)

2.1.2 지상에서의 전파전파와 페이딩 현상의 모형화

지상에서의 전파전파는 주변의 지형지물에 의해 형성된 경계조건에 의해 전파의 전파 패턴이 자유공간과는 판이하게 다르다. 이러한 경계조건은 전파의 반사(reflection), 회절(diffraction) 및 산란(scattering)을 만들어 **다중경로 전파**(multi-path propagation)를 일으킨다. 다중경로 전파란 하나의 송신점에서 (동심구의 형태로) 방사된 전파가 서로 다른 여러 경로를 거쳐 수신단에 도착하는 것으로 각 경로의 전체 거리가 서로 다르고 반사/산란 과정에서 전력의 손실이 있기 때문에 각 경로를 거쳐 수신기에 도착한 신호들은 서로 다른 진폭과 위상을 갖게 되며, 변조된 신호의 경우 반송파에 실린 변조 신호 역시 서로 다른 지연을 갖게 된다.

한편, 여러 경로를 거쳐 수신단에 도착한 이들 신호는 모두 동일한 전송점에서 방사된 같은 신호라 하더라도 수신단에서는 서로 다른 진폭, 위상 및 지연을 갖는 상태로 합해지게 되고 이는 전체적인 **신호 전력의 감쇠**와 함께 이 합 신호로부터 복조된 신호가 원래의 변조신

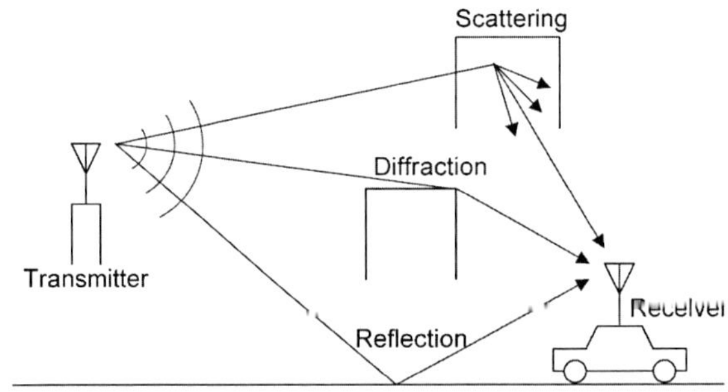

그림 2.1.1 지상에서의 전파전파; 반사, 회절, 산란에 의해 하나의 전송점에서 전송된 신호가 다중의 경로를 거쳐 수신단에 도착한다

호와 달라지는 **왜곡**(distortion) 현상을 일으키는데, 이러한 신호 전력의 감쇠와 왜곡을 포괄적으로 **페이딩**이라고 한다. 일반적으로 특정 위치에 고정된 송신점에서 방사된 전파가 다중경로를 거쳐 수신단에 도착할 때 수신기의 위치에 따라 수신 신호 전력이 달라지는데, 이들이 어떤 패턴을 가질지는 주변 지형지물에 의해 만들어지는 경계조건에 의존한다. 경계조건이 단순한 경우 이에 대해 Maxwell의 방정식을 풀어 위치에 따른 수신 신호 전력의 패턴을 얻을 수 있겠지만 현실적으로 나타나는 경계조건은 매우 복잡해서 해석이 어려우며 이에 따라 거시적 경로손실은 통계적 모형을 사용한다.

그림 2.1.2는 무선 LAN 환경에서의 위치에 따른 수신 전력 패턴 예를 보여준다. 그림의 사각형은 사무실의 2차원 단면을 보여주며 좌측 측면 중앙에 출입구가 있으며 좌측 하단에 철제 책상이 있다. 그림은 책상 위에 놓여있는 AP로부터 전파가 방사된 경우 사무실의 각 위치에서의 수신 전력의 크기를 나타낸다. 다중의 경로를 거쳐 특정위치에 입사된 평면파들

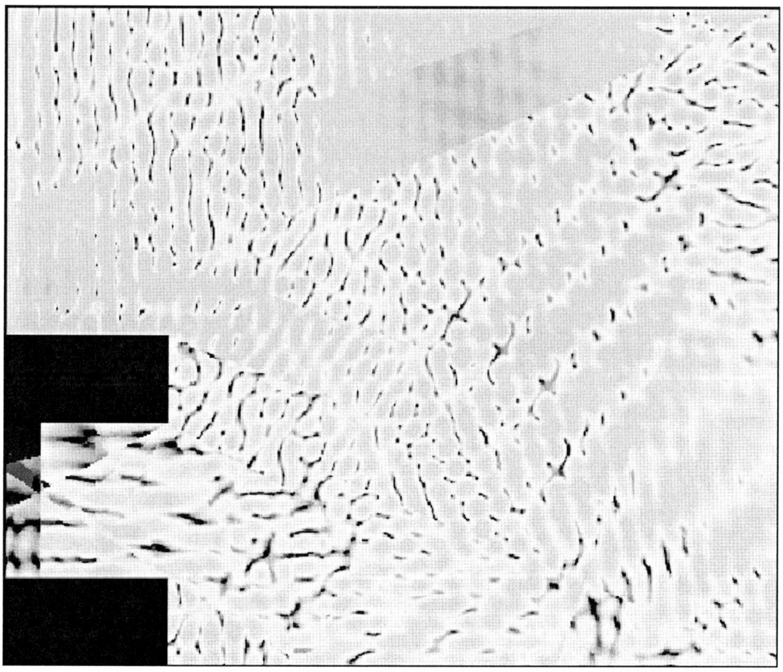

그림 2.1.2 무선 LAN 환경에서의 위치에 따른 수신 전력 패턴 예(소규모 사무실). 철제 책상(좌측 하단)이 있는 사무실 환경에서 책상 위에 놓여있는 AP로부터 전파가 방사된 경우 사무실의 각 위치에서의 수신 전력 패턴. 다중의 경로를 거쳐 특정 위치에 입사된 평면파들이 서로 상쇄/보강 간섭을 일으키면서 위와 같은 수신 전력 패턴을 만든다(인용: IEEE std 802.11 Part11: Wireless LAN Medium Access Control(MAC) and Physical Layer(PHY) Specification, 1997)

이 서로 상쇄/보강 간섭을 일으키면서 위와 같은 수신 전력 패턴을 만드는데, 이는 수면에서 발생한 여러 개의 평면파들이 서로 상쇄/보강 간섭을 일으켜 특정한 패턴을 만드는 것과 유사하다. 상부의 중앙부는 철제 책상에 가려 신호가 잘 가지 않는 **음영 지역**(shadow region)을 보여준다. 그림에서 골과 골 혹은 마루와 마루 사이의 거리는 대체로 사용된 전파의 파장 정도이다. 참고로 2.4 GHz를 사용하는 무선 LAN의 파장은 12.5 cm이다. 물론 이러한 패턴은 주변 지형지물의 변동 혹은 주파수에 따라 달라진다.

거리 의존성, 장기 및 단기 변동, 3-레벨 모형화 그림 2.1.3은 그림 2.1.2와 같은 사무실 환경에서 송신기와 수신 기간 거리에 따른 수신 전력 패턴을 나타내는데, 일반적으로 **거리에 따른 평균 전력의 감쇠**에 랜덤한 변동이 중첩된 것으로 볼 수 있으며 랜덤한 변동은 다시 **장기 변동**(long-term variation)과 **단기 변동**(short-term variation)으로 구분한다. 변동의 평균적인 주기를 고려하여, 전파의 파장 정도의 주기로 변동하는 것을 단기 변동으로, 음영 지역과 같이 상대적으로 변동 주기가 큰 수신 전력의 변동을 장기 변동으로(이 때문에 장기 변동을 **음영효과** 혹은 shadowing이라고 한다) 구분할 수 있으나, 사실상 수신 전력의 패턴 자체만으로 볼 때 장기 변동과 단기 변동의 구분은 모호한 편이며 이 둘을 구분하는 가장 큰

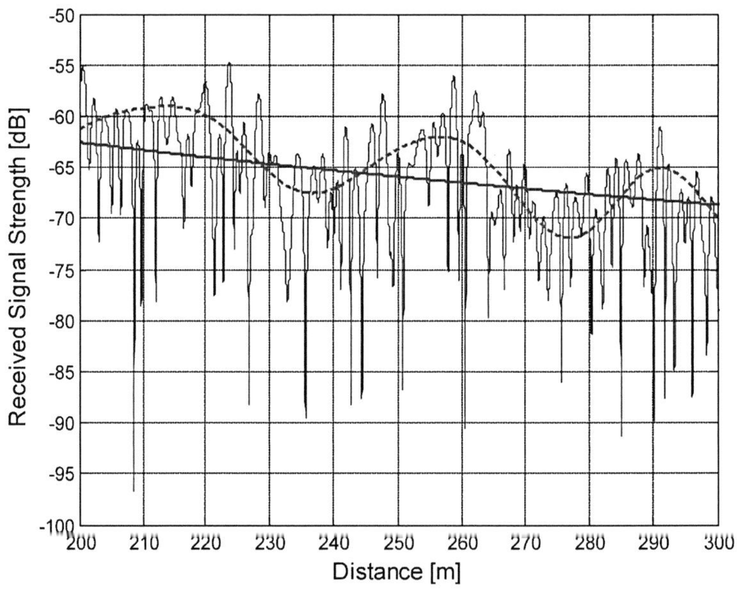

그림 2.1.3 수신 전력 패턴의 단면. 그림 2.1.2와 같은 사무실 환경에서 송신기와 수신기 간 거리에 따른 수신 전력 패턴을 나타낸다

이유는 장기 변동의 경우 **거시적 경로손실 모형**에 반영하는 반면 단기 변동은 심벌 간 간섭과 이동성에 따른 시간적 변동을 추가하여 **미시적 페이딩 모형**에 반영하기 때문이다. 앞에서도 언급했지만 지상의 전파전파에서 나타나는 페이딩 현상은 신호 전력의 랜덤한 변동(감쇠)과 복조 신호의 왜곡으로 나타나는데, 일반적으로 신호 전력의 랜덤한 감쇠는 거시적 경로손실 모형에 반영하여 통계적으로 모형화하는 반면 신호의 왜곡은 시변 필터 모형으로 표현되는 미시적 다중경로 페이딩 모형에 반영된다. 이 두 모형의 특징과 목적을 다음의 표 2.2에 요약하였다.

표 2.2 거시적 경로손실 모형과 미시적 페이딩 모델의 특징 및 목적

모형	특징	활용
거시적 경로손실 모형	송수신기 간 거리에 따른 신호 전력의 감쇠 모형과 신호 전력의 랜덤 변동(장기 변동)을 고려한 확률 모형을 포함함.	위성통신/방송에서 링크 budget 분석, 셀룰러/무선 LAN 등에서 시스템 레벨의 거시적 성능 평가에 사용됨.
미시적 페이딩 모형	송수신단 간 다중경로 전파에 따른 전력-지연 프로파일과 이동성에 따른 도플러 천이를 반영한 시변 필터로 모형화하며 정규화된 수신 전력을 가정함.	송수신기의 물리계층 규격 및 알고리즘 설계에 활용됨.

그림 2.1.4는 거리에 따른 평균 손실, 장기 변동 및 단기 변동의 구분을 도식적으로 보여주며 이를 반영한 경로손실 모형은 다음의 식과 같다.

$$\begin{aligned} L &= L_D(d)\cdot L_S \cdot L_F(t,f) \\ L_{dB} &= L_{D,dB}(d) + L_{S,dB} + L_{F,dB}(t,f) \end{aligned} \tag{2.1.10}$$

여기서, $L_D(d)$는 거리에 따른 평균 경로손실을, L_S는 장기 변동 혹은 Shadowing을, $L_F(t,f)$는 단기 변동을 나타내는데, 거리에 따른 평균 경로손실은 거리의 함수로 주어진다. 단기 변동의 경우 일반적으로 시간 및 주파수의 함수로 주어지며, 다중경로 전파에 따른 심벌 간 간섭(Inter-symbol interference, ISI) 혹은 스펙트럼 왜곡과 이동성에 따른 전력의 시간변화를 반영한다. 수신 신호 전력의 단기 변동을 반영하는 $L_F(t,f)$는 일반적으로 평균값을 1로 정규화하여 사용한다. 즉,

$$E[L_F(t,f)] \to \lim_{T\to\infty}\lim_{F\to\infty}\frac{1}{T\cdot\Delta F}\int_{-T/2}^{T/2}\int_{-\Delta F/2}^{\Delta F/2} L_F(t,f)\,dt\,df = 1 \tag{2.1.11}$$

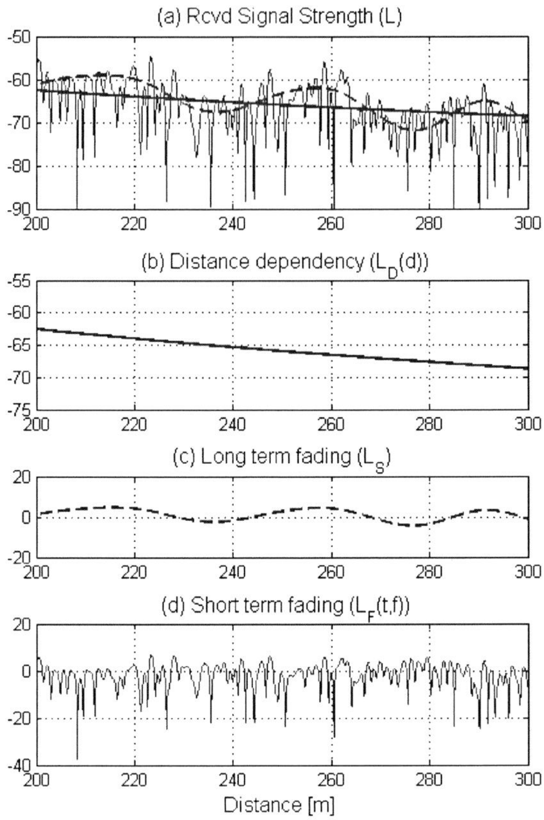

그림 2.1.4 수신 전력의 거리 의존성(distance dependency), 장기 변동(long-term variation) 및 단기 변동(short-term variation)의 구분

2.2 거시적 경로손실 모형(Large scale path-loss model)

2.2.1 일반적 경로손실 모형

거시적 경로손실 모형은 평균적인 경로손실의 거리 의존성과 음영효과로 대변되는 장기 변동의 모형을 포함하고 있으며 두 손실 항의 곱, 혹은 dB 단위에서는 다음과 같이 두 손실 항의 합으로 모형화한다.

$$L_{dB}(d) = L_{D,dB}(d) + L_{S,dB} \tag{2.2.1}$$

식 (2.2.1)에서 거리 의존성은 다음과 같은 두 가지 파라미터를 갖는 식으로 표현된다.

$$L_{D,dB}(d) = L_{0,dB} + 10n\log_{10}(d) \tag{2.2.2}$$

여기서, n은 **경로손실 지수**(path-loss exponent)이며 $L_{0,dB}$는 **기준점 손실**(기준 거리에서의 손실, reference loss)이라 한다. 자유공간의 경우, $n=2$이지만 일반적으로 지상파 통신에서 거리에 따른 경로손실은 더욱 커지는데 다음의 표 2.2.1에 도심 지역과 교외 지역에 대한 대표적인 값의 범위를 나타내었다.

한편, 음영효과에 기인한 장기변동은 랜덤 변수로 모형화하는데, 일반적으로 **로그-정규분포**(Log-Normal distribution)로 모형화된다. 즉, $L_{S,dB}$의 확률밀도함수(probability density function)는 다음과 같다.

$$\frac{d}{dl_{dB}}\Pr\{L_{S,dB} \le l_{dB}\} = \frac{1}{\sqrt{2\pi}\sigma_{dB}}\exp\left(-\frac{l_{dB}}{2\sigma_{dB}^2}\right) \tag{2.2.3}$$

여기서, 표준편차 σ_{dB}를 **음영표준편차**(shadowing standard deviation)라고 하며 도심 지역과 교외 지역에 대한 이의 대표적 값을 표 2.2.1에 나타내었다.

음영표준편차에 추가하여 장기변동의 또 다른 파라미터로 **상관거리**(Correlation distance)를 정의하는 경우도 있는데 셀룰라 네트워크의 시스템 수준 시뮬레이션에서 주로 적용되며 장기변동이 공간적으로 어느 정도의 주기를 갖는지를 나타낸다.

표 2.2.1 거시적 경로손실 파라미터들의 대표값

파라미터	도심(Urban)	교외(suburb)
경로손실 지수(n)	3~4	2.5~3
음영표준편차(σ_{dB})	8~12 dB	4~8 dB

요약하면, 거시적 경로손실 모형은

$$L_{dB}(d) = L_{0,dB} + 10n\log_{10}(d) + L_{S,dB} \tag{2.2.4}$$

로 주어지며 이에 따라 수신 전력은 다음과 같이 모형화된다.

$$\begin{aligned} P_{r,dB}(d) &= P_{t,dB} - L_{dB}(d) \\ &= P_{t,dB} - L_{0,dB} - 10n\log_{10}(d) + L_{S,dB} \end{aligned} \tag{2.2.5}$$

여기서, $L_{S,dB}$는 평균 0, 표준편차 σ_{dB}인 로그-정규분포의 랜덤 변수로 이의 확률 밀도는 식 (2.2.3)으로 주어진다.

[예제 2.2.1]

서울의 한 도심에서 지상 30 m의 높이에 설치된 송신국으로부터 송출된 신호를 다양한 위치에서 수신하여 수신 신호 전력을 측정하는 테스트를 실시하였다. 송신국으로부터의 거리에 따른 수신 전력의 산포도로부터 경로손실 파라미터를 추정해본 결과 $n = 3.5$, $L_{0,dB} = 100$ dB, $\sigma_{dB} = 10$ dB인 것으로 나타났다. 20 W의 송신 전력을 사용하는 기지국으로부터 각각 100 m, 1 km, 10 km 떨어진 위치에서 신호를 수신한다고 하자. 다음 물음에 답하라(경로손실 모형에서 거리는 km로 환산하여 적용하라).

(1) 각 거리에서의 평균 수신 전력은 각각 몇 dBm인가? (힌트: 여기서, '평균'의 의미는 랜덤변동을 제외하고 거리 의존성만을 고려한 수신 전력을 의미함.)

(2) 신호의 대역폭은 10 MHz이고 잡음의 전력 밀도는 −175 dBm/Hz라고 하자. 이때 RF BPF를 통과한 후의 각 거리에서의 평균 신호대 잡음비는 몇 dB인가? (힌트: RF BPF 통과 후의 잡음 전력[mW]은 잡음 전력 밀도[mW/Hz] × 대역폭 임.)

(3) 각 거리에서 신호대 잡음비가 10 dB보다 작을 확률은 얼마인가? Q-함수를 이용하여 나타내어라. 여기서, Q-함수의 정의는 다음과 같다.

$$Q(x) = \int_x^\infty \frac{1}{\sqrt{2\pi}} \exp\left(-\frac{t^2}{2}\right) dt = \frac{1}{2}\operatorname{erfc}\left(\frac{x}{\sqrt{2}}\right) \tag{2.2.6}$$

2.2.2 오쿠무라 및 하타(Okumura–Hata) 모형

오쿠무라는 1968년 VHF(200 MHz) 및 UHF(453, 922, 1310, 1430, 1920 MHz) 주파수를 대상으로 한 지상파 이동 Radio 서비스 전파 시험을 통해 얻은 방대한 결과로부터 경로손실에 대한 계산 모형을 개발하였으며 이후 1980년 하타는 오쿠무라의 모형에 기초하여 계산 모형을 더욱 단순화하였다. 오쿠무라와 하타의 모형으로 알려진 이 모형은 기본적으로 송수신기간 거리, 주파수, 안테나 높이, 지형에 따른 영향, 위치 정보 등을 고려하여 이들에 따른 기준 손실과 경로손실 지수에 대한 계산 모형을 제공하는데, 오늘날 많은 통신 표준 및 규격화 작업에서 널리 사용되고 있다. 다음은 보다 단순한 하타 모형 중 2가지이다.

(1) 대도시영역(large city area)에 대한 하타의 경로손실 모형

$$\begin{aligned} L_{U,dB}(d) = &\underbrace{69.55 + 26.16 \cdot \log f - 13.82 \cdot \log h_T - a(h_R)}_{L_{0,dB}} \\ &+ 10 \cdot \underbrace{(4.49 - 0.655 \log h_T)}_{n} \cdot \log d \end{aligned} \tag{2.2.7}$$

여기서 $a(h_R)$은

$$a(h_R)=\begin{cases}8.29(\log(1.54\cdot h_R))^2-1.1 & \text{for } f\le 200\text{ MHz}\\ 3.2(\log(11.75\cdot h_R))^2-4.79 & \text{for } 200\text{ MHz}<f\le 1500\text{ MHz}\end{cases} \tag{2.2.8}$$

이며, 송신기 높이 h_T 및 수신기 높이 h_R의 단위는 [m], 주파수 f의 단위는 [MHz], 거리 d의 단위는 [Km]이다.

(2) 교외영역(suburb area)에 대한 하타의 경로손실 모형

$$L_{SU,dB}(d)=L_{U,dB}(d)-2\left(\log\frac{f}{28}\right)^2-5.4 \tag{2.2.9}$$

2.2.3 단일 셀 방송 시스템에서 커버리지와 이의 해석적 결정(*)

방송서비스의 경우 **서비스의 품질**은 1차로 **커버리지**(Coverage)에 의해 결정된다. 커버리지란 정해진 영역 내에서 정상적인 서비스를 받을 수 있는 확률, 혹은 정해진 면적 내에서 정상적인 서비스를 받을 수 있는 면적의 비율을 의미하며 단위는 백분율로 나타낸다. 한편, 정상적인 서비스를 받을 수 있는지를 결정하는 요인은 (특히, 디지털 전송의 경우) 수신단에서의 비트 오류율 혹은 신호대 잡음비(SNR)이다. 일단 디지털 전송 방식 및 송신 전력과 수신 알고리즘이 정해지면 특정한 SNR의 임계치를 기준으로 (SNR 임계치 이상에서) 서비스를 정상적으로 받거나 아니면 (SNR 임계치 미만에서) 아예 수신을 못하거나 둘 중의 하나이다. 따라서 새로운 (방송) 서비스를 시작할 때, 정해진 지역 내에서 제한된 송출 전력으로 어느 정도의 커버리지를 얻을 수 있을지를 결정하는 것은 매우 중요한 일이다. 물론, 대개의 경우 서비스 커버리지를 결정하기는 매우 어려우나 단일 서비스 영역을 갖는 방송 서비스의 경우 거시적 경로손실 모형이 주어지면 서비스 커버리지를 주어진 파라미터들의 함수로 나타낼 수 있다.

우선, 커버리지를 최소요구 SNR s_{dB}와 서비스 반경 R의 함수로 다음과 같이 정의하자.

$$\begin{aligned}U(s_{dB},R)&=\frac{1}{\pi R^2}\int_0^{2\pi}\int_0^{R}\Pr\{P_{r,dB}(r)>s_{dB}\}\cdot r\,dr\,d\theta\\ &=\frac{2}{R^2}\int_0^{R}\Pr\{P_{r,dB}(r)\ge s_{dB}\}\cdot r\,dr\end{aligned} \tag{2.2.10}$$

이와 같은 서비스 커버리지의 개념을 설명하기 위해 그림 2.2.1에 임의의 정방형 영역에 대한 가상적인 수신 전력의 패턴을 나타내었다. 방송 서비스를 위한 송신기가 정방 영역의 중심에 놓여있으며, 회색으로 나타낸 부분은 수신 신호 전력이 임계치를 넘어 수신이 가능한 지역을 나타

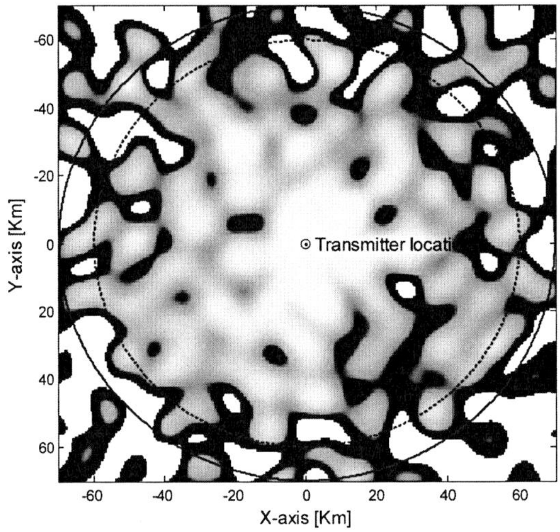

그림 2.2.1 임의의 정방형 영역에 대한 가상적인 수신 전력의 패턴. 방송 서비스를 위한 송신기가 정방 영역의 중심에 놓여있으며, 회색으로 나타낸 부분은 수신 신호 전력이 임계치를 넘어 수신이 가능한 지역을 나타내며 밝은 회색일수록 수신 전력이 큰 것을 의미한다. 반면, 완전한 흰색 영역은 수신 전력이 임계치보다 작아 수신이 불가능한 영역을 나타낸다

내며 밝은 회색일수록 수신 전력이 큰 것을 의미한다. 반면, 완전한 흰색 영역은 수신 전력이 임계치보다 작아 수신이 불가능한 영역을 나타낸다. 식 (2.2.10)에서 정의한 서비스 커버리지는 송신기로부터 주어진 반경 R 내에 있는 원 영역 내에서 얼마만큼의 영역에서 서비스가 가능한지를 나타낸다. 물론, 목표 영역을 줄이거나 송출 전력을 높여 커버리지를 향상시킬 수 있으나, 전자의 경우 더 많은 송신소를 세워야 하며 후자의 경우 더 많은 전기요금을 내야 하는 단점이 있다. 여기서는 이러한 최적화 문제는 뒤로 미루고 송출 전력과 SNR의 임계치, 목표 영역(반경)과 거시적 경로손실 파라미터가 주어졌을 때 서비스 커버리지를 해석적으로 추정하는 방법에 대해 논의한다.

식 (2.2.10)에서, 식 (2.2.5)의 확률 모형을 가정하면, 송신기로부터의 거리 r에서 수신 신호 전력(dB 스케일)의 확률분포는 평균 $P_{t,dB}-L_{0,dB}-10n\log(r)$, 표준편차 σ_{dB}인 정규분포로 주어진다. 즉,

$$P_{r,dB}(r) \sim \mathcal{N}(m(r), \sigma_{dB}^2) \tag{2.2.11}$$

여기서, $m(r) = P_{t,dB} - L_{0,dB} - 10n\log r$이며 $\mathcal{N}(a,b)$는 평균 a, 분산 b인 정규분포를 나타낸다. 따라서 식 (2.2.9)에서의 확률은 다음과 같다.

$$\Pr\{P_{r,dB}(r) \geq s_{dB}\} = Q\left(\frac{s_{dB} - m(r)}{\sigma_{dB}}\right) = \frac{1}{2}\operatorname{erfc}\left(\frac{s_{dB} - m(r)}{\sqrt{2}\sigma_{dB}}\right) \tag{2.2.12}$$

여기서, Q 함수의 정의는 식 (2.2.6)과 같다. 위의 식에서 erfc-함수의 인수를 다음과 같이 쓰자.

$$\frac{s_{dB}-m(r)}{\sigma_{dB}\sqrt{2}}=a+b\ln\left(\frac{r}{R}\right) \tag{2.2.13}$$

여기서,

$$\begin{aligned} a &= \left(s_{dB}-P_{t,dB}+L_{0,dB}+10n\log R\right)/\sqrt{2}\sigma_{dB} \\ b &= (10n\log_{10}e)/\sqrt{2}\sigma_{dB} \end{aligned} \tag{2.2.14}$$

그러면, 식 (2.2.11)은

$$\Pr\{P_{r,dB}(r)\ge s_{dB}\}=\frac{1}{2}\operatorname{erfc}\left(a+b\ln\left(\frac{r}{R}\right)\right) \tag{2.2.15}$$

이 되고 식 (2.2.10)은

$$\begin{aligned} U(s_{dB},R) &= \frac{2}{R^2}\int_0^R \Pr\{P_{r,dB}(r)\ge s_{dB}\}\cdot rdr \\ &= \frac{1}{R^2}\int_0^R \operatorname{erfc}\left(a+b\ln\left(\frac{r}{R}\right)\right)\cdot rdr \\ &= \int_0^1 \operatorname{erfc}(a+b\ln(x))\cdot xdx \end{aligned} \tag{2.2.16}$$

이 된다. 마지막으로 $a+b\ln(x)=t$로 놓고 정리하면 다음과 같은 최종 결과를 얻는다.

$$U(s_{dB},R)=\frac{1}{2}\left(\operatorname{erfc}(a)+\exp\left(\frac{1-2ab}{b^2}\right)\operatorname{erfc}\left(\frac{1-ab}{b}\right)\right) \tag{2.2.17}$$

2.3 미시적 페이딩 모형(Small scale fading model)

거시적 경로손실 모형이 평균 수신 전력의 거리에 따른 감쇠와 음영효과에 따른 장기변동의 영향을 반영하였다면 미시적 페이딩은 정규화된 수신 전력을 가정하고 다음의 두 가지의 영향과 그에 따른 효과를 미시적 관점에서 반영한다.

(1) 다중경로 전파에 의한 신호의 분산(dispersion) 혹은 스펙트럼의 왜곡

(2) 이동성에 의한 수신 신호 전력의 랜덤한 변동

여기서, 이동성은 송수신 단말의 이동뿐 아니라 주변 지형지물의 이동/시간적 변화도 포함한다. 본 절에서는 이 두 가지에 의한 영향 및 효과에 대한 모형화 방법과 통계적 특성화에 대해 알아본다.

2.3.1 다중경로 전송의 영향 및 이의 모형화

❖ 다중경로 전파의 물리적 모형

그림 2.3.1 및 2.3.2는 다중경로 전송채널의 두 가지 예를 보여주는데, 그림 2.3.1의 경우 LOS(Line-of-sight) 경로를 포함하여 3개의 경로를 갖는 다중경로 채널의 예이며, 그림 2.3.2의 경우 수신기가 음영지역에 위치하여 2개의 NLOS(Non-LOS) 경로만으로 이루어진 다중경로 채널의 예를 보여준다. 일반적으로 송수신기의 주변 지형지물은 무작위적인 형태를 갖기 때문에 다중경로 전송에 따른 각 경로(를 통해 수신된 신호)의 위상, 진폭 및 지연은 모두 랜덤한 값을 갖는다. 한편, NLOS 경로는 산란에 의해 발생된 경우 여러 개의 많은 부경로(sub-path)를 가질 수 있는데, 이들의 위상은 모두 다르다 해도 진폭이나 지연은 비슷한 (혹은 동일한) 값을 갖는 것으로 가정할 수 있다.

❖ 다중경로 페이딩 채널의 임펄스 응답 모형과 전력-지연 프로파일

우선, 송신단에서 단일 임펄스를 전송하고 이를 수신단에서 수신한다고 가정해 보자. 송신단에서 전송된 단일 임펄스는 여러 개의 경로를 거쳐 수신단에 도착할 것이고 이들의 전송 지연, 진폭 및 위상은 서로 다른 값을 가질 것이며 위상은 제외하고 신호의 지연과 진폭만을 고려하면 그림 2.3.3과 같은 **전력-지연 프로파일**(power-delay profile, PDP)이 얻어진다. 그림 2.3.3은 하나의 예시이며 몇 개의 다중경로 임펄스가 나타나는지, 이들의 지연과 진폭은 어떤 패턴을 갖는지는 주변의 지형지물에 따라 매우 다양하게 나타날 것이다. 그림 2.3.3은 대체로 3개의 경로로 구성되는 다중경로 채널의 전력-지연 프로파일을 보여주며 각 경로는 여러 개의 부경로(sub-path)로 구성된다. 사실상 경로와 부경로 간의 차이는 모호하며 어느 임펄스를 어느 경로의 부경로로 판단할지는 애매하다. 그러나 무한소의 펄스폭을 갖는 임펄스 대신 현실적으로 제한된 대역폭과 제한된 펄스폭을 갖는 신호를 고려하면 경로와 부경로의 차이는 보다 확실해진다. 대역폭이 유한하고 송수신단에서 펄스 성형 필터(Pulse-shaping filter)와 수신단에서 정합 필터(Matched filter)를 사용할 경우 수신단 정합 필터 출력단에서 측정한 수신 신호에 대해 전력-지연 프로파일을 나타내면 그림 2.3.4와 같은 연속함수의 형태로 얻어진다. 그림 2.3.4를 보면 첫 번째 경로에 포함된 부경로 신호들의 경우 신호들이 중첩되어 하나의 펄스처럼 보이는 것을 알 수 있으며 전체적으로 3개 정도의 경로를 갖는 것으로 판단할 수 있다. 즉, 실제 신호 대역폭(B Hz)과 이에 따른 펄스폭($T \approx 1/B$)을 고려하면 T보다 작은 지연차(Delay difference)를 갖는 부경로들을 하나의 경로로 볼 수 있으며 결국, 어떤 채널이 몇 개의 경로를 갖는지는 신호 대역폭에 따라 달라질 수 있다. 즉, 신호대역폭이 매우 좁으면(펄스 폭이 매우 크면) 많은 부경로 신호들이 거의 유사한(동

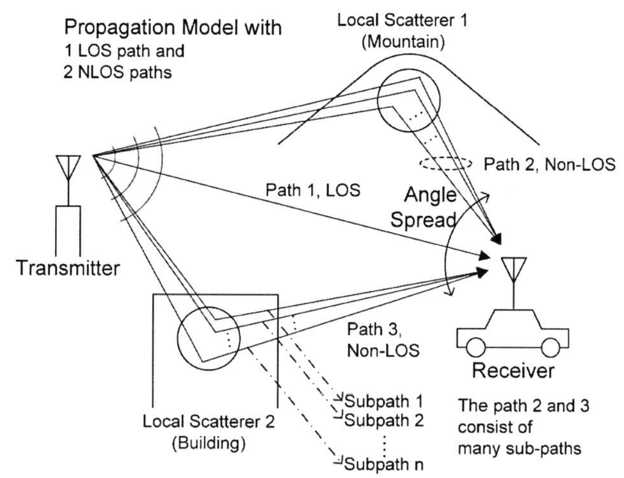

그림 2.3.1 LOS 경로를 갖는 다중경로 채널 예. 한 개의 LOS 경로와 2개의 Non-LOS 경로로 구성된 다중경로 채널. Non-LOS 경로의 경우 여러 개의 부경로(sub-path)들이 존재할 수 있으며 경로 이득은 이들 부경로 신호들의 상쇄/보강 간섭 패턴에 의해 결정된다

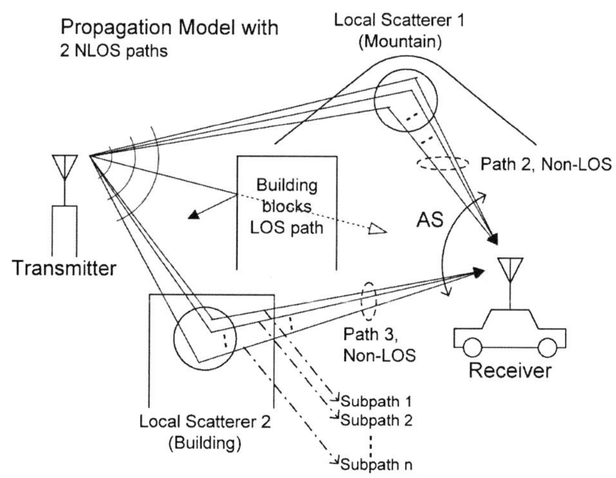

그림 2.3.2 LOS 경로를 갖지 않는 다중경로 채널 예. 수신기가 음영지역에 위치하고 2개의 Non-LOS 채널만을 갖는 경우

일한) 지연으로 서로 상쇄/보강 간섭이 되어 수신되며 그 반대의 경우 더 많은 경로들이 구분 가능해져 유효 경로 수는 매우 클 것이다(신호 대역폭에 따라 구분 가능한 경로를 분해 가능 경로(resolvable path)라 한다).

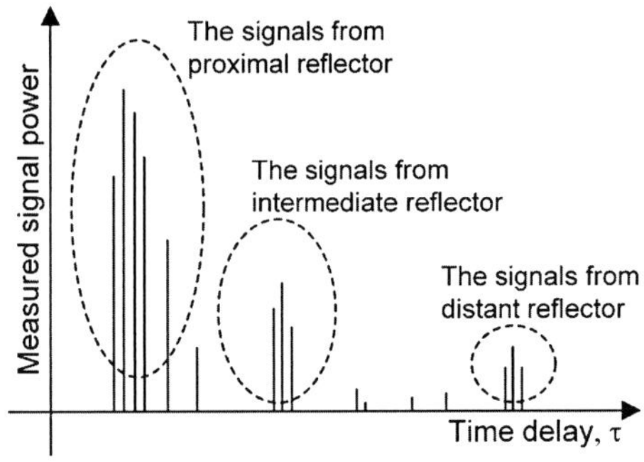

그림 2.3.3 송신단에서 단일 임펄스를 전송하고 이를 수신단에서 수신했을 때 얻어지는 전력-지연 프로파일(Power-Delay Profile). 대체로 3개의 경로로 구성되는 다중경로 채널의 전력-지연 프로파일을 보여주며 각 경로는 여러 개의 부경로(sub-path)로 구성된다

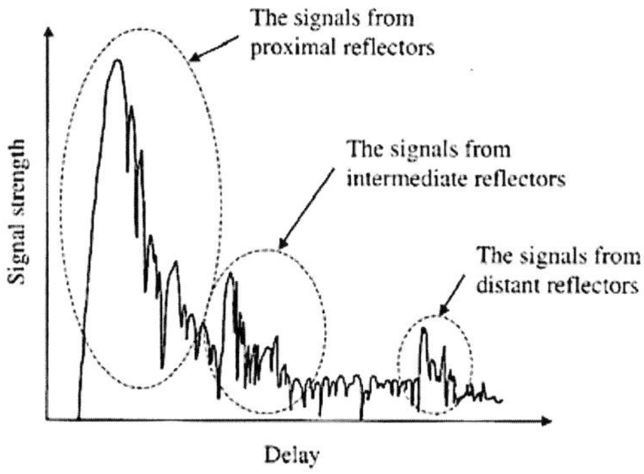

그림 2.3.4 송수신단에서 펄스 성형 필터와 수신단에서 정합 필터를 사용할 경우 얻어지는 전력-지연 프로파일(Power-Delay Profile). 대체로 3개의 경로로 구성되는 다중경로 채널의 전력-지연 프로파일을 보여주며 각 경로는 여러 개의 부경로(sub-path)로 구성된다(인용: D. P. Agrawal, Q. Zeng, Introduction to Wireless & Mobile Systems, 3rd ed.)

❖ 채널의 임펄스 응답 모형

상술한 물리적 모형을 가정하고 채널을 하나의 필터로 보면 이의 임펄스 응답은 다음과 같이 모형화할 수 있다.

$$h(\tau) = \sum_{l=1}^{L} h_l \delta(\tau - \tau_l) = \sum_{l=1}^{L} a_l e^{-j\theta_l} \delta(\tau - \tau_l) \qquad (2.3.1)$$

여기서, 각 파라미터는 다음과 같다.

L : 채널의 (분해가능) 경로 수 (# of paths)

h_l : l번째 경로의 페이딩 계수 (Fading coefficient of the lth path)

a_l : l번째 경로의 진폭 (Amplitude of the lth path)

θ_l : l번째 경로의 위상 (Phase of the lth path)

τ_l : l번째 경로의 지연 (Time delay of the lth path)

또한, 전송신호 $x(t)$가 이러한 채널을 통과하여 수신된 신호 $y(t)$는 다음과 같다.

$$y(t) = x(t) * h(t) = \int_{-\infty}^{\infty} x(\tau)h(t-\tau)d\tau = \sum_{l=1}^{L} h_l x(t-\tau_l) \tag{2.3.2}$$

채널의 임펄스 응답 모형에서, 페이딩 계수는 지연이 동일한 여러 개의 부경로 신호들이 서로 상쇄/보강 간섭을 일으켜 얻어진 진폭과 위상을 나타내며 각 부경로의 위상이 랜덤하기 때문에 페이딩 계수는 랜덤 변수로 모형화한다. 한편, LOS 경로가 있는 경우 첫 번째 경로의 페이딩 계수는 상수로 주어진다. 페이딩 계수의 통계적인 모형은 이후에 다시 다룰 것이다.

한편, 채널의 이산 시간 임펄스 응답모형은 송신단의 펄스-성형 필터와 수신단의 정합 필터에 따른 필터링 효과와 심벌 주기의 표본화를 채널에 포함시켜 얻어질 수 있으며 다음과 같이 모형화된다.

$$h[n] = \sum_{k=0}^{K-1} h_k \delta[n-k] \tag{2.3.3}$$

여기서, K는 채널의 길이이며, $\delta[n]$은 크로네커 델타 함수(Kronecker delta function)이고, h_k는 k번째 (이산 시간) 경로의 페이딩 계수이다. 즉, 채널은 하나의 유한 임펄스 응답 필터(FIR filter)로 볼 수 있으며 그림 2.3.5와 같이 모형화된다.

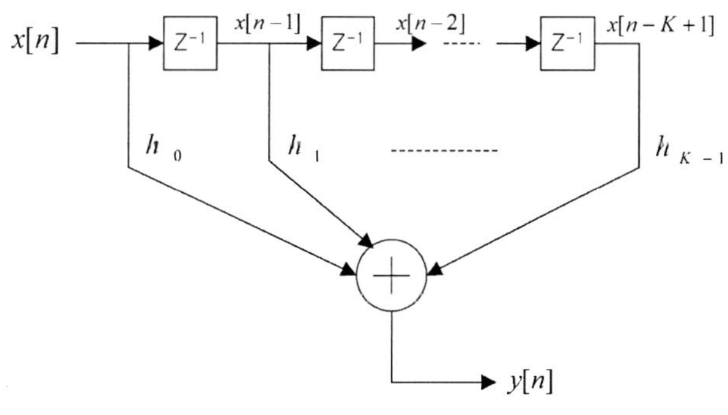

그림 2.3.5 FIR 필터로 구성된 다중경로 채널의 이산 시간 필터 모형

❖ **지연확산**(delay-spread) **및 코히어런스 대역폭**(coherence bandwidth)

무선 채널에서의 다중경로 전송은 전송된 펄스의 시간적 분산(time dispersion)을 일으키는데, 이 시간적 분산을 **지연확산**(delay-spread)이라 하며 다음과 같이 정의한다: 우선 채널의 전력-지연 프로파일을 $P(\tau_k) = |h(\tau_k)|^2$로 정의하면 이로부터 **평균지연**(excess-delay)과 RMS(root mean square) **지연확산**은 다음과 같이 정의된다.

$$\text{평균지연 : } \bar{\tau} \equiv \frac{\sum_{k=1}^{L} \tau_k P(\tau_k)}{\sum_{k=1}^{L} P(\tau_k)} \tag{2.3.4}$$

$$\text{RMS 지연확산 : } \sigma_\tau \equiv \sqrt{\overline{\tau^2} - (\bar{\tau})^2} \text{ with } \overline{\tau^2} \equiv \frac{\sum_{k=1}^{L} \tau_k^2 P(\tau_k)}{\sum_{k=1}^{L} P(\tau_k)} \tag{2.3.5}$$

우리가 관심이 있는 것은 RMS 지연확산으로 이 값은 채널의 주파수 전달 특성이 얼마나 왜곡되는지를 알 수 있는 지표이다. 채널의 RMS 지연확산 특성이 중요한 이유는 RMS 지연확산 특성에 따라 송수신기 설계 방법이 완전히 달라질 수 있기 때문이다.

그림 2.3.6은 RMS 지연 확산이 각각 0.6 μs와 2.4 μs인 채널의 이산 시간 임펄스 응답과 그에 상응한 주파수 응답의 진폭 스펙트럼을 보여준다. 주파수 응답은 임펄스 응답의 이산 푸리에 변환으로 주어지며 신호대역폭은 2 MHz를 가정하였다(즉, 채널 임펄스 응답의 표본화 주파수 = 신호대역폭 = 2 MHz). 그림의 주파수 응답의 진폭 스펙트럼에서 볼 수 있듯이 RMS 지연확산이 작으면 주파수 응답의 '안정구간'이 넓고 반대로 이 값이 크면 안정구간은 좁은 것을 알 수 있다. 이러한 주파수 응답의 안정구간은 '**코히어런스 대역폭**'으로 정량화하여 나타내는데, 이는 다음과 같이 정의된다. 우선, 채널의 주파수 응답을 $H(f) \equiv FT[h(t)]$라 하면 이의 자기 상관함수는 다음과 같다.

$$\begin{aligned} R_{HH}(\Delta f) &\equiv E[H^*(f) \cdot H(f+\Delta f)] \\ &= \lim_{W \to \infty} \frac{1}{W} \int_{-W/2}^{W/2} H^*(f) \cdot H(f+\Delta f) \cdot df \end{aligned} \tag{2.3.6}$$

위의 자기 상관함수는 특정 주파수에서의 응답 값이 이와 Δf만큼 떨어진 주파수에서의 응답 값과 얼마나 큰 상관성을 갖는지를 (모든 주파수에 대해) 평균적으로 나타낸 값으로 $\Delta f = 0$인 경우가 최댓값으로 $R_{HH}(0) = E|H(f)|^2$이며, Δf가 커짐에 따라 감소하다가 $\Delta f \to \pm\infty$이면 0에 수렴한다. 한편, 코히어런스 대역폭 B_c는 임의의 주어진 상관 계수 ρ에 대해

$$\text{Re}\left[\frac{R_{HH}(\Delta f)}{R_{HH}(0)}\right] \approx \rho \tag{2.3.7}$$

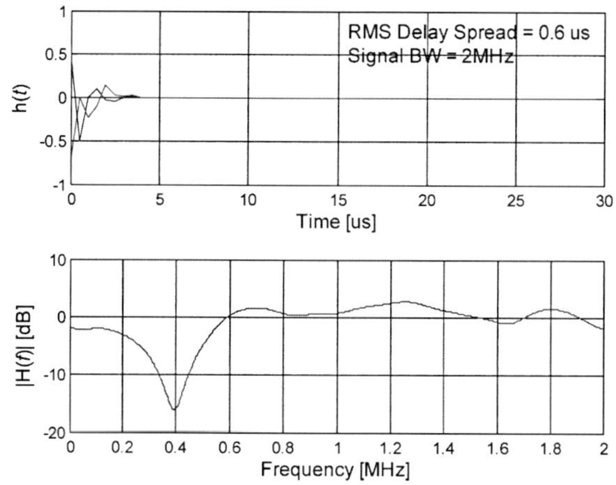

(a) RMS 지연 확산이 0.6 μs인 경우

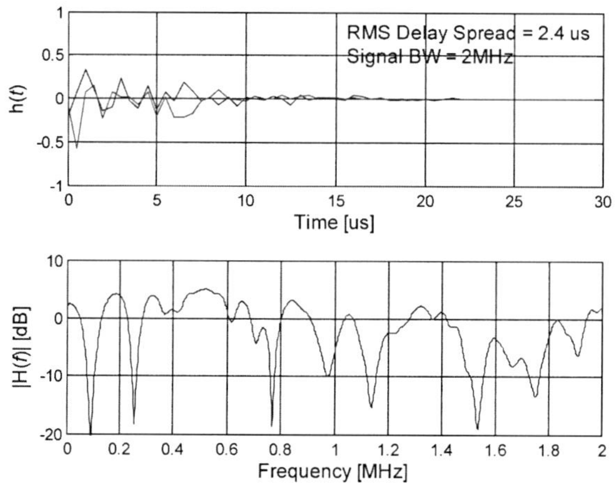

(b) RMS 지연 확산이 2.4 μs인 경우

그림 2.3.6 RMS 지연확산이 각각 0.6 μs과 2.4 μs인 채널의 이산 시간 임펄스 응답과 그에 상응한 주파수 응답(채널 표본화 주파수 = 신호대역폭 = 2 MHz). 주파수 응답은 임펄스 응답의 이산 푸리에 변환으로 주어진다. 채널은 지수함수의 전력-지연 프로파일 $E\,|\,h(t)\,|^2 = Aexp(-t/t_{RMS_DS})$을 가정하고 랜덤하게 생성하였다

를 만족하는 Δf의 두 배, 즉 $B_c = 2\Delta f$로 정의된다. 일반적으로 많이 사용되는 상관 계수는 0.9 및 0.5이며 코히어런스 대역폭은 대체로 RMS 지연확산에 반비례하는데, $\rho = 0.9$ 및 0.5에 대해 대체로 다음과 같은 식이 성립한다.

$$B_c \approx 1/50\sigma_\tau \quad \text{for } \rho = 0.9 \tag{2.3.8}$$

$$B_c \approx 1/5\sigma_\tau \quad \text{for } \rho = 0.5 \tag{2.3.9}$$

2.3.2 이동성의 영향 및 이의 특성화

이동통신과 같이 송수신기가 이동하는 상황에서 신호를 수신하는 경우에는 이들의 상대 속도(및 주변 지형지물과의 상대 속도)에 의해 도플러(Doppler) 현상이 나타나며 다중경로 전송과 결합되어 수신 신호의 진폭이 랜덤한 패턴으로 증감하는 현상이 나타난다. 본 절에서는 이러한 이동성에 기인한 신호 진폭의 변동 현상을 특성화하고 모형화하는 방법에 대해 논의한다.

자유공간에서(다중경로가 없는 환경에서)의 도플러 효과는 잘 알려져 있는데, **도플러 효과**란 송신부와 수신부의 상대 속도(이동 방향을 포함하는 벡터)에 따라 수신부에서 관측된 신호의 주파수가 실제 송신한 정현파의 주파수와 다른 값으로 수신되는 현상을 말하며 실제 송신된 정현파의 주파수와 수신된 신호로부터 관측된 주파수의 차이를 **도플러 천이**(Doppler shift)라 한다. 그림 2.3.7은 자유공간에서 송신기와 수신기의 상대 속도에 따라 나타나는 도플러 효과의 발생 메커니즘을 보여준다. 송신기는 정지해 있고 수신기는 속력 v [m/s]로 이동하고 있다고 가정하자. 수신단의 이동 방향과 평면파의 입사각(송수신기 간 LOS 경로를 통한 신호의 입사각)이 이루는 각을 θ라 하면 도플러 천이 $f_D(\theta)$는 다음과 같다.

$$\begin{aligned} f_D(\theta) &= \frac{1}{2\pi}\frac{\Delta\phi}{\Delta t} = \frac{v}{\lambda}\cos\theta \\ &= \frac{f_c v}{c}\cos\theta = f_{D,\max}\cdot\cos\theta \end{aligned} \tag{2.3.10}$$

여기서, f_c는 송신된 정현파의 주파수, λ는 파장, c는 빛의 속도(3×10^8 m/s)로 $c=\lambda f_c$이며

$$\Delta\phi = \frac{2\pi\Delta l}{\lambda} = \frac{2\pi v\Delta t}{\lambda}\cos\theta \tag{2.3.11}$$

를 이용하였다(Δl은 그림 2.3.7 참조). 도플러 천이는 송수신기의 상대적 진행 방향이 LOS 경로와 같을 때($\theta=0$ 혹은 180°일 때) 최대의 크기를 가지며 가까워질 때는 양의 값을, 멀어질 때는 음의 값을 갖는다.

이러한 도플러 효과는 다중경로 환경에서는 **도플러 확산**(Doppler spread)으로 나타나는데, 도플러 확산의 발생 메커니즘을 그림 2.3.8에 나타내었다. 그림에는 6개의 다중경로가 존재하며 다중경로의 입사각도는 모두 상이하고 따라서 수신단의 이동 방향과 각 경로를 통해 안테나로 입사되는 평면파의 입사각이 이루는 각도는 모두 다르다. 이를 일반화하여 N개의 다중경로가 존재하고 각 다중경로를 통한 입사각과 이동방향이 이루는 각도를 θ_j라 하자. 또한, 각 경로를 통해 입사하는 정현파의 진폭과 위상은 각각 A_j와 ϕ_j라 하자. 그러면, 수신된

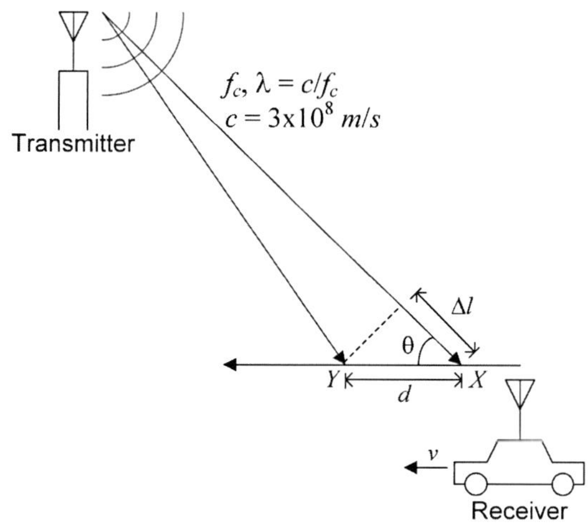

그림 2.3.7 송수신기의 상대 속도에 따른 도플러 효과

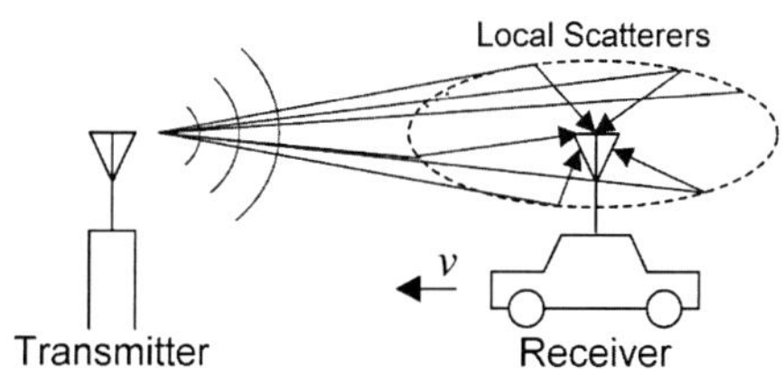

그림 2.3.8 다중경로 전송 환경에서 이동성에 따른 도플러 확산의 발생 메커니즘

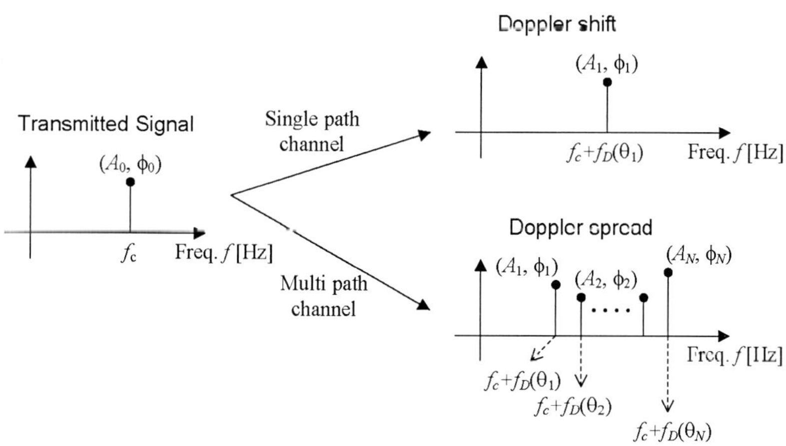

그림 2.3.9 도플러 천이와 도플러 확산

신호 $y(t)$는 다음과 같이 표현된다.

$$y(t)=\sum_{n=1}^{N}A_j\cos(2\pi(f_c+f_D(\theta_j))t+\phi_j) \qquad (2.3.12)$$

이는 여러 개의 주파수를 갖는 정현파들의 합으로 결국 다중경로 전송 채널에서 이동성에 따른 도플러 효과의 결과는 도플러 확산으로 나타난다.

스펙트럼이 $\pm f_{D,max}$ 사이에서 확산이 되는 도플러 확산은 시간 영역에서는 정현파 진폭의 변동으로 나타나는데, 이는 주파수가 다른 정현파의 합으로 나타나는 맥놀이 현상과 같다. 예를 들어, 주파수가 각각 f_c+f_D와 f_c-f_D인 두 개의 정현파를 더하면

$$\cos(2\pi(f_c+f_D)t)+\cos(2\pi(f_c-f_D)t)=2\cdot\cos(2\pi f_D t)\cos(2\pi f_c t)$$

이 되고, 여기서 $f_c \gg f_D$라 하면 우측 항은 주파수가 f_c인 정현파가 저주파의 정현파 신호로 변조된 것으로 볼 수 있으며 이를 그림으로 나타내면 그림 2.3.10과 같다.

현실적인 채널의 경우 다중경로의 수는 매우 많으며 f_c를 중심으로 주파수가 조금씩 다른 이들 신호가 중첩되면 주파수가 f_c인 정파현 신호의 진폭이 랜덤한 패턴으로 변화하는 것처럼 나타나게 된다. 즉, 식 (2.3.12)를 다음과 같이 표현할 수 있다.

$$y(t)=A(t)\cos(2\pi f_c t+\phi) \qquad (2.3.14)$$

여기서, $A(t)$는 도플러 확산에 의한 반송파 진폭의 랜덤한 변동을 나타내는 랜덤 과정으로 그림 2.3.11은 이동 속도 120 km/hr로 이동하는 수신기에서 수신된 신호의 순시 진폭 $A(t)$의 예를 보여준다.

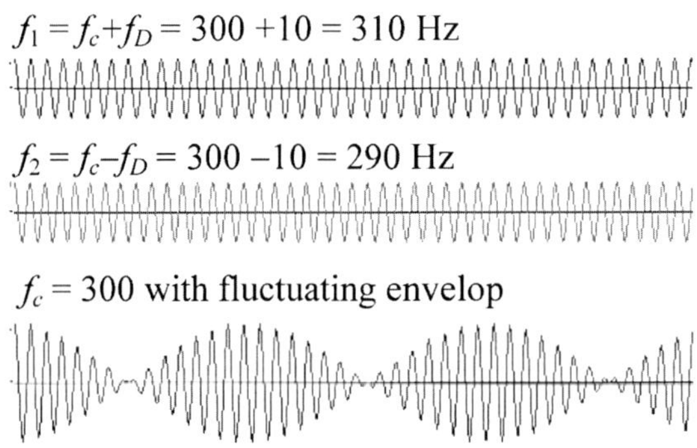

그림 2.3.10 맥놀이 현상: 주파수가 약간 다른 두 개의 정현파가 합쳐지면 상쇄/보강간섭이 반복되면서 신호의 진폭이 시간에 따라 변동하는 현상이 발생한다

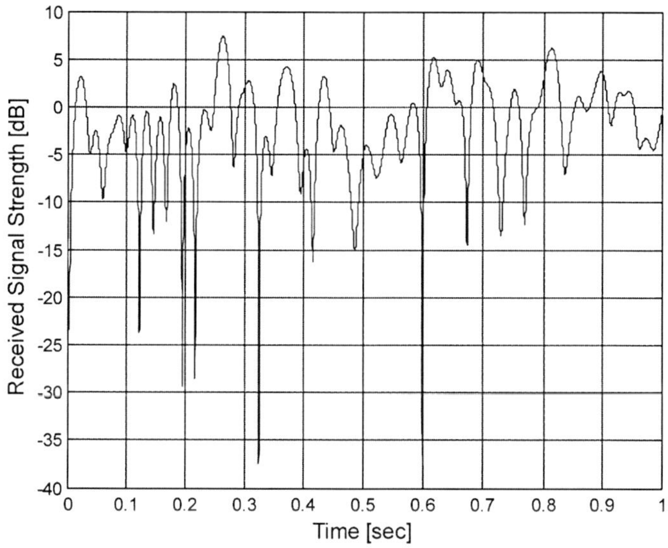

그림 2.3.11 도플러 확산에 따른 정현파 신호 진폭의 랜덤한 변동(최대 도플러 주파수 40 Hz)

❖ 코히어런스 타임

앞 절에서는 다중경로 전송에 따른 지연확산과 주파수 응답의 코히어런스 대역폭이 반비례함을 보였다. 이와 유사하게 도플러 확산에 상응한 **코히어런스 시간**(Coherence time)을 신호 진폭이 대체로 안정된 값을 갖는 시간 길이로 정의할 수 있는데 식 (2.3.6)과 유사하게

$$R_{AA}(\Delta t) \equiv E[A(t)\cdot A(t+\Delta t)]$$
$$= \lim_{T\to\infty}\frac{1}{T}\int_{-T/2}^{T/2} A(t)\cdot A(t+\Delta t)\cdot dt \qquad (2.3.15)$$

를 정의하고 코히어런스 시간(Coherence time)을 임의의 상수 ρ에 대해 다음을 만족하는 Δt의 2배로 정의할 수 있다.

$$\mathrm{Re}\left[\frac{R_{AA}(\Delta t)}{R_{AA}(0)}\right] \approx \rho \qquad (2.3.16)$$

따라서 식 (2.3.8)과 (2.3.9)와 유사하게 도플러 확산과 코히어런스 시간은 대체로 다음과 같은 관계를 갖는다.

$$T_C \approx \frac{1}{Af_D} = \frac{1}{A}\cdot\frac{\lambda}{v} \qquad (2.3.17)$$

여기서, 상수 A는 식 (2.3.8) 혹은 (2.3.9)에서와 마찬가지로 상관 계수 값 ρ에 따라 정해지는 값이다. 위의 관계식은 그림 2.1.2의 신호 세기 지도에서 골과 골 사이의 길이가 대체로 1파장 정도의 길이라는 것으로부터 쉽게 이해될 수 있다. 즉, 신호 세기의 골과 골 사이를 이동속도 v로 이동할 때 겪는 신호 세기의 변동을 고려하면 λ / v의 $1/A$ 정도의 시간 구간에서는 대체로 신호 세기가 안정된 값을 갖는다고 볼 수 있으며 이로부터 식 (2.3.17)을 얻을 수 있다. 종종, **페이딩률**(Fade rate)을 정의하기도 하는데, 이는 신호 전력이 급격히 작아지는 사건이 얼마나 자주 발생하는지를 나타내는 지표이며 대체로 최대 도플러 주파수와 동일함을 알 수 있다.

이제까지의 논의 내용을 종합하면 무선/이동 채널은 2.3.1절의 필터 모형을 확장하여 시변 필터로 모형화가 가능하며 다음과 같이 나타낸다.

$$h^{(t)}(\tau) = \sum_{l=1}^{L} h_l^{(t)} \delta(\tau - \tau_l^{(t)}) \tag{2.3.18}$$

시불변 필터모형인 식 (2.3.1)과의 차이점은 필터의 페이딩 계수 $h_l^{(t)}$가 도플러 주파수에 해당하는 페이딩률로 랜덤하게 변화한다는 것이다. 앞에서와 마찬가지로, 전송 신호 $x(t)$가 이러한 채널을 통과하여 수신된 신호 $y(t)$는 다음과 같다.

$$y(t) = x(t) * h^{(t)}(t) = \sum_{l=1}^{L} h_l^{(t)} x(t - \tau_l^{(t)}) \tag{2.3.19}$$

❖ 무선/이동 채널의 분류

앞 절을 포함하여 이제까지의 논의를 종합하면 무선/이동 채널을 특성화하는 데는 지연 확산과 도플러 확산의 두 가지 특성화 지표가 있으며 이들의 또 다른 표현으로 코히어런스 대역폭과 코히어런스 시간을 사용하여 특성화하기도 한다. 물론 이 두 지표는 신호의 대역폭 또는 심벌 주기를 기준으로 상대적으로 보아야 한다. 일반적으로 코히어런스 대역폭이 신호대역폭보다 작은 경우 **주파수 선택적 페이딩**(Frequency selective fading)이라고 하며 그 반대로 코히어런스 대역폭이 신호대역폭보다 크면 **평평한 페이딩**(Flat fading) 혹은 **주파수 비선택적 페이딩**(Frequency non-selective fading)이라고 한다. 한편, 일반적으로 데이터 심벌은 '묶음'으로 전송되며 이러한 묶음을 데이터 '패킷' 혹은 데이터 '프레임'이라고 하는데 코히어런스 시간이 프레임 혹은 패킷 시간 길이보다 작으면 **빠른 페이딩**(Fast fading)이라 하고 그 반대의 경우, **느린 페이딩**(Slow fading)이라 한다. 그림 2.3.12는 이러한 분류에 따른 4가지 사례를 보여준다.

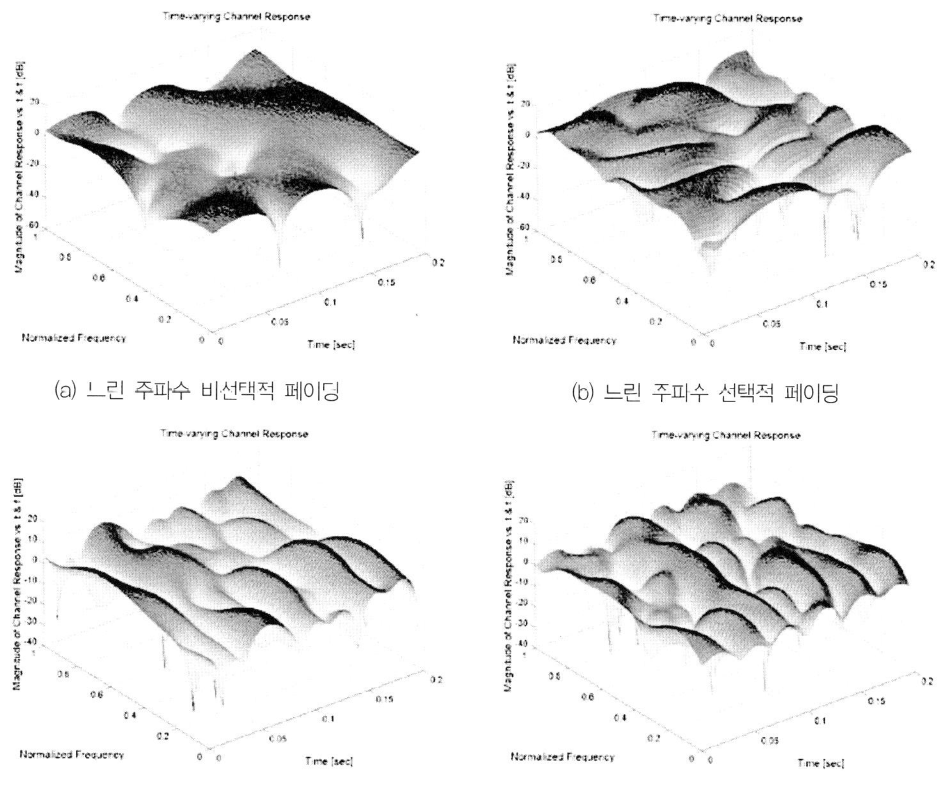

(a) 느린 주파수 비선택적 페이딩 (b) 느린 주파수 선택적 페이딩

(c) 빠른 주파수 비선택적 페이딩 (d) 빠른 주파수 선택적 페이딩

그림 2.3.12 코히어런스 대역폭과 코히어런스 시간에 따른 채널의 4가지 분류

2.4 페이딩 계수의 통계 모형(*)

(채널의 거시적 경로손실 모형도 마찬가지지만) 앞서 언급한 채널의 미시적 페이딩 모형은 시간에 따라 랜덤하게 변하는 랜덤 요소를 포함하고 있다. 확률 및 통계학에서는 이러한 랜덤 요소를 랜덤 변수 혹은 (시간에 따른 변화를 다루는 경우) 랜덤 과정(random process)이라 부르며 이들의 확률 분포 및 자기상관함수를 정의한다. 본 절에서는 페이딩 계수를 하나의 랜덤 과정으로 보고 이의 확률 분포와 전력 스펙트럼 밀도(자기상관함수의 푸리에 변환으로 정의됨)를 모형화한다. 한편, 이러한 모형화를 위해 실제 전송환경의 세부적인 사항들을 모두 고려하여 수행하는 것은 매우 복잡하고 사실상 불가능하므로 단순화된 가정으로부터 출발할 수밖에 없다. Clarke와 Gan은 매우 단순한 물리적 모형을 사용하여 실제 측정값들의 통계치에 매우 근사한 통계적 모형

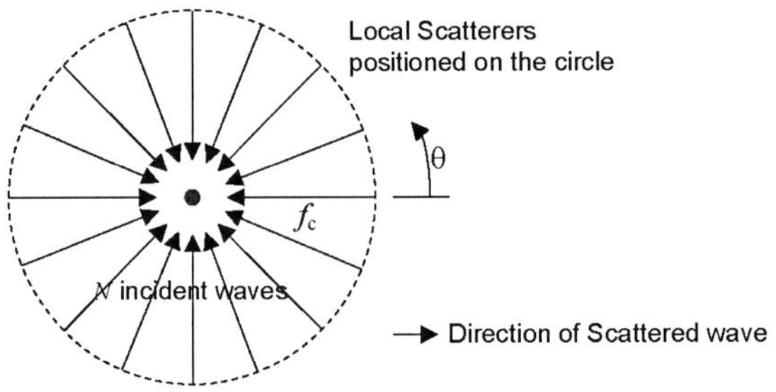

그림 2.4.1 Clarke와 Gan의 단순화된 모형

을 제시하였는데, 본 절에서는 Clarke와 Gan의 모형화에 근거한 페이딩 계수의 확률분포 모형과 이의 시간 변화에 대한 전력 스펙트럼 밀도 모형에 대해 알아본다.

2.4.1 페이딩 계수의 확률분포 모형(*)

Clarke와 Gan의 단순화된 모형을 그림 2.4.1에 나타내었다. 그림에 도시한 것처럼 수신기(Rx) 주변의 원 상에 전파의 회절 및 산란을 일으키는 방해물들이 존재하여 N개의 다중경로로 입사되는 평면파(incident wave)가 만들어진다. 이들 입사파는 등 간격으로 배치되어 있고 N은 매우 큰 수라고 가정한다. 또한, 각 경로로 수신되는 입사파는 다음과 같은 특징을 갖는다고 하자.

(1) 각 입사파는 동일한 P/N의 전력을 갖는다.
(2) 각 입사파의 위상은 0과 2π 사이에서 균일한 분포를 갖는 랜덤 변수이다.
(3) 각 입사파의 시간 지연은 모두 동일하다(평평한 페이딩 가정).

위의 단순화된 가정에 따르면, 각 입사파는 동일한 크기와 0과 2π 사이에서 균일 랜덤 위상을 갖는 **복소진폭**을 가지며 N이 매우 큰 경우, **중심 극한 정리**(Central limit theorem)에 의해, 수신 신호의 진폭은 **복소 가우시안 분포**를 갖게 된다. 여기서, 복소 가우시안 분포는 실수부와 허수부가 모두 가우시안 분포를 갖는 분포를 의미하며 위의 특징 (1)과 (2)로부터 실수부와 허수부는 서로 **무상관**(Uncorrelated)인 가우시안 랜덤 변수임을 보일 수 있다. 결론적으로, N개의 랜덤 위상과 동일 전력을 갖는 입사파들이 중첩된 수신 신호는 (N이 매우 클 경우) 실수부와 허수부가 서로 무상관인 복소 가우시안 분포를 갖는 랜덤 변수로 모형화된다. 또한, N개 입사파들이 중첩된 수신 신호를 복소수 X라 놓고 이를

$$X = X_r + jX_i$$

라 하면, 각 입사파의 전력이 $1/N$이고 이들의 위상이 0과 2π사이에서 균일 랜덤하다는 조건으로

부터, X의 1차와 2차 (중심) 모멘트는 각각 다음과 같다.

$$E[X] = E[X_r] + jE[X_i] = 0 \tag{2.4.1}$$

$$Var[X] = E[X_r^2] + E[X_i^2] = P \tag{2.4.2}$$

레일리 페이딩(Rayleigh Fading) '레일리 페이딩'은 정현파 신호의 포락선(Envelop) 진폭의 분포가 **레일리 분포**(Rayleigh Distribution)를 갖기 때문에 붙은 이름이다. 진폭과 위상을 갖는 복소 신호 X가 복소 가우시안 랜덤 변수라 하면 X의 전력에 해당하는 $|X|^2$는 지수분포의 랜덤 변수이며 진폭 $|X|$는 레일리 분포를 갖는다는 것을 쉽게 보일 수 있다. 즉, X가 평균 0, 분산 P인 복소 가우시안 랜덤 변수라면 이의 분포함수는

$$X \sim \mathcal{CN}(x;0,P) \equiv \frac{1}{\pi P} \cdot \exp\left(-\frac{|x|^2}{P}\right) \tag{2.4.3}$$

이며, 이에 따라 X의 전력 $W = |X|^2$는 **지수 분포**

$$W = |X|^2 = X_r^2 + X_i^2 \sim \mathcal{E}(w;P) = \frac{1}{P}\exp\left(-\frac{w}{P}\right),\ w \ge 0 \tag{2.4.4}$$

를 가지며 X의 진폭 $Z = |X|$는 **레일리 분포**

$$Z = |X| = \sqrt{X_r^2 + X_i^2} \sim \mathcal{R}(z;P) = \frac{2z}{P}\exp\left(-\frac{z^2}{P}\right),\ z \ge 0 \tag{2.4.5}$$

로 주어진다.

위의 가정은 다중경로 중 LOS 경로가 없는 경우에는 잘 적용되나 NLOS 경로에 비해 이득이 훨씬 큰 LOS 경로가 존재할 경우는 잘 들어맞지 않는다. LOS 경로가 존재하는 경우의 모형은 그림 2.4.2와 같다. 그림에서 입사파들은 1개의 LOS 입사파와 N개의 NLOS 입사파로 구성되며 이들에 대한 가정은 다음과 같다.

(1) LOS 입사파는 상수의 진폭 α를 갖는다(전력은 $|\alpha|^2$).
(2) 각 NLOS 입사파는 동일한 P/N의 전력을 갖는다.
(3) 각 NLOS 입사파의 위상은 0과 2π 사이에서 균일한 분포를 갖는 랜덤 변수이다.
(4) LOS 입사파와 각 NLOS 입사파의 시간 지연은 모두 동일하다(평평한 페이딩 가정).

이제 수신 신호는 LOS 입사파와 NLOS 입사파들의 전체 합으로 주어지며, NLOS 입사파의 합에 중심 극한 정리를 적용하면 수신 신호의 진폭은 평균이 α이며 분산이 P인 복소 가우시안 랜덤 변수로 표현된다(α는 상수로 가정하였음). 즉, 수신 신호를 복소 랜덤 변수 X라 놓으면 이

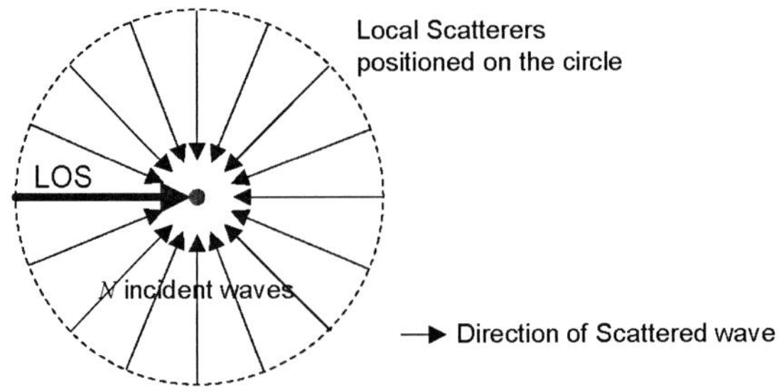

그림 2.4.2 LOS 경로가 있는 경우에 대한 Clarke와 Gan 모형의 변형

의 분포함수는 다음과 같다.

$$X \sim \mathcal{CN}(x;\alpha,P) \equiv \frac{1}{\pi P}\cdot \exp\left(-\frac{|x-\alpha|^2}{P}\right) \tag{2.4.6}$$

이로부터 X의 진폭에 대한 확률분포는 다음과 같은 파라미터 α와 P를 갖는 **라이스 분포**(Ricean distribution)로 주어진다.

$$Z = |X| \sim \mathcal{Ri}(z;\alpha,P) = \frac{2z}{P}\exp\left(-\frac{z^2+\alpha^2}{P}\right)\cdot I_0\left(\frac{2z\alpha}{P}\right),\ z \ge 0 \tag{2.4.7}$$

여기서,

$$I_0(x) = \frac{1}{2\pi}\int_0^{2\pi} e^{x\cos\theta}\,d\theta \tag{2.4.8}$$

는 0차의 변형된 일종 베셀 함수(Bessel function)이다. 두 개의 파라미터 α와 P는 각각 LOS 요소의 진폭과 NLOS 요소의 전력을 의미하며 LOS와 NLOS 요소를 합한 총 전력은(α를 실수라 가정하면)

$$P_{Total} = P + \alpha^2 \tag{2.4.9}$$

이고 LOS 요소 대 NLOS 요소의 전력비는 **라이스 인자**(Ricean factor)로 다음과 같이 정의된다.

$$K = \frac{\alpha^2}{P} \text{ 혹은 } K_{dB} = 10\log_{10}\left(\frac{\alpha^2}{P}\right) \tag{2.4.10}$$

식 (2.4.7)로 주어지는 라이스 분포는 LOS 요소의 진폭 α가 0이 되면 레일리 분포가 되며, 반면, NLOS 요소의 전력이 0이 되면 채널 이득은 상수 α로 주어진다. 채널 이득이 상수인 경우 채널은 더 이상 페이딩 채널이 아니며 일정한 수신 전력에 잡음만 존재하는 AWGN 채널로 볼

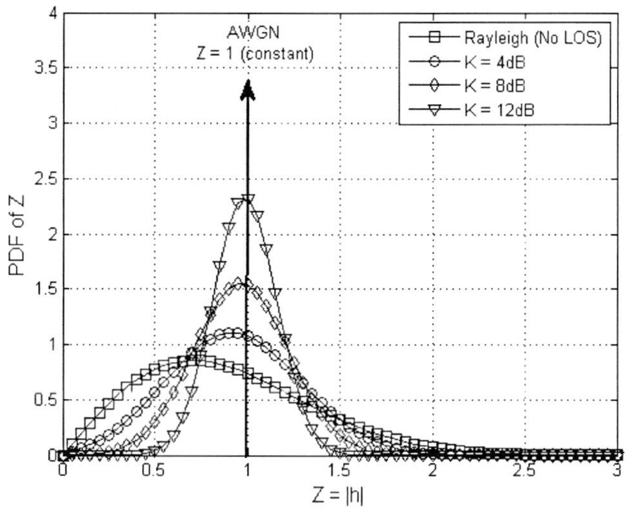

그림 2.4.3 레일리 분포와 라이스 분포. $P_{Total} = P + \alpha^2 = 1$. AWGN 채널의 경우 신호 전력이 상수로 주어지며 이 경우 페이딩 계수의 분포는 델타 함수 $\delta(z-1)$로 나타낼 수 있다.

수 있다. 그림 2.4.3은 여러 가지 라이스 인자 값에 대한 라이스 분포와 레일리 분포를 나타낸다.

2.4.2 시변 페이딩 계수의 전력 스펙트럼 밀도(*)

페이딩 계수의 시변 모형 역시 Clarke와 Gan의 단순화된 모형으로부터 유도된다. Clarke와 Gan의 단순화된 모형에서 이제 수신기가 속도 v [m/s]로 이동한다고 가정하자(그림 2.4.4).

이동성은 도플러 확산을 일으켜 수신 신호의 진폭(포락선)이 랜덤하게 변동되는 현상을 일으키는데 Clarke와 Gan의 단순화된 모형을 적용하여 수신 신호 포락선의 전력 스펙트럼 밀도 $S_{Doppler}(f)$를 유도하면 다음과 같은 결과를 얻는다(이에 대한 유도 과정은 p.50 부록에 제시한다).

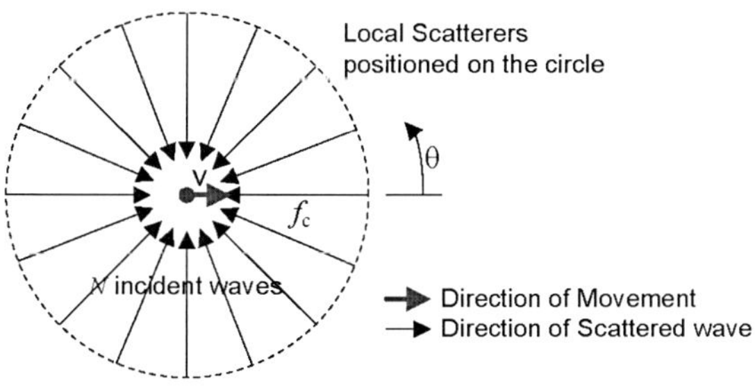

그림 2.4.4 Clarke와 Gan의 단순화된 모형. 수신기는 속도 v [m/s]로 이동한다.

$$S_{Doppler}(f) = \frac{1}{\pi f_D \sqrt{1-\left(\frac{f-f_c}{f_D}\right)^2}} \quad \text{for} \, |f-f_c| < f_D \tag{2.4.11}$$

여기서, f_D는 최대 도플러 천이로 $v/\lambda = vf_c/c$ 이며 f_c는 반송파 주파수, c는 빛의 속도이다. 식 (2.4.11)의 전력 스펙트럼 밀도를 그림 2.4.5에 도시하였다.

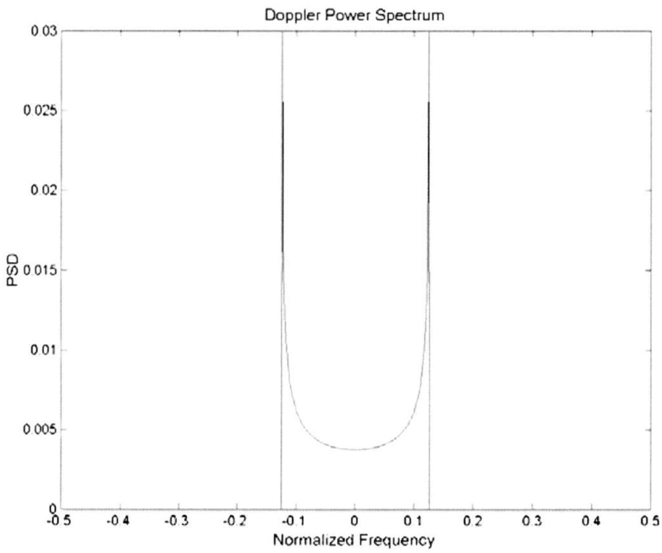

그림 2.4.5 Clarke 및 Gan의 모형에 따른 도플러 스펙트럼 $S_{Doppler}(f)$. $f_c = 0$

2.5 이 장의 요약

1. 거시적 경로손실 모형

거시적 경로손실 모형은 거리에 따른 신호 전력의 평균적 감쇠와 음영 효과에 따른 평균 전력의 감쇠만을 반영하며 다음과 같이 모형화한다.

$$L_{dB}(d) = \underbrace{L_{0,dB}}_{\substack{\text{Reference}\\ \text{loss}}} + \underbrace{10n\log_{10}(d)}_{\substack{\text{Distance}\\ \text{dependency}}} + \underbrace{L_{S,dB}}_{\substack{\text{Log-normal}\\ \text{shadowing}}} \tag{2.5.1}$$

여기서, 각 항은 다음과 같다.

$L_{0,dB}$: 기준거리($d=1$)에서의 손실

$10n\log_{10}(d)$: 거리에 따른 손실. n은 경로손실 지수

$L_{S,dB}$: 음영 효과에 따른 랜덤 손실로 표준편차 σ_{dB}인 로그-정규 분포를 가짐

식 (2.5.1)에 따른 수신 신호 전력은 다음과 같다.

$$P_{r,dBm}(d) = P_{T,dBm} - L_{dB}(d) \tag{2.5.2}$$

2. 미시적 페이딩 모델

미시적 페이딩 모형은 평균 이득 1을 가정하고 다중경로 전송과 이동성의 영향을 반영하며 다음과 같은 시변 필터로 모형화한다.

$$h^{(t)}(\tau) = \sum_{l=1}^{L} h_l^{(t)} \delta(\tau - \tau_l^{(t)}) \tag{2.5.3}$$

여기서, $P(\tau) = E_t |h^{(t)}(\tau)|^2$를 전력-지연 프로파일이라 하며 이에 대한 RMS 지연확산과 코히어런스 대역폭은 다음과 같다.

$$\sigma_\tau \equiv \sqrt{\overline{\tau^2} - (\overline{\tau})^2} \Rightarrow B_c = \frac{1}{A\sigma_\tau} \tag{2.5.4}$$

여기서,

$$\overline{\tau} \equiv \frac{\sum_{k=1}^{L} \tau_k P(\tau_k)}{\sum_{k=1}^{l} P(\tau_k)}, \quad \overline{\tau^2} \equiv \frac{\sum_{k=1}^{L} \tau_k^2 P(\tau_k)}{\sum_{k=1}^{L} P(\tau_k)} \tag{2.5.5}$$

이고 A는 정규화 상관 계수(ρ)를 반영하는 값으로 $\rho = 0.5$의 경우, $A \approx 5$ 정도이며 $\rho = 0.9$의 경우, $A \approx 50$이다.

한편, 각 페이딩 계수 $h_l^{(t)}$는 이동성으로 인한 도플러 확산에 의해 시간에 따라 랜덤하게 변하는 값으로 대체적으로 최대 도플러 천이에 해당하는 변동률을 갖으며 최대 도플러 천이와 이에 상응한 코히어런스 시간은 다음과 같다.

$$f_D = \frac{f_c v}{c} = \frac{v}{\lambda_c} \quad \Rightarrow T_C \approx \frac{1}{Af_D} \tag{2.5.6}$$

여기서, A는 식 (2.5.4)의 코히어런스 대역폭에서와 유사하게 정의된다.

3. 무선/이동 채널의 특성화 및 분류

일반적으로 코히어런스 대역폭이 신호대역폭보다 작은 경우 **주파수 선택적 페이딩**(Frequency selective fading)이라고 하며 그 반대로 코히어런스 대역폭이 신호대역폭보다 크면 **평평한 페이딩**(flat fading) 혹은 **주파수 비선택적 페이딩**(Frequency non-selective fading)이라고 한다. 한편, 일반적으로 데이터 심벌은 '묶음'으로 전송되며 이러한 묶음을 데이터 '패킷' 혹은 데이터 '프레임'이라고 하는데 코히어런스 시간이 프레임 혹은 패킷 시간 길이보다 작으면 **빠른 페이딩**(fast fading)이라 하고 그 반대의 경우, **느린 페이딩**(slow fading)이라 한다. 물론 채널 페이딩의 빠르고 느림 혹은 주파수 선택성/비선택성은 신호의 대역폭 또는 심벌 주기(프레임 길이)를 기준으로 상대적으로 판단되어야 한다.

4. 페이딩 계수의 통계적 모형

일반적으로 (특정 경로에 대해) LOS 요소와 NLOS 요소가 모두 존재하는 경우, 페이딩 계수의 크기 Z(예를 들면, $Z = |h_l^{(t)}|$)는 라이스 분포를 갖는 랜덤 변수로 다음과 같이 모형화된다.

$$Z \sim \mathcal{R}i(z;\alpha, P) = \frac{2z}{P}\exp\left(-\frac{z^2+\alpha^2}{P}\right)\cdot I_0\left(\frac{2z\alpha}{P}\right),\ z \ge 0 \tag{2.5.7}$$

여기서,

$$I_0(x) = \frac{1}{2\pi}\int_0^{2\pi} e^{x\cos\theta} d\theta \tag{2.5.8}$$

는 0차의 변형된 일종 베셀 함수(Bessel function)이며, 두 개의 파라미터 α와 P는 각각 LOS 요소의 진폭과 NLOS 요소의 전력을 의미한다. 즉, LOS와 NLOS 요소를 합한 총 전력은

$$P_{Total} = P + \alpha^2 \tag{2.5.9}$$

이고 LOS 요소대 NLOS 요소의 전력비는 **라이스 인자**(Ricean factor)로 다음과 같이 정의된다.

$$K = \frac{\alpha^2}{P} \text{ 혹은 } K_{dB} = 10\log_{10}\left(\frac{\alpha^2}{P}\right) \tag{2.5.10}$$

식 (2.5.7)로 주어지는 라이스 분포는 LOS 요소의 진폭 α가 0이 되면 다음과 같은 레일

리 분포가 된다.

$$Z \sim \mathcal{R}(z;P)=\frac{2z}{P}\exp\left(-\frac{z^2}{P}\right),\ z\ge 0 \tag{2.5.11}$$

참고로 레일리 분포를 갖는 랜덤 변수는 이를 제곱하면 지수 분포를 갖는다. 즉,

$$W=Z^2 \sim \mathcal{E}(w;P)=\frac{1}{P}\exp\left(-\frac{w}{P}\right),\ w\ge 0 \tag{2.5.12}$$

한편, 식 (2.5.7)로 주어지는 라이스 분포는 NLOS 요소의 전력이 0이 되면 채널 이득은 상수 α로 주어진다. 채널 이득이 상수인 경우 채널은 더 이상 페이딩 채널이 아니며 일정한 수신 전력에 잡음만 존재하는 AWGN 채널로 볼 수 있다.

마지막으로, 시변 페이딩 계수의 전력 스펙트럼 밀도는 다음과 같다.

$$S_{Doppler}(f)=\frac{1}{\pi f_D\sqrt{1-\left(\frac{f-f_c}{f_D}\right)^2}}\quad \text{for}\ |f-f_c|<f_D \tag{2.5.13}$$

여기서, f_D는 최대 도플러 천이로 $v/\lambda=vf_c/c$이며 f_c는 반송파 주파수, c는 빛의 속도이다.

2.6 컴퓨터 시뮬레이션 과제

1. [경로손실 생성기] 다음의 파라미터들을 입력으로 받아 랜덤한 경로손실 값을 생성하여 리턴하는 MatLab 함수를 작성하라.
   - 송수신기 간 거리, d [km]
   - 경로손실 지수(Path loss exponent), n
   - 음영표준편차(Shadowing standard deviation of Log-normal shadowing), σ_{dB}
   - 기준 손실(Reference loss), $L_{0,dB}$

2. [경로손실 산포도] 다음과 같은 단계로 경로손실 시뮬레이션을 수행하고 그 결과를 plot하라($n=3$, $\sigma_{dB}=10$ dB, $L_{0,dB}=100$ dB를 가정하라).
   - 시뮬레이션 단계

     (1) 100 m~10 km사이에서 균일한 분포를 갖도록 랜덤 거리 d [km]를 생성한다.

     (2) 1에서 작성한 함수를 사용하여 거리 d에 대한 랜덤 경로손실을 생성한다.

(3) (1)과 (2)의 과정을 반복(10000회)하여 거리-손실에 대한 산포도를 그려라(이때, 거리와 손실은 모두 로그-스케일을 사용하라).

3. [T-DMB 시스템 커버리지] 국내에서 T-DMB 서비스를 하기 위해 몇 개의 송신소가 필요한지 추정해 보려고 한다. 이를 위해서는 송신소당 서비스 반경과 커버리지(Coverage)를 결정해야 한다(커버리지는 정해진 영역 내에서 이동단말의 수신 SNR이 신호의 성공적인 수신을 위해 최소로 요구되는 SNR 값 이상이 되는 영역의 확률(%)로 정의된다). 아래의 파라미터를 이용하여 다음의 과제를 수행하라.

- $n = 3$
- $\sigma_{dB} = 8$ dB
- $L_{0,dB} =$ 100 dB
- $P_t = 100$ W(20 dB)
- 잡음전력 밀도 @Rx = −175 dBm
- T-DMB 신호 대역폭: 2MHz
- 최소 요구 SNR: 10 dB

(1) 서비스 반경을 $R = 100$ km라고 하자. 다음의 단계로 시뮬레이션을 수행하여 커버리지를 추정하라(거리 d의 단위는 km를 사용함).

① 단계 1: 반경 R 내에서 균일분포를 갖는 랜덤 위치 (x, y)를 생성하고 원점으로부터의 거리 $d = (x^2 + y^2)^{1/2}$를 계산한다($d > R$인 경우 다시 생성해야 함).

② 단계 2: 기 작성한 경로손실 생성기를 사용하여 그 위치에서의 경로손실을 생성하고 이로부터 수신 SNR을 계산한다.

③ 단계 1, 2를 여러 번(예를 들어, 100만 번) 수행하고, 이중 수신 SNR이 최소 요구 SNR보다 큰 횟수를 세어 커버리지를 추정한다.

(2) (1)의 과제를 반경 60, 80 km, 120, 140 km에 대해서도 수행해 보고 서비스 반경에 따른 커버리지의 변화를 도시하라. 또한, 이 결과로부터 커버리지를 90 또는 95% 이상으로 만들려면 서비스 반경을 어느 정도로 설정해야 할지 결정하라.

(3) 식 (2.2.17)과 (2.2.14)에 상기 파라미터 값들을 대입하여 반경 60, 80 km, 100, 120, 140 km에 대한 커버리지를 계산하라. MatLab을 이용하여 계산 후, 거리의 함수로 커버리지를 도시하고 (1)과 (2)에서 시뮬레이션을 통해 얻은 결과와 비교하라.

(4) 이상의 과정을 통해 얻은 지식을 이용하여 커버리지를 향상시키기 위한 다양한 방안들을 제시해보고 이들의 현실적 구현 가능성을 논하라.

■ 부록 2.A: Clarke 및 Gan의 모형에 따른 도플러 스펙트럼의 유도

그림 2.4.4의 Clarke와 Gan의 단순화된 모형에서 N이 매우 커서 $N\to\infty$라고 하자. 입사각 θ의 방향으로 입사되는 신호의 전력 밀도를 $p(\theta)$라 하면 전체 전력 P는 다음과 같다.

$$P=\int_{-\pi}^{\pi}p(\theta)d\theta \tag{2.A.1}$$

한편, 입사각 θ의 방향으로 입사되는 신호의 주파수는

$$f(\theta)=f_c+f_D\cos(\theta) \tag{2.A.2}$$

이며, $S(f)$를 수신 신호 포락선의 전력 스펙트럼 밀도라 하면 다음의 관계식이 만족되어야 한다.

$$S(f)\,|\,df\,|=[p(\theta)+p(-\theta)]\,|\,d\theta\,| \tag{2.A.3}$$

식 (2.A.2)로부터 다음을 얻는다.

$$|\,df\,|=f_D\,|\sin(\theta)|\,|\,d\theta\,| \tag{2.A.4}$$

$$\cos(\theta)=(f-f_c)/f_D\to\sin(\theta)=\sqrt{1-((f-f_c)/f_D)^2} \tag{2.A.5}$$

따라서

$$\left|\frac{df}{d\theta}\right|=-f_D\sqrt{1-\left(\frac{f-f_c}{f_D}\right)^2}$$

이 되며 $p(\theta)=1/2\pi\to P=1$로 놓으면 식 (2.4.11)의 도플러 스펙트럼을 얻는다.

CHAPTER 03

셀룰라 시스템

본 장에서는 셀룰라 시스템의 도입 배경과 기본 원리에 대해 소개하고 2세대 디지털 셀룰라 시스템의 하나인 GSM을 참조하여 셀룰라 시스템에서 고려되어야 하는 여러 가지 기술적 이슈들을 소개한다. 본 장의 구성은 다음과 같다.

3.1 전화망의 서비스 품질: 셀룰라 시스템이 도입된 배경은 궁극적으로 제한된 주파수로 사용자 용량을 늘리는 것이 목적이며 이러한 목표 달성에서 통화 품질과 호 차단 확률로 평가되는 서비스 품질의 만족이라는 제한 요소를 고려한다. 본 절에서는 셀룰라 시스템의 도입 배경에 대한 이해를 위한 호 차단 확률의 정의와 속성에 대해 간략히 알아본다.

3.2 셀룰라의 개념: 본 절에서는 셀룰라 시스템의 기본 원리를 제시하고 간단한 사례에 대한 분석을 통해 시스템의 성능과 파라미터들 간의 상호 관련성에 대한 이해를 제공한다.

3.3 초기 셀룰라 기반 이동 전화 시스템인 GSM 시스템의 네트워크 구성 및 무선 규격을 통해 시스템 전반의 동작에 대한 이해를 제공한다. 이를 통해 3세대 및 4세대 셀룰라 시스템의 기본 골격을 이해할 수 있다.

3.1 전화망의 서비스 품질 – 호 차단 확률(*)

최초의 셀룰라 시스템인 AMPS가 도입되기 이전 이동 전화 서비스는 1960년대 중반 벨 연구소에서 개발한 Mobile Phone Service였으며 라디오 방송용의 전송방식을 양방향으로 확장하여 뉴욕과 같은 대도시를 중심으로 서비스를 제공하였다. 이러한 이동 전화 서비스는 대도시의 중심부에 설치된 단일 기지국에 의해 이루어졌는데, 넓은 도심 지역을 커버하기 위해 고출력의 송신기를 사용하였고 안테나도 높은 곳에 설치하였다. 한편, 전송 방식은 라디오 방송용으로 사용되던 FM 변조 방식을 채용하였으며 30 kHz 대역폭을 갖는 FM 채널 2개를 쌍으로 full duplex가 가능하도록 하였다. 뉴욕 시에서 제공된 서비스는 총 12개의 full-duplex 채널을 이용하여 543명의 가입자에게 서비스를 제공하였는데 이동 전화 서비스에 대한 요구는 갈수록 높아져 이 서비스를 받기 위해 대기명단에 이름을 올려놓은 사람의 수는 3700명이었다고 한다. 물론, 가입자수를 더 늘릴 수 없었던 이유는 동시에 통화가 가능한 인원(사용자 용량)이 12명으로 제한이 되어있는 반면 가입자들이 요구하는 통화량이 많아 호 차단 확률이 너무 높았기 때문인데 나중에는 전화를 한 번 걸기 위해 수십 분을 대기해야 하는 경우도 발생하였다고 한다. 물론, 채널만 더 늘릴 수 있었다면 더 많은 가입자를 수용할 수 있었겠으나 문제는 제한된 주파수였다.

기본적으로 통화 서비스의 품질은 물리계층의 관점에서 오류 확률과 서비스 커버리지로 결정되지만 네트워크 관점에서 또 한 가지의 중요한 인자가 존재한다. 본 절에서는 전통적인 전화망의 서비스 품질을 결정하는 또 다른 (네트워크 관점의) 지표인 **호의 차단 확률**(call blocking probability)과 관련 파라미터들에 대해 논의해 보고자 한다. 그러나 본 절에서 나오는 내용은 대기 행렬(Queuing) 이론에 근거하고 있으며 다소 난이도가 있어 구체적인 분석 내용보다는 결과 중심으로 제시하여 시스템 파라미터가 (전화) 서비스의 품질에 어떻게 영향을 주는가에 대한 통찰의 제공을 목적으로 한다.

통화 채널의 묶음을 **트렁크 라인**(trunk line)이라고 하는데, N개의 통화 채널을 가진 이동 교환국에서의 채널 할당을 고려해 보자. 이동 단말로부터 통화 요청이 오거나 네트워크로부터 단말로의 연결 요청이 온 것을 '**호의 도착**(call arrival)' 혹은 간단히 '도착'이라 하며 교환국은 새로운 호가 도착하면 가용 채널 중 하나를(한 쌍을) 이동 단말에 할당한다. 만약 모든 채널이 할당되어 더 이상 할당할 채널이 없는 경우 '**호 차단**(call blocking)'이 발생했다고 한다. 한편, 통화 중이던 이동 단말이 통화를 끝내면 '**호의 출발**(departure)' 혹은 간단히 '출발'했다고 한다. 호의 도착과 출발은 (소위 생성-소멸 과정이라고 하는) 랜덤 과정이며 그림 3.1.1에 호의 도착 및 출발에 따른 **시스템 상태**(**활성 가입자 수**)의 예를 보여준다.

이제 다음을 정의하자.

(1) τ_a: (두 개의 연속된 도착의) **도착 간 시간간격**(inter-arrival time)

$$\tau_a \sim \frac{1}{T_a}\exp\left(-\frac{\tau}{T_a}\right),\ \tau \geq 0 \tag{3.1.1}$$

여기서, $T_a \equiv E[\tau_a]$

(2) τ_s: **서비스 시간**(service time) 혹은 통화 시간(holding time)

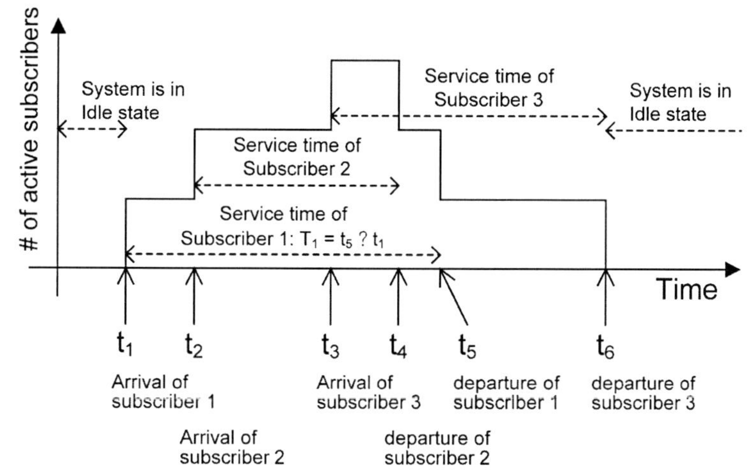

그림 3.1.1 호의 도착 및 출발에 따른 시스템의 상태(활성 가입자 수)

$$\tau_s \sim \frac{1}{T_s}\exp\left(-\frac{\tau}{T_s}\right),\ \tau \geq 0 \tag{3.1.2}$$

여기서, $T_s \equiv E[\tau_s]$

(3) 도착률 $\lambda \equiv 1/T_a$

(4) 출발률 $\mu \equiv 1/T_s$

(5) 트래픽 강도(traffic intensity) 혹은 Offered Traffic $G \equiv \lambda T_s = \lambda/\mu$

무한 서버 시스템에서의 시스템 상태 분포 트렁크 라인이 무한 개의 통신 채널을 가지고 있다고 하자. 그러면, 시스템 상태 (활성 가입자 수) K는 다음과 같은 푸아송(Poisson) 분포를 갖는다.

$$\Pr\{K=k\} = \frac{G^k}{k!}\cdot\exp(-G)\ \text{for } k = 0, 1, 2, \ldots \tag{3.1.3}$$

여기서, $E[K] = G = \lambda T_s$

S-서버 시스템 트렁크 라인이 S개의 채널을 가지고 있다고 가정하자. 시스템 상태의 최댓값은 S이며 시스템 상태 (활성 가입자 수) K의 분포는 다음과 같다.

$$\Pr\{K=k\} = \frac{G^k}{k!}\cdot p_0\ \text{ for } k = 0, 1, 2, \ldots, S \tag{3.1.4}$$

여기서,

$$p_0 = \left(\sum_{k=0}^{S} \frac{G^k}{k!} \right)^{-1} \quad (3.1.5)$$

호의 차단은 $K = S$일 때 발생하므로 **호의 차단 확률**(blocking probability)은 전체 시간 중 시스템의 상태가 $K = S$인 비율이며 따라서 다음으로 주어진다.

$$\Pr\{K = S\} = \frac{G^S}{S!} \cdot \left(\sum_{k=0}^{S} \frac{G^k}{k!} \right)^{-1} \quad \text{(Erlang B formula)} \quad (3.1.6)$$

호의 차단 확률은 전화망에서는 서비스 품질(quality) 혹은 등급(grade)을 결정하는 매우 중요한 성능 지표의 하나인데 그림 3.1.2는 서버(채널)의 개수가 $S = 10$, 20 및 30인 경우 호의 차단 확률을 트래픽 강도의 함수로 나타낸다.

[예제]

뉴욕 시내에 1개의 기지국을 설치하여 공중전화망에 연결하고 20개의 통화 채널로 뉴욕 시내 100명의 가입자에게 이동 전화 서비스를 한다고 하자. 다음 물음에 답하라.

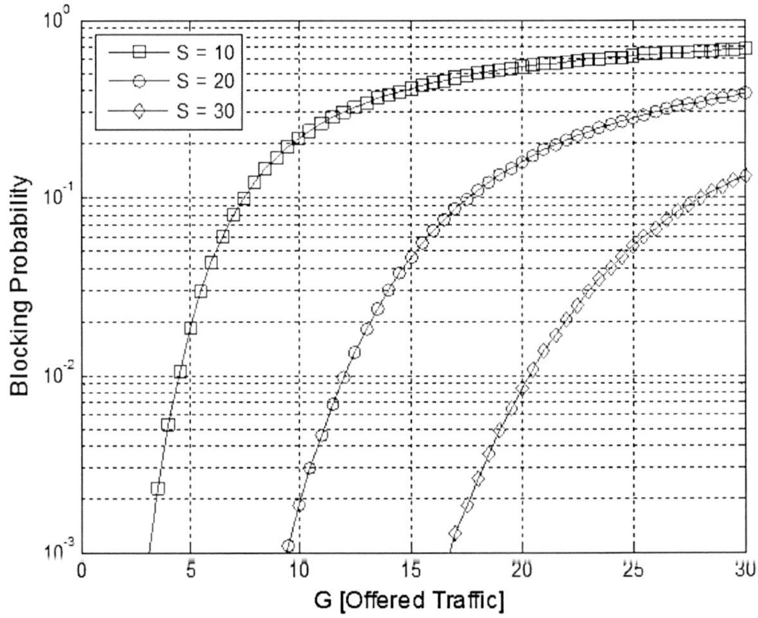

그림 3.1.2 서버(채널)의 개수가 $S = 10$, 20 및 30인 경우, 트래픽 강도(Offered traffic) G의 함수로 나타낸 호의 차단 확률

(1) 각 가입자는 평균 1시간에 1회 정도 전화 통화를 하며 1회 통화 시 6분 정도 통화를 하는 것으로 나타났다. 모든 가입자로부터의 총 도착률(aggregated arrival rate)은 몇 인가? [calls/min]의 단위로 나타내라.

(2) 이때 트래픽 강도(offered traffic)는 얼마인가?

(3) 기지국에 호가 전혀 없는 상태를 '휴지(idel) 상태'라고 한다. 기지국이 휴지 상태에 있을 확률과 차단 확률은 각각 얼마인가?

(4) 이제 가입자 수가 2배로 늘었다고 하자. 차단 확률은 얼마인가?

(5) 차단 확률을 10% 이내로 유지하고자 한다. 서비스 사업자의 입장에서 이를 위해 어떤 조치를 취할 수 있는가? 여러 가지 옵션들을 모두 고려해 보아라.

3.2 셀룰라 시스템

본 절에서는 셀룰라 시스템의 기본 원리를 제시하고 간단한 사례에 대한 분석을 통해 시스템의 성능과 파라미터들 간의 상호 관련성에 대한 이해를 제공한다.

3.2.1 셀룰라의 개념

(아이디어만 먼저 얘기하자면) 셀룰라(cellular)의 개념은 넓은 지역을 작은 '셀(cell)'로 나누고 동일한 주파수 자원을 일정 거리 떨어진 셀에서 재사용(reuse)함으로써 동시에 통화 가능한 '사용자 용량'을 늘릴 수 있다는 아이디어이다. 즉, 주파수 라이선스를 더 사지 않아도 동시 통화 가능한 사용자 용량을 늘릴 수 있다는 것이다.

우선, 그림 3.2.1(a)와 같은 넓은 커버리지 영역(예를 들면 한 대도시 지역)을 고려해 보자. 이전의 경우, 대도시 중심 높은 빌딩 위에 고출력의 기지국을 세워 넓은 지역을 정해진 주파수 자원(채널 수)을 이용하여 서비스를 하였다면 셀룰라 시스템에서는 그림 3.2.1(b)에 나타낸 바와 같이 전체 커버리지 영역(도시 전체 혹은 나라 전역)을 '셀(cell)'이라고 정의되는 작은 영역으로 구획하고 각 셀마다 기지국을 설치한다. 인접한 N개의 셀들은 '**클러스터**(cluster)'를 형성하며 (그림 3.2.1(b)의 경우 인접한 3개 셀이 하나의 클러스터를 구성하며) 하나의 클러스터에 포함된 셀들은 전체 주파수 채널을 나누어 사용하는 한편 다른 클러스터에서는 동일한 전체 주파수 자원을 **재사용**(reuse)한다. 물론, 인접한 셀들이 동일한 자원을 사용하면 채널 간 간섭이 발생하므로 인접한 셀들이 동일한 자원을 사용하지 않도록 **주파수 계획**(frequency planning)을 세워야 한다. 동일한 주파수 채널을 사용하는 셀을 **동일 채널**

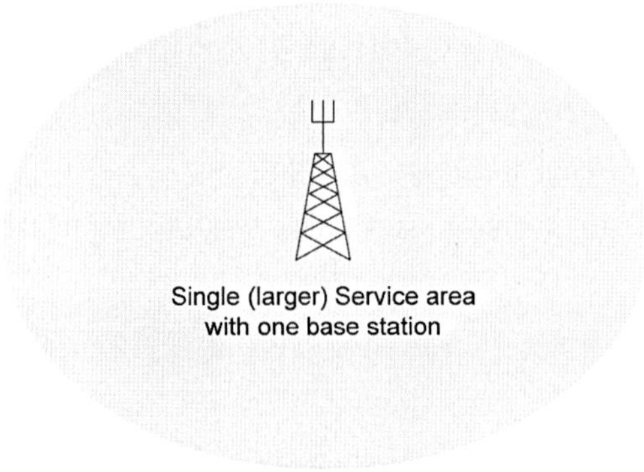

(a) 단일 커버리지 영역을 갖는 이동 전화 서비스 모형

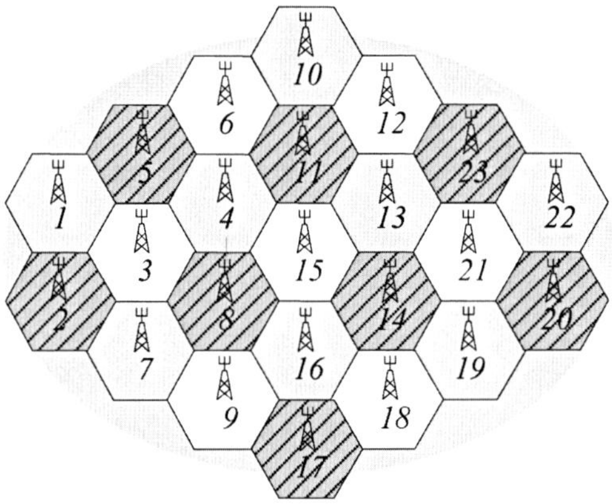

(b) 작은 영역(셀)으로 나누어 주파수를 재사용하는 이동 전화 서비스 모형

그림 3.2.1 기존의 이동 전화 서비스와 셀룰라 기반 이동 전화 서비스 모형의 비교

셀(co-channel cell)이라 하는데, 가능하면 동일 채널 셀들은 멀리 떨어지도록 셀을 배치한다. 이제 다음의 변수를 정의해 보자.

S : 전체 가용 주파수 채널 수(duplex 채널 수)

N : 클러스터당 셀 수

M : 전체 커버리지 영역 내의 클러스터 개수

그러면, 각 셀이 사용할 수 있는 셀당 주파수 채널 수(k)는

$$k = \frac{S}{N} \tag{3.2.1}$$

이며, 전체 커버리지 영역 내의 셀 수는 NM이다. 따라서 동시에 통화 가능한 **사용자 용량**(user capacity) C는 다음과 같다.

$$C = k \times MN = SM \tag{3.2.2}$$

기존의 단일 커버리지 영역에 기반한 시스템의 사용자 용량은 전체 주파수 채널 수 S이므로 (3.2.2)를 이와 비교해 보면 클러스터의 수만큼 사용자 용량이 늘어남을 알 수 있으며 결국 셀을 더 작게 만들고 더 많은 클러스터를 구성하면 사용자 용량은 이에 비례하여 무한히 늘어날 수 있다. 한편, 클러스터 내의 각 셀은 전체 주파수 자원의 $1/N$을 할당 받고 N개의 셀마다 동일한 주파수가 재사용되므로 **주파수 재사용률**(frequency reuse factor)은 $1/N$이다.

이러한 셀룰라 시스템의 특징은 다음과 같다.

(1) 작은 셀당 영역과 낮은 송신 전력

(2) 복잡한 인프라 구조 - 각 셀을 실제 서비스하는 기지국들은 서로 연결되어 있어야 하므로 구조가 복잡하다.

(3) 복잡한 상위 계층 프로토콜 - 네트워크로부터 단말로 호가 발생한 경우 호의 연결을 위해서는 이동 단말의 대체적인 위치를 알아야 하므로 **위치 관리**(location management)를 위한 프로토콜이 필요하며 단말이 한 셀에서 인접 셀로 이동한 경우 호 연결 중에 기지국을 바꾸는 **핸드오버**(handover)와 새로운 기지국으로의 **호 전달**(call forwarding) 기능 등이 요구된다.

(4) **셀 플래닝**(cellplanning)의 필요성 - **셀 간의 간섭**(inter-cell interference)을 최소화하기 위한 클러스터의 구성과 주파수 채널의 분배를 포함한 셀 파라미터의 최적화가 필요하며 이를 설정하는 제반 과정을 셀 플래닝이라 한다.

이상의 결과를 보면 셀룰라 시스템에서 사용자 용량을 더 늘리기 위해서는 결국 2가지 방안이 있다. 첫 번째는 셀을 더 작게 하여 더 많이 만들면 셀 수에 비례하여 클러스터 개수도 늘어나고 이에 따라 사용자 용량은 더 늘어난다. 문제는 인프라 구조와 주파수 계획은 더 복잡해지고 이에 따른 비용은 높아질 수밖에 없다. 한편, 셀의 개수는 그대로 두고 클러스터의 사이즈(N)를 줄이면 동일한 셀 수에서 클러스터 수는 많아지기 때문에 사용자 용량은 더 늘어난다. 이러한 경우의 문제는 동일 채널 셀들이 더 가까워지기 때문에 셀 간 간섭이 증가한다는 문제가 있으며 결국 정해진 간섭 양을 넘지 않는 범위 내에서 주파수 재사용률을 크게 할 필요가 있다. 그럼 이러한 셀 배치 계획은 어떤 기준에 의해 어떻게 결정할 수 있는가? 이에 대한 일반적인 방법을 제시하기는 쉽지 않으나 이후의 절에서 단순화된 채널 모형을 적용하여 부분적으로나마 이에 대한 통찰을 제시한다.

3.2.2 셀 계획

이제 클러스터 크기나 주파수 재사용 패턴에 따른 동일 채널 셀 간의 간섭이 얼마나 되는지를 따져보고 최상의 서비스를 위한 셀 배치(클러스터의 크기와 재사용률)와 송신 전력 등은 어떻게 설정해야 할지 논의해 보자.

주파수 재사용 패턴과 동일 채널 셀과의 거리 그림 3.2.2는 정육각형의 셀 영역을 갖는 셀룰라 시스템의 주파수 재사용 패턴을 나타내는데, 세 가지 클러스터 크기($N = 3$, 4 및 7)에 대한 예를 보여준다. 물론, 현실적인 시스템에서는 기지국의 설치 위치를 균일하게 만들 수도 없을뿐더러 균일하게 배치한다 해도 주변의 지형지물에 의해 셀 영역의 경계는 정육각형으

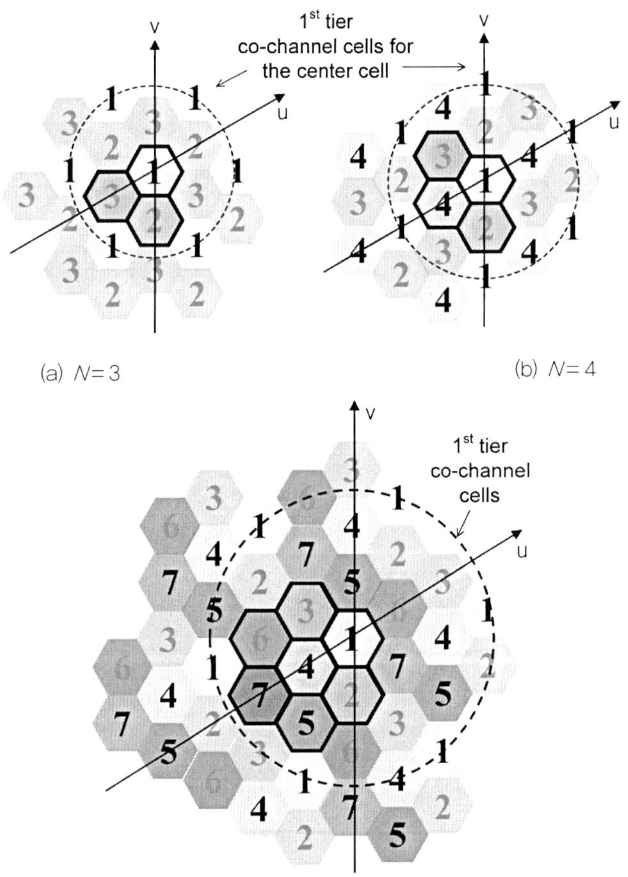

(a) $N = 3$ (b) $N = 4$

(c) $N = 7$

그림 3.2.2 다양한 클러스터 크기(N)를 갖는 주파수 재사용 패턴

로 정확히 나눠지지는 않는데, 실제 거리는 1번 셀의 기지국에 가깝다고 해도 신호의 강도는 2번 셀로부터의 신호가 더 셀 수도 있다. 그러나 이후에 다룰 분석의 편의를 위해 정육각형의 셀 영역을 만드는 기지국의 배치를 고려할 것인데 이상적인 배치라고 하더라도 셀룰라 시스템의 특징을 파악하고 통찰을 얻기에는 충분할 것이다. 이제 다시 그림 3.2.2를 보자. $N = 3$, 4 및 7인 각 경우의 중앙부에 굵은 선으로 표기된 셀들의 그룹은 클러스터를 나타낸다. 우리가 주목할 것은 '1'번으로 표기된 중앙 클러스터 내의 셀과 동일한 주파수를 사용하는 동일 채널 셀들이다. 그림에 중앙의 1번 셀과 동일한 주파수 채널을 사용하는 셀은 주변으로 그려놓은 점선의 동심원 상에 존재하는데, 클러스터 크기와는 상관없이 6개의 동일 채널 셀들이 존재한다. 이들은 소위 1계층(fisrt tier) 동일 채널 셀을 구성하는데, 보다 더 먼 거리에 2계층 3계층의 동일 채널 셀들이 존재하긴 하나 이들로부터의 간섭은 무시할 수 있으므로 1계층 동일 채널 셀들만을 고려한다.

이제 동일 채널 셀들의 좌표와 클러스터 크기와의 관계를 살펴보자. 정육각형의 형태로 빽빽히 배치된 셀들의 좌표는 소위 *uv* 좌표계로도 불리는 기운 좌표계(oblique coordinate system)를 사용하면 편리하다. 그림 3.2.3은 *uv* 좌표를 이용한 셀의 위치 표기를 나타내는데 셀 간 거리는 1 km로 정규화하였다. 이러한 *uv* 좌표 값은 다음의 변환식을 이용하여 *xy* 직교좌표 값으로 변환하거나 그 반대로 변환할 수 있다.

$$\begin{pmatrix} x \\ y \end{pmatrix} = \begin{pmatrix} \cos 30^\circ & 0 \\ \sin 30^\circ & 1 \end{pmatrix} \begin{pmatrix} u \\ v \end{pmatrix}, \quad \begin{pmatrix} u \\ v \end{pmatrix} = \begin{pmatrix} \cos^{-1} 30^\circ & -\tan 30^\circ \\ 0 & 1 \end{pmatrix} \begin{pmatrix} x \\ y \end{pmatrix} \tag{3.2.3}$$

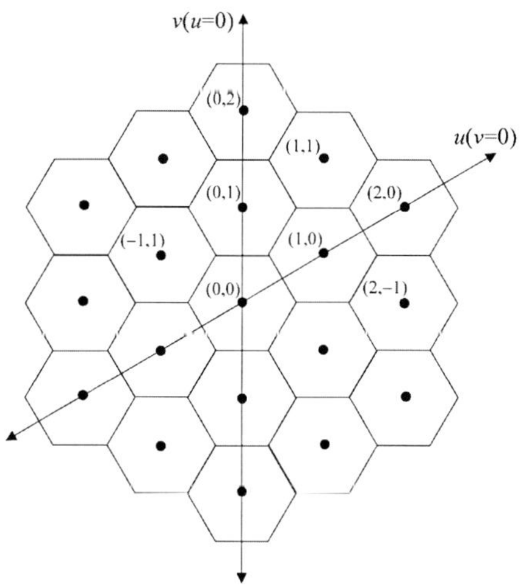

그림 3.2.3 *uv* 좌표를 이용한 셀의 위치 표기. 셀 간 거리는 1로 정규화 함

그림 3.2.2를 다시 보자. uv 좌표를 사용하여 중심 셀(좌표 (0,0)에 위치한 셀)의 1계층 동일 채널 셀 중 한 셀을 선택하여 이의 좌표를 (u,v)라 하면 N이 어떤 값을 갖든 모든 1계층 동일 채널 셀에 대해 다음과 같은 관계식이 성립함을 알 수 있다.

$$N = u^2 + uv + v^2 \tag{3.2.4}$$

이제 중심 셀과 동일 채널 셀 간의 정규화된 거리 D'을 계산해 보자. 위와 마찬가지로 1계층 동일 채널 셀 중 한 셀을 선택하여 이의 좌표를 (u,v)라 하고 식 (3.2.3)을 이용하면 다음을 얻는다.

$$\begin{aligned} D' &= \sqrt{x^2 + y^2} \\ &= \sqrt{(u \cdot \cos 30°)^2 + (u \cdot \sin 30° + v)^2} \\ &= \sqrt{u^2 + uv + v^2} \\ &= \sqrt{N} \end{aligned} \tag{3.2.5}$$

위의 결과는 셀 간 거리를 1로 정규화한 결과이므로 실제 거리는 위의 결과에 실제의 인접 셀 간 거리를 곱하면 얻을 수 있다. 이제 셀 반경을 R이라 하자. 그림 3.2.4를 참조해서 계산해 보면 셀 간 거리 $L = \sqrt{3}R$ 이므로 중심 셀과 동일 채널 셀 간의 실제 거리는 다음과 같다.

$$D = \sqrt{3N}R \tag{3.2.6}$$

이로부터 동일 채널 재사용 비(co-channel reuse ratio)를 다음과 같이 정의한다.

$$Q \equiv \frac{D}{R} = \sqrt{3N} \tag{3.2.7}$$

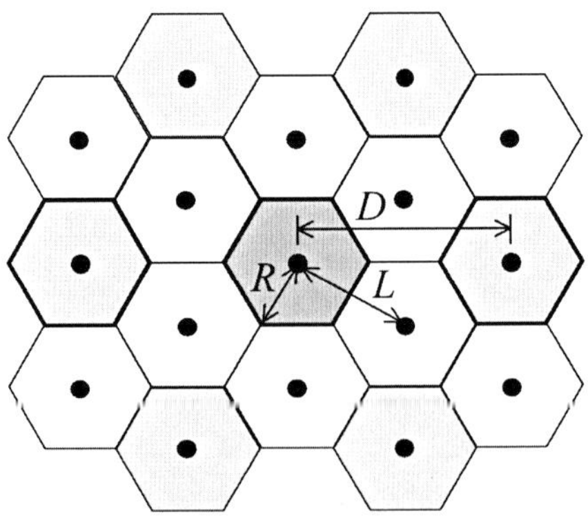

그림 3.2.4 셀 반경, 셀 간 거리 및 동일 채널 셀과의 거리

즉, Q가 작을수록 재사용률은 높아지나 동일 채널 셀과의 거리는 줄어 동일 채널 셀로부터의 간섭은 커질 것이다.

동일 채널 셀에 의한 간섭의 영향 간섭에 가장 취약한 경우는 단말이 셀의 경계에 있을 때일 것이며 이러한 최악의 상황을 고려하여 셀 파라미터를 설정해야 할 것이다. 그림 3.2.5의 상황을 고려해 보자. 중심 셀로부터 서비스를 받는 이동 단말이 중심 셀의 기지국으로부터 셀 반경 R만큼 떨어진 셀의 경계에 놓여있다고 가정하자. 이 이동 단말은 6개 동일 채널 셀로부터 간섭을 받으므로 이의 신호대 간섭 및 잡음비 SINR은 다음과 같다.

$$SINR \equiv \frac{S}{N_0W + I} = \frac{S}{N_0W + \sum_{k=1}^{K} I_k} \approx \frac{S}{\sum_{k=1}^{K} I_k} \tag{3.2.8}$$

여기서, $K = 6$이며 I_k는 k번째 동일 채널 셀로부터의 간섭 전력을 나타낸다. 잡음 전력은 간섭 전력에 비해 매우 작다고 가정하고 무시하였다. 수신 단말 기준으로 신호 전력과 간섭 전력을 평가하기 위해 제2장에서 다룬 거시적 경로손실 모형을 적용해 보자. 한편, 거시적 경로손실 모형에는 랜덤 요소(로그-정규 음영 효과)가 포함되어 있으므로 문제의 단순화를 위해 음영 효과는 고려하지 않고 경로손실 지수만 고려하면 단순화된 수신 신호 모형은 다음과 같이 거리만의 함수로 얻어진다.

$$P_R(d)[\text{dBm}] = P_T[\text{dBm}] - L_0[\text{dB}] - 10 \cdot n \log_{10} d \tag{3.2.9}$$

$$P_R(d) = \frac{P_T}{L_o \cdot d^n} \tag{3.2.10}$$

여기서, d는 송수신기 간 거리, P_T는 송신 전력 [mW], L_0는 참조 (거리) 손실이며 n은 경로손실 지수로 이의 대표적인 값은 제2장의 표 2.2.1에 나타낸 바 있다. 식 (3.2.10)을 이용하여 식 (3.2.8)을 다시 쓰면 다음과 같다.

$$SIR = \frac{P_T L_0^{-1} R^{-n}}{\sum_{k=1}^{K} P_T L_0^{-1} d_k^{-n}} = \frac{R^{-n}}{\sum_{k=1}^{K} d_k^{-n}} \tag{3.2.11}$$

마지막으로 동일 채널 셀과의 거리 d_k가 셀 반경 R에 비해 충분히 크다고 가정하면 다음과 같은 근사화가 가능하다.

$$SIR \approx \frac{R^{-n}}{6D^{-n}} = \frac{1}{6} Q^n \tag{3.2.12}$$

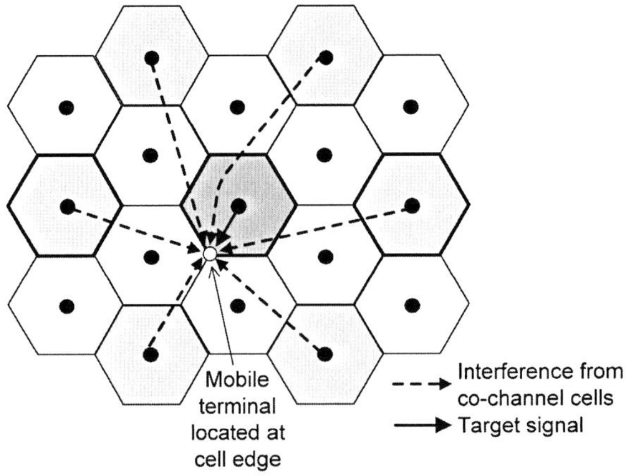

그림 3.2.5 동일 채널 셀로부터의 간섭의 영향

SIR 요구조건과 셀 파라미터의 설정 이제, 적정 수준의 통화 음질의 보장을 위해 필요한 최소한의 SNR을 γ_{Req}라 하면 이를 충족시키기 위한 요구사항은 다음과 같다.

$$\frac{1}{6}Q^n = \frac{1}{6}(3N)^{n/2} \geq \gamma_{\text{Req}} \;\Rightarrow\; N \geq \frac{1}{3}(6\gamma_{\text{Req}})^{2/n} \tag{3.2.13}$$

여기서, γ_{Req}를 10 dB($\gamma_{Req} = 10$)이라 하고 도심 지역을 가정하여 $n = 3.5$라 해보면 다음을 얻는다.

$$N \geq 3.46 \tag{3.2.14}$$

이는 도심 지역의 경우 클러스터 크기를 4이상으로 설정하면 셀의 끝에서도 어느 정도 통화가 가능할 것임을 의미한다. 다음의 예제들은 이상의 결과가 갖는 함축적인 의미들을 이해하는 데 도움이 될 것이다.

[예제 3.2.1]

기지국의 송신 전력을 증가시켜 신호 품질(SIR 혹은 SINR)의 향상이 가능한지 설명해 보아라.

[예제 3.2.2]

교외 지역으로 가면 경로손실 지수는 훨씬 작아지는데 $n = 2.8$을 가정하고 식 (3.2.13)의 조건을 만족하는 클러스터 크기를 제시하고 그 결과가 의미하는 바를 설명하라.

[예제 3.2.3]

이제 새로운 송수신기의 설계를 통해 통화 음질의 보장을 위해 요구되는 SIR γ_{Req}를 6 dB ($\gamma_{Req}=4$)로 낮췄다. $n=3.5$를 가정하고 식 (3.2.13)의 조건을 만족하는 클러스터 크기를 제시하라. 또한, 그 결과가 의미하는 바를 설명해 보아라.

물론 이상의 분석에서는 세 가지 단순화를 가정하였다. 첫 번째는 간섭 전력에 비해 잡음 전력이 매우 작다고 가정한 것인데 송신 전력이 작고 클러스터 크기가 큰 경우(예를 들면 $N=7$ 혹은 그 이상일 경우) 무시할 수 없게 된다. 두 번째 단순화는 식 (3.2.12)에서 이동 단말로부터 각 동일 채널 셀까지의 거리가 같다고 근사화한 것인데 수신 전력은 거리의 n제곱에 비례하여 감쇠하므로, 특히 N이 작은 경우 각 동일 채널 셀로부터의 간섭 전력의 차이는 그리 작지는 않을 것이다. 마지막으로, 세 번째 단순화는 로그-정규 음영 효과를 무시한 것인데 실제로는 수신 신호 전력에 음영 효과에 따른 랜덤 요소가 포함되므로 이를 고려한 통계적인 분석이 필요하다.

[예제 3.2.4]

$N=3$, 4, 7인 세 가지 경우에 대해 중심 셀의 끝에 위치한 이동 단말로부터 6개 동일 채널 셀까지의 거리 $\{d_k,\ k=1,\ 2,\cdots,\ 6\}$를 구하고자 한다(그림 3.2.5 참고). 그림 3.2.3의 (셀 간 거리가 정규화된) uv 좌표를 사용하여 동일 채널 셀들의 좌표를 설정하고 이를 xy 좌표로 변환한 후 거리 d_k들을 계산하라. 또한, 실제 거리를 셀 반경의 함수로 나타내 보아라.

[예제 3.2.5]

상기 예제의 결과를 이용하여 식 (3.2.11)의 SIR을 평가하고 최소 SIR $\gamma_{Req}=10$(10 dB)을 만족하는 클러스터 크기를 다시 결정해 보아라. 이때, $n=3.5$와 2.8에 대해 각각 결과를 제시하고, 식 (3.2.12)로 근사화한 경우와 비교하여 그 차이점에 대해 논의해 보아라.

3.2.3 셀 분할과 섹터화

앞서 언급한 바대로 셀을 더 작게 하여 더 많이 만들면 셀 수에 비례하여 클러스터 개수도 늘어나고 이에 따라 사용자 용량은 더 늘어난다. 물론 인프라 구조와 주파수 계획이 더 복잡해지기는 하지만 인구 밀집 지역이나 많은 트래픽이 발생하는 지역은 다른 지역보다는 더 작은 셀들을(엄밀히 얘기하면 기지국들을) 추가적으로 설치해야 할 필요가 있다. 이러한 필요에 따라 기존의 틀을 유지하면서 새로운 셀을 추가하는 방안으로는 **셀 분할**(cell splitting)과 **섹터화**(sectorization)가 있다. 셀 분할은 트래픽이 많이 발생하는 지역에 마이크로 셀이나 피코 셀 등을 새로 구성하는 방법으로 소출력의 기지국을 기존의 셀 영역 내에 새로 설치하여 운영하는 방법이다. 한편, 기지국을 완전히 따로 설치하지 않고 셀을 분리하는 방법으로는 셀을 더 작은 단위인 섹터로 나누는 것이다. 섹터로의 분할은 섹터 안테나라고 하는 지향성 안테나를 사용하여 커버리지 영역을 분리하는 것인데, 그림 3.2.6(b)는 하나의 셀을 3개의 섹터로 나눈 예를 보여준다.

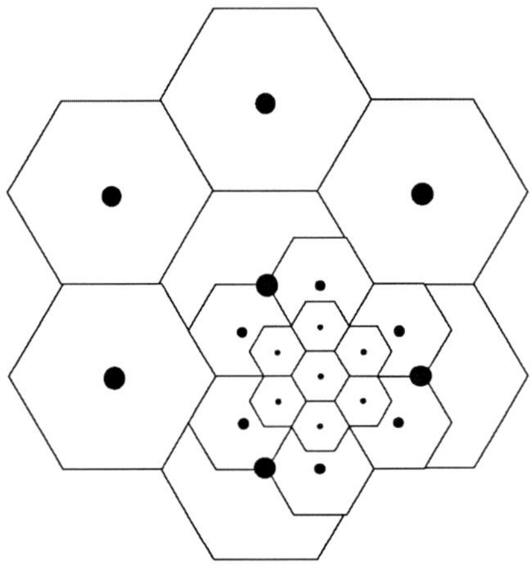
(a) 셀 분할(cell splitting)

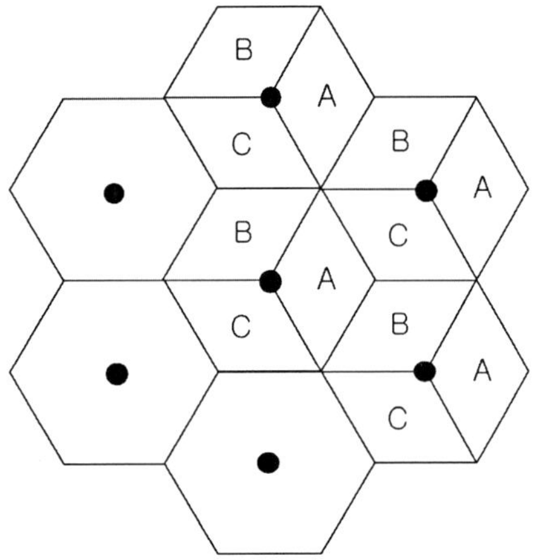

(b) 섹터화(sectorization)

그림 3.2.6 셀 분할과 섹터화

3.3 셀룰라 기반 이동 전화 시스템: GSM

1세대 셀룰라 시스템 1970년대 후반에서 80년대 초반에 시작된 1세대 셀룰라 시스템으로 미국의 AMPS와 유럽의 NMT가 있으며 기본적으로 음성 통화 서비스로 개발되었다. 전송 방식은 아날로그 FM을 사용하였으며 다중접속 방식과 상/하향 이중화로는 FDMA/FDD가 적용되었다. 이러한 1세대 시스템은 다음과 같은 문제를 갖고 있었다.

(1) 전송 방식에 따른 대역폭 사용의 비효율성: FM 방식은 페이딩 환경에서의 수신 감도나 품질이 AM 방식보다는 좋았으나 4 kHz의 음성을 전송하기 위해 30 kHz의 대역폭이 필요하였다.

(2) 간섭 문제: 기본적으로 아날로그 방식이었기 때문에 동일 채널 셀로부터의 간섭을 제거할 수 있는 방법이 없었다.

(3) 보안성 문제: 아날로그 방식은 암호화가 불가능하므로 누구나 수신기만 있다면 쉽게 감청이 가능했다.

이상의 문제를 포함하여 아날로그 기반 셀룰라 시스템은 폭발적인 서비스 수요를 지원하지 못하게 되었고 보다 높은 전송 효율과 사용자 용량을 갖는 새로운 방식의 개발이 요구되었다.

2세대 셀룰라 시스템(GSM) 1980년대 초 유럽에는 많은 셀룰라 시스템들이 운영되고 있었으나 상호 호환이 안 되었고 작은 국가들이 밀집되어 있는 유럽으로서는 국가 간 호환성이나 로밍의 기능이 절실히 필요하게 되었다. 1982년부터 표준화와 개발이 시작된 GSM(Global System for Mobile)은 유럽에서 제안된 2세대 셀룰라 시스템으로 다음의 목표를 가지고 시작되었다.

(1) 사용자 용량의 대폭적 확대
(2) 보다 좋은 음성 품질
(3) 보안성 제공
(4) 완전한 이동성 - 글로벌 로밍과 네트워크 간 핸드오버
(5) 낮은 단말기 가격과 서비스 비용
(6) 개방된 인터페이스와 표준화된 규격 → 국가 간 호환성 → 글로벌 로밍
(7) 단문 메시지 서비스

한편, 실제 상용 시스템이 도입된 것은 1992년이었으며 초기에는 900 MHz 대역(890-915/935-960 MHz)을 사용하였으나 이후에 1.8 GHz 대역(1710-1785/1805-1880 MHz)을 추가로 할당하여 운영되었다.

3.3.1 네트워크 구조

그림 3.3.1은 2세대 셀룰라 시스템의 하나인 GSM의 네트워크 구조를 보여주는데, 다음과 같은 실체(entity)들이 존재한다.

(1) MS(Mobile station): 이동 단말
(2) BS(Base station): 기지국

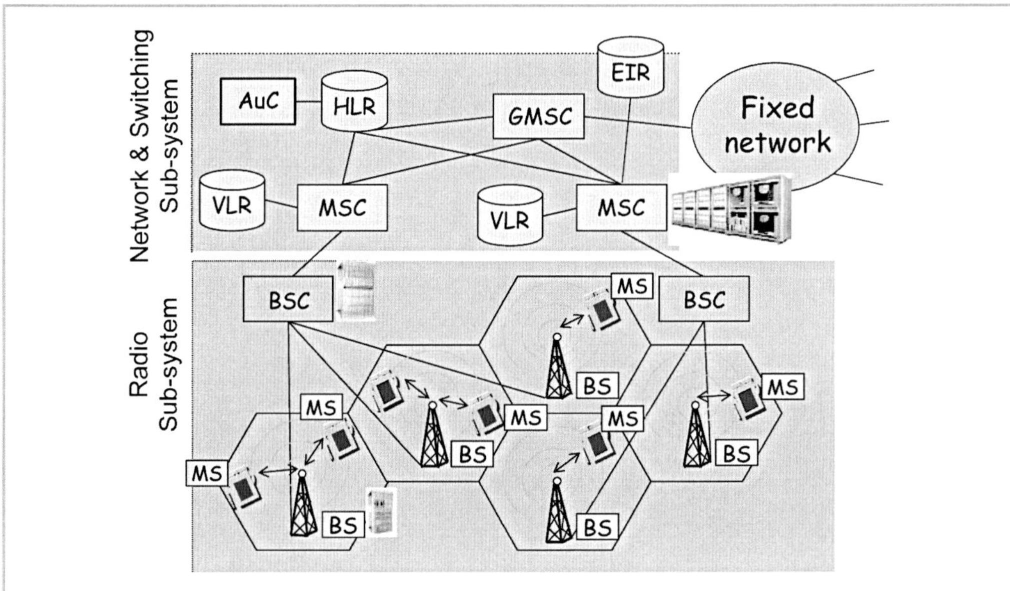

그림 3.3.1 GSM 네트워크 구성

(3) BSC(Base station controller): 기지국 제어기

(4) MSC(Mobile switching center): 이동 교환국

(5) GMSC(Gateway MSC): 게이트웨이 이동 교환국

(6) HLR(Home location register): 홈 위치 등록기

(7) VLR(Visitor location register): 방문자 위치 등록기

(8) AuC(Authentication Center): 인증 센터

(9) EIR(Equipment identification register): 단말기 ID 등록기

GSM 시스템은 네트워크/스위칭 서브시스템(network sub-system, NSS)과 무선 서브시스템(radio sub-system, RS)으로 나누어지며 RS는 다시 이동 단말(mobile station, MS)과 기지국 서브시스템(base station sub-system, BSS)으로 구분된다.

MS는 BS와의 통신을 위한 송수신기와 각종 가입자 정보를 저장하고 있는 SIM(Subscriber Identity Module) **카드**로 구성된다.

기지국 서브시스템은 기지국과 기지국 제어기로 구성되는데, 기지국은 반경 100 m~35 km 정도의 커버리지 영역을 갖는 셀 내의 가입자에게 **채널 할당**(channel allocation)을 포함하는 **무선 인터페이스**(air interface)를 제공한다. 한편, BSC는 여러 개의 인접 셀의 BS들을 통합적으로 제어하며 주파수 채널의 관리, BS 간 **핸드오버**(handover), 페이징(paging) 제어 등의 기능을 수행한다.

네트워크/스위칭 서브시스템은 GSM 시스템의 코어 네트워크(core network)를 구성하며 무선/이동 네트워크와 유선망의 연결, 라우팅 및 MS의 등록 및 연결 유지(connection maintenance) 기능을 수행한다. 네트워크/스위칭 서브시스템은 하드웨어로 구현되는 MSC와 소프트웨어 요소인 HLR, VLR, AuC 및 EIR로 구성되는데, 각 요소의 구성 및 기능은 다음과 같다.

(1) MSC는 하부에 여러 개의 BSC와 연결되어 있어 BSC 간 핸드오버를 제어하며 다른 MSC와도 연결되어 GSM의 기반 망(backbone network)을 구성한다. 또한, SS7을 이용한 전화 호 처리 기능을 수행한다.

(2) HLR은 (해당 서비스 공급자의) 모든 가입자에 대한 정보(SIM에도 저장된 정보)를 저장하는 중앙 데이터베이스로 가입자의 주소, 서비스 타입, 요금 납부 정보 및 최근의 VLR 위치 정보 등을 저장한다.

(3) VLR은 특정 지역 혹은 국가로 로밍(roaming)한 사용자의 가입자 정보를 임시로 저장하는 데이터베이스이며 이는 로밍 서비스를 요청한 해당 가입자의 HLR로부터 획득한다.

(4) AuC는 가입자의 인증을 위한 알고리즘을 포함하며 사용자 전송 데이터의 암호화를 위한 암호키를 분배한다.

(5) EIR은 특정 네트워크 내의 단말기기 정보를 저장하는 데이터베이스로 잃어버리거나 도둑맞은 단말기의 추적을 가능하게 해준다.

3.3.2 프레임 구조

GSM은 F-TDMA/FDD를 사용하며 상/하향 링크의 대역폭은 각각 25 MHz로 (상/하향 링크 대역 양쪽의 100 kHz 가드대역을 제외하고) 200 kHz 대역폭을 갖는 124개 주파수 채널로 나뉘어 있으며 각각의 주파수 채널은 8개의 TDMA 슬롯으로 나뉘어 있어 총 992개 full-duplex 채널을 제공한다. 이에 대한 프레임 구성은 제1장의 그림 1.3.1에 나타내었다. 그림의 프레임 구성을 보면 하향 링크 슬롯과 상향 링크 슬롯은 3의 슬롯 오프셋을 갖는데, 이는 송수신을 동시에 하지 않아도 되도록 하며 할당받은 슬롯의 중간에 핸드오버나 느린 주파수 호핑(slow frequency hopping)을 위한 채널측정 등을 수행할 수 있도록 하기 위함이다. 느린 주파수 호핑(slow frequency hopping)은 현재의 통화 (주파수) 채널이 깊은 페이딩에 빠졌을 때 다른 채널로 대체하는 것을 가능하게 해주는데, TDMA 프레임당 1회의 최대 속도로 호핑이 가능하다.

한편, GSM은 효과적인 서비스의 제공을 위해 (다음에 기술할) 여러 가지의 논리 및 물리 채널을 정의하는데, 이를 위해 프레임 위계 구조(frame hierarchy)를 사용한다. 우선, 기본적인 전송 단위는 577 μS(micro-second)의 길이를 갖는 슬롯인데, 통상 비트 길이로 환산하여 사용하며 이는 대략 156.25비트 시간(bit time)이다(1비트 시간은 대략 3.693 μS이다). 또한, 연속적인 슬롯 8개는 길이 4.615 ms 정도의 프레임을 구성한다. 한편, 프레임 이상의 상위 위계 구조는 트래픽과 제어 신호에 대해 약간 차이가 있는데, 제어 신호의 경우 51개 프레임이 멀티 프레임을 구성하고(제어 멀티 프레임), 26개 멀티 프레임은 슈퍼프레임을, 2048개 슈퍼프레임은 하이퍼 프레임을 구성한다. 반면, 데이터의 경우 26개 프레임이 멀티 프레임을 구성하고(트래픽 멀티 프레임), 51개 멀티 프레임은 슈퍼프레임을, 2048개 슈퍼프레임은 하이퍼 프레임을 구성한다. 그림 3.3.2는 제어 프레임 위계 구조를 나타낸다.

이러한 프레임 구성은 논리 및 물리 채널의 매핑 및 암호화를 위해 사용되며 결국 BS와 MS 간의 프레임 동기가 먼저 획득이 되어야 비로서 데이터의 교환이 가능함을 의미한다.

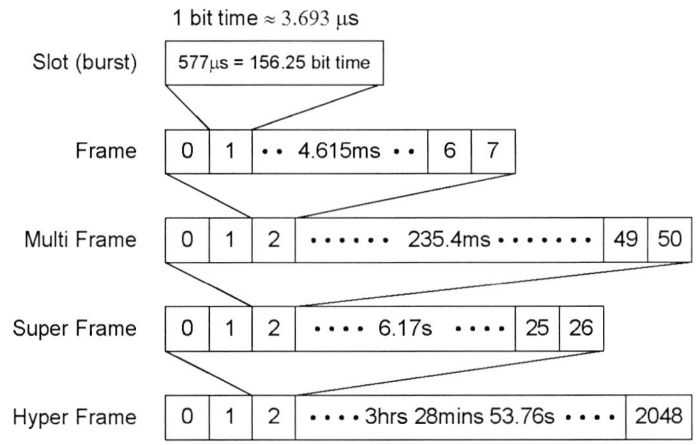

그림 3.3.2 GSM 제어 프레임 위계 구조. 데이터 프레임의 경우 26개 프레임이 멀티 프레임을 구성하며 51개 멀티 프레임이 슈퍼프레임을 구성한다

3.3.3 물리 채널과 논리 채널

GSM은 기본적으로 전화 서비스를 위한 시스템으로 본질의 목적을 달성하기 위해 다음과 같은 다양한 (상위 계층) 프로시저(procedure)들이 존재한다.

(1) 호의 연결(call connection) – MOC(mobile originating call), MTC(mobile terminated call)
(2) 로밍 호(roaming call)의 연결
(3) 위치 정보 갱신(location update)
(4) 핸드오버(handover)

한편, 이러한 상위 계층 프로시저가 이루어지려면 이동 단말과 시스템은 연결 준비 상태를 유지해야 하는데, 이를 위해 다음과 같은 (하위 계층) 프로시저가 필요하다.

(5) 초기 동기 획득(initial camp-on) – 전원을 킴과 동시에 이루어지는 과정
(6) 셀의 선택(cell selection)과 재선택(reselection)

이러한 프로시저들은 시스템의 각 요소(MS, BS, BSC, MSC, HLR, VLR 및 AuC)들 간의 '제어 메시지'의 교환을 통해서 이루어지는데, 이들 제어 메시지는 일반 데이터와는 구별되며 이들을 주고 받기 위한 별도의 채널이 할당되어야 한다.

이러한 제어 메시지의 효과적인 송수신을 위하여 **논리 채널**(local channel)과 **물리 채널**(physical channel)을 정의하는데, 물리 채널이란 물리계층에서의 처리와 물리계층과 링크 계층의 인터페이스를 위한 전송 포맷으로 GSM에서는 이를 **버스트**(burst)라 하며 하나의 슬롯을 통해 전송된다(그림 3.3.2 참조). 한편, 논리 채널은 링크 계층에서 정의되며 상위 계층과의 인터페이스를 위한 포맷으로 특정 물리 채널 혹은 그 일부를 통해 전송한다.

❖ 물리 채널(버스트)

GSM은 4가지의 버스트를 정의하는데, 구성은 그림 3.3.3과 같다. 모든 버스트의 길이는 가느 인터벌을 포함하여 하나의 슬롯 길이에 해당하는 156.25비트 시간(577 μs)이며 이들에 대한 설명 및 용도는 다음과 같다.

(1) Normal burst: (암호화된) 사용자 데이터 또는 제어 메시지를 전송하는 데 사용된다. 114비트의 데이터를 전송할 수 있으며 26비트의 훈련열(training sequence, TS)은 채널 추정을 위해 사용된다. 버스트의 시작과 끝에 각각 3비트의 tail 비트(T3)가 붙어 있으며 훈련열 양쪽에 stealing 비트(S1)는 실린 정보가 사용자 데이터인지 긴급 제어 신호인지를 나타낸다. 상향과 하향 링크 모두에서 동일한 포맷으로 사용된다.
(2) Frequency Correction burst: 하향 링크에만 정의되며 버스트의 시작과 끝의 tail 부분을 제외하고 비트 0로 채워져 전송되는데, 이 경우 신호는 순수 반송파가 되며 이동 단말 수신기에서 반송파 동기를 위해 사용된다.

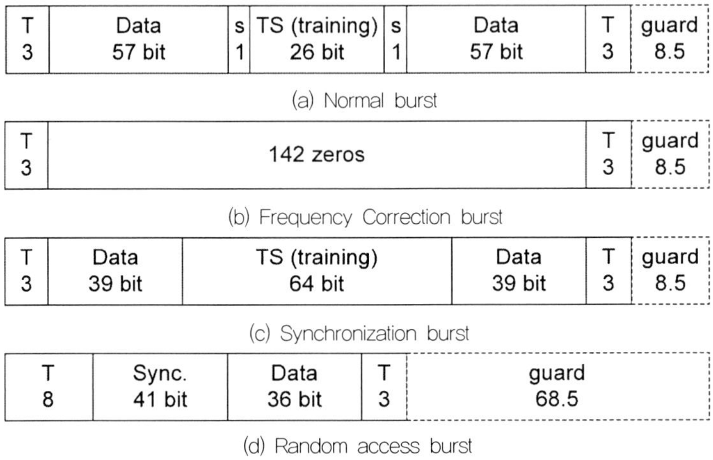

그림 3.3.3 GSM의 4가지 버스트 구조

(3) Synchronization burst: 하향 링크에만 정의되며 이동 단말이 프레임 동기의 획득을 위해 사용한다. 39비트의 데이터는 BS/Cell ID 등의 시스템 정보가 포함된다.

(4) Random access burst: 상향 링크에만 정의되며 이동 단말이 BS에 접속하거나 네트워크에 진입하기 위해 사용하는데, 이 경우 이동 단말이 프레임 동기를 획득했다고 해도 무선 채널에서의 지연으로 타이밍 오차가 클 수 있으므로 가드 인터벌의 길이가 68.25비트 시간으로 나머지 버스트의 가드 인터벌 8.25비트 시간에 비해 상당히 크다.

[예제 3.3.1]

(데이터 비트만 고려했을 때) normal 버스트를 이용한 데이터 전송률은 얼마인가?

❖ 가드 인터벌과 Timing advance

랜덤 접속 버스트의 가드 인터벌 68.25비트 시간(252μs)은 최대 셀 반경 35 km를 고려하여 설정되었는데, 이동 단말이 BS의 동기 버스트를 읽어 프레임 동기를 획득하고 지역 클록을 동기화한다 해도 셀 반경이 35 km인 경우 왕복 시간 233.3 μs(70 km/빛의 속도)만큼의 타이밍 오프셋이 발생하므로 이를 고려하여 68.25비트 시간으로 설정된 것이다. 한편, 상향 링크의 normal 버스트의 경우 가드 인터벌은 8.25비트 시간으로 매우 작은데, 그럼에도 불구하고 문제가 없는 이유는 이동 단말이 랜덤 접속 채널을 통해 BS에 접속하게 되면 BS는 버스트의 시간 지연을 추정하고 필요 시 timing advance 명령을 보내 이동 단말의 지역 클

표 3.3.1 GSM의 논리채널

대분류	중분류	약어	논리 채널	방향
Control channels	Broadcast channel	SCH	Synchronization channels	Down
		FCCH	Frequency control channels	Down
		BCCH	Broadcast control channels	Down
	Common control channel	RACH	Random access channel	Up
		AGCH	Access grant channel	Down
		PCH	Paging channels	Down
		NCH	Notification channels	Down
	Dedicated control channel	SDCCH	Stand alone dedicated control channel	Both
		FACCH	Fast associated control channel	Both
		SACCH	Slow associated control channel	Both
Traffic channels		TCH/F	Full rate Traffic channel	Both
		TCH/H	Half rate Traffic channel	Both

록을 수정하도록 하기 때문이다.

❖ 논리 채널

논리 채널은 크게 트래픽 채널과 제어 채널, 두 가지 부류로 구분되며 제어 채널은 다시 방송 채널, 공용 제어 채널, 전용 제어 채널로 분류되는데, 표 3.3.1은 논리 채널의 분류와 종류를 나타낸다.

방송 및 공용 제어 채널

(1) BCCH: 셀 ID, 프레임 동기를 위한 파라미터 등의 시스템 정보를 방송하는 논리 채널로 normal burst를 이용한다. 핸드오버에 필요한 셀 선택/재선택을 위해 신호 강도 측정용으로 사용된다.

(2) FCCH: 반송파 동기를 위한 논리 채널로 frequency correction burst를 이용한다.

(3) SCH: 프레임 동기에 필요한 정보를 송신하는 논리 채널로 synchronization burst를 이용한다.

(4) RACH: MS가 호의 설정을 위해 BS에 접속하기 위해 사용된다. 경쟁 기반의 Slotted ALOHA 방식이 적용되며 random access burst를 이용한다.

(5) AGCH: RACH를 통한 MS의 호 설정 요청이 성공한 경우 BS가 MS에게 보내는 확인 응답(acknowledgement)으로 normal burst를 이용한다.

(6) PCH: BS가 특정 MS에게 전화가 걸려왔음을 방송하는 채널로 normal burst를 이용한다.

이들 제어용 논리 채널들은 매 프레임의 첫 번째 슬롯에 매핑되며 51개 프레임으로 구성되는 멀티 프레임의 주기로 반복되는데, 그림 3.3.4에 상향 및 하향 링크의 멀티 프레임 내에서 각 제어 채널이 몇 번째 프레임에 위치하는지를 나타내었다.

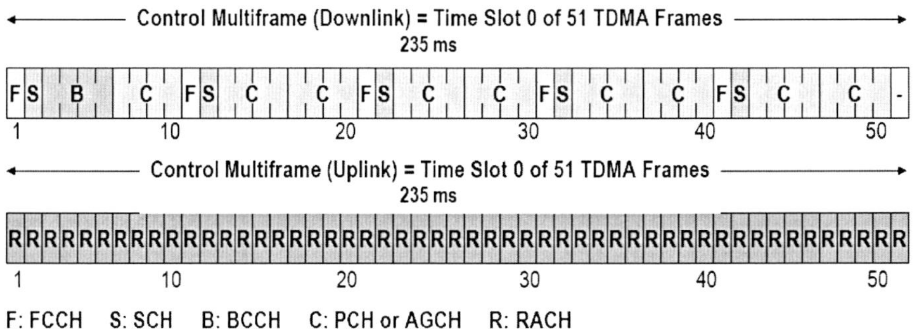

그림 3.3.4 상향 및 하향 링크의 멀티 프레임 내에서의 각 제어 채널의 매핑

트래픽 채널

(1) TCH: MS와 BS 간 음성 및 데이터 트래픽을 전송하는 논리 채널로 normal burst를 이용한다. Full-rate과 Half-rate 두 가지가 정의되어 있다. 전자는 매 프레임마다 1슬롯을 사용하여 22.8 kbps의 전송률을 가지며, 13 kbps의 음성 또는 2.4/4.8/9.6 kbps의 데이터 전송이 가능하다. 후자는 2개 프레임에 1슬롯을 사용하여 11.4 kbps의 전송률로 6.5 kbps의 음성 또는 2.4/4.8 kbps의 데이터 전송이 가능하다.

전용 제어 채널

(1) SDCCH: MS가 BS로부터 TCH를 할당 받기 전까지 인증, 등록 등을 위한 정보전송에 사용되는 양방향 채널. Normal burst의 stealing bit를 1로 설정하여 사용한다.

(2) SACCH: MS가 할당 받은 TCH에 딸린 제어 채널로 채널의 품질 및 수신 신호 전력 등의 시스템 정보 교환에 사용된다. Normal burst의 stealing bit를 1로 설정하여 사용한다.

(3) FACCH: MS가 TCH를 할당 받은 상태에서 핸드오버의 경우와 같이 MS와 BS가

SACCH로는 부족한 많은 정보를 주고 받아야 하는 경우에 사용된다. Normal burst의 stealing bit를 1로 설정하여 사용한다.

3.3.4 프로시저(procedure)

초기 캠프-온 프로시저 MS가 초기에 셀을 선택하고 해당 셀의 방송 채널을 읽어 준비 상태로 가는 과정을 **캠프-온**(camp-on)이라 한다. MS는 전원이 들어오면 124개 하향 링크 주파수 채널을 읽어 신호 강도가 가장 큰 반송파를 선택한 후 그 주파수에서 FCCH를 찾는다. FCCH가 발견되지 않은 경우 그 다음으로 신호 세기가 큰 반송파를 선택하여 다시 FCCH를 찾으며 FCCH가 찾아진 경우 단말기 오실레이터의 주파수를 맞추고 그 다음으로는 SCH를 찾는다. SCH가 발견되지 않은 경우 그 다음으로 신호 세기가 큰 반송파를 선택하여 모든 과정을 다시 수행하며 SCH가 발견된 경우(프레임 동기가 맞춰졌으면) BCCH를 읽어 시스템 정보를 획득한다. 시스템 정보가 획득되었으면 캠프-온은 완료된 것이며 데이터 송수신이 가능한 예비 상태(idle mode)를 유지한다(그림 3.3.5 참조).

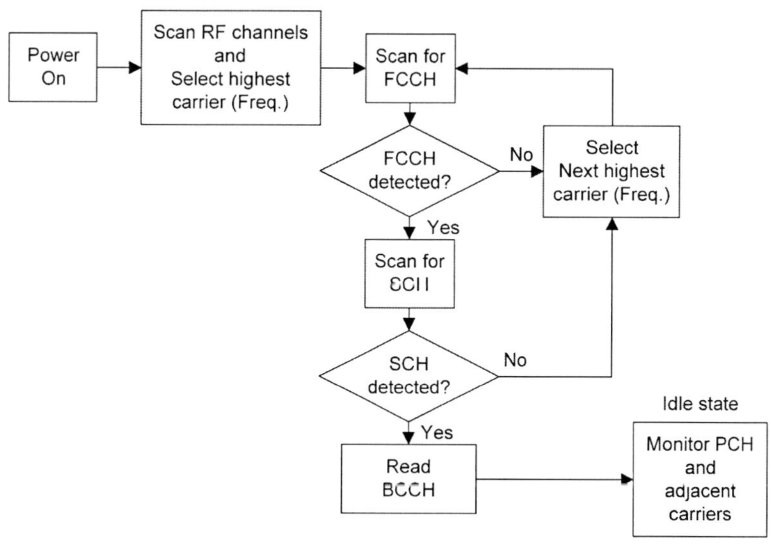

그림 3.3.5 이동 단말의 초기 캠프-온 프로시저

이동 단말의 동작 모드 GSM 이동 단말의 동작 모드는 **예비 상태**(idle mode)와 **연결 상태**(dedicated mode) 2가지가 있는데, 예비 상태에서는 현재 캠프-온 되어 있는 셀의 페이징 채

널 등을 주기적으로 읽어 걸려온 전화가 있는지 확인하며 또한 지속적인 (주변) 셀의 탐색을 통해 필요 시 새로운 셀에 캠프-온을 수행한다. 연결 상태는 MS가 현재 통화 중이거나 (TCH를 할당 받은 상태이거나) 통화를 위해 TCH를 할당 받는 과정에 있는 상태를 의미하는데, 연결 상태에서 셀을 변경하는 것을 **핸드오버**(handover)라 한다.

셀 선택과 재선택 **셀 선택**(cell selection)과 **재선택**(re-selection)은 이동 단말이 서비스를 받기 위해 기지국을 선택하는 과정으로 예비 상태(idle mode)에서 이루어진다. 셀 선택은 전원의 인가와 함께 이루어지며 수신 가능한 모든 기지국 중 가장 강한 수신 신호를 갖는 6개의 기지국을 선택한다. 이때, 셀 선택의 기준 $C1$은 다음과 같다.

$$C1(i) = AV\_RXLEV(i) - RXLEV\_ACCESS\_MIN(i) - OFFSET \tag{3.3.1}$$

여기서,

$$OFFSET = \max(0, MS\_TXPWR\_MAX\_CCH - MS\_PWR\_MAX)$$

이다. $AV_RXLEV(i)$는 BCCH를 기준으로 하는 i번째 셀의 평균 수신 신호 강도로 단말이 측정을 통해 얻는 값이며, $RXLEV_ACCESS_MIN(i)$는 해당 셀의 파라미터로 단말이 해당 셀에 접속하기 위해 필요한 최소한의 수신 신호 강도를 나타내는데, 이는 해당 셀의 BCCH를 통해 방송된다. 일반적인 값은 −98 ~ −106 dB이며 이 값이 작을수록 단말은 해당 기지국과 통신하는 데 더 많은 에너지가 소모됨을 의미한다. 또한, MS_PWR_MAX는 단말의 최대 전력을, $MS_TXPWR_MAX_CCH$는 단말이 시스템에 접속할 때 사용할 수 있는 최대의 전력 레벨을 나타낸다.

한편, 셀의 재선택은 현 서빙 기지국을 다른 기지국으로 바꾸는 과정으로 이의 기준 $C2$는 다음과 같다.

$$C2(i) = \begin{cases} C1(i) + RESELECT\_OFFSET(i) - TEMP\_OFFSET, \text{if } T(i) < PENALTY\_TIME \\ C1(i) + RESELECT\_OFFSET(i), \text{ Otherwise} \end{cases} \tag{3.3.2}$$

여기서, $RESELECT_OFFSET(i)$는 이동 단말이 해당 셀의 선택을 장려하거나 거부하는데 사용되는 파라미터로 BCCH를 통해 방송된다. 즉, 특정 셀 내의 활성 가입자가 많은 경우 부하의 분산을 위해 사용되는데, 높은 재선택 오프셋을 사용하면 해당 셀로의 접속은 더 어려워진다. 한편, $T(i)$는 단말이 6개의 각 셀에 대해 유지하는 타이머의 값이며 $PENALTY_TIME$은 BCCH를 통해 방송되는 값으로 해당 셀을 선택한 후 일정 시간 동안 다른 셀로의 이동을 방지하기 위한 것으로 셀의 경계에서 빠르게 이동하는 단말에 의한 잦은 재선택을 방지한다.

표 3.3.2는 대표적인 무선 링크 제어 파라미터의 일부를 발췌하여 이들의 기능을 요약하였다(http://ham.zmailer.org/oh2mqk/GSM/GSM-05.08.pdf).

표 3.3.2 대표적인 무선 링크 제어 파라미터 요약

Parameters	Description	Bits	Source
BSIC	Base station Identification Code	6	SCH
BA_IND	Sequence number of BA	1	BCCH
MS_TXPWR_MAX_CCH	The maximum TX power level an MS may use when accessing the system until otherwise commanded.	5	BCCH
POWER OFFSET	The power offset will be used in conjunction with the MS TXPWR MAX CCH parameter by the class 3 DCS 1 800 MS: 0=0 dB, 1=2 dB, 2=4 dB, 3=6 dB	2	BCCH
RXLEV_ACCESS_MIN	Minimum received signal level at the MS required for access to the system.	6	BCCH
RADIO_LINK_TIMEOUT	The maximum value of the radio link counter 4-64 SACCH blocks, 15 steps of 4 SACCH blocks	4	BCCH SACCH
CELL_RESELECT_HYSTERESIS	RXLEV hysteresis for required cell re-selection. 0-14 dB, 2 dB steps, i.e. 0=0 dB, 1=2 dB, etc.	3	BCCH
CELL_RESELECT_OFFSET	Applies an offset to the C2 reselection criterion. 0-126 dB, 2 dB steps.	6	BCCH
TEMPORARY_OFFSET	Applies a negative offset to C2 for the duration of PENALTY_TIME. 0 - 60 dB, 10 dB steps. 7 = infinity	3	BCCH
PENALTY_TIME	Gives the duration for which the temporary offset is applied. 20 to 620 s, 20 s steps, 31 is reserved to indicate that CELL_RESELECT_OFFSET is subtracted from C2 and TEMPORARY_OFFSET is ignored.	5	BCCH

전화 받기(MTC)와 걸기(MOC)의 호 처리 그림 3.3.6은 단말 종단 호(mobile terminated call, MTC)에 대해 (무선 서브시스템에서의) 논리 채널들을 이용한 처리 과정을 보여준다. 단말 시작 호(mobile originating call, MOC)의 경우 페이지 요청(paging request)을 제외하면 제어 메시지의 내용은 다르지만 동일한 흐름으로 처리된다.

한편, 그림 3.3.6에는 나타나 있지 않은 네트워크에서 처리 과정은 좀 더 복잡한 데, 특히 로밍 서비스를 받을 경우 가입자의 위치 정보 등에 대한 확인 절차가 있다.

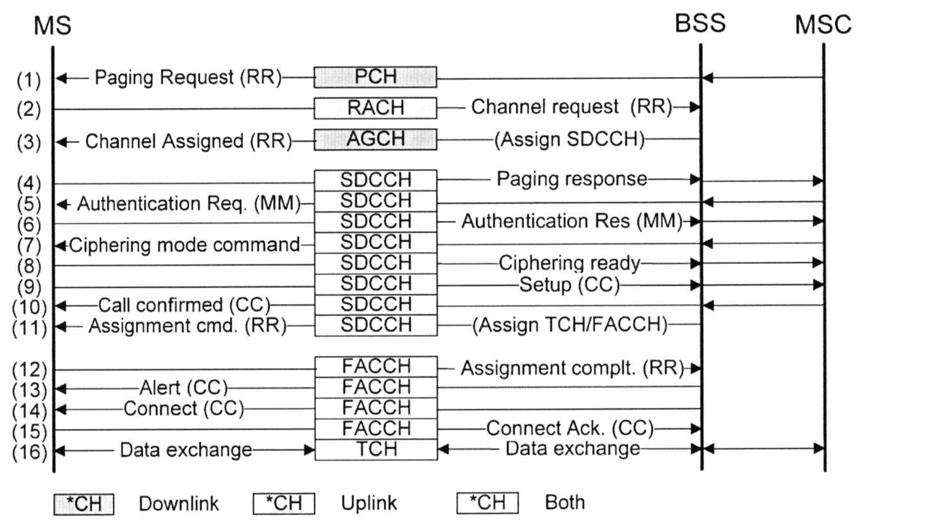

그림 3.3.6 단말 종단 호(MTC)의 처리과정. 단말 시작 호(MOC)의 경우 페이지 요청(paging request)을 제외하면(제어 메시지의 내용은 다르지만) 동일한 흐름으로 처리된다

자동 로밍을 위한 위치 정보 획득 및 로밍 호의 처리 GSM의 기본적인 특징의 하나는 로밍(roaming) 서비스이며 이를 위해서는 가입자의 위치 정보 획득이 요구된다. GSM은 이를 위하여 가입자 단말과의 주기적인 정보 교환을 통해 위치 정보 갱신을 수행하는데, 이는 가입자가 실제로 단말기를 사용하지 않더라도 전원이 켜져 있는 동안은 가입자의 이동 단말과 네트워크가 지속적으로 정보교환을 수행해야 함을 의미한다. 실제로 HLR은 가입자 이동 단말의 현재 위치 정보를 가지고 있으며 가입자가 로밍 중이더라도 로밍 지역의 VLR은 단말의 위치 이동을 HLR에 보고하도록 되어 있다.

이러한 네트워크 계층의 과정은 본 서의 주제는 아니나 셀룰라 시스템에 대한 독자의 이해를 돕기 위해 이동 단말의 위치 정보 갱신 과정과 로밍 상태에서의 MTC 및 MOC의 과정을 그림 3.3.7, 3.3.8 및 3.3.9에 도시하였다.

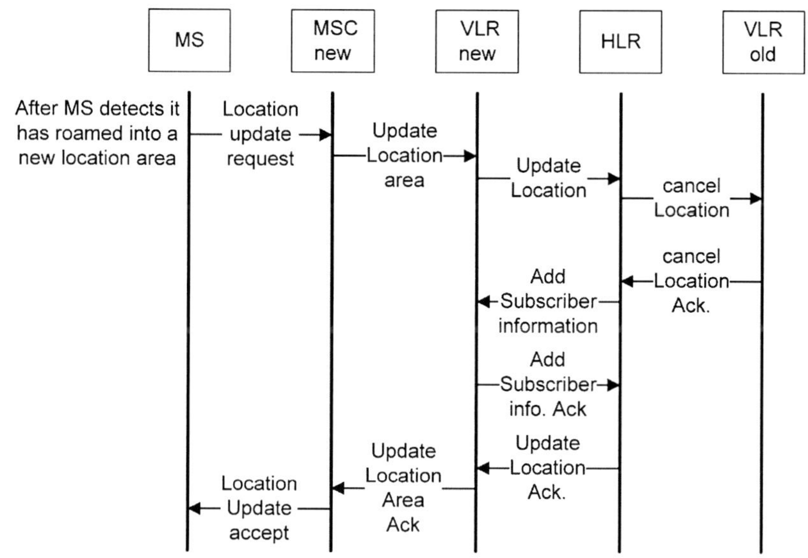

그림 3.3.7 이동 단말의 위치 정보 갱신 과정

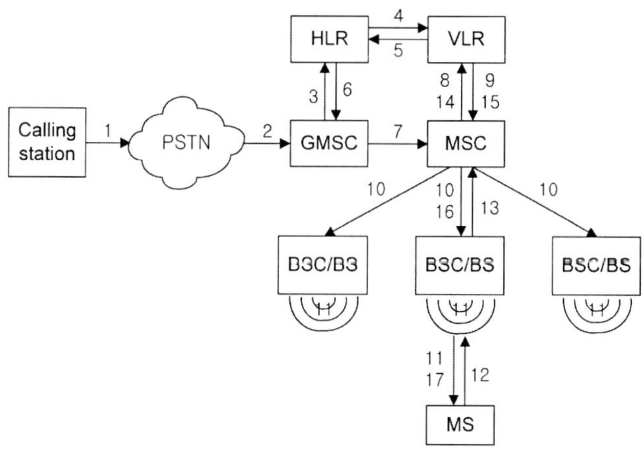

그림 3.3.8 로밍 상태에서의 MTC 절차(인용 : Jochen H. Schiller, Mobile Communications, 2nd ed., Addison Wesley, 2003)

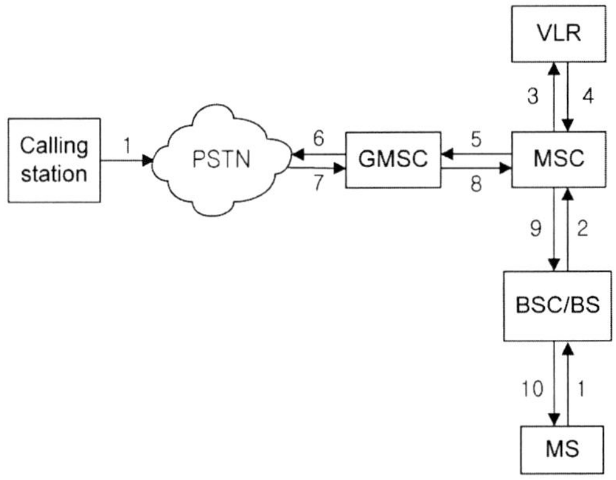

그림 3.3.9 로밍 상태에서의 MOC 절차(인용 : Jochen H. Schiller, Mobile Communications, 2nd ed., Addison Wesley, 2003)

로밍 상태에서의 MTC 절차는 다음과 같다.

1: 고정망인 PSTN(public switched telephone network, 공중 교환 전화망)에서 GSM 단말에 전화를 건다.

2: PSTN으로부터의 호는 GSM 네트워크의 GMSC로 전달된다.

3: GMSC는 HLR에 해당 GSM 단말의 위치 정보를 요청한다.

4, 5: VLR에 MSRN(MS Roaming Number)를 요청한다.

6: HLR은 해당 단말이 속한 영역의 MSC를 확인하여 GMSC에 알려준다.

7: GMSC는 호를 해당 MSC로 전달한다.

8, 9: MSC는 VLR로부터 해당 GSM 단말의 현재 위치영역과 셀 영역을 포함하는 상태정보를 얻는다.

10, 11: MSC는 BSS에 페이징 명령을 내리고 BSS는 페이징 채널을 통해 해당 GSM 단말에 호가 도착했음을 알린다.

12, 13: 해당 GSM 단말이 페이징에 응답한다.

14, 15: 호 설정 전에 인증 및 암호화를 수행한다.

16, 17: 최종적으로 호의 연결 설정이 완료된다.

로밍 상태에서의 MOC 절차는 다음과 같다.

1, 2: GSM 단말이 BSS를 통해 MSC에 호 연결 요청을 보낸다.

3, 4: 인증 및 암호화를 위해 VLR에 정보 요청을 하고 단말 및 가입자 관련 정보를

획득한다.

5~8: GMSC에 호를 전달하고 PSTN에서의 호 설정 과정을 수행한다.

9, 10: 상대방이 확인되면 연결 설정을 완료한다.

핸드오버 이동 단말이 연결 상태(dedicated mode)에서 셀을 바꾸는 것을 **핸드오버**(hand-over) 또는 **핸드오프**(handoff)라 하는데, 현재의 호를 유지한 상태에서 현 기지국과의 연결을 끊고 새로운 기지국과의 연결을 설정하는 것을 말한다. 핸드오버는 **구호**(rescue) **핸드오버**와 **부하조정**(load-balancing) **핸드오버**로 나뉘는데, 전자는 통신 채널의 품질이 떨어질 때 이루어지는 것을 말하며, 후자는 한 기지국에 너무 많은 사용자가 연결된 경우 일부 사용자를 인접 셀로 분산시키기 위한 핸드오버이다. 핸드오버는 핸드오버의 처리 범위에 따라 다음과 같이 분류할 수 있다.

(1) BS 내 핸드오버: 동일 셀 내에서 채널만 변경함
(2) BS 간 핸드오버: 동일 BSC 내에서 BS를 변경함
(3) BSC 간 핸드오버: 동일 MSC 내에서 BSC를 변경함
(4) MSC 간 핸드오버: MSC를 변경함

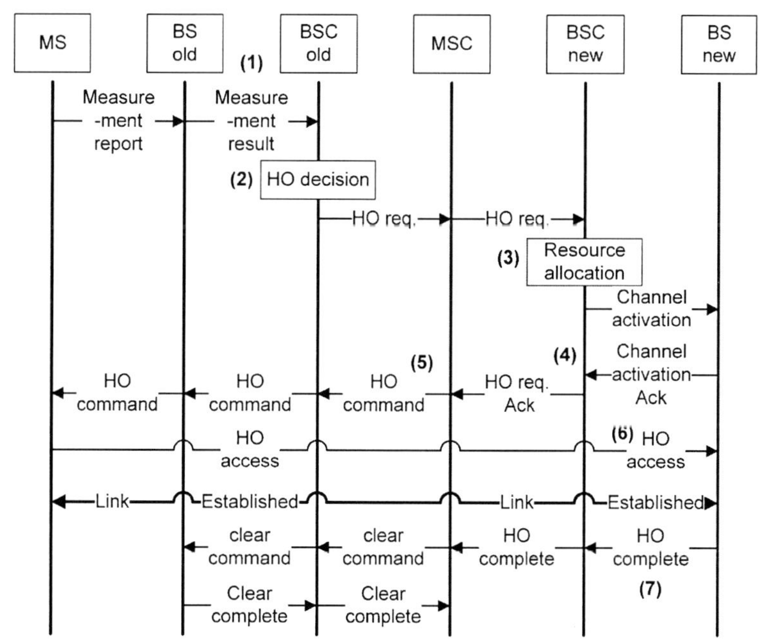

그림 3.3.10 BSC 간 핸드오버의 과정

그림 3.3.10은 BSC 간 핸드오버의 예를 보여주는데, 핸드오버 결정을 내리기 위한 준비 단계와 핸드오버 결정이 난 상태에서의 실행 단계로 구분할 수 있다. 그림에서의 각 절차에 대한 설명은 다음과 같다.

(1) BS는 주기적으로 MS의 측정값들과 자신이 그 MS에 대해 측정한 지표들을 BSC에게 보고한다.
(2) BSC는 BS들로부터의 보고와 현 트래픽 상황을 고려하여 핸드오버 결정을 내리고 MSC에 핸드오버 요청을 보낸다.
(3) MSC로부터의 핸드오버 요청을 받은 new BSC는 할당 가능한 채널이 있는지 확인하고 가용 채널이 있는 경우 이를 새로운 MS가 바로 사용할 수 있도록 준비한다.
(4) 채널이 준비되면 MSC가 핸드오버를 지시하도록 요청을 보낸다.
(5) MSC는 MS에게 핸드오버를 수행하도록 지시한다.
(6) 핸드오버 지시를 받은 MS는 기존 링크를 끊고 new BS에 접속하여 동기 등을 새로 맞춘다.
(7) New BS는 새로운 MS와의 링크가 형성되면 old BS에서 사용하던 기존 채널을 release할 수 있도록 핸드오버 완료를 알린다.

CHAPTER 04 무선 전송 기술

본 장에서는 무선/이동 채널 환경에서 데이터를 오류 없이 진송하기 위한 여러 가지 기술들에 대해 알아본다. 무선/이동 채널 환경에서의 가장 문제가 되는 것은 다중경로 전송에 의한 심벌 간 간섭(Inter-symbol interference, ISI)이다. 심벌 간 간섭은, 특히 높은 데이터 전송률의 전송 시스템에서 더욱 문제가 되는데, 높은 데이터의 전송률을 위해 심벌 주기(시간 길이)를 좁게 하면 주파수 선택성이 강해지고 이에 따른 스펙트럼 왜곡의 보상이 어려워진다. 본 장에서는 이러한 ISI를 보상하기 위한 물리계층 기술로 다음의 기술들에 대해 알아본다.

(1) 단일 반송파 신호의 등화(Equalization)
(2) 주파수 영역 등화기(Frequency domain equalizer, FDE)
(3) 직교주파수 분할 다중화(Orthogonal frequency division multiplexing, OFDM)
(4) 확산대역 통신을 이용한 ISI의 극복 – Rake 수신기

4.1 이산 ISI 채널과 영-강제 등화기

4.1.1 이산 시간 ISI 채널

이산 시간 ISI 채널의 모형은 그림 4.1.1과 같다. 그림에서 h_k로 표기된 박스는 이산 시간 임펄스 응답이 h_k인 필터를 나타나며 다중경로 전송에 따른 각 경로의 복소 페이딩 계수를 나타낸다. 이러한 채널의 입력 x_k에 대한 출력 y_k는 다음과 같다.

$$\begin{aligned} y_k &= h_k * x_k + n_k \\ &= \sum_{j=0}^{L-1} h_j \cdot x_{k-j} + n_k \end{aligned}$$

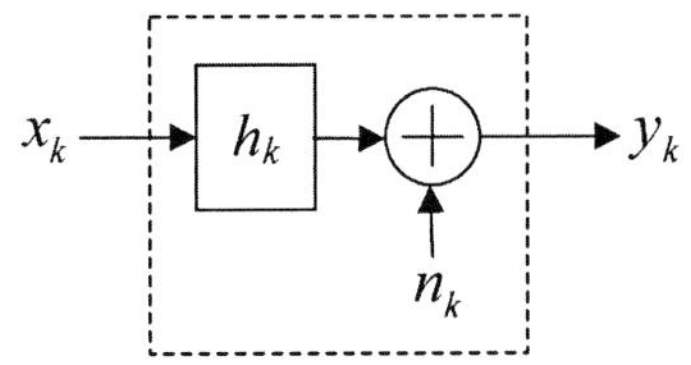

그림 4.1.1 이산 시간 ISI 채널 모형

$$= \underbrace{h_0 \cdot x_k}_{\text{signal}} + \underbrace{\sum_{j=1}^{L-1} h_j \cdot x_{k-j}}_{\text{inter-symbol interference}} + \underbrace{n_k}_{\text{noise}} \tag{4.1.1}$$

여기서, L은 채널 임펄스 응답의 길이, *는 콘볼루션을 나타내며 n_k는 가산성 백색 잡음(AWGN)으로 가우시안 분포를 갖는 랜덤 변수로 모형화된다. 위 식은 다중경로를 통해 지연되어 수신단에 도착한 신호가 현 시점의 수신 신호에 간섭으로 작용하는 것을 보여준다.

식 (4.1.1)에 대한 주파수 영역의 표현은 이산 시간 푸리에 변환(Discrete time Fourier transmform, DTFT) 혹은 Z-변환으로 주어지는데 이는 다음과 같다.

$$Y(z) = H(z) \cdot X(z) + N(z) \tag{4.1.2}$$

여기서, $Y(z)$, $H(z)$, $X(z)$ 및 $N(z)$은 각각 y_k, h_k, x_k, 및 n_k,의 Z-변환이며, 식에서 $z \to e^{j\Omega}$로 치환하면 정규화 주파수 Ω(여기서, $0 \le \Omega < 2\pi$)의 함수로 주어지는 DTFT를 얻는다.

일반적으로 무왜곡 전송(distortion-less transmission)을 위한 조건은 h_k가 다음과 같은 임펄스로 나타나야 한다.

$$h_k = a \cdot \delta_{k-D} \tag{4.1.3}$$

여기서, a는 채널의 복소 이득을 나타내며 D는 경로 지연을 나타낸다. 이러한 무왜곡(distortion-less) 전송 채널에서 수신 신호는 다음과 같다.

$$y_k = a \cdot x_{k-D} + n_k \tag{4.1.4}$$

즉, 수신 신호는 전송 신호에서 진폭만 감쇠되고 여기에 잡음만 더해진 상태로 수신되는데 이러한 신호를 그림 4.1.2에 나타내었다. 그림에서 전송 신호의 변조 방식은 QPSK를 가정하였고, 신호대 잡음비는 15 dB를 가정하였다. 그림을 보면 신호에 잡음만 더해졌을 뿐 원 신호의 성좌도가 그대로 유지되는 것을 볼 수 있다. 한편, 무왜곡 전송 조건을 Z-변환 영역(혹은 주파수 영역)에서 보면 다음과 같다.

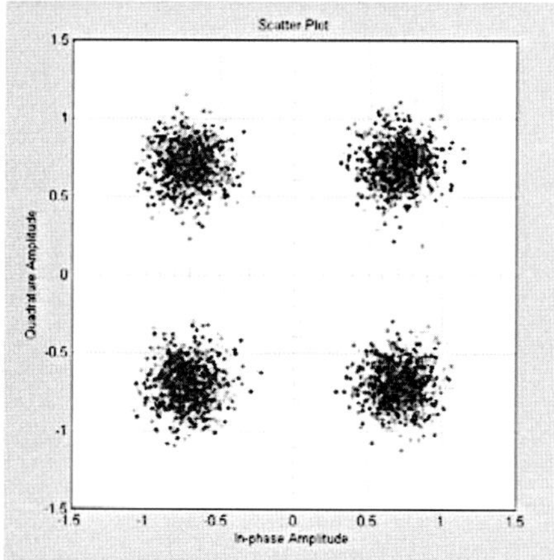

그림 4.1.2 무왜곡 채널을 통해 수신된 신호의 I-Q 성좌도. QPSK 변조, SNR = 15 dB

$$h_k = a \cdot \delta_{k-D} \xrightarrow{Z} H(z) = a \cdot z^{-D} \tag{4.1.5}$$

즉, 채널에서의 무왜곡 전송의 조건은 $|H(e^{j\Omega})| = a$ (상수)이어야 한다는 것이다.

한편, 분해 가능한 다중경로가 존재할 경우, 수신신호는 ISI의 영향을 받게 되는데, 다음과 같은 2개의 경로를 갖는 다중경로 채널의 임펄스 응답을 고려해 보자.

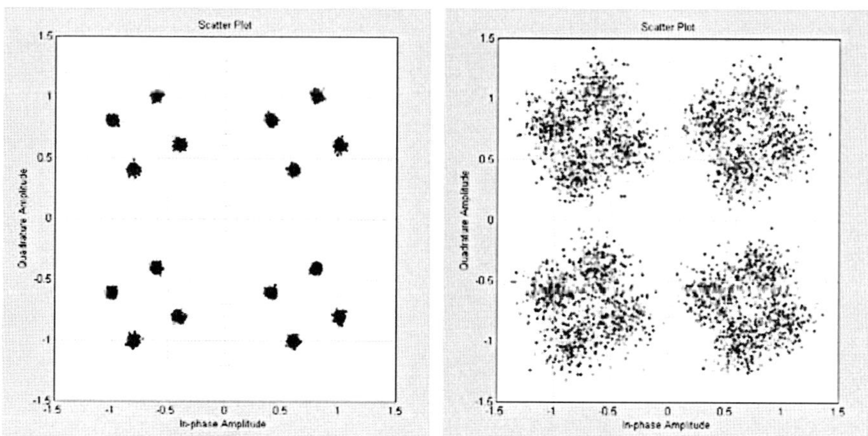

(a) SNR = 30 dB (b) SNR = 15 dB

그림 4.1.3 2개의 경로를 갖는 다중경로 채널을 통해 수신된 신호의 I-Q 성좌도. QPSK 변조, (a) SNR = 30 dB, (b) SNR = 15 dB

$$h_k = 1\cdot\delta_k + a\cdot\delta_{k-D} \qquad (4.1.6)$$

각 경로의 페이딩 계수는 각각 1과 a이며 지연은 각각 0과 D이다. 이러한 채널에 대한 수신 신호는 다음과 같다.

$$y_k = \underbrace{x_k}_{\text{signal}} + \underbrace{a\cdot x_{k-1}}_{\text{ISI}} + \underbrace{n_k}_{\text{noise}} \qquad (4.1.7)$$

그림 4.1.3은 $|a| = 0.45$이며 $D = 1$인 경우에 대한 수신 신호의 I-Q 성좌도를 나타낸다. 그림에서 볼 수 있듯이 수신 신호는 $D = 0$인 주경로 신호에 1만큼 지연된 부경로 신호가 중첩되어 나타나며 작은 잡음에 의해서도 쉽게 전송 오류가 발생할 수 있음을 알 수 있다.

4.1.2 등화의 개념 – 영-강제 등화기

채널의 등화란 개념적으로는 채널을 통과하면서 왜곡된 신호를 다시 원래의 형태로 복원하는 기술을 의미한다. 방법적인 측면에서는 여러 가지 다양한 방법들이 가능하나 통신에서 주로 사용하는 방법은 수신단에 등화 필터(Equalization filter)를 사용하는 것이다. 그림 4.1.4는 등화의 개념을 보여 주는데, 채널 h_k에 의해 왜곡된 신호를 임펄스 응답이 g_k인 필터를 사용하여 원 신호를 복원하는 것인데, 잡음을 무시하면 등화기 필터를 통과한 신호는 다음과 같다.

$$g_k * y_k = g_k * (h_k * x_k) = (g_k * h_k) * x_k \qquad (4.1.8)$$

여기서, 등화기를 통과한 신호가 원래의 신호와 동일하려면 채널과 등화기로 구성되는 합성필터의 임펄스 응답이 무왜곡 조건을 만족하면 된다. 즉, 임의의 상수(지연) D_{EQ}에 대해

$$g_k * h_k = \delta_{k-D_{EQ}} \qquad (4.1.9)$$

이 만족되어야 하며 이를 Z-변환 영역(주파수 영역)에서 다시 표현하면

$$G(z)H(z) = z^{-D_{EQ}} \qquad (4.1.10)$$

또는

$$G(z) = \frac{z^{-D_{EQ}}}{H(z)} \qquad (4.1.11)$$

이다. 식(4.1.9)를 만족하는 등화기를 수신 신호에 적용하면

$$\begin{aligned} g_k * y_k &= (g_k * h_k) * x_k + g_k * n_k \\ &= x_{k-D_{EQ}} + n'_k \end{aligned} \qquad (4.1.12)$$

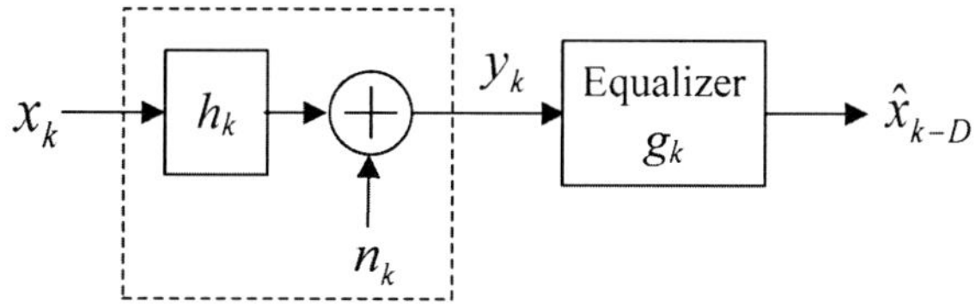

그림 4.1.4 등화의 개념

를 얻는다. 식 (4.1.12)를 보면 원 신호가 지연이 되어 수신되고 새로운 잡음 n'_k이 더해져 있을 뿐 ISI는 제거되었음을 알 수 있다. 이렇듯 식 (4.1.9) 혹은 (4.1.11)을 만족하는 등화기는 ISI를 0으로 만들기 때문에 영-강제 등화기(Zero-forcing equalizer)라 한다. 한편, 이러한 등화기는 결국 수신단에서 채널의 임펄스 응답 혹은 채널의 복소 주파수 응답을 알아야 하는데, 채널 추정과 관련된 내용은 뒤로 미루고 우선 간단한 경우에 대한 등화기에 대해 알아보자.

[예제 4.1.1]

채널의 임펄스 응답 h_k가 식 (4.1.6)으로 주어지며 $a=1/2$, $D=1$이라 하자. $D_{EQ}=0$이라 놓고 식 (4.1.9)~(4.1.11)을 만족하는 등화기의 임펄스 응답 g_k를 구하고 이를 도시하라. 힌트: h_k에 대한 Z변환을 얻고 식 (4.1.11)을 이용하여 등화기 전달함수 $G(z)$를 구하고 이를 다시 역변환하여 g_k를 구할 수 있다(여기서 g_k는 함수들의 선형 결합으로 표현된다).

예제 4.1.1의 결과로부터 식 (4.1.6)으로 주어지는 채널에 대한 등화기의 Z-변환은 다음과 같다.

$$\begin{aligned} G(z^{-1}) &= \frac{1}{1+a\cdot z^{-D}} \\ &= 1-a\cdot z^{-D}+a^2\cdot z^{-2D}+\cdots \\ &= \sum_{k=0}^{\infty}(-a)^k\cdot z^{-k\cdot D} \end{aligned} \tag{4.1.13}$$

위의 결과는 다음의 시사점을 말해준다.

(1) 식 (4.1.6)으로 표현되는 2경로 채널은 유한 임펄스 응답(Finite Impulse response, FIR) 필터이나 이를 보상하기 위한 등화기는 무한 임펄스 응답(Infinite Impulse response, IIR) 필터이다.

(2) IIR 필터는 안정성의 문제가 따르는데, 식 (4.1.6)으로 표현되는 2경로 채널에서

$|a|<1$이면(즉, 채널의 영점이 Z-평면 상에서 단위원 내에 존재하면), 이러한 채널에 대한 영-강제 등화기 g_k는 항상 안정하며 이를 사용하여 ISI를 완전히 제거할 수 있다.

(3) $|a|$가 1에 가까우면 등화기의 실효 길이는 매우 커지며 반대로 0에 가까우면 등화기의 실효 길이는 작아진다.

(4) $|a|$가 충분히 작은 경우 임의의 길이의 윈도우를 적용하여 끝을 잘라내면 항상 안정성이 보장되는 FIR 필터로 구현 가능하나 ISI를 완전히 제거하지 못하게 된다.

[예제 4.1.2]

이제 채널의 임펄스 응답 h_k가 다음과 같다고 하자.

$$h_k = \delta_k - 2\delta_{k-1} + \frac{3}{4}\delta_{k-2}$$

$D_{EQ}=0$이라 놓고 식 (4.1.9)~(4.1.11)을 만족하는 등화기의 임펄스 응답 g_k를 구하고 이를 도시하라.

예제 4.1.2의 결과를 이용하면 위의 (1)~(4)의 내용을 보다 일반화하여 임의의 FIR 필터로 모형화되는 다중경로 채널의 등화에 대해 기술할 수 있다. 즉, 임의의 다중경로 채널의 임펄스 응답이 다음으로 주어진다고 가정하자.

$$h_k = \sum_{n=0}^{L-1} a_n \delta_{k-n} \tag{4.1.14}$$

여기서, L은 채널의 길이이며 위 채널의 영점은 모두 Z-평면의 단위원 내에 존재한다고 가정하자. 이러한 채널에 예제 4.1.1과 4.1.2의 결과를 일반화하여 적용하면 다음의 결론을 얻을 수 있다.

(1) FIR 필터로 표현되는 채널의 모든 영점이 Z-평면 상에서 단위원 내에 존재하면, 이러한 채널에 대한 영-강제 등화기 g_k는 항상 안정하며 이를 사용하여 ISI를 완전히 제거할 수 있다.

(2) 채널의 모든 영점의 크기가 0에 가까우면 등화기의 실효 길이는 짧아진다. 반면, 하나의 영점이라도 그 크기가 1에 가까우면 등화기의 실효 길이는 길어진다.

(3) 채널의 모든 영점의 크기가 1보다 충분히 작은 경우 임의의 길이의 윈도우를 적용하여 끝을 잘라내면 항상 안정성이 보장되는 FIR 필터로 구현 가능하나 ISI를 완전히 제거하지 못하게 된다.

4.1.3 ISI의 제거가 잡음에 미치는 영향(*)

위에서 논의한 영 강제 등화기를 사용하면 (채널의 영점들이 모두 Z-평면 상의 단위원 내에 존재할 때) 채널에서 발생하는 ISI는 제거가 가능하나 잡음의 증폭문제가 발생한다. 이를 설명하기 위해 우선 입력 신호와 잡음에 대한 자기 상관 함수와 상호 상관 함수가 다음과 같다고 가정하자.

$$R_{xx}[n] \equiv E[x_k^* x_{k+n}] = P_x \cdot \delta_n \tag{4.1.15}$$

$$R_{nn}[n] \equiv E[n_k^* n_{k+n}] = P_n \cdot \delta_n \tag{4.1.16}$$

$$R_{xn}[n] \equiv E[x_k^* n_{k+n}] = 0 \tag{4.1.17}$$

여기서, $R_{xx}[0]$과 $R_{nn}[0]$은 데이터 신호와 잡음의 전력이 각각 P_x와 P_n임을 의미하며 두 신호 모두 (자기 상관 함수의 DTFT가 상수로 주어지는) 백색 신호임을 의미한다. 우선, 식 (4.1.1)의 ISI가 포함된 수신 신호

$$y_k = \underbrace{h_0 \cdot x_k}_{\text{signal}} + \underbrace{\sum_{j=1}^{L-1} h_j \cdot x_{k-j}}_{\substack{\text{inter-symbol}\\ \text{interference}}} + \underbrace{n_k}_{\text{noise}}$$

에서 지연되어 수신된 데이터 신호 x_{k-j}는 현 시점의 데이터 신호 x_k에 간섭으로 작용하며 이는 잡음으로 간주된다. 따라서 신호의 품질을 나타내는 지표는 신호대 간섭+잡음비이며 식 (4.1.15)~(4.1.17)을 이용하면 이는 다음과 같이 표현된다.

$$\begin{aligned} SINR &= \frac{E\,|\,h_0 x_k\,|^2}{E\left|\sum_{j=1}^{L-1} h_j x_{k-j}\right|^2 + E\,|\,n_k\,|^2} \\ &= \frac{|\,h_0\,|^2\, P_x}{P_x\left(\sum_{j=1}^{L-1} |\,h_j\,|^2\right) + P_n} \end{aligned} \tag{4.1.18}$$

한편, 영-강제 등화기를 적용하여 등화한 신호

$$\begin{aligned} g_k * y_k &= (g_k * h_k) * x_k + g_k * n_k \\ &= x_{k-D_{EQ}} + n'_k \end{aligned}$$

의 경우 ISI는 없으므로 이의 신호대 잡음비는 다음과 같다.

$$SNR = \frac{E\,|\,x_{k-D_{EQ}}\,|^2}{E\,|\,n'_k\,|^2} = \frac{P_x}{P_n \cdot \left(\sum_{j=0}^{\infty} |\,g_j\,|^2\right)} \tag{4.1.19}$$

식 (4.1.18)과 (4.1.19)를 비교해 보면 식 (4.1.18)의 분모에는 간섭 전력 항이 더해져 있으나 식 (4.1.19)에는 간섭은 없는 대신 잡음의 전력이 증폭되어 있음을 알 수 있는데, 잡음의 증폭인자는

다음과 같다.

$$\sum_{j=0}^{\infty} | g_j |^2 \tag{4.1.20}$$

이 잡음의 증폭인자는 항상 1보다는 큰 값을 갖는데, 식 (4.1.6)으로 표현되는 2경로 채널을 고려해 보면 쉽게 알 수 있다. 식 (4.1.6)으로 표현되는 2경로 채널에서 $|a| < 1$라 가정하면, 등화 전 수신 신호의 신호대 간섭+잡음비는

$$SINR = \frac{P_x}{P_x |a|^2 + P_n} \tag{4.1.21}$$

이다. 반면, 등화 후 등화된 신호의 신호대 잡음비는

$$SNR = \frac{1}{\sigma^2 \left(\sum_{m=0}^{\infty} |a|^m \right)} = \frac{P_x}{P_n \left(\frac{1}{1-|a|} \right)} \tag{4.1.22}$$

이며 잡음의 증폭인자는

$$\frac{1}{1-|a|} > 1 \tag{4.1.23}$$

이다. 일반적으로, 시스템의 동작 SNR은 0 dB보다 크며 $P_x \gg P_n$인 영역에서 동작하므로 간섭 전력에 비해 증폭된 잡음의 효과는 작은 편이나 $|a|$이 상대적으로 큰 값을 갖거나 $P_x \gg P_n$을 만족하지 않는 경우 잡음의 증폭은 등화 전의 간섭에 비해 무시할 수 없는 경우가 발생할 수 있다.

4.2 최소 평균 자승 오차(MMSE) 및 적응형 등화기

일반적으로 영-강제 등화기는 안정성이 보장되는 FIR 필터로 구현할 경우 잉여의 간섭이 존재할 뿐 아니라 잡음의 증폭 문제가 커 무선 전송에서는 널리 사용되지는 않으며, 상대적으로 FIR 필터로 구현이 용이하면서 간섭과 잡음의 증폭으로 나타나는 오차를 최소화하는 **최소 평균 자승 오차**(minimum mean squared error, MMSE) **등화기**를 사용한다.

4.2.1 MMSE 등화기

앞 절에서 논의한 영-강제 등화기도 마찬가지이지만 등화기 필터의 계수값을 구하기 위해서는 **채널 부가정보**(Channel side information)가 필요한데, 등화기의 경우 채널에 대한 부가

정보는 **훈련열**(training sequence)에 의해 주어진다. 훈련열이란 송수신 양단에서 미리 알고 있는 일정 길이의 수열로 하나의 데이터 블록을 보내기 전에 훈련열을 먼저 보내 수신기가 채널 부가 정보를 얻고 등화기 필터 계수를 갱신하는데 사용한다. 훈련열의 다중화를 위해 일반적으로 사용되는 방식으로는 **프리앰블** 구성과 **미드앰블** 구성이 있으며 그림 4.2.1에 훈련열의 다중화 방식에 따른 2가지 형태의 전송 프레임 구조를 나타내었다. 두 경우 모두 N_{TS}의 길이를 갖는 훈련열과 N_{Data}의 길이를 갖는 데이터 열로 구성되며 전송 효율면에서는 동일한데, 미드앰블 구성의 경우 채널이 시간에 따라 변하는 이동 채널에 적합한 반면 이동성이 없는 경우 프리앰블 구성을 사용해도 무방하다. 여기서는 편의상 프리앰블 구성을 적용하여 등화기의 동작을 설명하기로 한다.

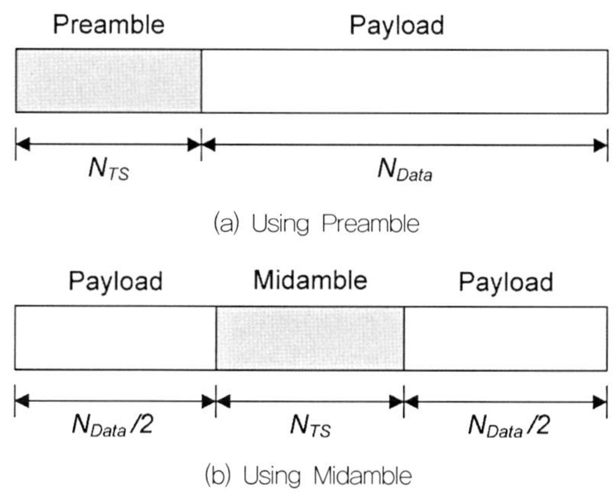

그림 4.2.1 훈련열을 포함하는 일반적인 전송 프레임 구조의 2가지 형태

그림 4.2.2에는 훈련열의 전송과 이를 이용한 등화 필터 계수의 계산을 포함한 등화기의 전체 동작을 나타내었다. 그림에도 나타내었듯이 실제 등화를 위해서는 프레임 동기가 우선적으로 수행되어 프레임의 시작점을 알아내야 하지만 이에 대해서는 뒤로 미루고 프레임의 시작점을 안다는 가정 하에 MMSE 등화기의 등화 과정을 먼저 설명한다.

MMSE 등화기는 자승오차의 평균을 최소화하도록 등화기의 필터 탭 계수를 결정한다. 우선, 길이 N_{TS}의 훈련열 $\{t_0, t_1, \cdots, t_{N_{TS}-1}\}$에 해당하는 수신 신호를 $\{y_0, y_1, \cdots, y_{N_{TS}-1}\}$라 하고 이를 필터 길이 N인 등화기에 입력하여 원래의 훈련열을 복원한다고 하자. 이때, 등화기에서 시간 지연이 D만큼 발생한다고 하자(N과 D는 설계 파라미터로 임의로 설정 가능하나 복잡도와 성능을 고려하여 최적화되어야 한다). MMSE 등화기의 탭 계수를 벡터 $\mathbf{g} = [g_0,$

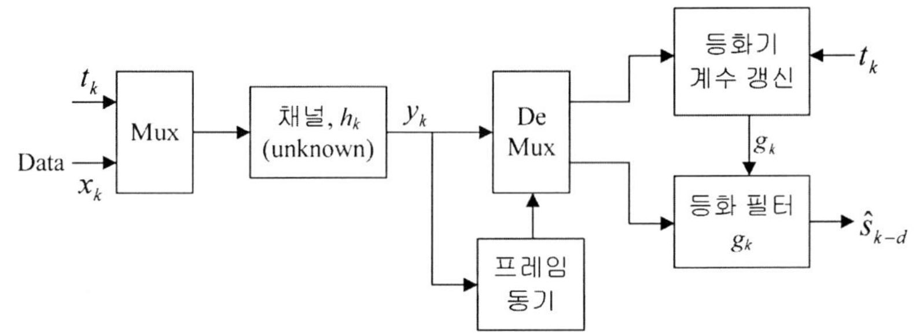

그림 4.2.2 훈련열을 이용한 등화기 필터 계수의 갱신 및 등화기의 동작

$g_1, \cdots, g_{N-1}]^T$라 놓으면 **g**는 Wiener-Hopf 방정식으로 알려진 다음의 행렬 방정식(혹은, 선형 연립방정식)의 해로 계산된다.

$$\mathbf{Rg} = \mathbf{d} \tag{4.2.1}$$

여기서, **R**은 크기 $N \times N$인 수 신신호의 자기 상관 행렬로 **R**의 (i, j)번째 (i번째 행, j번째 열의) 요소 $r(i, j)$는 다음과 같다.

$$r(i,j) \equiv E[y_{k-i}^* y_{k-j}] \approx E[y_k^* y_{k+(i-j)}] = \frac{1}{N_{TS}} \cdot \sum_{k=0}^{N_{TS}-1} y_k^* \cdot y_{k+(i-j)} \tag{4.2.2}$$

또한 벡터 **d**는 $N \times 1$ 벡터로 이의 i번째 요소는 다음과 같다.

$$d(i) \equiv E\left[y_{k-i}^* \cdot t_{k-D}\right] \approx E\left[y_k^* \cdot t_{k+(i-D)}\right] = \frac{1}{N_{TS}} \cdot \sum_{k=0}^{N_{TS}-1} y_k^* \cdot t_{k+(i-D)} \tag{4.2.3}$$

식 (4.2.2)와 (4.2.3)의 마지막 항에서 신호 y_k와 t_k는 구간 $\{k = 0, 1, \cdots, N_{TS-1}\}$ 이외에서는 0인 것으로 간주한다.

일단, 등화기의 탭 계수가 얻어지면 수신 신호를 등화기 필터에 입력하여 전송 데이터에 대한 복원값을 얻는다. 이때, 입력과 출력 사이에 D개 샘플만큼의 지연이 있으므로 다음 블록의 D개 샘플을 추가로 입력해야 현재 블록에 대한 데이터 복원값을 모두 얻을 수 있다. 물론, D를 0으로 놓는 것도 가능하나 이 경우 성능이 나빠질 수 있는 단점이 있으며, 일반적으로 등화기 지연은 등화기 길이의 1/2 정도로 놓는다. MMSE 등화기의 특징을 요약하면 다음과 같다.

(1) FIR 필터를 사용하므로 안정성이 보장된다.

(2) LOS 경로가 보장되는 경우처럼 강한 최단 경로가 존재하는 경우 잘 동작한다.

(3) LOS 경로가 없는 경우 채널의 영점이 Z-평면 상에서 단위 원 근방 혹은 바깥에 존재할 수 있으며 이 경우 등화기는 잘 동작하지 않는다.

(4) 등화기 설계 파라미터는 길이(N)와 지연(D)를 가지며 일반적으로 D는 길이 N의 반 정도로 놓는다.

4.2.2 Wiener-Hopf 방정식의 유도(*)

식 (4.2.1)의 유도 과정은 다음과 같다. 우선, 등화기를 통해 복원된 훈련열은

$$\hat{t}_{k-D} = g_k * y_k = \sum_{j=0}^{N-1} g_j \cdot y_{k-j} \tag{4.2.4}$$

로 표현할 수 있으며 원래의 훈련열과의 차이에 해당하는 **오차신호**를 다음과 같이 정의한다.

$$e_k \equiv \hat{t}_{k-D} - t_{k-D} = \sum_{j=0}^{N-1} g_j \cdot y_{k-j} - t_{k-D} \tag{4.2.5}$$

위에서 주목할 것은 훈련열 $t_k \in \{t_0, t_1, \cdots, t_{N_{TS}-1}\}$와 수신 신호 $y_k \in \{y_0, y_1, \cdots, y_{N_{TS}-1}\}$는 이미 알고 있는 값들이며 등화기 계수 g_k는 결정해야 할 변수이다. 등화기 계수를 결정하기 위한 **목적함수**(Objective function)는 평균자승오차로 다음과 같이 정의된다.

$$E\left[|e_k|^2\right] = E\left[\left(\sum_{j=0}^{N-1} g_j^* \cdot y_{k-j}^* - t_{k-D}\right)\left(\sum_{i=0}^{N-1} g_i \cdot y_{k-i} - t_{k-D}\right)\right] \tag{4.2.6}$$

여기서, $E[X]$는 선형 연산자로 X의 평균을 의미한다. 식 (4.2.6)은 등화기 계수 $\{g_0, g_1, \cdots, g_{N-1}\}$들의 2차 함수로 유일한 최소점을 가지며 이는 다음의 연립방정식을 풀어 얻을 수 있다.

$$\frac{\partial}{\partial g_l} E\,|\,e_k\,|^2 = 0 \quad \text{for } l = 0, 1, \ldots, N-1 \tag{4.2.7}$$

식 (4.2.7)은 다음과 같이 기울기(gradient) 연산자를 사용하여 보다 간결하게 나타낼 수 있다.

$$\nabla_{(g_0, g_1, \cdots g_{N-1})} E\,|\,e_k\,|^2 = \mathbf{0} \tag{4.2.8}$$

이제 식 (4.2.6)을 (4.2.7)에 대입하여 정리하면 다음과 같다.

$$\begin{aligned}\frac{\partial}{\partial g_l} E|e_k|^2 &= E\left[\frac{\partial}{\partial g_l}\left(\sum_{j=0}^{N-1} g_j^* \cdot y_{k-j}^* - t_{k-D}^*\right)\left(\sum_{i=0}^{N-1} g_i \cdot y_{k-i} - t_{k-D}\right)\right] \\ &= 2E\left[y_{k-l}^*\left(\sum_{j=0}^{N-1} g_j \cdot y_{k-j} - t_{k-D}\right)\right]\end{aligned}$$

$$= 2\sum_{j=0}^{N-1} g_j \cdot E[y_{k-l}^* y_{k-j}] - 2E[y_{k-l}^* t_{k-D}] \tag{4.2.9}$$

여기서, 등화기의 계수는 복소수로 임의의 복소수 c에 대한 편미분은 다음과 같이 정의된다.

$$\frac{\partial}{\partial c} \equiv \frac{\partial}{\partial a} + j\frac{\partial}{\partial b} \Rightarrow \frac{\partial}{\partial c}|c|^2 = 2c, \quad \frac{\partial c}{\partial c} = 0, \quad \frac{\partial c^*}{\partial c} = 2 \tag{4.2.10}$$

최종적으로 식 (4.2.9)의 마지막 행을 0으로 놓으면

$$\sum_{j=0}^{N-1} g_j \cdot E[y_{k-l}^* y_{k-j}] = E[y_{k-l}^* t_{k-D}] \quad \text{for } l = 0, 1, \ldots, N-1 \tag{4.2.11}$$

을 얻고 이들 N개의 연립방정식을 하나의 행렬 방정식으로 나타내면 식 (4.2.1)의 Wiener-Hopf 방정식을 얻는다.

4.2.3 적응형 등화기 – 통계적 기울기 알고리즘

4.2.2절의 MMSE 등화는 훈련열에 대한 수신 신호의 자기 상관 행렬과 훈련열과의 상호 상관 벡터를 이용하여 등화기 계수를 얻는 방식이며 역행렬의 연산을 포함하기 때문에 등화기의 길이가 길면 복잡도가 등화기 길이의 제곱에 비례하여 증가하는 단점이 있다. 이러한 복잡도의 문제는 적응형 등화기를 도입하여 해결이 가능하다. 적응형 등화 알고리즘은 여러 가지 방법이 있으나 가장 일반적으로 사용되는 것은 **통계적 기울기 알고리즘**(Stochastic gradient algorithm)이다. MMSE 등화기의 경우 자승오차의 '평균'을 목적함수로 놓고 이의 기울기가 0이 되도록 하는 연립방정식을 풀어 최저점을 찾았다면 통계적 기울기 알고리즘의 경우 자승오차의 '순시값'에 대해 기울기를 계산하고 이 기울기의 반대 방향으로 등화기 계수값을 '조금씩' 갱신하고 이 과정을 반복함으로써 최저점을 찾는 방식이다.

우선, 현재까지의 반복 회수를 n이라 하고 현재의 등화기 계수를 $g_l^{(n)}$(여기서, $l = 0, 1, \cdots, N$-1)이라 하자. 자승오차의 순시값의 등화기 계수에 대한 편미분으로 주어지는 기울기는 식 (4.2.5)의 정의로부터 다음과 같이 얻어진다.

$$\begin{aligned}
\frac{\partial}{\partial g_l}|e_k|^2 &= \frac{\partial}{\partial g_l}\left(\sum_{j=0}^{N-1} g_j^* \cdot y_{k-j}^* - t_{k-D}^*\right)\left(\sum_{i=0}^{N-1} g_i \cdot y_{k-i} - t_{k-D}\right) \\
&= 2y_{k-l}^*\left(\sum_{j=0}^{N-1} g_j \cdot y_{k-j} - t_{k-D}\right) \\
&= 2y_{k-l}^* e_k
\end{aligned} \tag{4.2.12}$$

기울기(gradient)는 목적함수의 값이 가장 크게 증가하는 방향을 나타내므로 이의 반대 방향으로 '조금씩' 등화기 계수를 바꿔주고 이러한 과정을 여러 번 반복하면 최저점을 찾을 수 있다는 것이 통계적 기울기 알고리즘의 기본 아이디어이다. 통계적 기울기 알고리즘을 이용한 등화기 계수의 훈련 과정은 다음과 같다.

==

초기화 :

$$g_l^{(N-1)} = \begin{cases} 1 & \text{if } l = D \\ 0 & \text{otherwise} \end{cases} \tag{4.2.13}$$

반복 루프 :

For $k = N : 1 : N_{TS}$

$$e_k = \sum_{i=0}^{N-1} g_i^{(k-1)} \cdot y_{k-i} - t_{k-D} \tag{4.2.14}$$

$$g_l^{(k)} = g_l^{(k-1)} - \Delta \cdot y_{k-l}^* \cdot e_k \quad \text{for } l = 0,1,\ldots,N-1 \tag{4.2.15}$$

End

훈련과정이 종료되면 얻어진 등화기 계수를 이용하여 수신 신호를 등화한다.

==

식 (4.2.15)에서 Δ는 스텝 크기(Step size)라고 하는 설계 파라미터로 0.01 혹은 0.001 등의 작은 값으로 설정하되 훈련열의 길이, 채널의 도플러 주파수 등을 감안하여 적절히 설정해야 한다. 너무 큰 값으로 설정할 경우 수렴은 빨리 이루어지나 수렴 후 정상상태에서의 평균자승오차가 클 수 있으며, 너무 작은 경우 최저점까지의 수렴이 늦어져 정상상태까지 도달하지 못하는 경우가 발생할 수 있다. 물론 이 경우에도 평균자승오차가 비이상적으로 크게 나타날 수 있다. 한편, $\Delta \rightarrow 0$이고 충분한 훈련열이 제공된다면 (즉, $N_{TS} \rightarrow \infty$ 이면) 적응형 등화기의 필터 계수는 MMSE 등화기에 수렴하는 것으로 알려져 있다.

4.2.4 프레임 동기

프레임 동기는 프레임의 시작점을 찾는 전처리 과정으로 **상관기**(Correlator)와 **피크 검출기**를 이용하여 구현할 수 있다. 우선, 수신기는 수신 샘플을 버퍼에 저장하고 매 샘플마다 저장된 수신 신호열 $\{y_k, y_{k-1}, \cdots, y_{k-N_{TS}+1}\}$과 훈련열 $\{t_0, t_1, \cdots, t_{N_{TS}-1}\}$과의 상관 계수를 다음과 같이 계산한다.

$$M(k) = \sum_{j=0}^{N_{TS}-1} y_{k+j}^{*} t_j \qquad (4.3.16)$$

그림 4.2.3은 정합필터로 구현한 프레임 동기부를 나타낸다. 일반적으로 훈련열은 **유사 잡음**(Pseudo noise)과 같은 수열을 사용하며 이의 자기상관 함수는 단일 임펄스에 가까운 형태로 나타나므로 AWGN 채널처럼 단일 경로만을 갖는 경우 피크 값이 발생하는 시점을 검출하여 쉽게 프레임의 시작점을 찾을 수 있다. 한편, 다중경로 채널의 경우 여러 개의 피크가 인접하여 나타날 수 있으나 가장 크기가 큰 피크의 위치를 프레임의 시작점으로 검출하면 된다.

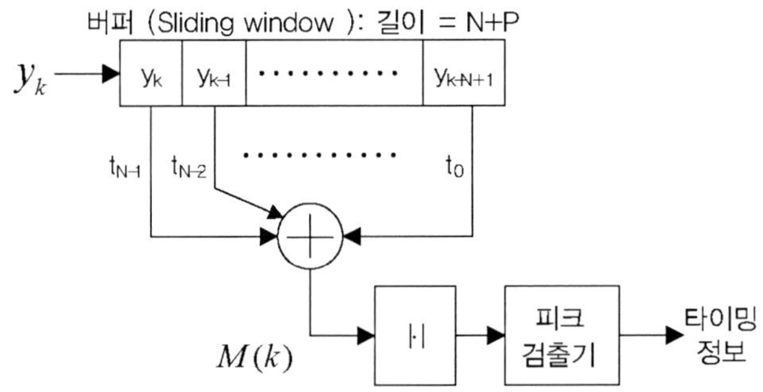

그림 4.2.3 정합필터로 구현한 프레임 동기부

4.3 주파수 영역 등화기

앞에서 소개한 영강제 등화기나 MMSE 등화기의 경우 시간 영역에서 필터를 사용하는데, 채널의 영점이 Z 평면 상의 단위 원 근방에 존재하면(주파수 응답에 깊은 Null이 존재하면) 등화가 잘 이루어지지 못하는 단점이 있다. 본 절에서는 이러한 문제를 해결할 수 있는 주파수 영역 등화기에 대해 설명한다.

4.3.1 주파수 영역 등화의 개념과 이를 위한 송신단의 전처리 과정

주파수 영역 등화기(Frequency domain equalizer, FDE)는 시간 영역에서 필터를 사용하는 대신 이산 푸리에 변환을 통해 주파수 영역에서 채널을 보상하는 방식이다. 시간 영역에서의 콘볼루션이 주파수 영역에서는 곱으로 표현되므로 주파수 영역에서 단순히 채널의 주파수 이득으로 나눠줌으로써 채널에서의 왜곡을 보상할 수 있다는 아이디어이다. 간단히 생각해보면, ISI 채널의 신호 모형

$$y_k = h_k * s_k + n_k = \sum_{j=0}^{L-1} h_j \cdot X_{k-j} + n_k \tag{4.3.1}$$

은 (여기서, $-\infty < k < \infty$) 이산 시간 푸리에 변환(Discrete Time Fourier Transform)을 적용하면 다음의 주파수 영역 표현을 얻는다.

$$Y(e^{j\Omega}) = H(e^{j\Omega}) \cdot X(e^{j\Omega}) + N(e^{j\Omega}) \tag{4.3.2}$$

따라서 식 (4.3.2)의 수신 신호 $Y(e^{j\Omega})$를 채널의 주파수 이득 $H(e^{j\Omega})$으로 나눈 후 (나눗셈은 모든 주파수 $0 \le \Omega \le 2\pi$에 대해 나누어야 함) 이를 역 DTFT를 취하면 채널 왜곡이 보상된 수신 신호를 얻을 수 있다. 그러나 시간 지연 등을 고려할 때 무한 길이의 수열을 다루는 것보다는 유한 길이의 블록 단위로 처리할 것이 요구되며 따라서 DTFT보다는 이산 푸리에 변환(Discrete Fourier Transform, DFT)을 사용해야 하는데, 이 경우 DFT의 특성상 해결해야 할 문제가 있다. 먼저, DFT의 콘볼루션 특성을 보면 다음과 같다: u_k와 v_k를 각각 길이 N인 두 수열이라고 하고 이들의 DFT를 각각 U_n과 V_n이라 하자. 즉,

$$\begin{aligned} U_n &= \sum_{k=0}^{N-1} u_k e^{-j2\pi kn/N} \\ V_n &= \sum_{k=0}^{N-1} v_k e^{-j2\pi kn/N} \end{aligned} \quad \text{또는} \quad \begin{aligned} u_k &= \frac{1}{N}\sum_{n=0}^{N-1} U_n e^{j2\pi kn/N} \\ v_k &= \frac{1}{N}\sum_{n=0}^{N-1} V_n e^{j2\pi kn/N} \end{aligned} \tag{4.3.3}$$

여기서, $n = 0, 1, \cdots, N-1$. 그러면 U_n과 V_n의 곱의 역 DFT는 u_k와 v_k의 순환 콘볼루션으로 주어진다. 즉,

$$U_k \cdot V_k \xleftrightarrow{DFT} u_n \otimes v_n = \sum_{m=0}^{N-1} u_m \cdot v_{(n-m)_N} \tag{4.3.4}$$

여기서, $\otimes$는 순환 콘볼루션 연산자이며 $(\cdot)_N$은 modulo-N 연산을 의미한다. 이러한 DFT의 특성으로 수신 신호가 채널 임펄스 응답과 전송 신호의 선형 콘볼루션으로 주어지는 식 (4.3.1)의 모형에 DFT/역 DFT를 적용하여 주파수 영역 등화를 수행할 수는 없다.

식 (4.3.4)의 DFT의 특성에도 불구하고 이를 식 (4.3.1)의 신호 모형에 적용하기 위해 도입된 것이 **가드-인터벌(Guard Interval)**이다. 블록과 블록 사이에 일정 길이의 가드-인터벌을 삽입하여 수신단에서 하나의 블록만을 떼어놓고 보면 채널 임펄스 응답과 데이터 블록이 순환 콘볼루션된 형태로 나타나므로 식 (4.3.4)의 특성을 갖는 DFT/역 DFT를 적용하여 주파

수 영역 등화를 수행하는 것인데, 가드-인터벌을 삽입하는 방법에는 2가지 방법이 있다.

(1) 순환 프리픽스와 주파수 영역 등화

순환 프리픽스(Cyclic Prefix, CP)란 심벌 매핑된 데이터 열을 길이 N심벌의 블록들로 나누고 각 블록의 마지막 P개($P<N$) 심벌을 복사하여 블록의 맨 앞에 프리픽스(Prefix)로 삽입한 것을 말하는데, 그림 4.3.1에 순환 프리픽스의 삽입 과정을 나타내었다.

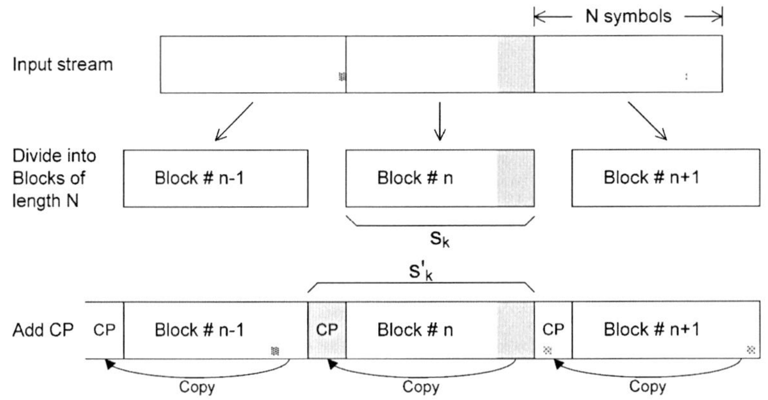

그림 4.3.1 순환 프리픽스의 삽입

s_k를 한 블록을 구성하는 데이터 심벌 열이라 하자. 여기서, $k=0,\ 1,\cdots,\ N-1$이다. 이제 CP를 추가한 데이터 열을 s'_k라 하면 이는 다음과 같다.

$$s'_k = \begin{cases} s_{N-P+k} & \text{for } 0 \le k \le P-1 \\ s_{k-P} & \text{for } P \le k \le N+P-1 \end{cases} \tag{4.3.5}$$

여기서, CP의 길이 P는 채널의 길이 L보다 크거나 같아야 한다. 이제 s'_k을 임펄스 응답이 h_k인 채널을 통해 전송하고 이를 수신단에서 관측하면 다음과 같다.

$$y'_k = h_k * s'_k + n'_k \quad \text{for } k = 0, 1, \ldots, N+P-1 \tag{4.3.6}$$

(물론, 수신단에서는 각 블록의 시작점을 알아야 한다) 이제 수신된 신호 y'_k에서 앞부분의 CP에 해당하는 P개 샘플을 제거한 신호를 y_k라 하자. 즉,

$$y_k = y'_{k+P} \quad \text{for } k = 0, 1, \ldots, N-1 \tag{4.3.7}$$

CP를 제거한 수신 신호는 다음과 같이 표현된다.

$$y_k = h_k \otimes s_k + n_k = \sum_{j=0}^{L-1} h_j \cdot s_{(k-j)_N} + n_k \tag{4.3.8}$$

즉, 채널의 임펄스 응답과 원 데이터 열 s_k가 순환 콘볼루션된 형태로 나타나므로 이에 길이 N의 DFT를 취하면 다음과 같은 원하는 형태의 신호 모형을 얻는다.

$$Y_m = \sum_{k=0}^{N-1} y_k e^{-j2\pi\frac{km}{N}} = H_m \cdot S_m + N_m \tag{4.3.9}$$

여기서, $m = 0, 1, \cdots, N-1$이며 H_m, S_m 및 N_m은 각각 h_k, s_k 및 n_k의 DFT이다. 따라서 수신단에서 채널 추정을 통해 채널의 임펄스 응답 혹은 주파수 응답 H_m을 안다고 가정하면 Y_m을 H_m으로 나누고 이를 다시 역 DFT 변환함으로써 ISI가 제거된 신호를 얻을 수 있다. 즉,

$$\begin{aligned}\hat{s}_k &= iDFT\left(\frac{Y_m}{H_m}\right) = iDFT\left(S_m + \frac{N_m}{H_m}\right)\\ &= s_k + n''_k\end{aligned} \tag{4.3.10}$$

여기서, n''_k은 N_m/H_m으로 증폭된 잡음에 해당한다. 위의 등화는 영-강제 등화에 해당하며 ISI가 완전히 제거되는 반면 채널의 주파수 응답에 깊은 널이 존재할 경우 잡음의 증폭이

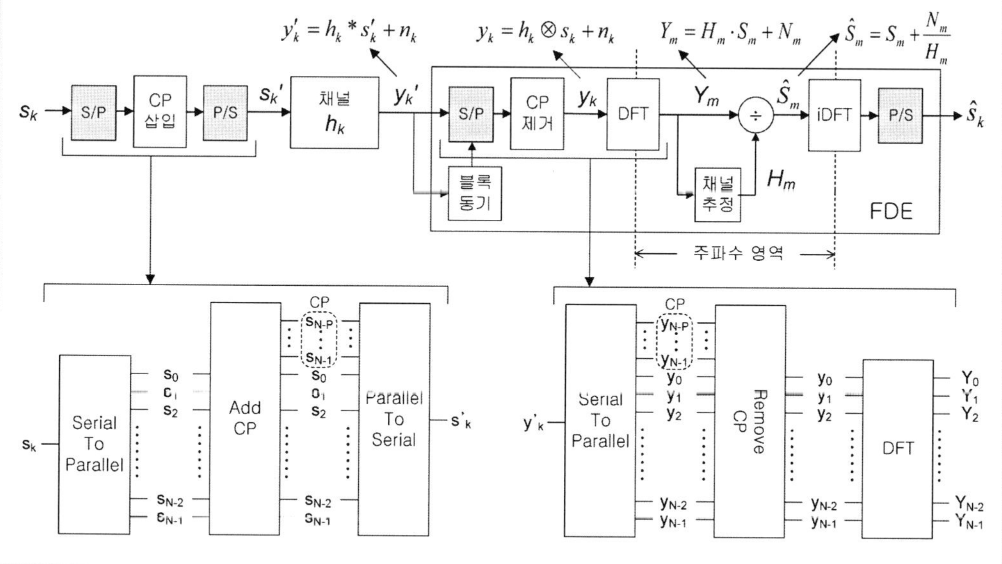

그림 4.3.2 순환 프리픽스의 사용과 주파수 영역 등화기의 동작. S/P는 'Serial-to-parallel'을 의미하며 S/P로 표기된 블록은 버퍼를 나타낸다. 반대로 P/S는 'parallel-to-serial'을 의미하며 버퍼에 저장된 데이터를 순서대로 출력하는 블록이다

클 수 있기 때문에 일반적으로는 잡음 전력 $E|N_m|^2 = P_N$을 안다면 다음과 같은 MMSE 등화를 적용하는 것이 좀 더 좋은 성능을 보인다.

$$\hat{s}_k = iDFT\left(\frac{H_m^* \cdot Y_m}{|H_m|^2 + P_N}\right) \tag{4.3.11}$$

여기서, 신호전력 $P_S = E|S_m|^2 = 1$을 가정하였다. 그림 4.3.2에 CP의 삽입과 제거, 주파수 영역 등화의 전 과정을 블록도로 나타내었다. 주의할 것은, 만약 P가 L보다 작으면 CP를 사용하더라도 수신단에서 CP를 제거한 신호가 식 (4.3.8)과 같은 형태로 나타나지 않고 인접 블록 간 간섭이 발생하여 성능 열화가 생길 수 있다.

(2) 고정 포스트픽스

고정 포스트픽스(Fixed Postfix, FP)도 방식은 다르나 원리는 CP를 삽입하는 것과 동일하다. 우선, 주파수 영역으로의 변환을 위한 DFT의 크기를 N이라 하고 포스트 픽스의 길이를 P라 하자. CP에서와 마찬가지로 $P \geq L$이라고 가정한다. 송신단에서의 고정 포스트픽스의 삽입은 먼저 심벌 매핑된 데이터 열을 $N-P$개 심벌의 블록들로 나누고 각 블록의 마지막에 P개의 고정 포스트픽스를 삽입하되 첫 번째 블록의 경우 앞에도 포스트픽스와 동일한 수열을 삽입한다. 그림 4.3.3에 고정 포스트픽스의 삽입 과정을 나타내었다.

$\{s_k : k = 0, 1, \cdots, N-P-1\}$를 한 블록을 구성하는 데이터 심벌 열이라 하고 $\{p_k : k = 0, 1, \cdots, P-1\}$를 고정 포스트픽스(FP)라 하자. FP를 추가한 데이터 열을 s'_k라 하면 이는 다음과

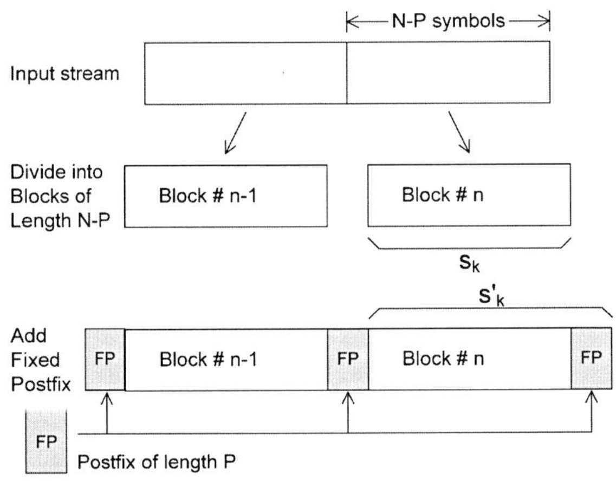

그림 4.3.3 고정 포스트픽스의 삽입. 1번 블록의 앞부분에도 포스트픽스와 동일한 수열을 삽입한다

같다.

$$s'_k = \begin{cases} s_k & \text{for } 0 \le k \le N-P-1 \\ p_{k-N-P} & \text{for } N-P \le k \le N-1 \end{cases} \quad (4.3.12)$$

이제 s'_k 을 임펄스 응답이 h_k인 채널을 통해 전송하고 이를 수신단에서 관측하면 다음과 같이 표현할 수 있다.

$$y'_k = h_k \otimes s'_k + n'_k \quad \text{for } k = 0, 1, \ldots, N-1 \quad (4.3.13)$$

CP를 사용하는 경우와 달리 수신된 신호 y'_k가 채널의 임펄스 응답과 데이터 s'_k 의 순환 콘볼루션된 형태로 표현될 수 있는 것은 이전 블록의 포스트픽스가 CP의 역할을 했기 때문이며 FP 제거 이전에 y'_k에 대해 DFT를 수행하고 주파수 영역 등화 및 역 DFT를 수행하면 ISI가 제거된 데이터 열 s'_k 이 얻어지며 최종적으로 FP를 제거하여 s_k를 얻는다.

상술한 두 가지의 가드-인터벌 삽입 방법은 모두 실효 채널 모형을 식 (4.3.8) 혹은 (4.3.13)의 형태(채널과 전송 블록이 순환 콘볼루션이 된 형태)로 만들기 위한 것으로 세부적인 구현 방식만 다를 뿐 효과적으로는 동일하며 다음과 같은 장단점 및 특징들이 있다.

(1) 채널의 영점이 Z-평면 상의 단위원 밖에 있어도 ISI의 제거가 가능하다.

(2) 순환 프리픽스(또는 고정 포스트픽스)의 사용으로 전송률의 손실이 있으며 순환 프리픽스의 경우 전송률 손실은 $P/(P+N)$이고 고정 포스트픽스의 경우 P/N이다. P는 채널의 길이 L보다 크거나 같아야 하므로 N을 크게 하여 손실을 줄일 수 있으나 이동 채널의 경우 N값을 너무 크게 설정하면 블록 내에서 채널의 변동이 발생하여 적절한 등화가 이루어지지 못하기 때문에 최대 이동속도와 이에 따른 채널의 코히어런스 시간을 감안하여 적절히 설정해야 한다.

(3) 수신단에서 2번의 DFT를 수행해야 하므로 연산이 상대적으로 복잡하다.

(4) N은 일반적으로 2의 거듭제곱(Power of 2)으로 설정하여 Fast Fourier Transform (FFT)를 사용할 수 있도록 한다.

4.3.2 주파수 영역 등화를 위한 프레임 구성, 동기획득 및 채널 추정

앞 절에서 CP 혹은 FP를 삽입한 단일 반송파 전송 시스템의 주파수 영역 등화의 기본 원리에 대해 알아보았으나 수신단에서 실제 주파수 영역 등화를 수행하기까지는 블록/프레임 동기 및 채널 추정 등 그 이전에 수행해야 하는 과정들이 있으며 본 절에서는 이들 과정들에 대해 간략히 설명한다. 이러한 기본 과정들을 위해서는 송신단에서 CP 혹은 FP 외에 4.2

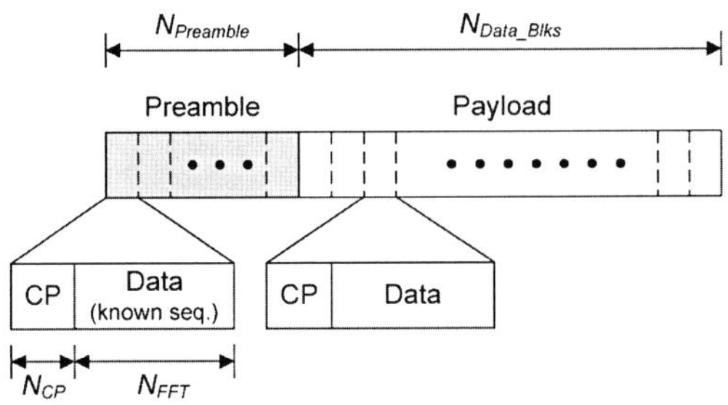

그림 4.3.4 주파수 영역 등화를 위한 단일 반송파 시스템의 프레임 구성. $N_{preamble}$개의 프리앰블 블록과 N_{Data_Blks}개의 데이터 블록으로 구성됨

절에서 논의한 '훈련열'과 유사한 추가적인 사전 정보의 삽입이 필수적이며 4.2.1절에서 논의한 바와 같이 프리앰블 혹은 미드앰블의 형태로 삽입 가능하다. 그림 4.3.4에 주파수 영역 등화를 위한 단일 반송파 시스템의 프레임 구성을 나타내었는데, 그림에는 프리앰블을 사용한 프레임 구성을 나타내었으나 이동성에 따른 채널의 변동을 감안하여 미드앰블의 형태로 구성할 수도 있다.

이러한 사전 정보를 이용하여 주파수 영역 등화를 위한 수신단 전처리를 수행할 수 있는데, 일반적으로 다음과 같은 순서로 전처리를 수행할 수 있다.

(1) 블록(심벌) 동기 및 프레임 동기
(2) 채널 추정

주파수 영역 등화는 기본적으로 블록 단위의 처리이며 수신단에서 블록 단위의 처리를 위해서는 블록의 시작점을 알아야 한다. 블록 동기는 각 블록의 시작점을 탐색하는 과정으로 CP 혹은 FP를 사용한다. 반면, 프레임 동기는 여러 블록으로 구성된 프레임의 시작점을 탐색하는 과정으로 블록 동기를 찾은 상태에서 프리앰블의 시작점을 탐색하여 프레임 동기를 획득할 수도 있으며 WLAN 이나 WPAN과 같이 패킷 데이터 통신에서는 프리앰블을 이용하여 프레임 동기를 먼저 획득하며 이 경우 프레임 동기와 함께 자연히 블록 동기도 획득된다. 블록 동기와 프레임 동기가 획득되면 마지막으로 한 프레임에 대한 수신 신호 열 중에서 프리앰블 혹은 미드앰블만을 추출하여 채널 추정을 수행한다. 위의 전처리 과정에서 프레임 동기와 블록 동기는 4.2.4절에서와 같은 상관 검출기를 사용하여 동시에 수행하는 것도 가능하나 아날로그 신호의 표본화율 오프셋 등이 존재한다고 가정되는 경우 블록 동기의 지속적인 갱신이 요구된다.

블록(심벌) 동기 블록 동기는 상관기를 이용하여 CP(혹은 FP)를 탐색함으로써 찾아낼 수 있는데, CP는 데이터 블록의 후미 P 샘플을 복사하여 사용한 것이며, N 샘플만큼 이격되어 있으므로 다음과 같이 정의되는 상관 계수를 계산하고 이의 피크 값을 탐색하여 블록의 시작점을 찾을 수 있다.

$$M(k) = \sum_{j=0}^{P-1} y_{k-j}^{*} y_{k-N-j} \tag{4.3.14}$$

그림 4.3.5에 상관기를 이용한 블록 동기 과정을 나타내었으며 상관기 출력의 예를 그림 4.3.6에 나타내었다. 일반적으로 잡음의 영향에 의해 피크 값의 드리프트가 발생할 경우 적당히 블록 단위 평균을 취하여 블록 동기를 탐색한다.

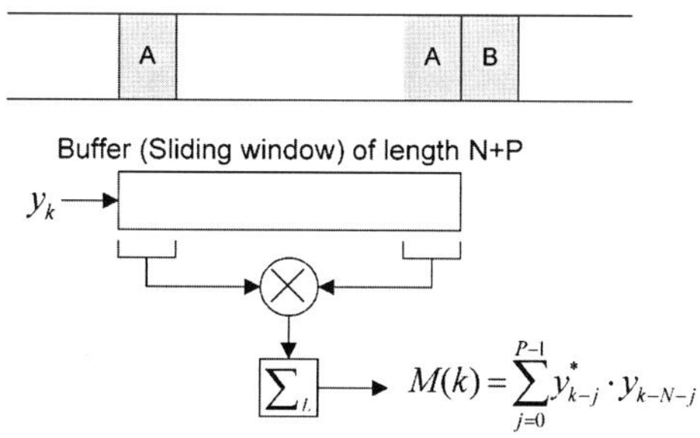

그림 4.3.5 상관기(Correlator)를 이용한 블록 동기. 길이 $N+P$ 샘플로 구성된 탐색 창(Sliding window)을 사용하여 매 입력 샘플마다 N 샘플만큼 떨어진 P개 샘플에 대해 상관 계수를 계산하고 이의 피크 값으로부터 블록의 시작점을 찾는다

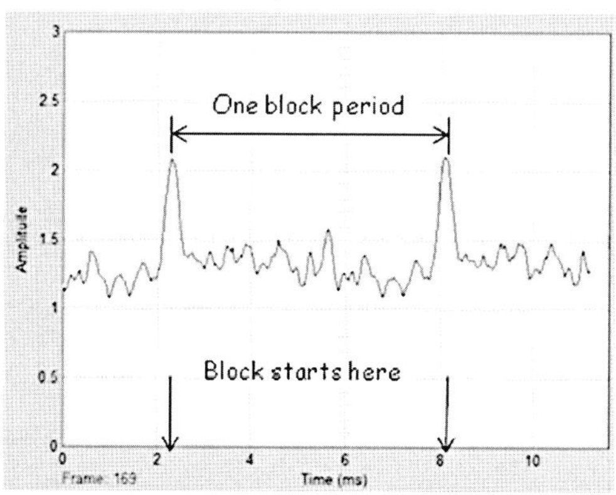

그림 4.3.6 블록 동기 상관기 출력(상관 계수값)의 예

프레임 동기 프레임 동기는 4.2.4절에서와 같은 상관기를 이용하여 동일한 방식으로 구현할 수 있으며, 또는 이미 블록 동기를 획득한 상태라면 좀 더 낮은 연산량으로 프리앰블이나 미드앰블의 위치를 찾는 것이 가능하다.

채널 추정 일단 블록 동기와 프레임 동기가 획득되면 프리앰블에 해당하는 블록의 수신 신호를 추출할 수 있다. 주파수 영역 등화기의 채널 추정은 채널의 주파수 응답의 추정을 의미하는데, 프리앰블에 해당하는 수신 신호에 DFT를 취하면 식 (4.3.9)로 표현되는 신호를 얻을 수 있으며 식 (4.3.9)에서 Y_m을 미리 알고 있는 프리앰블의 DFT S_m으로 나누어 채널의 추정치

$$\hat{H}_m = \frac{Y_m}{S_m} = H_m + \frac{N_m}{S_m} \tag{4.3.15}$$

을 간단히 얻을 수 있다. 여기서, 채널의 추정치 $\hat{H}_m$는 잡음을 포함하고 있는데 인접한 주파수의 채널 값은 비슷한 값을 가지므로 채널의 RMS 지연-확산이 충분히 작은 경우 채널의 코히어런스 대역폭을 감안하여 적절히 스무딩함으로써 채널 추정치의 신뢰도를 향상시킬 수 있다. 채널 추정치가 획득되면 최종적으로 식 (4.3.10) 혹은 (4.3.11)을 이용하여 주파수 영역 등화를 수행한 후 이의 역 DFT를 취하여 복조된 데이터 심벌을 얻는다. 한편, 주파수 영역 등화를 위한 채널 추정은 일반적으로 주파수 영역에서 이루어지는데, 훈련열은 시간 영역 신호이고 이를 DFT 변환하면 **피크대 평균 전력비**(peak to average power ratio, PAPR)가 큰 신호가 얻어지고 이에 따라 채널 추정의 신뢰도가 주파수마다 다를 수 있으므로 Golay **수열**과 같이 원 수열과 변환 수열의 PAPR이 모두 낮은 수열을 사용하는 것도 채널 추정 성능을 향상시킬 수 있는 한 방안일 것이다. PAPR에 대해서는 다음 절에서 다시 다룰 것이다.

4.4 직교 주파수 분할 다중화(OFDM)

본 절에서는 4세대 이동통신과 무선 LAN 등에 광범위하게 적용되고 있는 **직교 주파수 분할 다중화**(Orthogonal frequency division multiplexing, OFDM) 전송방식에 대해 설명하는데 앞 절에서 설명한 주파수 영역 등화기의 동작을 이해했다면 OFDM 방식의 동작 역시 쉽게 이해할 수 있다.

4.4.1 OFDM 전송방식의 기본 원리 및 특징

그림 4.4.1에 OFDM 전송방식의 송수신단 블록도를 나타내었는데, OFDM의 처리는 송신단에서 데이터 스트림을 블록(OFDM의 경우, 하나의 블록을 OFDM 심벌로 정의함)으로 나눠 CP를 삽입하여 전송하고 수신단에서 이를 제거한 후 주파수 영역 등화를 사용하는 것은 그림 4.3.2의 주파수 영역 등화기의 송수신단 처리와 동일하다. 한편, 주파수 영역 등화기의 송수신단 처리와 다른 점은 CP 삽입 전에 각 데이터블록에 대해 역 DFT 변환을 수행한다는 것과 이에 따라 수신단에서는 등화기 출력에 대해 역 DFT를 따로 수행하지 않는다는 것이다. 결국, OFDM에서 변조 데이터는 주파수 영역에서 정의되며 각 변조 데이터 샘플은 **부반송파(sub-carrier)**라 부르는 주파수 영역에 매핑되어 전송된다.

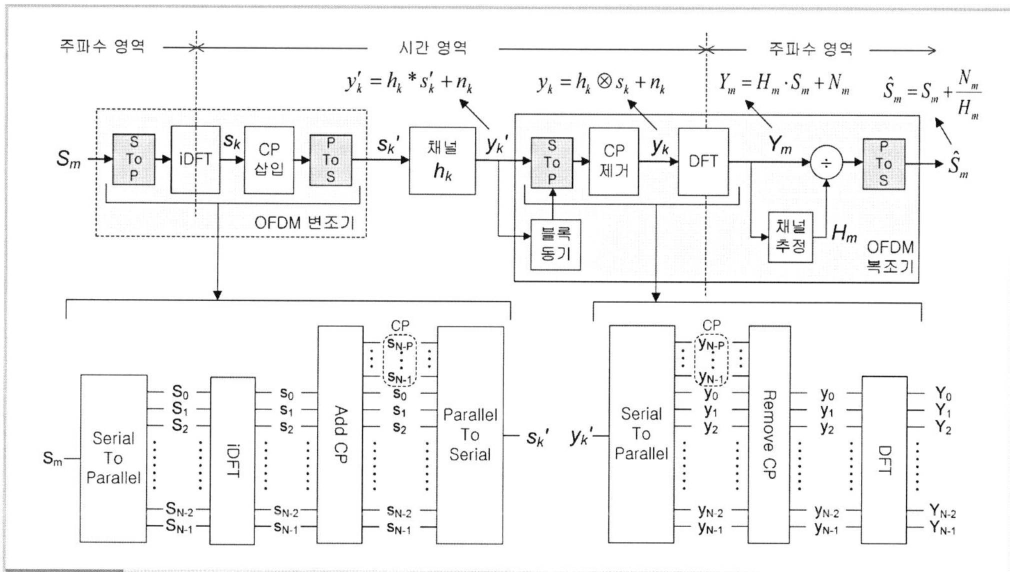

그림 4.4.1 OFDM 전송방식의 송수신단 블록도와 처리 과정

그림 4.4.1에서 실제 전송될 샘플 s_k는 변조 데이터 S_m의 역 DFT로 주어지므로 다음과 같은 관계식이 성립한다.

$$s_k = \frac{1}{N}\sum_{m=0}^{N-1} S_m e^{j2\pi\frac{km}{N}} \tag{4.4.1}$$

여기서, N은 각 블록의 길이로 DFT 크기를 나타내며 $2\pi m/N$은 정규화 주파수 (즉, m은 정수의 주파수 인덱스), k는 이산 시간 인덱스를 나타낸다. 한편, 이러한 역 DFT 연산은 그림

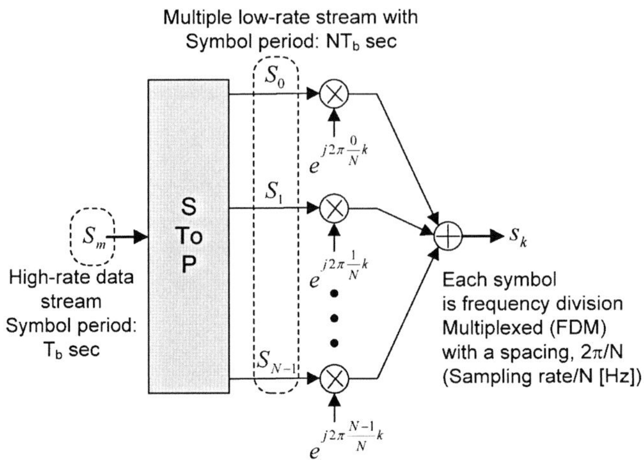

그림 4.4.2 역 DFT 연산의 처리 과정은 이산 시간 주파수 분할 다중화로 설명된다

4.4.2의 블록도로 나타낼 수 있으며 이에 대한 설명 및 용어의 정의는 다음과 같다.

(1) 하나의 데이터 블록은 심벌 벡터 $\{S_0, S_1, \cdots, S_{M-1}\}$로 나타내며 이의 (CP를 포함하는) 시간 영역 수열을 OFDM **심벌**이라 한다.

(2) 주파수 $2\pi \cdot m/N$ [rad]을 갖는 **복소지수 반송파**(complex exponential carrier) $e^{j2\pi km/N}$는 **부반송파**(sub-carrier)라 하며, m번째 부반송파는 m번째 데이터 S_m에 의해 변조된다.

(3) 각 부반송파는 (표본화 주파수에 해당하는) 전체 대역폭 상에 균일하게 분포하며 따라서 **부반송파 간 간격**(sub-carrie spacing)은 R_{samp}/N [Hz]이다. 여기서 R_{samp}는 시간 영역의 표본화 주파수이다.

(4) OFDM은 CP를 사용하므로 각 부반송파를 통한 실효 데이터 전송률은 $R_{samp}/(N+P)$이며 모든 부반송파를 다 사용할 경우 전체 전송률은 $R_{samp}N/(N+P)$이다. 여기서, $N/(N+P)$는 주파수 영역 등화기에서와 마찬가지로 CP의 사용에 따른 전송률 손실이다.

그림 4.4.2의 역 DFT 연산을 아날로그 방식의 주파수 분할 다중화(Frequency division multiplexing, FDM)와 비교하면 OFDM의 장점과 특징을 더 잘 이해할 수 있는데, 그림 4.4.3에 아날로그 방식의 FDM의 처리 과정을 나타내었으며 그림 4.4.4에는 아날로그 FDM 신호와 OFDM 신호의 주파수 스펙트럼을 비교하였다. 아날로그 FDM의 경우 기본적으로 각 반송파에 실린 신호의 스펙트럼이 중첩되면 수신단에서 정보신호의 분리가 불가능하기

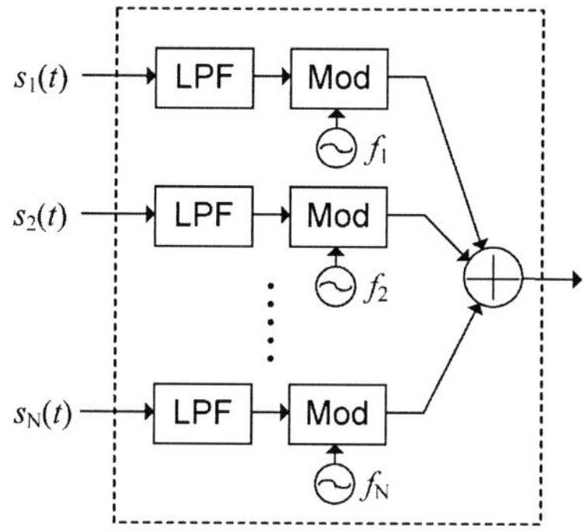

그림 4.4.3 아날로그 신호와 소자들로 구현한 주파수 분할 다중화

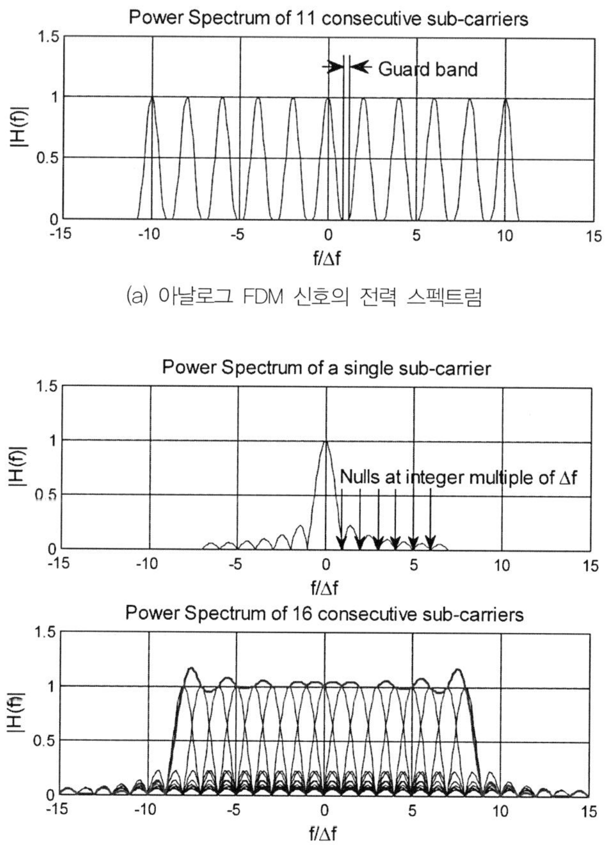

(a) 아날로그 FDM 신호의 전력 스펙트럼

(b) OFDM 신호의 전력 스펙트럼
(위: 1개 부반송파에 대한 스펙트럼, 아래: $N = 16$인 경우 전체 신호의 스펙트럼)

그림 4.4.4 아날로그 FDM 신호와 OFDM 신호의 주파수 스펙트럼 비교

때문에 필터의 부정합 등을 고려하여 반송파와 반송파 간 가드 밴드를 두며 이에 따라 주파수 효율이 낮아지는데, 디지털 신호의 경우 펄스 성형 필터의 사용을 위해 추가적인 대역이 요구되므로 주파수 효율은 더욱 낮아진다.

OFDM의 경우, 하나의 부반송파만을 보면 그림 4.4.4(b)의 상부에 도시한 것처럼 sinc-함수 형태의 전력 스펙트럼을 가지며 이는 0이 아닌 정수배의 Δf(이는 부반송파 간 간격으로 정의됨)마다 0값을 갖는다. 한편, 모든 부반송파의 스펙트럼을 합쳐놓고 보면 그림 4.4.4(b)의 하부에 도시한 스펙트럼을 가지며 여기서 각 부반송파의 스펙트럼은 서로 중첩되어 있다. 하지만 수신단에서 적절히 OFDM 심벌(블록) 동기를 맞추고 DFT를 수행하면 각 부반송파에 실린 데이터 간의 간섭이 없이 복조가 가능하다. 스펙트럼의 중첩에도 불구하고 이러한 직교성을 유지할 수 있는 것은 DFT가 주파수 영역에서의 표본화이기 때문인데 그림 4.4.4(a)의 상부에 도시한 것처럼 sinc-함수 형태의 전력 스펙트럼은 0이 아닌 정수 배의 Δf마다 Null값을 가지므로 블록 동기와 주파수 동기만 정확하다면 DFT를 통한 주파수 영역에서의 표본화는 $f = n\Delta f = nR_{samp}/N$(여기서, $n = 0, 1, \cdots, N-1$)에서 이루어지며 부반송파에 실린 데이터 간 간섭은 발생하지 않는다. 이는 수신 신호의 DFT로부터 쉽게 알 수 있는데 그림 4.4.1에서 한 OFDM 심벌에 대해 CP를 제거하고 난 신호 y_k는 4.3절의 주파수 영역 등화기에서와 마찬가지로

$$y_k = h_k \otimes s_k + n_k, \ k = 0, 1, \cdots, N-1 \tag{4.4.2}$$

로 표현되며 이의 DFT는 다음과 같다.

$$Y_m = H_m \cdot S_m + N_m, \ m = 0, 1, \cdots, N-1 \tag{4.4.3}$$

여기서, H_m, S_m 및 N_m은 각각 h_k, s_k 및 n_k의 DFT이다. 위 식의 각 부반송파에 해당하는 신호 모형은 ISI나 부반송파 간 간섭이 없이 잡음만 존재하는 AWGN 채널로 볼 수 있으며 $E|S_m|^2 = 1$과 $E|N_m|^2 = \sigma^2$를 가정하면 각 부반송파의 신호대 잡음비는

$$SNR_m = \frac{|H_m|^2}{\sigma^2} \tag{4.4.4}$$

로 주어진다. 결론적으로 OFDM은 각 부반송파의 스펙트럼이 중첩되어 있어도 OFDM 심벌(블록)의 동기와 주파수 동기가 맞는다면 부반송파 간 간섭 없이 각 부반송파에 실린 데이터를 복조할 수 있으며, 따라서 아날로그 방식의 FDM에 비해 높은 효율의 다중화 전송이 가능하다. 물론, OFDM의 1차적인 목적은 다중화라기보다는 다중경로 페이딩에 의한 ISI의 보상이라고 볼 수 있으나 뒤에서 다시 다루겠지만 2차적으로 주파수 영역에서의 사용자 다

중화를 통한 **다중사용자 다이버시티 이득**(Multiuser Diversity Gain)도 얻을 수 있어 (다중의 사용자가 동시에 데이터 통신을 시도하는) **다중접속 시스템**(Multiple access system)에 적용할 경우 주파수 영역 등화기 대비 추가적인 장점이 있다. 이러한 OFDM 방식의 특징 및 장단점을 요약하면 다음과 같다.

(1) OFDM은 높은 전송률의 데이터 스트림을 다수의 낮은 전송률을 갖는 스트림으로 나눈 후 주파수 다중화하여 전송한다고 할 수 있으며 실효적으로 본다면 높은 전송률(R_{samp})의 ISI 채널을 다수의 (N개의) 낮은 전송률의 (근사적으로 R_{samp}/N의 전송률을 갖는) AWGN 채널로 변환한다고 볼 수 있다.

(2) (이에 따라) 채널 등화 역시 주파수 영역 등화기에서와 마찬가지로 각 부반송파에 대한 단일탭 등화기로 (채널의 영점이 Z-평면 상의 단위 원 밖에 존재하더라도) 쉽게 등화가 가능하다.

(3) 각 부반송파에 대한 실효 채널의 SNR은 주파수 선택성의 영향으로 서로 다른 값을 가질 수 있으므로 부반송파의 SNR에 따라 적응적으로 변조방식을 선택하여 전송함으로써 오류 성능을 향상시킬 수 있다.

(4) OFDM을 다중접속 시스템에 적용할 경우 주파수 영역에서 채널 품질을 고려한 사용자 다중화를 통해 **다중사용자 다이버시티 이득**도 얻을 수 있다.

(5) 가장 큰 단점으로는 단일 반송파 전송방식에 비해 높은 **피크-대-평균 전력비**(Peak-to-Average Power Ratio, PAPR)를 갖는다는 것이며 이에 따라 OFDM 송신단에는 종종 고가의 전력증폭기가 요구된다.

(6) 또 한 가지 단점으로 하드웨어 복잡도가 높다는 것이 있으나 주파수 영역 등화기와 비교할 때 비슷한 정도의 복잡도를 가지며 디지털 반도체 기술의 발전으로 하드웨어의 복잡도는 더 이상 크게 문제가 되지는 않는다고 볼 수 있다.

4.4.2 OFDM 파라미터의 설정

OFDM 전송 방식의 핵심 파라미터와 그에 대한 간단한 설명을 표 4.4.1에 요약하였다. OFDM 시스템의 설계는 채널 환경을 고려하여 OFDM의 핵심 파라미터와 프레임 구조를 적절히 결정하는 것인데, 물론 세부적인 고려 사항들이 많지만 다음의 간단한 규칙에 따라 설정하면 최선의 결정은 아니지만 최소한 동작은 가능한 OFDM 시스템을 설계할 수 있다.

표 4.4.1 OFDM 전송 방식의 핵심 파라미터와 그에 대한 간단한 설명

파라미터	표기	설명 및 관계식
Sampling period(표본화 주기)	T_{samp}	Sampling rate: $R_{samp} = 1/T_{samp}$
CP length(CP 길이)	P	샘플 단위의 CP 길이
Guard Interval(가드 인터벌)	T_G	$T_G = P \cdot T_{samp}$
DFT size(DFT 크기)	N_{DFT}	일반적으로 2의 거듭제곱을 사용함
Sub-carrier spacing(부반송파 간 간격)	Δf	$\Delta f = R_{samp}/N_{DFT}$
Data Period(데이터 구간 주기)	T_{data}	$T_{data} = N_{DFT} \cdot T_{samp}$
OFDM Symbol duration (OFDM 심벌주기)	T_S	$T_S = T_G + T_{data} = (N_{DFT} + P) \cdot T_{samp}$
OFDM Symbol Rate(OFDM 심벌률)	R_S	$R_S = 1/T_S = R_{samp}/(N_{DFT} + P)$
유효 부반송파 개수	M	실제 사용되는 부반송파의 개수로 연속된 부반송파들이 사용됨
Signal Bandwidth(신호 대역폭)	B	$B = M \cdot \Delta f$
Data symbol rate[symbols per sec]	R_{sym}	$R_{sym} = M \cdot R_S = R_{samp}M/(N_{DFT} + P)$

우선, 파라미터 설정에서 우선적으로 고려해야 하는 사항은 다음과 같다.

(1) 할당 대역(반송파 주파수, f_c) 및 대역폭(B)

(2) 채널의 RMS 지연(τ_{RMS})

(3) 채널의 최대 도플러 천이($f_{D,\max}$)

할당 대역폭은 새로운 통신/방송 서비스를 위해 전파관리소로부터 할당 받은 주파수 대역의 대역폭을 말한다. 채널의 RMS 지연은 대개 서비스 통달 거리에 따라 달라지며 시스템 설계를 위한 채널 측정을 통해 얻어지는데, 표 4.4.2에 몇 가지 일반적인 통신 서비스를 대상으로 한 평균적인 RMS 지연을 나타낸다. 채널의 최대 도플러 천이 $f_{D,\max}$는 통신이 보장되는 이동 속도($v_{\max}$)와 할당 주파수(반송파 주파수, f_c)에 의해 다음과 같이 주어진다.

$$f_{D,\max} = \frac{f_c v_{\max}}{c} \tag{4.4.5}$$

여기서, c는 빛의 속도이다. 채널의 최대 도플러 천이 $f_{D,max}$는 채널의 페이딩 계수가 일정한 값을 유지하는 채널의 코히어런스 시간 T_C를 결정하는데, 일반적으로 $T_C \ll 1/f_{D,max}$이다.

일단, 위의 세 가지 값이 주어졌다면 다음의 단계를 통해 OFDM 파라미터의 대략적인 설정이 가능하다.

표 4.4.2 몇 가지 일반적인 통신 서비스에서 고려하는 평균적인 RMS 지연

통신/방송 서비스	통달 거리	평균 RMS 지연(μs)
WiFi(무선 LAN)	100 [m]	0.2
LTE(셀룰라 서비스)	1~5 [Km]	1~2
T-DMB(방송 서비스)	100 [Km]	100

(1) 가드 인터벌(T_G)의 설정 : 가드 인터벌은 채널의 최대 지연-확산보다 크게 설정해야 하는데, 채널의 최대 지연-확산은 대체로 RMS 지연-확산의 3~5배 정도가 된다고 본다. 따라서 가드 인터벌은 RMS 지연-확산의 3~5배 정도로 설정한다.

(2) OFDM 심벌 주기(T_S)의 설정 : 다음으로는 OFDM 심벌 주기(T_S)를 결정하는데, 이는 가드 인터벌의 삽입에 따른 전송률의 손실과 채널의 코히어런스 시간 T_C를 고려해야 한다. 즉, 전송률의 손실을 작게 하려면 T_S를 매우 크게 잡아야 하나 T_S가 (T_C에 비해) 너무 크면 부반송파 간 직교성이 깨져 간섭이 발생한다. 일반적으로는 1/5~1/10 정도의 전송률 손실을 감안하여 T_S를 T_G의 5~10배 정도로 설정하되 $1/f_{D,\max}$보다는 매우 작은 값이 되도록 (예를 들면 $1/10f_{D,\max}$ 혹은 $1/20f_{D,\max}$보다 작아지도록) 설정한다.

(3) 표본화 주파수 및 DFT 크기의 결정 : 표본화 주파수 및 DFT 크기는 동시에 설정해야 한다. 우선, 표본화 주파수를 임의의 상수 $1 \le \beta \le 2$에 대해 다음과 같이 놓는다(Q배의 oversampling을 고려할 경우, β의 범위를 Q에서 $2Q$사이로 놓는다).

$$R_{samp} = \beta \cdot B \tag{4.4.6}$$

그러면, DFT 크기는 다음과 같다.

$$N_{DFT} = \frac{T_S - T_G}{T_{samp}} = \beta \cdot B \cdot (T_S - T_G) \tag{4.4.7}$$

DFT 크기는 2의 거듭제곱으로 설정해야 하므로 $B \cdot (T_S - T_G)$와 $2B \cdot (T_S - T_G)$ 사이의 정수 중 2의 거듭제곱에 해당하는 값으로 설정하면 되며 이렇게 하여 N_{DFT}가 결정되면 (4.4.6)과 (4.4.7)의 관계식으로부터 표본화 주파수가 결정되고 부반송파 간 간격은 자동으로 다음과 같이 정해진다.

$$\Delta f = \frac{R_{samp}}{N_{DFT}} \tag{4.4.8}$$

(4) 유효 부반송파 개수 및 신호의 점유 대역폭의 결정: (3)에서 DFT의 크기가 결정되면 최대로 사용 가능한 부반송파의 개수는 N_{DFT}이다. 그러나 N_{DFT}개의 부반송파를 모두 사용하면 신호의 점유 대역폭이 할당된 대역폭 B보다 커지므로 유효 부반송파의 개수 M은 다음의 조건을 만족해야 한다.

$$M \le M_{\max} \equiv \left\lfloor \frac{B}{\Delta f} \right\rfloor \tag{4.4.9}$$

일반적으로 할당된 대역폭 바깥쪽으로 누설되는 신호 스펙트럼의 최소화를 위해 $M_{\max}$보다는 작은 값으로 설정해야 한다.

예제 4.4.1

[OFDM 파라미터의 결정 예] 새로운 방송서비스를 위해 2 GHz 대역의 10 MHz 대역폭을 할당하였으며 이 대역에서 채널 측정을 해본 결과 RMS 지연-확산은 1μs 정도였으며 100 km/hr 정도의 이동 중에도 수신이 가능하도록 OFDM 기반의 전송 시스템을 설계하고자 한다. 이러한 서비스 및 환경에 적절한 OFDM 파라미터를 설정해 보아라(답은 여러 가지 가능한 결과가 있을 수 있음).

표 4.4.3 OFDM 방식을 사용하는 몇 가지 상용 통신/방송 표준의 OFDM 파라미터

통신/방송 규격	WLAN (802.11a)	T-DMB (Eureka-147)	3GPP-LTE
Carrier Freq., BW	2.4 GHz, 20 MHz	VHF, 1.728 MHz	2.4 GHz, 5/10/20 MHz
Target coverage	Indoor, ~100 m	Outdoor, ~100 km	Outdoor, ~5 km
RMS delay spread	200 ns(indoor)	~100 μs	1~5 μs
Mobility support	No	Yes (100 km/hr)	Yes(100 km/hr)
Guard interval(T_{GI})	0.8 μs	250 μs	16.67 or 4.7619 μs
TFFT	3.2 μs	1 ms	66.66 μs
OFDM Symbol duration ($T_s = T_{GI} + T_{FFT}$)	4.0 μs	1.25 ms	83.33 or 71.4286 μs (1/12 or 1/14 ms)
FFT size(N)	64	2048	512/1024/2048
Sampling rate(R)	20 Msps	2.048 Msps	30.72 Msps
Sub-carrier spacing(Δf)	312.5 kHz(20 M/64)	1 kHz	15 kHz
# of useful sub-carriers	52 + 1(DC)	1536 + 1(DC)	~1320 + 1(DC)
ccupying BW	16.56 MHz	1.5 MHz	~19.2 MHz

표 4.4.3은 OFDM 방식을 사용하는 몇 가지 상용 통신/방송 표준의 기본적 채널/시스템 파라미터와 설정된 OFDM 파라미터를 보여준다.

4.4.3 OFDM 시스템에서의 채널 추정

OFDM 심벌(블록) 동기 및 프레임 동기는 4.3절에서 설명한 CP를 사용하는 단일 반송파 시스템의 방법과 동일하며 본 절에서는 따로 설명하지 않고 채널 추정에 대해서만 추가적인 내용들을 다루기로 한다.

OFDM에서의 채널 추정 역시 CP를 사용하는 단일 반송파 시스템에서와 마찬가지로 프리앰블이나 미드앰블의 형태로 미리 알려진 수열을 프레임마다 삽입하여 전송하고 수신단에서는 이를 이용하여 채널 추정을 수행할 수 있다. 그러나 OFDM의 경우 데이터가 주파수 영역의 각 부반송파에 실리므로 보다 다양한 사전 정보의 구성과 채널 추정 방식들의 도입이 가능하며 채널의 코히어런스 대역폭과 코히어런스 시간을 고려하여 최선의 사전정보 삽입 방법을 설계할 수 있다.

그림 4.4.5는 채널 추정을 위한 3가지의 일반적인 사전정보 삽입형태(블록형, 고정형 및 격자형)를 보여준다. 우선 하나의 전송 프레임이 다수의 OFDM 심벌로 구성되어 있다고 가정하자. 각 OFDM 심벌은 다수의 부반송파를 가지므로 하나의 데이터 심벌을 전송할 수 있는 특정 '**시간-주파수 자원의 단위**(Time-Frequency Bin)'를 정수 쌍 (n, m)으로 나타낼 수 있다 (여기서, n은 하나의 프레임 내의 n번째 OFDM 심벌을, m은 m번째 부반송파를 나타낸다). 그림에서 하나의 작은 원은 이러한 시간-주파수 자원의 단위를 나타내며 정수 쌍 (n, m)으로 정의되는 2차원 공간 상에서 다양한 사전 정보의 삽입이 가능하다. 특히 (a)에 도시한 블록형은 하나의 OFDM 심벌의 모든 부반송파를 사전 정보를 전송하는 데 사용하는 형태로 4.3.2절에서의 프리앰블 혹은 미드앰블 형태의 사전 정보 삽입 방법과 동일하며 이는 주파수 선택성은 매우 큰(코히어런스 대역폭은 매우 작은) 반면 코히런스 시간은 상대적으로 큰 경우에 적합하다. 한편, 주파수 선택성은 매우 작은(코히어런스 대역폭은 매우 큰) 반면 코히런스 시간은 상대적으로 작은 경우, 그림 4.4.5의 (b)에 도시한 고정형(특정 부반송파에 고정적으로 사전정보를 삽입하는 형태)을 적용하면 유리하다. 마지막으로 (c)에 도시한 격자형은 코히어런스 대역폭과 코히어런스 시간이 모두 큰 경우에 많이 사용되며 무선/이동 시스템에서 가장 일반적으로 적용되는 타입이다. 이렇게 사전정보의 전송을 위해 사용되는 부반송파를 **파일럿** 혹은 **파일럿 부반송파**(pilot sub-carrier)라 하며 파일럿의 추출을 위해서는 OFDM 심벌 동기와 프레임 동기가 선행되어야 함은 당연하다.

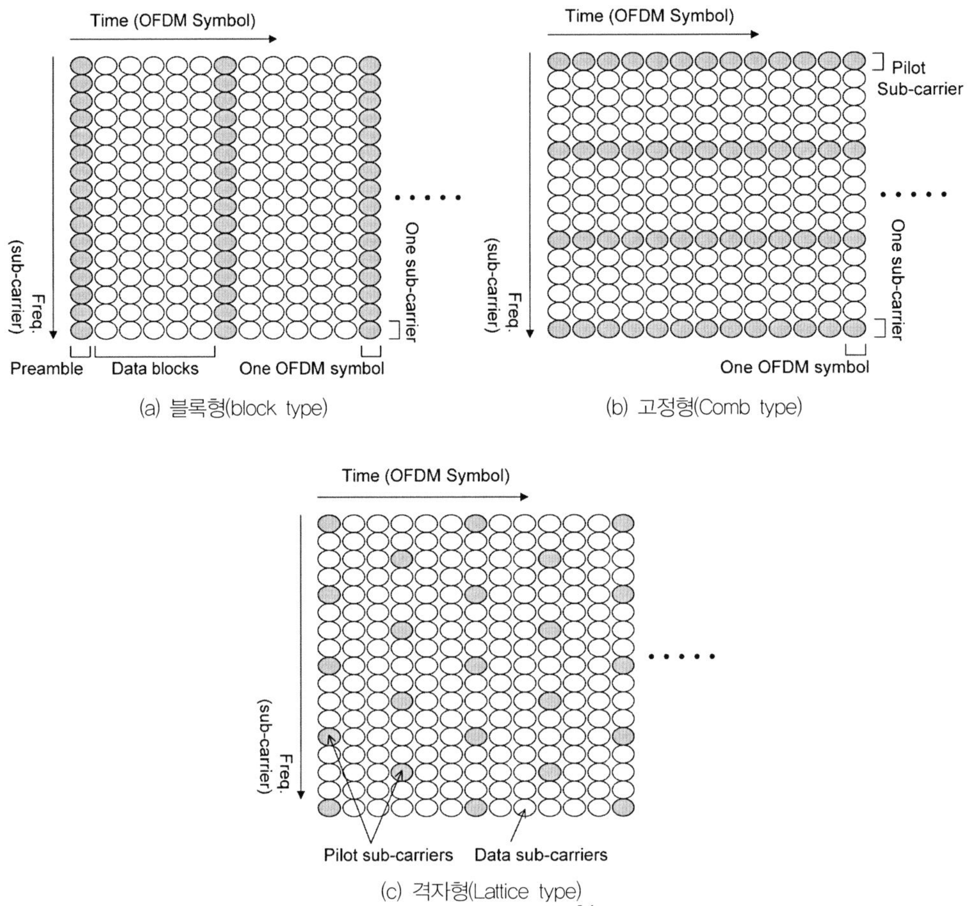

그림 4.4.5 채널 추정을 위한 3가지 일반적 파일럿 구조

이러한 파일럿 부반송파를 이용한 채널 추정은 그 형태에 따라 주파수, 시간 혹은 주파수와 시간 영역 모두에서의 **보간**(Interpolation)을 통해 이루어지며 일반적으로 다음의 단계에 따라 수행된다.

(1) 파일럿 추출(OFDM 심벌 동기와 프레임 동기가 선행되어야 가능함)
(2) 주파수 영역 보간(Frequency domain interpolation)
(3) 시간 영역 보간(Time domain interpolation)

위에서 (2)와 (3)의 단계는 보간 필터를 사용하며 2차원 보간 필터를 이용하여 동시에 수행하는 것도 가능하다. 그림 4.4.6은 파일럿의 추출과 주파수 영역 보간을 도식적으로 나

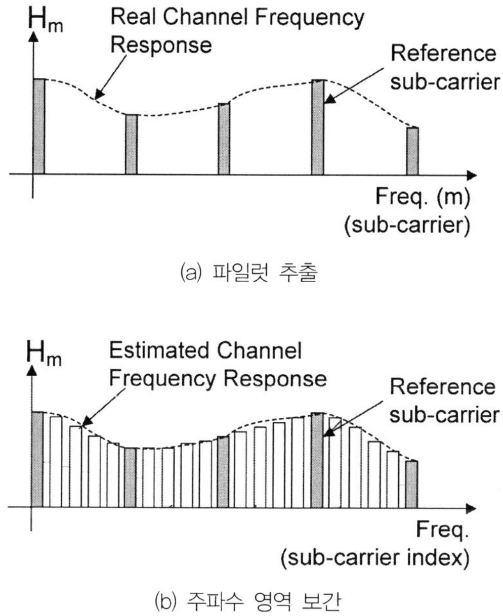

그림 4.4.6 파일럿 추출 및 주파수 영역 보간의 도식적 설명. 시간 영역의 보간은 주파수 영역의 보간값으로부터 시간 영역 보간과 유사하게 수행된다

타내며 시간 영역의 보간은 주파수 영역의 보간값으로부터 시간 영역 보간과 유사하게 수행된다.

앞서 언급했지만 1차 채널 추정치에 스무딩 필터를 적용하거나 추출된 파일럿에 해당하는 채널 값을 보간하여 채널 추정치를 획득하는 것은 기본적으로 정수쌍 (n, m)으로 표기되는 시간-수파수 공간의 국소 영역에서 채널의 이득이 비슷한 값을 갖는다는 가정을 내포하고 있으며 얼마만큼의 넓은 공간에서 채널의 이득이 높은 상관성을 갖는가는 채널의 코히어런스 대역폭과 코히어런스 시간에 의해 주어진다. 일반적으로 파일럿을 너무 조밀하게 삽입하는 경우 채널 추정의 품질은 향상되나 더 많은 파일럿의 전송을 위해 오버헤드가 증가하여 전송 효율을 떨이뜨리며 빈대로 파일럿을 니무 듬싱하게 십입하는 경우 오버헤드는 감소하여 전송률은 개선되나 채널 추정의 품질이 악화되어 비트 오류율을 증가시킬 수 있으므로 적절한 퍼센티지로 파일럿을 삽입할 것이 요구된다. 결론적으로 말하면, 오버헤드와 채널 추정 품질 혹은 이들에 의한 전송률과 비트 오율 성능은 서로 교환(tradeoff) 관계에 있으며 파일럿 패턴의 설계는 채널의 코히어런스 대역폭과 코히어런스 시간으로 대표되는 채널 파라미터를 설계된 OFDM 파라미터(특히, 부반송파 간 이격 f와 OFDM 심벌 길이 T_S)와 상대적으로 고려하여 설정하되 오버헤드와 채널 추정 품질의 교환 관계를 고려하여 적절히 설정되어야 한다.

그림 4.4.7은 다양한 파일럿 심벌의 삽입을 반영한 보다 실질적인 OFDM 송수신기 구성을 나타낸다. 송신부는 파일럿과 데이터 심벌의 다중화를 수행하는 부반송파 매퍼(sub-carrier mapper)가 포함되어 있으며 수신단에는 역다중화를 수행하는 부반송파 디매퍼(sub-carrier demapper)가 포함되어 있다.

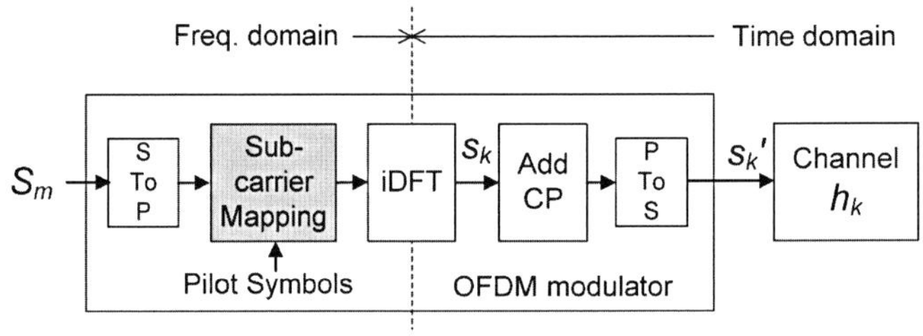

(a) OFDM 송신부 구성

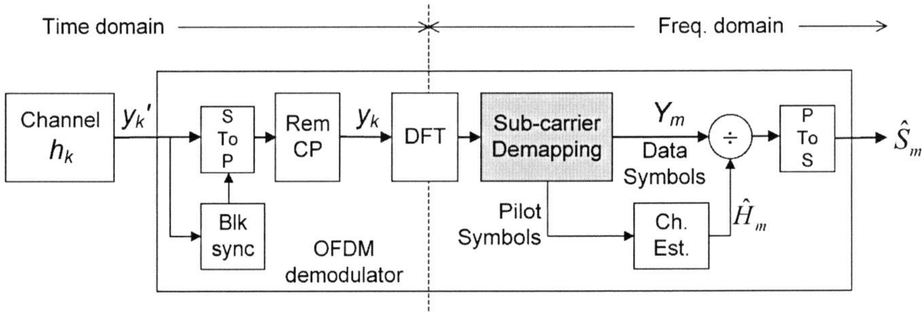

(b) OFDM 수신부 구성

그림 4.4.7 다양한 파일럿 심벌의 삽입을 반영한 실질적인 OFDM 송수신기 구성

4.4.4 WiFi와 LTE의 채널추정을 위한 참조 신호

무선 랜의 경우 기본적으로 정지 환경에서의 통신을 고려하고 있어 프레임의 맨 앞에 프리앰블의 형태로 사전 정보를 삽입하여 전송한다. 그림 4.4.8은 WiFi의 OFDM 전송 모드의 프리앰블 구성을 나타내는데, 프레임의 길이는 Payload의 크기에 따라 달라지나 정해진 일정 길이의 프리앰블을 삽입하여 전송한다. 프리앰블은 짧은 프리앰블과 긴 프리앰블 2가지가 사용되며 각 프리앰블의 재원과 용도는 다음과 같다.

(1) 짧은 프리앰블: 800 ns 길이의 수열을 10번 반복하여 구성되며 패킷 검출과 자동 이득

제어(Automatic gain control, AGC), 프레임 및 심벌 동기 등을 위해 사용된다(WiFi의 OFDM 심벌은 표 4.4.3에 요약한 대로 CP를 포함하여 4 μs의 길이를 갖는다).

(2) 긴 프리앰블 : 길이 8 μs의 OFDM 심벌로 구성되는데 3.2 μs 수열을 반복한 후 길이 1.6 μs의 CP를 붙여 생성하며 채널 추정과 주파수 오프셋의 추정을 위해 사용된다.

WiFi에서 채널 추정용의 긴 프리앰블에 추가하여 짧은 프리앰블을 사용하는 이유는 WiFi가 기본적으로 패킷 통신을 하기 때문에 단속적으로 전송되는 프레임을 효과적으로 캡처하기 위한 것이다.

셀룰라 통신 규격인 LTE는 (하향 링크의 경우) OFDM 전송방식을 사용하며 1.5, 3, 5, 10, 15, 20 MHz 대역폭을 지원하는 데 부반송파 간 이격은 15 Hz로 고정되어 있는 것이 특징이며 대역폭에 따라 사용되는 부반송파의 개수가 달라진다. 그림 4.4.8은 LTE 규격에서 주파수 분할 듀플렉싱을 사용하는 경우에 대한 하향 링크의 프레임 구성을 나타내는데, 그림에 나타내었듯 10 ms 길이를 갖는 프레임은 10개의 부프레임으로 구성되며, 1 ms 길이의 1개 부프레임은 2개 슬롯으로, 0.5 ms 길이의 각 슬롯은 6 혹은 7개의 OFDM 심벌로 구성된다.

한편, (제6장에서 더 자세히 다루겠지만) LTE 하향 링크의 경우 시간-주파수 자원의 효율적 관리를 위해 'Resource block(RB)'을 정의하여 자원 할당의 단위로 사용하는 데, 하나의 RB는 주파수 영역에서는 12개의 부반송파와 시간 영역에서는 1개의 슬롯(6 혹은 7 OFDM 심벌)으로 구성되며 각 RB는 동일한 격자형의 파일럿 패턴을 사용한다. 그림 4.4.9에 연속된 2개 RB에 대한 파일럿 패턴을 도시하였는데, 그림으로부터 주파수 영역에서는 6개 부반송파 마다(90 kHz마다) 파일럿이 삽입되며 시간 영역에서는 한 슬롯(0.5 ms)안에 2번 파일럿이 삽입되는 것을 볼 수 있다. 셀룰라 시스템 환경에서의 전형적인 RMS 지연 확산이 1 μs라 하고 2 GHz 반송파에 100 km/hr의 이동성을 지원한다면 코히어런스 대역폭은 대략 $1/(5 \cdot 1\ \mu s) = 200$ kHz, 코히어런스 시간은 대략 $1/(10 f_D) \approx 0.5$ ms 정도가 되므로 이러한 파일럿 배치는 현실적인 채널 환경과 이동성을 고려한 값임을 알 수 있다.

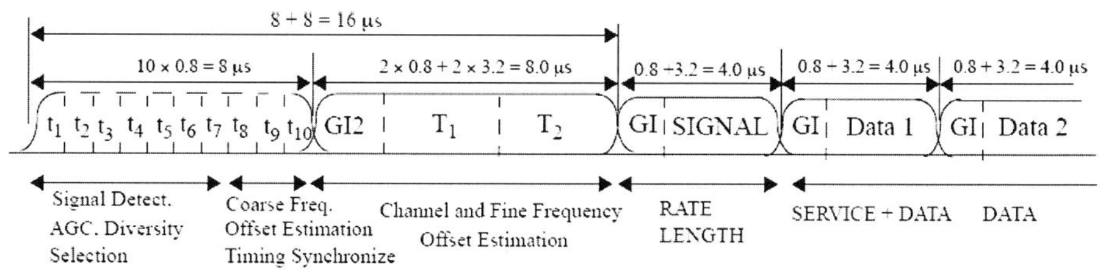

그림 4.4.8 WiFi의 OFDM 전송모드에 대한 프리앰블 구성

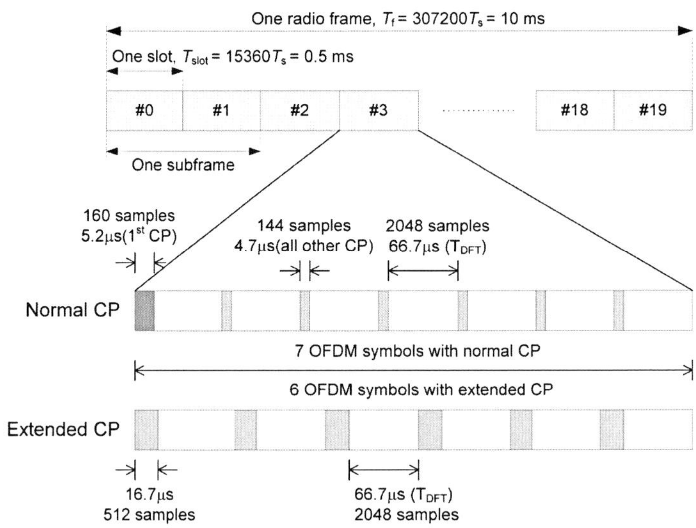

그림 4.4.9 LTE 주파수 분할 듀플렉싱 모드의 하향 링크 프레임 구조. 1개의 프레임은 20개의 슬롯으로 구성되며 각 슬롯은 6 혹은 7개의 OFDM 심벌로 구성된다

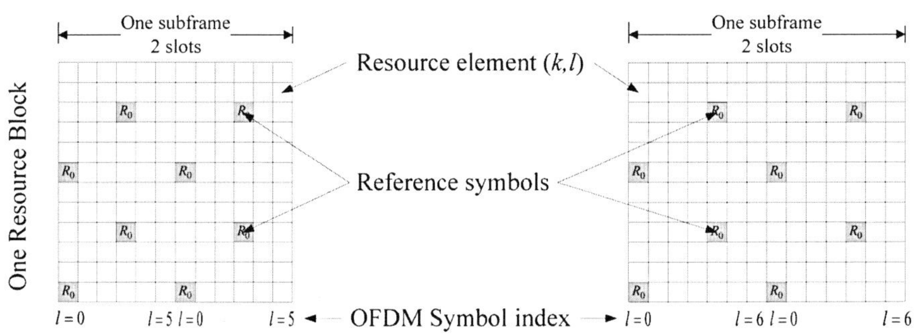

그림 4.4.10 LTE의 파일럿 구조. 12개의 부반송파와 시간 영역에서는 2개의 슬롯(12 혹은 14 OFDM 심벌)으로 구성되는 Resource block(RB)에 동일한 파일럿 패턴이 적용된다

4.4.5 단일 주파수망

단일 주파수망(single frequency network, SFN)의 개념은 1990년대 중반 OFDM 기반의 유럽 방송규격인 DAB(Digital audio broadcast)와 DVB(Digital video broadcast)의 등장과 함께 제안된 개념으로 기존의 아날로그 방송 서비스에서는 동일한 서비스 채널이라 하더라도 인접 송신국 간 주파수를 배타적으로 사용해야 했던 것에 반해 단일 주파수망에서는 인

접 송신국들이 동일한 주파수에 동일한 신호(서비스)를 동시에 전송하는데, 이를 통해 얻을 수 있는 장점은 다음과 같다.

(1) 하나의 주파수 채널로 전국적인 방송 서비스를 제공할 수 있다.
(2) 각 송신국의 커버리지 영역의 변방에 있는 수신단말들에게 보다 양질의 방송 서비스를 제공할 수 있다.

물론, 이러한 장점은 OFDM 전송방식을 사용할 경우에 가능하며 여러 송신국으로부터 수신된 신호의 도착 시간이 CP 길이 이내에서 정렬되어야 한다. 그림 4.4.11은 단일 주파수망의 개념도를 보여주는데, BS1, BS2, BS3에서 동일한 신호를 동시에 송신하면 MS1이 경험하는 실효 채널은 $h_1(t)+h_2(t)+h_3(t)$이며 합채널의 임펄스 응답의 길이가 CP 길이보다 짧다면 OFDM 복조를 수행하는 데 있어 심벌 간 간섭은 발생하지 않는다. 이제, 세 개의 채널이 충분히 주파수 선택적이라고 가정하고 각각의 주파수 응답 $H_1(f)$, $H_2(f)$, $H_3(f)$가 통계적으로 독립인 복소 가우시안 랜덤 변수라 하면 실효 주파수 응답 $H_1(f)+H_2(f)+H_3(f)$ 역시 복소 가우시안 분포를 가지며 평균 수신 전력은 $E|H_1(f)|^2+E|H_2(f)|^2+E|H_3(f)|^2$이 되어 하나의 송신국을 통해 서비스를 받는 것보다 높은 SNR이 얻어진다. 비슷한 논리로 릴레이를 사용하더라도 릴레이에서의 지연이 충분히 작아 $h_4(t)+h_6(t-\tau)$의 길이가 CP보다 짧다면 BS2로부터 직접 수신한 신호와 릴레이로부터 수신한 신호의 합은 MS2에서의 평균 수

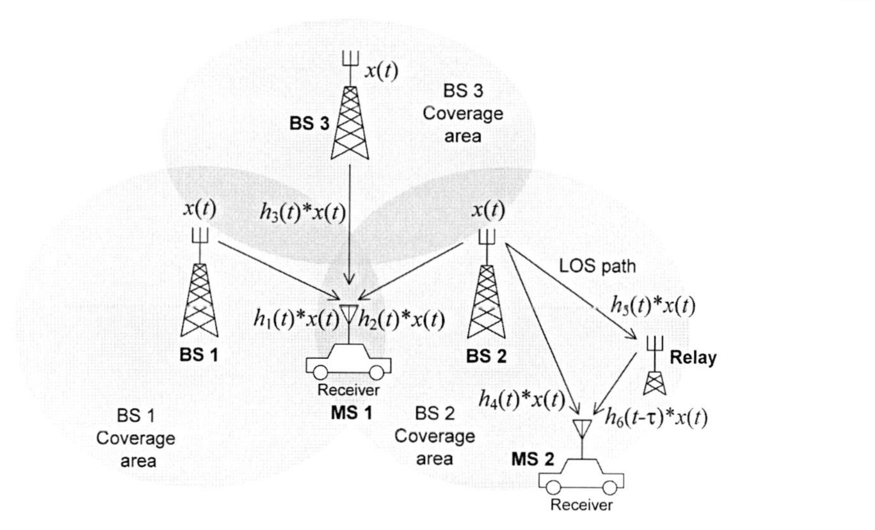

그림 4.4.11 단일 주파수망의 개념도

신 신호 전력을 향상시킨다. 표 4.4.3에 나타낸 T-DMB 규격의 CP 길이가 250 μs로 매우 크게 설정된 것도 단일 주파수망의 운용을 염두에 둔 값이며 LTE 규격의 확장 CP(16.7 μs) 역시 MBSFN(Multicast broadcast single frequency network) 서비스를 고려하여 설정된 값이다.

4.5 확산대역 통신과 부호분할 다중접속

확산대역(spread spectrum) 통신기술은 원래 군용통신 방식으로 개발되었으나 1980년대 후반부터 상용 기술로 고려되기 시작하여 2세대 이동통신 시스템의 하나인 IS-95 규격에 기반 기술로 사용되었으며 이의 성공에 힘입어 3세대 이동통신 시스템에서도 기본 전송방식으로 채택되었다. 확산대역 통신방식을 셀룰라 시스템에 적용할 경우 얻을 수 있는 장점은 다음과 같다.

(1) 100%의 주파수 재사용률을 갖는 셀룰라 시스템의 운영이 가능하다.
(2) 레이크 수신기의 사용을 통해 다중경로 페이딩 채널에 대한 강인성을 얻을 수 있다.
(3) (레이크 수신기의 사용을 통해) 소프트 핸드오버를 적용하여 끊김 없는 통화 서비스가 가능하며 이를 통해 매크로 다이버시티 이득도 얻을 수 있다.

본 절에서는 이상의 장점에 근간이 되는 확산대역 통신방식의 간섭에 대한 면역성과 부호분할 다중화 및 다중경로 채널에서의 강인성에 대해 설명한다.

4.5.1 확산대역 통신의 개요

확산대역 통신방식은 정보 신호를 원래의 대역폭보다 훨씬 넓은 스펙트럼을 갖는 신호에 실어서 (스펙트럼을 확산시켜서) 전송한다. 그림 4.5.1(a)는 PN(Pseudo noise) **신호**를 이용한 스펙트럼 **확산**(spreading) 과정을 개념적으로 보여주며 그림 4.5.1(b)는 동일한 PN 신호를 스펙트럼 확산된 신호에 한 번 더 곱하여 원래의 정보 신호를 복구하는 **역 확산**(despreading) 과정을 보여준다. 그림에서 정보 신호 $s(t)$의 심벌 주기는 T_s이며 대역폭은 $1/T_s$ 정도인 데 반해 PN 신호 $c(t)$의 **칩**(chip) 주기는 T_c로 한 심벌을 N칩의 PN 수열로 확산한다고 하면 $T_c = T_s / N$이며, 따라서 PN 신호(와 스펙트럼 확산된 신호)의 대역폭은 정보 신호 대역폭의 N배가 된다. 그림 4.5.2는 정보 신호 $s(t)$, PN 신호 $c(t)$ 및 스펙트럼 확산된 신호의 전력 스펙트럼 밀도를 보여주는데, 확산대역 통신에서 확산된 신호의 대역폭과 정보 신호의

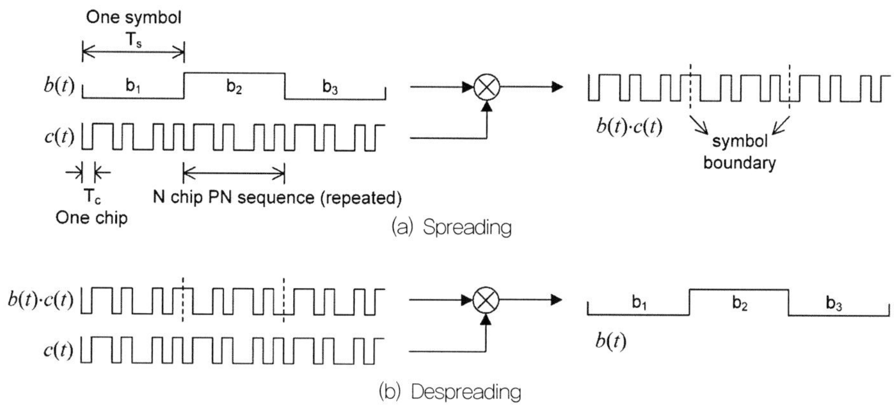

그림 4.5.1 스펙트럼 확산(spreading)과 역확산(despreading)의 개념도

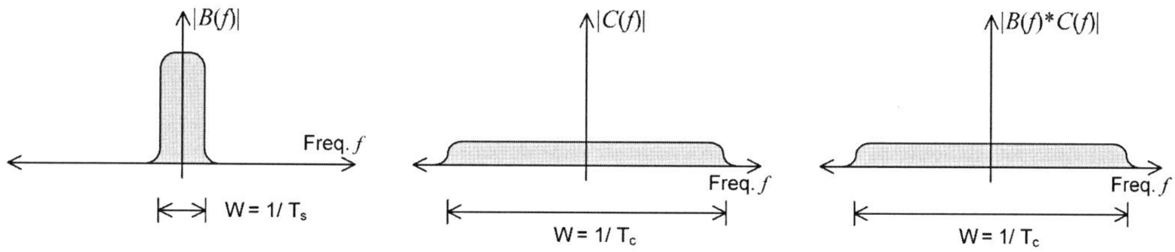

그림 4.5.2 정보신호, PN 신호 및 스펙트럼 확산된 신호의 전력 스펙트럼 밀도의 예. PN 신호와 스펙트럼 확산된 신호의 전력 스펙트럼 밀도는 동일하다.

대역폭의 비

$$N \equiv \frac{W_c}{W_s} = \frac{R_c}{R_s} = \frac{T_s}{T_c} \tag{4.5.1}$$

를 확산 인자(spreading factor)라 한다. 여기서, W_c와 W_s는 각각 확산 신호와 정보 신호의 대역폭이며 이들은 각각 칩 전송률 R_c와 정보 데이터 전송률 R_s에 비례한다.

실제 시스템에서 확산대역 신호의 수신은 잡음 및 간섭의 억제를 위해 PN 신호의 타이밍을 획득한 후 상관기를 이용하여 검파를 수행하는데, 이는 등가적으로 임펄스 응답이 $c(T_s\text{-}t)$인 정합 필터를 통과시킨 후 피크 검출을 통해 동기를 획득한 후 피크 값의 표본을 이용하여 검파를 수행하는 것과 동일하다. 그림 4.5.3(a)와 (b)는 각각 상관기와 정합 필터를 이용한 확산대역 신호의 수신과정을 보여준다. 또한, 실제 시스템에서 신호의 확산과 역확산은 이산 시간에서보다 효율적으로 처리될 수 있는데, 그림 4.5.4는 PN 수열 생성기와 누산기를

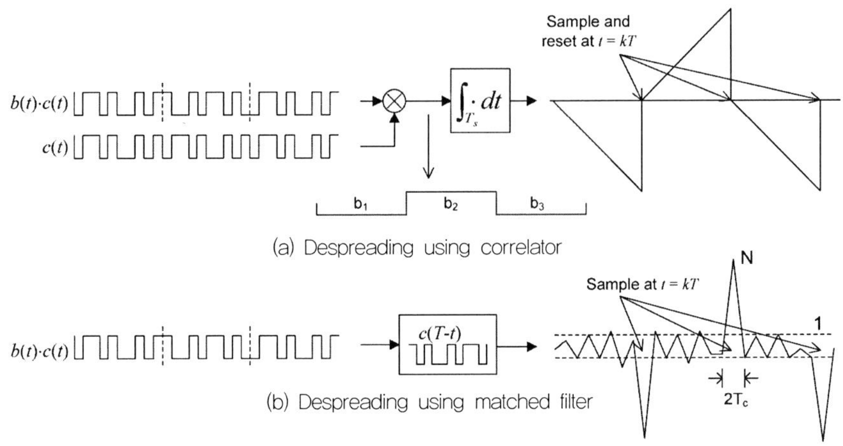

그림 4.5.3 상관기 및 정합 필터를 이용한 복조

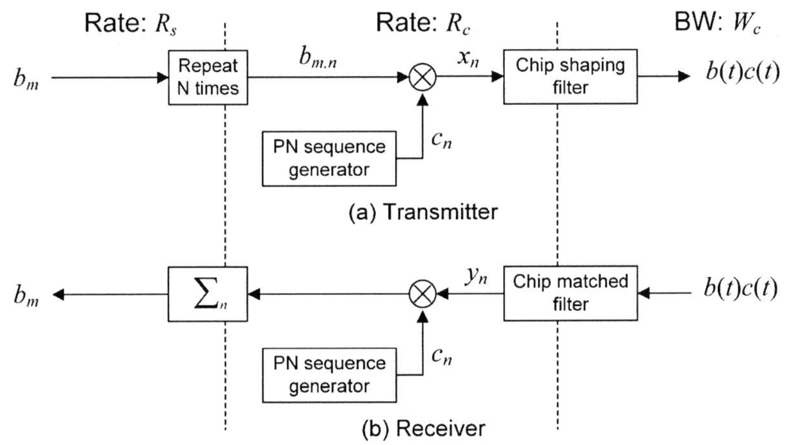

그림 4.5.4 PN 수열 생성기와 칩-성형 필터를 이용한 신호의 확산과 역확산 과정

이용한 이산 시간 신호의 확산 및 역확산 과정을 나타낸다.

한편, 확산대역 통신방식이 군용 통신 시스템을 위해 개발되었던 이유는 확산인자를 매우 크게 설정하면 신호의 전력 밀도를 매우 낮게 만들 수 있으며 이를 잡음의 전력 밀도보다 낮게 만들면 신호가 있는지조차 구분이 안 될 뿐 더러 전송에 사용된 PN 수열을 모를 경우 정보 데이터의 검출은 불가능하기 때문이다. 그러나 주파수 효율의 측면에서 보면 정보 신호의 대역폭의 N배를 사용하기 때문에 협대역 전송 방식에 비해 주파수 효율은 $1/N$로 매우 낮은 수준이어서 이를 상용 시스템에 적용할 경우 자연스럽게 **부호분할 다중화**(Code division multiplexing, CDM)가 동시에 고려될 수밖에 없다. 그림 4.5.5는 K명의 사용자 신호를 서로 다른 PN 수열로 확산하여 동시에 전송하는 부호분할 다중화 전송 방식의 개념도를 보여준다.

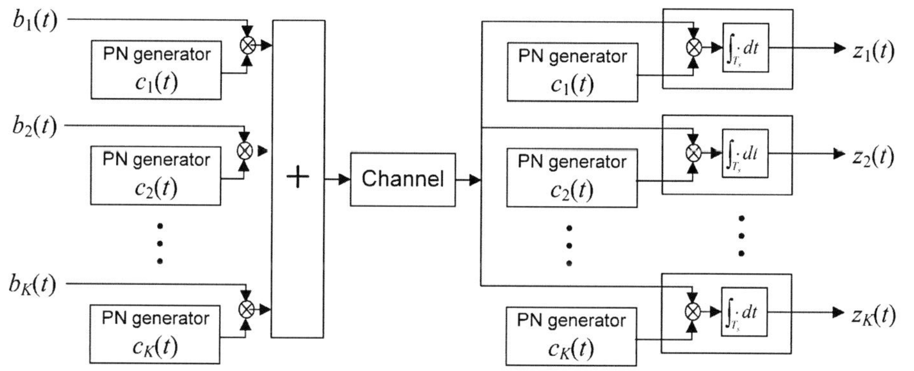

그림 4.5.5 부호분할 다중화의 개념도

4.5.2 PN 수열의 자기 상관 및 상호 상관 특성(*)

앞 절의 개요에서 설명한 연속시간 시스템의 특징은 이산 시간에서 정의되는 2진 PN 수열의 특징으로부터 확인할 수 있는데 본 절에서는 이산 시간 2진 PN 수열의 특징에 대해 알아본다.

먼저, $\{\mathbf{c}_j = [c_{j,0}, c_{j,1}, \cdots\cdots, c_{j,(N-1)}]^T : j = 1, 2, \cdots\}$를 길이 N인 2진 PN 수열의 집합이라 하자. 여기서, $c_{j,n} \in \{+1, -1\}$이다. 일반적으로 PN 수열(집합)의 특징은 (PN 수열의 주기적인 사용을 가정하고) 다음과 같이 정의되는 자기 상관 함수와 상호 상관 함수로 기술된다.

$$\text{자기 상관 함수 : } A_j(m) \equiv \mathbf{c}_j^T \mathbf{c}_j^{(m)} \tag{4.5.3}$$

$$\text{상호 상관 함수 : } C_{ij}(m) \equiv \mathbf{c}_i^T \mathbf{c}_j^{(m)} \tag{4.5.4}$$

여기서, $\mathbf{c}_j^{(m)}$는 c_j를 오른쪽으로 m칩만큼 순회 천이하여 얻은 벡터를 나타낸다. 이상적으로는 PN 수열(집합)의 자기 상관 함수와 상호 상관 함수가 다음을 만족하는 것이다.

$$A_j(m) = \begin{cases} N & \text{for } m = 0 \\ 0 & \text{for } m \neq 0 \end{cases} \tag{4.5.5}$$

$$C_{ij}(m) = 0 \ \text{ for } \forall m, i \neq j \tag{4.5.6}$$

비 2진 수열의 경우, 식 (4.5.5)와 (4.5.6)을 만족하는 수열 집합으로는 다음으로 정의되는 DFT 행렬이 있다.

$$\mathbf{E}_N = \frac{1}{\sqrt{N}} \begin{bmatrix} w_{0,0} & w_{0,1} & \cdots & w_{0,N-1} \\ w_{1,0} & w_{1,1} & & w_{1,N-1} \\ \vdots & & \ddots & \vdots \\ w_{N-1,0} & w_{N-1,1} & \cdots & w_{N-1,N-1} \end{bmatrix} \tag{4.5.7}$$

여기서, $w_{i,j} = e^{j2\pi ij/N}$이다(실제로 DFT 행렬의 이러한 특징은 OFDM이 갖는 장점을 대변해 준다). 그러나 불행하게도 2진 수열의 경우 이러한 이상적인 특성을 갖는 수열 집합은 아직까지는 발견된 바 없으며 다만 매우 큰 N에 대해 이상적인 자기 상관 특성에 가까운 자기 상관 함수를 갖는 2진 수열과, $m = 0$에 대해 완전한 직교성을 갖는 2진 수열 집합은 존재한다.

매우 큰 N에 대해 이상적인 자기 상관 특성에 가까운 자기 상관 함수를 갖는 수열의 대표적인 예는 **최대 길이 수열**로도 알려진 소위 ***m*-수열**이 있으며 이는 선형 궤환 천이 레지스터를 이용하여 생성하는데, 길이는 임의의 정수의 n에 대해 $2^n - 1$이며 자기 상관 특성은 다음과 같다.

$$A_j(m) = \begin{cases} N & \text{for } m = 0 \\ -1 & \text{for } m \neq 0 \end{cases} \tag{4.5.8}$$

따라서 N이 커짐에 따라 이상적인 자기 상관 특성에 가까워진다고 볼 수 있다.

한편, $m = 0$에 대해 완전한 직교성을 갖는 2진 수열 집합으로는 **Walsh-Hadamard 부호**가 있는데, 이의 길이는 임의의 정수의 n에 대해 2^n이며 다음의 기본 행렬을 이용한 회귀 연산을 통해 길이 2^n의 2진 직교 수열 집합을 얻을 수 있다.

$$\mathbf{W}_{2^n} = \mathbf{W}_{2^{n-1}} \otimes \mathbf{W}_2 \tag{4.5.9}$$

여기서, $\otimes$는 크로네커 곱이며 W_2는 다음과 같다.

$$\mathbf{W}_2 = \begin{bmatrix} 1 & 1 \\ 1 & -1 \end{bmatrix} \tag{4.5.10}$$

이렇게 생성한 Walsh-Hadamard 수열 집합은 각 열(행) 간 완벽한 상호 상관성을 갖지만 각 수열의 자기 상관 특성은 식 (4.5.10)의 특성과는 거리가 멀어서 부호분할 다중화를 사용하는 2세대 및 3세대 이동통신 시스템에서도 Walsh-Hadamard 부호만으로 확산을 수행하지는 않는다.

이제 랜덤하게 생성한 이진 PN 수열 $\mathbf{c}_j = [c_{j,0}, c_{j,1}, \cdots, c_{j,(N-1)}]^T (j = 1, 2, \cdots)$을 고려해 보자. 여기서, $c_{j,n}$은 $c_{j,n} \subset \{+1, -1\}$이며 $p(c_{j,n} = +1) = p(c_{j,n} = -1) = 0.5$인 동일 독립분포를 갖는 2진 랜덤 변수이다. 그러면, 다음의 특성들을 확인할 수 있다.

(1) $$\mathbf{c}_j^T \mathbf{c}_j = \sum_{n=0}^{N-1} |c_{j,m}|^2 = N \tag{4.5.11}$$

(2) l 을 임의의 두 2진 수열 $\mathbf{c}_i$와 $\mathbf{c}_j$ 간에 서로 다른 부호를 갖는 칩의 개수라 하자. 그러면 서로 다른 두 2진 수열 간의 상관 $\mathbf{c}_i^T\mathbf{c}_j$ 는 다음과 같다.

$$\mathbf{c}_i^T\mathbf{c}_j = \sum_{n=0}^{N-1} c_{i,m}c_{j,m} = 2l - N \tag{4.5.12}$$

여기서, l 은 다음의 이항분포를 갖는 랜덤 변수이다.

$$l \sim \Pr\{l = m\} = \binom{N}{m} 2^{-N}, \ m = 0, 1, ..., N \tag{4.5.13}$$

(3) N이 매우 큰 경우, 식 (4.5.13)의 이항분포는 평균 $N/2$, 분산 $N/4$인 가우시안 분포로 근사화할 수 있는데, 이에 따라 다음의 가우시안 모형화가 가능하다.

$$\mathbf{c}_i^T\mathbf{c}_j \sim G(x; 0, N) \tag{4.5.14}$$

여기서, $G(x;\ a, b)$는 평균 a, 분산 b인 가우시안 분포이다. 그림 4.5.6은 랜덤 변수 l의 확률분포와 이의 가우시안 근사화를 보여준다.

(4) 이제 $\mathbf{c}_j$를 우측으로 m칩만큼 순환 천이하여 얻은 벡터를 $\mathbf{c}_j^{(m)}$이라 하자. 여기서 $m = 0$, 1, ⋯, N−1이다. $\mathbf{c}_j$의 각 칩은 동일 독립분포를 갖는 2진 랜덤 변수이므로 특성 (3)의 근사화를 적용할 수 있으며 이에 따라 다음을 얻는다.

$$\mathbf{c}_j^T\mathbf{c}_j^{(m)} \sim G(x;0,N) \ \text{for}\ m \neq 0 \tag{4.5.15}$$

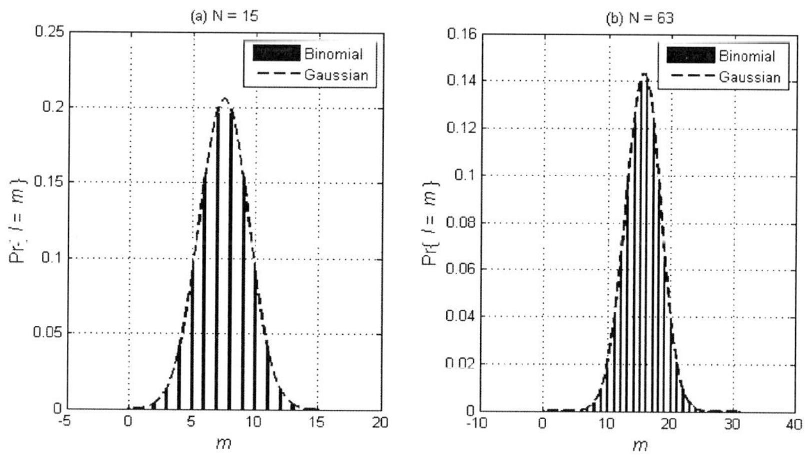

그림 4.5.6 랜덤 변수 l의 확률분포 $\Pr\{l = m\}$와 가우시안 분포 $G(m; N/2, N/4)$의 비교

이러한 2진 랜덤 PN 수열의 경우도 이상적인 자기 상관 및 상호 상관 특성을 갖지는 않으나 N이 큰 경우 $A_j(0)$를 제외한 $A_j(m)$과 $C_{ij}(m)$은 모두 분산이 N이므로 $A_j(0)$에 비해 '평균적으로' 매우 작은 값을 갖는다. 즉,

$$\frac{E|A_j(m)|^2}{|A_j(0)|^2}=\frac{E|C_{ij}(m)|^2}{|A_j(0)|^2}=\frac{1}{N}$$

뿐만 아니라 $A_j(0)$를 제외한 $A_j(m)$과 $C_{ij}(m)$은 모두 동일한 분포를 갖는 랜덤 변수로 볼 수 있으므로 성능과 관련된 여러 가지 분석을 쉽게 수행할 수 있으며, 따라서 본 절의 이후부터는 랜덤 PN 수열의 사용을 가정하고 앞의 4가지 특징을 적용하여 확산대역 통신방식의 특징들을 기술할 것이다.

4.5.3 간섭에 대한 면역성과 부호분할 다중화 신호의 SINR

본 절에서는 AWGN 채널을 가정하고 이산 신호 모형을 이용하여 확산 대역 통신 방식이 갖는 간섭에 대한 면역성을 설명한다. 결론을 먼저 얘기하면 본 부절에서 설명하고자 하는 내용은 다음과 같다.

(1) (PN 신호의 상호 상관 특성으로) 동일한 전력의 다른 PN 수열을 사용하는 간섭이 존재하는 경우 역확산을 통해 얻어지는 신호대 간섭비 이득은 N이다. 즉, 동일한 전력으로 목표 신호와 간섭 신호가 동시에 전송되더라도 역확산 후의 실효 간섭 전력은 신호 전력의 $1/N$이다.

(2) 잡음만 존재하는 경우 확산대역 통신 방식을 통해 얻어지는 (협대역 전송 방식 대비) 신호대 잡음비의 실효 이득은 없다.

(3) 길이 N인 랜덤 PN 수열을 이용해 K개의 신호를 다중화한 부호부할 다중화 신호의 SIR은 시스템 부하(K/N)의 역수로 근사화될 수 있다.

위의 3가지 특성을 설명하기 위해 먼저 2명의 사용자 신호가 부호분할 다중화된 시나리오를 고려해 보자. 문제를 좀 더 단순화하기 위해 두 사용자 신호의 데이터 심벌 및 칩-구간이 일치한다고 가정하고 하나의 심벌 구간에서 정의되는 다음과 같은 이산 시간 신호 모형을 고려해 보자.

$$y_n=\underbrace{\sqrt{P_1}b_1c_{1,n}}_{\text{User1 Signal}}+\underbrace{\sqrt{P_2}b_2c_{2,n}}_{\text{User2 Signal}}+\underbrace{w_n}_{\text{Noise}},\ n=0,\ 1,\ \ldots,\ N-1 \tag{4.5.16}$$

여기서, 각 파라미터는 다음과 같다.

P_j : j번째 사용자의 신호 전력
w_n : 평균 0, 분산 N_0W_c인 AWGN. (여기서, N_0는 잡음의 전력 밀도)
b_j : j번째 사용자의 정보 데이터. $b_j \in \{+1, -1\}$
$c_{j,n}$: j번째 사용자의 데이터 전송에 사용된 2진 PN 수열 $c_{j,n} \in \{+1, -1\}$

위의 신호 모형에서 기본적인 가정은 다음과 같다.

(1) 두 사용자는 동일한 송신 전력을 사용한다.
(2) 두 사용자의 PN 수열 $c_{1,n}$과 $c_{2,n}$은 각각 독립적으로 랜덤하게 생성한 2진 수열이다.
(3) $n \neq m$에 대해 $E[w_n w_m] = 0$이다.

식 (4.5.16)으로부터 첫 번째 사용자를 기준으로 그림 4.5.3의 '표본화 시점'에서의 상관기 혹은 정합 필터 출력은 다음과 같다.

$$z_1 = \sum_{n=0}^{N-1} c_{1,n} y_n = \underbrace{\sqrt{P_1} b_1 \sum_{n=0}^{N-1} c_{1,n}^2}_{\text{Target Signal}} + \underbrace{\sqrt{P_2} b_2 \sum_{n=0}^{N-1} c_{1,n} c_{2,n}}_{\text{Interference}} + \underbrace{\sum_{n=0}^{N-1} c_{1,n} w_n}_{\text{Noise}} \tag{4.5.17}$$

먼저 식 (4.5.17)의 역확산된 신호에서 잡음이 없다고 가정하고 신호대 간섭전력비를 확인해 보자. $P_1 = P_2$라 하고, 앞 절의 식 (4.5.11) ~ (4.5.15)를 이용하면 신호대 간섭전력비는 다음과 같다.

$$SIR_{\text{No Noise}} = \frac{P_1 \cdot E\left|\sum_{n=0}^{N-1} c_{1,n}^2\right|^2}{P_2 \cdot E\left|\sum_{n=0}^{N-1} c_{1,n} c_{2,n}\right|^2} = \frac{P_1 \cdot N^2}{P_2 \cdot N} = N \tag{4.5.18}$$

식 (4.5.18)로부터 동일한 전력의 간섭 신호라 하더라도 일단 역확산 과정을 거치면 (목표)신호대 간섭 전력비는 확산 인자만큼 증가하는 것을 알 수 있으며 이에 따라 확산인자를 **확산 이득**(spreading gain)이라고도 하며, 따라서 N이 클수록 간섭에 대한 면역성은 커진다. 그림 4.5.7은 3명의 사용자 신호가 랜덤 PN 수열로 다중화되었을 때의 확산대역 신호의 스펙트럼과 역확신을 거친 후의 신호 스펙드림을 개념직으로 보어준다. 물론, Walsh-Hadamard 행렬로 주어지는 직교 수열 집합의 사용을 통해 간섭을 0으로 만드는 것이 가능하며 최대 N명의 사용자 데이터를 상호 간섭 없이 다중화하여 동시에 전송할 수 있다. 그러나 이는 AWGN 채널의 경우에 국한되며 무선 채널과 같은 다중경로 채널에서는 경로 지연된 신호 역시 간섭으로 작용하므로 자기상관 특성이 좋지 않은 직교 수열의 사용은 오히려 문제를 더 복잡하게 만들 수 있다.

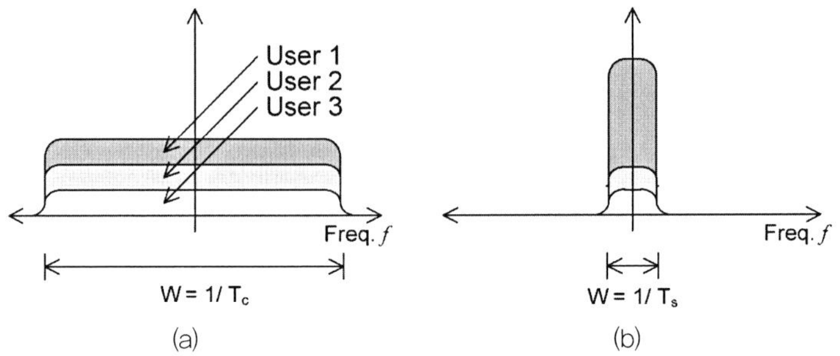

그림 4.5.7 확산 이득(Spreading gain)의 개념적 설명. (a) 3명의 사용자 신호가 랜덤 PN 수열로 부호분할 다중화된 신호의 스펙트럼. (b) 역 확산을 통해 얻어지는 신호 스펙트럼

이제 식 (4.5.16)과 (4.5.17)에서 간섭 전력 $P_2 = 0$으로 놓고 신호대 잡음비를 고려해 보자. 이는 다음과 같다.

$$SNR_{\text{No Interference}} = \frac{P_1 \cdot E\left|\sum_{n=0}^{N-1} c_{1,n}^2\right|^2}{E\left|\sum_{n=0}^{N-1} c_{1,n} w_n\right|^2} = \frac{P_1 \cdot N^2}{\sum_{n=0}^{N-1} E\,|w_n|^2}$$
$$= \frac{P_1 \cdot N^2}{N \cdot N_0 W_c} = \frac{P_1}{N_0 W_s} \tag{4.5.19}$$

위 식의 마지막 부분에서는 $W_c / N = W_s$을 이용하였으며 마지막 항을 보면 확산대역 시스템의 신호대 잡음비는 동일한 전력으로 대역 확산을 적용하지 않은 협대역 전송 시스템의 신호대 잡음비와 동일한 것을 알 수 있다. 단순히 생각하면 잡음을 랜덤하게 생성된 간섭으로 볼 수 있고 송신단에서의 대역확산과 수신단에서의 역확산을 통해 N배의 SIR 이득을 얻을 수 있을 것으로 보이나 확산대역 통신 방식은 협대역 통신에 비해 N배 더 넓은 대역을 사용하기 때문에 잡음 전력 역시 N배로 늘어나고($N_0 W_c = N N_0 W_s$이고) 이 때문에 (협대역 통신과 비교했을 때) 확산대역 통신 방식을 통한 SNR에서의 실효 이득은 발생하지 않는다.

이제 신호 모형을 K명의 사용자가 다중화된 경우로 확장하고 첫 번째 사용자의 SINR을 유도하면 (모든 사용자의 신호 전력이 모두 동일하다는 가정하에) 다음의 결과를 얻는다.

$$SINR = \frac{PN}{P(K-1) + N_0 W_c} \approx \frac{N}{K} \tag{4.5.20}$$

여기서, 마지막 항의 근사화는 배경잡음이 간섭 전력에 비해 매우 작고 $N, K \gg 1$이라고 가정한 경우의 근사적 SINR이다. 확산인자 대비 사용자의 수, K / N은 소위 **시스템 부하**로 정의되며 이를 적절히 제어함으로써 각 사용자의 최소 SINR을 보장해줄 수 있다.

한편, 식 (4.5.20)의 SINR의 유도 과정에서는 모든 사용자 신호의 전력이 동일하다고 가정하였는데 이는 이동통신 시스템의 하향 링크에서는 적절한 가정이지만 상향 링크의 경우 기지국으로부터의 거리에 따라 수신 신호의 평균 전력이 달라지며 따라서, 각 사용자 단말로부터 송신한 신호가 기지국에 도착할 때는 수신 전력의 편차가 매우 클 수밖에 없으며 기지국에서 멀리 떨어진 사용자 신호의 SINR은 타 사용자에 비해 매우 낮을 수 있다. 이러한 문제는 소위 **근원 문제**(near-far problem)로 알려져 있으며 사용자 채널 간 직교성이 보장되지 않는 시스템에서 나타나는 현상이다. 이러한 문제의 해결은 각 단말에 대한 전력제어로 해결이 가능하며 실제로 부호분할 다중접속을 사용하는 2세대 및 3세대 시스템의 상향 링크는 주기적인 **전력 제어**를 통해 각 사용자 단말로부터의 수신 신호의 전력 수준을 일정 범위 이내로 들어오도록 하고 있다.

이러한 문제에도 불구하고 부호분할 다중접속 방식이 3세대 이동통신 시스템의 기반 기술로 도입된 이유는 (명목상) 1의 주파수 재사용률을 갖는 셀룰라 시스템의 운영이 가능하기 때문인데 주파수 재사용률 1이 가능한 근거는 확산대역 통신이 갖는 간섭에 대한 면역성에 있으며 인접한 타 셀로부터의 간섭은 동일 셀 내 타사용자 간섭과 동일하게 배경잡음으로 간주될 수 있기 때문이다. 다만, 동일 셀 내의 간섭과 타 셀로부터의 간섭의 합이 일정 수준을 넘을 경우 신호의 수신이 어려울 수 있으므로 셀 변방의 사용자에게 최소한의 SINR을 보장해주기 위해서는 각 셀에서의 시스템 부하(K/N)를 적절히 제한할 필요가 있으며, 따라서 명목상의 주파수 재사용률이 1이라 하더라도 실효 주파수 재사용률은 1보다 작을 수 있다. 결국, 부호분할 다중접속을 사용하는 셀룰라 시스템의 명목상 주파수 효율이 1이라면 실효 주파수 재사용률은 K/N이다. 물론, K/N이 1보다 큰 값을 가질 수도 있으나 시스템 부하가 K/N인 경우 각 사용자의 SINR은 이의 역수인 N/K이며 인접한 하나의 셀로부터의 간섭이 동일한 전력을 갖는다면 SINR은 $N/2K$로 더욱 낮아지므로 현실적으로 시스템 부하를 1이상으로 가져가기는 어렵다.

4.5.4 확산대역 통신을 이용한 ISI의 극복 – Rake 수신기

제3장에서 언급한 확산대역 통신은 ISI의 극복을 위한 수단으로도 고려될 수 있는데, 다중경로 채널에서 확산대역 신호의 수신은 소위 **레이크**(Rake) **수신기**를 사용한다. 그림 4.5.8은 레이크 수신기의 구조를 나타내는데, 이는 탐색기와 (다수의) 상관 수신기, 그리고 다이버시티 결합기로 구성된다. 먼저 탐색기는 수신 신호로부터 유효 경로 지연(τ_l)을 탐색하고

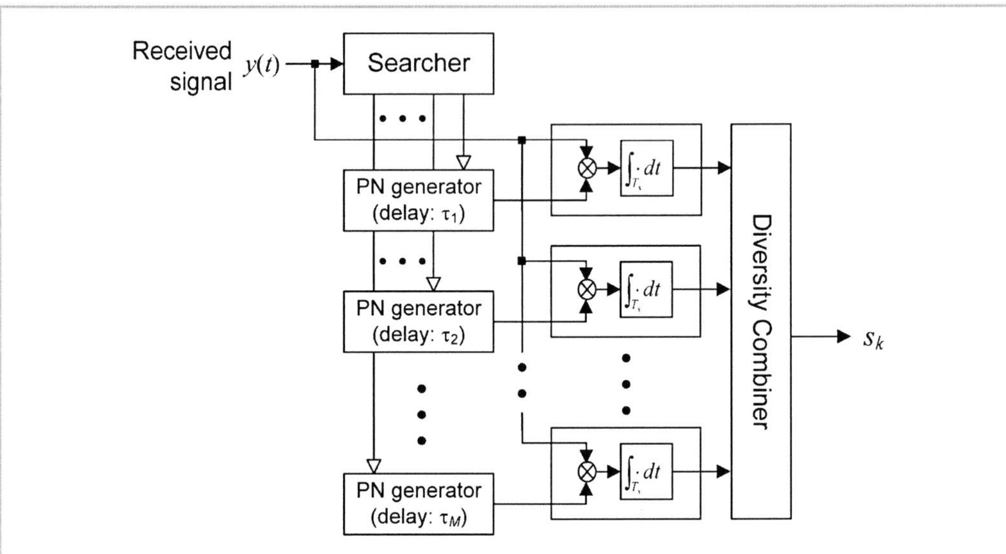

그림 4.5.8 다중경로 채널에서 확산대역 신호의 수신을 위한 레이크 수신기의 구조

휴지 상태에 있는 상관기의 PN 수열 생성기를 초기화한 후 상관기를 구동한다. Rake 수신기의 각 상관기는 핑거(finger)라고 하는데 (4.5.1절에서 설명했듯이) 수신 신호와 PN 수열의 곱을 한 심벌 구간에서 누적하여 이를 결합기에 넘기는 역할을 하는 한편 DLL(Delay-locked loop)을 이용하여 칩-타이밍을 지속적으로 추적/유지한다. 마지막으로 결합기는 각 활성 상관기로부터의 출력을 적절히 결합하여 SINR을 최대화하는 역할을 수행한다. 일반적으로 많이 적용되는 방법으로는 **선택 결합**(Selection Combining, SC)과 **최대 비 결합**(Maximal Ratio Combining, MRC) 등이 있는데 이들에 대해서는 부록 A에 요약하였다.

레이크 수신기의 동작을 이해하기 위해 다음과 같은 임펄스 응답을 갖는 다중경로 채널을 통한 확산대역 신호의 전송을 고려해 보자.

$$h(t) = \sum_{l=0}^{L-1} h_l \delta(t - \tau_l) \tag{4.5.21}$$

여기서, L은 경로 수, h_l은 l번째 경로의 페이딩 계수이다. 또한, 각 경로의 지연은 최소한 1칩 이상 떨어져 있고 $\sum_{l=0}^{L-1} E|h_l|^2 = 1$이라 가정하자. 그러면 l번째 경로에 할당된 핑거의 출력단에서의 SINR은 (4.5.2절의 랜덤 PN 수열의 특성을 적용해 보면) 다음과 같이 표현할 수 있다.

$$SINR_l = \frac{PN|h_l|^2}{P\sum_{j\neq l}|h_j|^2 + I} \tag{4.5.22}$$

여기서, P는 신호 전력이고 I는 타사용자로부터의 간섭의 총합이다. 이제 모든 사용자의 평균 전력이 동일하게 P이고 K명의 사용자 신호가 부호분할 다중화되어 있다고 가정하면 근사적으로 다음과 같이 쓸 수 있다.

$$SINR_l \approx \frac{PN|h_l|^2}{PK} \tag{4.5.23}$$

여기서, 각 경로의 페이딩 계수 h_l이 랜덤 변수인 경우 SINR의 분모항도 랜덤 변수로 봐야 하나 K가 매우 크고 타 사용자의 간섭 역시 동일한 분포를 갖는 랜덤 변수로 가정해 보면 자기 간섭과 타 사용자 간섭의 합은 (큰수의 법칙을 적용하여) 상수로 보아도 무방하다. 이제 L개의 핑거의 출력을 최대비 결합하면 결합기 출력의 SINR은 (부록에 제시한 결과에 의해)

$$SINR \approx \frac{N}{K}\sum_{l=0}^{L-1}|h_l|^2 \tag{4.5.24}$$

이 되며 $E[\mathrm{SINR}] = N/K$이 된다. 식 (4.5.24)의 결과는 레이크 수신기를 이용함으로써 L개의 경로로 분산된 신호 전력을 모두 모아 향상된 SINR을 얻을 수 있음을 의미하는데, 이는 스펙트럼 확산을 통해 서로 다른 지연을 갖는 신호들의 분리가 가능했기 때문이다. 한편, 이러한 결합을 통한 또 하나의 이점은 **다이버시티 이득**인데 이에 대해서는 제7장에서 다시 다루기로 한다.

한편, 레이크 수신기를 사용함으로써 얻을 수 있는 또 하나의 장점은 **소프트 핸드오버**와 **매크로 다이버시티** 이득인데 하나의 핑거는 상이한 지연을 갖는 여러 개의 신호 중 하나의 신호를 수신할 수 있으므로 핸드오버 상황 발생시 핸드오버에 관여하는 두 개의 기지국에서 동일한 데이터를 서로 다른 지연을 가지고 확산하여 전송하면 레이크 수신기는 두 개의 신호를 모두 수신하여 결합할 수 있으므로 끊김 없는 핸드오버가 이루어질 수 있다. 또한, 두 개 이상의 기지국으로부터의 신호를 결합함으로써 추가적인 다이버시티 이득을 얻을 수 있는데 (어떻게 결합하느냐에 따라 실효 이득은 다르겠지만) 이러한 다이버시티를 통칭하여 매크로 다이버시티라 한다.

■ 부록 4.A 다이버시티 결합: 최대비 결합과 선택 결합

다이버시티 기술이란 동일한 정보를 여러 개의 다른 경로를 통해 보내고 이들을 수신단에

서 적절히 결합함으로써 보다 안정된 링크 품질을 유지하기 위한 기술을 의미하여 기본적으로 송신단이 각 경로의 링크 품질에 대한 정보가 없거나 불완전할 때 적용되는 기술이다. 다이버시티 결합이란 여러 경로를 거쳐 수신된 신호를 결합하는 방식을 의미하며 대표적인 다이버시티 결합방식으로는 선택 결합(selection combining, SC)과 최대 비 결합(maximal ratio combining, MRC)이 있다.

데이터 x를 L개의 경로를 통해 수신하여 $y_1, y_2, \cdots, y_L$을 얻었고 이들은 각각 다음과 같이 모형화된다고 하자.

$$y_j = h_j x + n_j \tag{4.A.1}$$

여기서, h_j는 경로 이득으로 채널 추정을 통해 수신단에서는 안다고 가정하며 잡음 n_j의 전력은 $E|n_j|^2 = \sigma^2$이고 $i \neq j$에 대해서는 $E[n_i^* n_j] = 0$라고 가정한다. 따라서 각 관측치의 SNR은 $|h_j|^2/\sigma^2$이다. 최대 비 결합(MRC)은 SNR이 다른 각 관측값을 다음과 같이 선형 결합한다.

$$\text{최대 비 결합 : } z = \sum_{j=1}^{L} a_j y_j \tag{4.A.2}$$

여기서, a_j는 다음의 식으로 주어지는 결합 후 SNR이 최대가 되도록 설정된다.

$$SNR(a_1, a_2, \ldots, a_L) = \frac{\left(\sum_{j=1}^{L} a_j h_j\right)^2}{\sigma^2 \sum_{j=1}^{L} |a_j|^2} \tag{4.A.3}$$

문제를 단순화하기 위해 y_j, h_j, x, n_j와 a_j는 모두 실수라 하자.

$$\frac{\partial}{\partial a_l} SNR(a_1, a_2, \ldots, a_L) = 0 \tag{4.A.4}$$

으로 놓고 정리하면 다음을 얻는다.

$$\frac{a_l}{h_l} = \frac{\sum_{j=1}^{L} |a_j|^2}{\sum_{j=1}^{L} a_j h_j} \quad \forall l \tag{4.A.5}$$

여기서, 우변은 모든 l에 대해 동일하므로 이를 상수 c로 놓으면 결합상수는

$$a_l = c \cdot h_l \tag{4.A.6}$$

이며 이러한 설정을 통해 얻어지는 결합후 SNR은 다음과 같다.

$$SNR_{MRC} = \frac{\sum_{j=1}^{L} |h_j|^2}{\sigma^2} \tag{4.A.7}$$

y_j, h_j, x, n_j와 a_j가 모두 복소수인 경우에도 동일한 결과를 얻는데, 이는 $a_j = r_j + je_j$로 놓고 식 (4.A.4)에서 $\partial/\partial a_l$을 $\partial/\partial r_l + j\partial/\partial e_l$로 대치하여 유도함으로써 얻어진다(물론, 이 경우는 $a_l = c \cdot h_l^*$이 된다). 식 (4.A.7)의 결과는 SNR이 각각 $|h_j|^2/\sigma^2$인 관측치를 최대 비 결합하여 얻어지는 관측값 z의 SNR이 각 관측치의 SNR을 모두 합한 값으로 주어짐을 의미하며 이는 $i \neq j$에 대해 $E[n_i^* n_j] = 0$인 경우에 한한다. 한편, 선택 결합(SC)의 경우 SNR이 가장 좋은 관측치를 선택하여 사용하는 방식으로 결합기 출력은 $k = \arg\max_j |h_j|^2$라 할 때 $z = y_k$로 주어지며 결합 후 SNR은 (당연한 결과이지만) 다음과 같다.

$$SNR_{SC} = \max_j \frac{|h_j|^2}{\sigma^2} \tag{4.A.8}$$

CHAPTER 05

오류 제어 부호 (Error Control Codes)

5.1 오류 제어의 개요

통신에서 잡음에 의한 영향은 비트 오류로 이어지는데 이러한 비트 오류에 대한 대처 방안은 다음과 같은 두 가지로 분류된다.

(1) 자동 반복 요청(Automatic repeat request, ARQ)

(2) 순방향 오류 정정(Forward error correction, FEC)

위에서 (1)의 방법은 패킷 통신에서 주로 사용되고 있으며 이는 수신단에서의 **오류 검출**(Error detection)과 (오류가 발생한 경우) 재전송 요청으로 이루어진다. 한편 (2)의 방법은 전화망과 같은 실시간 데이터의 전송과 같이 재전송이 시간적으로 불가능한 경우 송신단에서의 사전처리를 통해 수신단에서 **오류 정정**(Error correction)을 수행할 수 있도록 하는 방법이다. 이 두 가지 방법은 각각 오류 검출 기능과 오류 정정 기능을 요구하는데, 본 장에서는 이 두 가지 기능의 원리와 구현 방안에 대해 알아본다.

일반적으로 오류 검출과 오류 정정을 위해서는 송신단에서 순수 정보 비트 열을 **채널 부호**(Channel code)를 적용하여 오류 검출 및 정정이 가능한 비트 열로 변환하여 보내는데, 이렇게 생성된 채널 부호어는 순수 정보 이외의 잉여 정보를 포함하고 있어 정보 비트 열의 길이보다 길며 수신단에서는 이 잉여 정보를 이용하여 오류 검출 및 정정을 수행한다. 이러한 채널 부호의 실제 시스템에의 적용은 그림 5.1.1(a)와 같다. 우선, 송신단에서는 정보 비트를 전송하기 전에 **채널 부호화**(Channel encoding)를 통해 잉여 정보를 포함하는 채널 부호어로 매핑하고 매핑된 부호어 비트 열을 PSK나 QAM 등의 변조 심벌로 매핑하여 전송한다. 수신단에서는 복조 과정을 통해 부호어 비트 열을 재생하고 **채널 복호화**(Channel decoding) 과정을 통해 오류 검출 및 정정 기능을 수행한다.

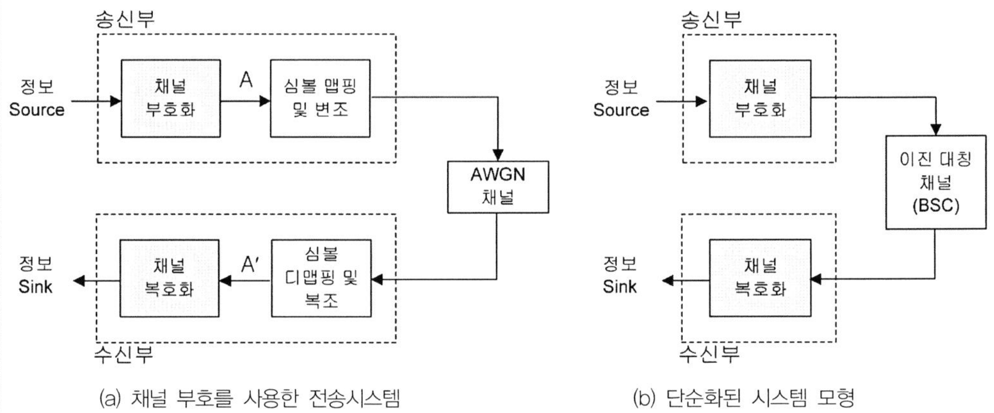

그림 5.1.2 오류 검출/정정을 위한 채널 부호기 및 복호기의 사용 및 단순화된 시스템 모형

2진 대칭 채널(Binary symmetric channel, BSC) 그림 5.1.1(a)에서 채널 부호화기를 중심으로 보면 A에서 A'까지의 시스템을 비트 오류가 랜덤하게 발생하는 하나의 통신 채널로 볼 수 있는데, 이 경우 그림 5.1.1(b)와 같은 모형화가 가능하며 이를 2진 대칭 채널이라 한다. AWGN 채널의 잡음에 의해 발생하는 비트 오류 확률을 p_e라 하면 그림 5.1.1(b)의 2진 대칭 채널은 그림 5.1.2로 표현되는 천이 확률로 기술된다. 우선, 전송 비트를 X, 수신 비트를 Y라 하자. 2진 대칭 채널의 특성은 천이 확률이라고 하는 다음과 같은 조건부 확률로 표현한다.

$$p_{Y|X}(y \mid x) \equiv \Pr\{y \text{ is received given that } x \text{ was sent}\} \tag{5.1.1}$$

여기서, x, $y \in \{0,1\}$이며 $p_{Y|X}(y \mid x)$는 x가 전송되었을 때 수신 비트가 y로 나올 확률을 나타낸다. 비트 오류 확률이 p_e인 경우, $p_{Y|X}(0 \mid 0) = p_{Y|X}(1 \mid 1) = 1-p_e$이며 $p_{Y|X}(0 \mid 1) = p_{Y|X}(0 \mid 1) = p_e$이다.

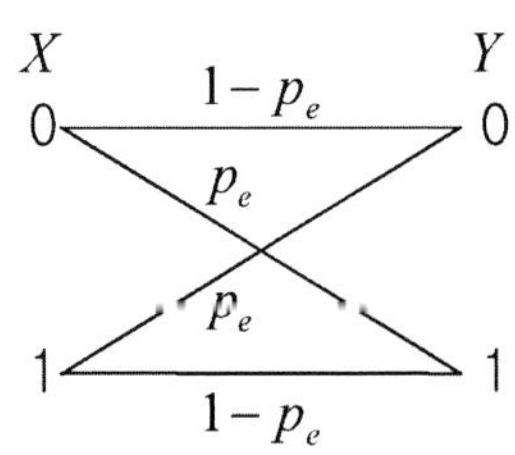

그림 5.1.2 2진 대칭 채널의 확률 모형

5.2 선형 블록 부호

본 절에서는 5.1절에서 설명한 내용을 기반으로 블록 부호에 대해 설명한다. 일반적으로 부호는 2진 부호만 있는 것은 아니나 (본 절을 포함하여) 본 장에서는 2진 부호만을 다룰 것이다.

5.2.1 블록 부호 기초

❖ 용어 및 정의

일반적으로 **부호**(Code)란 **부호어**(Codeword)들의 집합을 말하는데 (다른 부호도 마찬가지이지만) **블록 부호**(Block code)는 특정한 수학적 특성 혹은 구조를 갖는 부호어(Codeword)들의 집합으로 블록 부호의 부호어들은 정해진 길이의 비트 열로 주어진다.

블록 부호의 표기 일반적으로 블록 부호를 표기할 때는 부호어의 길이와 부호어에 포함된 정보어의 길이를 사용하며 (n, k) **블록 부호**는 부호어의 길이가 n이고 부호어에 포함된 **정보어**(Information word)의 길이(즉, 정보 비트의 개수)가 k임의 나타낸다(보다 일반적인 표기는 길이 n이고 부호어의 수가 M이라는 의미의 (n, M)로 표기하며 일반적으로 M은 2의 거듭제곱일 필요는 없으나 본 서에서는 편의상 선형 블록 부호의 표기법인 (n, k)를 사용하기로 한다). 여기서, 부호어의 길이 n은 항상 정보 비트의 개수 k보다 크거나 같으며, 오류 검출 및 정정에 사용되는 잉여 비트의 수는 $n-k$이다. 표 5.2.1은 블록 부호의 몇 가지 예로 정보어(좌측의 비트 열)와 각 정보어에 상응한 부호어(우측의 비트 열)의 매핑 관계를 나타내는데, 수신단에서의 적절한 복호를 위해서 정보어와 부호어는 항상 일대일의 대응 관계를 가져야 한다.

표 5.2.1 몇 가지 블록 부호의 예

(4,3) Parity Check Code	(2,1) Repetition Code	(7,4) Hamming Code	
000 → 0000	000 → 000000	0000 → 0000000,	0001 → 0001011
001 → 0011	001 → 000011	0010 → 0010110,	0011 → 0011101
010 → 0101	010 → 001100	0100 → 0100111,	0101 → 0101100
011 → 0110	011 → 001111	0110 → 0110001,	0111 → 0111010
100 → 1001	100 → 110000	1000 → 1000101,	1001 → 1001110
101 → 1010	101 → 110011	1010 → 1010011,	1011 → 1011000
110 → 1100	110 → 111100	1100 → 1100010,	1101 → 1101001
111 → 1111	111 → 111111	1110 → 1110100,	1111 → 1111111

정의 **시스터매틱 부호(Systematic Codes)** 시스터매틱 부호는 부호어 안에 정보어가 명시적으로 포함되어 있는 부호를 말하는데 표 5.2.1의 부호들은 모두 시스터매틱 부호들이며 이들은 그림 5.2.1과 같은 구조로 표현될 수 있다. 즉, n 비트로 구성된 하나의 부호어는 그에 대응하는 k비트의 정보어 부분과 $(n-k)$비트의 잉여 비트로 구성된다. 이러한 잉여 비트는 패리티 비트(Parity bit) 혹은 간단히 패리티라 한다.

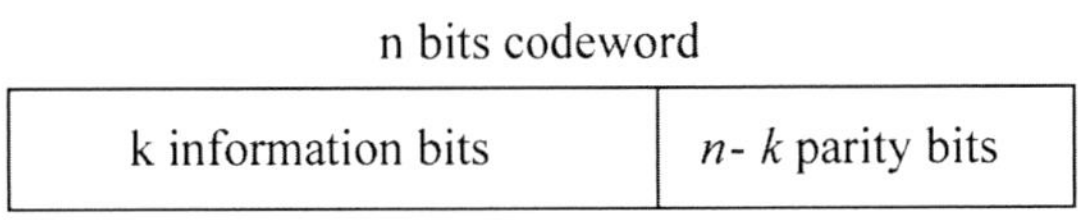

그림 5.2.1 시스터매틱 부호의 부호어 구조

정의 **부호어(Codeword), 잉여어(Redundant word) 및 코드북(Codebook)** (n, k) 블록 부호의 부호어의 길이는 n비트인데 n비트로 표현 가능한 2진 수열은 총 2^n개이다. 그러나 2^n개의 수열 중 실제로 사용되는 부호어는 (각 정보어와 일대일 대응을 갖는) 2^k개로 2^k개 부호어의 집합을 **코드북**(Codebook)이라 하며 코드북에는 없는 나머지 2^n-2^k개의 사용되지 않는 2진 수열은 **잉여어**라고 한다.

정의 **부호율(Code rate)** 부호율 r은 부호어의 전체 비트 중 정보 비트의 비율을 나타내며 다음과 같이 정의된다.

$$r \equiv \frac{\log_2 M}{n} = \frac{k}{n} \tag{5.2.1}$$

여기서, M은 부호어의 총 수. 따라서 $0 < r \leq 1$이다.

❖ 오류 검출 및 정정 과정의 기술적 정의

이제 이러한 정의를 사용하여 오류 검출과 오류 정정 과정을 기술해 보면, 오류 검출이란 수신된 n비트의 워드가 코드북에 포함되어 있는지를 판단하는 과정이며 오류 정정이란 수신된 n비트의 워드가 코드북에 포함되어 있지 않은 경우 수신 비트 열을 코드북에 포함된 2^k개 부호어와 비교하여 '가장 비슷한' 부호어를 찾는 과정이나. 부호 이론에서 부호어 간 유사도의 지표로는 **해밍 거리**(Hamming Distance)가 사용되는데, 이를 정의하기 전에 먼저 두 가지 연산을 정의하고 이로부터 해밍 거리를 정의해 보자.

정의 2진 연산자 부호 이론은 대부분 2진수와 2진 벡터들을 다루는데, 두 가지의 연산자 '+'와 '·'가 사용된다. 여기서, '+'는 modulo-2 합 혹은 XOR을 나타내며 '·'는 AND 연산을 의미한다. 이에 따라서, 앞으로 특별한 얘기가 없는 한 두 이진수 대한 +연산은 XOR 혹은 modulo-2 합으로 간주될 것이며 '·'는 AND 연산으로 간주할 것이며 이는 2진 벡터 및 행렬의 연산에도 그대로 적용된다. 다음은 2진 벡터/행렬 연산의 예를 보여준다.

$$\begin{bmatrix} 0 & 1 & 1 \\ 1 & 0 & 1 \end{bmatrix} \cdot \begin{bmatrix} 1 \\ 0 \\ 1 \end{bmatrix} = \begin{bmatrix} 0\cdot1+1\cdot0+1\cdot1 \\ 1\cdot1+0\cdot0+1\cdot1 \end{bmatrix} = \begin{bmatrix} 1 \\ 0 \end{bmatrix}$$

정의 해밍 웨이트(Hamming weight) 2진 벡터 $\mathbf{v}$에 대한 해밍 웨이트 $w_H(\mathbf{v})$는 $\mathbf{v}$에 포함된 1의 개수를 나타낸다.

정의 해밍 거리(Hamming distance) $\mathbf{v}_1$과 $\mathbf{v}_2$를 2진 벡터 $\mathbf{v}_1 = [v_{11}, v_{12}, \cdots, v_{1n}]$과 $\mathbf{v}_2 = [v_{21}, v_{22}, \cdots, v_{2n}]$로 표기하면 이 두 워드의 해밍 거리 $d_H(\mathbf{v}_1, \mathbf{v}_2)$는 다음과 같이 정의된다.

$$d_H(\mathbf{v}_1, \mathbf{v}_2) \equiv w_H(\mathbf{v}_1 + \mathbf{v}_2) \tag{5.2.2}$$

이러한 해밍 거리의 정의를 사용하면 수신단에서의 오류 정정 과정은 다음과 같이 재 기술할 수 있다. 우선, n비트의 수신 워드를 $\mathbf{v}$라 하고 송수신단이 공유하는 코드북을

$$C = \{\mathbf{c}_1, \mathbf{c}_2, \ldots, \mathbf{c}_{2^k}\} \tag{5.2.3}$$

라 하면 (메모리가 없는 채널에 대해) 오류 정정 과정의 수학적 기술은 다음과 같다.

$$\hat{\mathbf{c}} = \arg\min_{\mathbf{c}\in C} d_H(\mathbf{v}, \mathbf{c}) \tag{5.2.4}$$

식 (5.2.4)와 같은 복호 방식은 **최대 우도 복호**(Maximum likelihood decoding) 방식으로 심벌 디매퍼에서 경판정을 내리는 방식과 동일하며 뒤에서 다룰 오류율 성능 면에서는 매우 좋으나 연산량이 부호어의 길이 혹은 정보어의 길이에 따라 지수함수적으로 증가하기 때문에 실제적인 부호에 적용하기는 매우 어렵다.

❖ 채널 부호의 성능(오류 검출 및 정정 능력)

최소 해밍 거리(Minimum Hamming Distance, MHD) 최소 해밍 거리란 특정 부호의 오류 검출 및 오류 정정 성능을 판단할 수 있는 지표로 특정 부호의 코드북에 포함된 부호어들 간의 해밍 거리 중 가장 작은 값을 나타낸다. 즉, 어떤 채널 부호의 코드북을 C라 하면 이에

대한 최소 해밍 거리의 정의는 다음과 같다.

$$MDH(C) = \min_{\mathbf{c}_i, \mathbf{c}_j \in C, i \neq j} d_H(\mathbf{c}_i, \mathbf{c}_j) \tag{5.2.5}$$

[예제 5.2.1]

표 5.2.1의 세 부호에 대해 최소 해밍 거리는 각각 얼마인가?

답 2, 2, 3

앞서 언급했듯이 최소 해밍 거리는 특정 부호의 오류 검출 및 오류 정정 성능을 판단할 수 있는 지표인데, 어느 부호의 최소 해밍 거리가 d_{min}이라 하면 이 부호가 갖는 오류 검출 및 정정 능력은 다음과 같이 기술할 수 있다.

(1) $d_{\min}-1$ 혹은 그보다 적은 비트 오류가 발생하면 (오류 패턴에 상관 없이) 오류 검출이 가능하다.

(2) $\lfloor (d_{\min}-1)/2 \rfloor$ 혹은 그보다 적은 비트 오류가 발생하면 (오류 패턴에 상관 없이) 오류 정정이 가능하다.

물론, $d_{\min}-1$개보다 많은 수의 오류가 발생하더라도 경우에 따라(오류 패턴에 따라) 오류 검출이 가능할 수 있으며 $\lfloor (d_{\min}-1)/2 \rfloor$개보다 많은 수의 오류가 발생하더라도 오류 정정이 가능할 수 있으나 이는 경우에 따른 것으로 오류의 검출이나 정정이 보장되지는 않는다.

부호어 오류율과 전송 수율 디지털 통신 시스템의 1차적인 성능 지표는 오류 확률인데, 음성 통신과 같은 스트리밍 서비스의 경우 **비트 오류율**(Bit Error Rate)이 주로 고려되나, 재전송이 사용되는 패킷 통신의 경우 **부호어 오류율**(Codeword Error Rate)이 더 많이 사용된다. 부호어 오류란 오류 정정 과정을 거쳐 선택된 부호어가 실제 전송된 부호어와 같지 않을 확률로 정의되며 얼마나 자주 재전송이 발생하는지를 나타낸다. 또한, 통신 시스템의 전송 성능의 지표인 **전송 수율**(Throughput) T는 종종 다음과 같이 표현된다.

$$T = r \cdot (1 - p_w) \tag{5.2.6}$$

여기서, r은 부호율이며 p_w는 부호어 오류율이다.

[예제 5.2.2]

어느 (11, 7) 블록 부호의 최소 해밍 거리가 $d_{\min}=5$라고 하자. 부호어의 각 비트를 오류 확률이 0.01인 2진 대칭 채널을 통해 전송한다고 하자(여기서, 각 전송 비트에 대한 오류 사건은 통계적으로 독립이다). 다음 물음에 답하라.

(1) 하나의 부호어를 전송했을 때 11개의 비트 중 d개의 오류가 발생할 확률을 d의 함수로 나타내고 $d=0, 1, 2, 3, 4$에 대해 확률값을 계산해 보아라.

(2) $\lfloor (d_{\min}-1)/2 \rfloor$보다 많은 수의 오류가 발생하면 무조건 오류 정정이 불가능하다고 가정해 보자. 위 채널 부호를 상술한 2진 대칭 채널을 통해 전송한다고 할 때 부호어 오류율은 얼마이고 전송 수율은 얼마인가?

(3) 이제 최소 해밍 거리가 7이라 하자. (실제로는 (11, 7) 부호로는 불가능한 값이지만 그런 부호가 존재한다는 가정 하에) 나머지 조건이 동일하다고 할 때 부호어 오류율은 얼마이고 전송 수율은 얼마인가?

채널 부호 설계에서의 고려 사항

채널 부호의 설계는 코드북을 어떻게 구성할 것인가의 문제이며 결국 길이 n비트의 2^n 개 2진 수열 중 2^k개의 부호어를 선택하는 것으로 볼 수도 있으며 현실적으로는 다음의 세 가지 항목을 동시에 고려하여 설계해야 한다.

(1) 오류 성능

(2) 부호율

(3) (부호화/복호화 과정의) 복잡도

오류 성능은 해밍 거리와 직결되므로 부호의 최소 해밍 거리가 가급적 커지도록 해야 한다. 만약 n비트의 총 2^n개 2진 수열 중 2^k개의 부호어를 선택할 때 부호어 간 해밍 거리를 따져서 선택을 한다면, 이는 QAM 신호에서의 신호 성좌 설계와 유사한 문제가 된다. 그러나 일반적으로 n과 k가 매우 큰 값을 갖기 때문에 이런 형식의 부호 설계는 현실적이지 못하다. 일반적으로 부호율을 낮추면 (하나의 부호어 내에 정보 비트 수는 줄이고 잉여 비트 수를 늘리면) 채널 부호의 최소 해밍 거리를 늘릴 수 있는데, 문제는 부호율을 낮추면 전송 수율이 비례하여 낮아지므로 무조건 부호율을 낮추는 것이 좋은 방법은 아니다. 한편, 동일한 부호율이라 하더라도 부호어의 길이가 더 길면 일반적으로 오류 검출 및 정정 능력을 향상시킬 수 있는데, 부호어의 길이가 더 길면 발생하는 문제는 부호화와 복호화 과정이 복잡해 진다는 것이다. 최소 해밍 거리가 아무리 크더라도 부호화와 복호화 과정이 복잡하다면 실제 구현이 어려울 수 있다. 예를 들어, 부호화와 복호화를 코드북에 의존하여 구현한다고 가정해 보자. 표 5.2.1의 채널 부호의 경우 별 문제가 없겠지만 부호어 길이가 80비트 정도이며 이에 포함된 정보 비트 수가 60비트라 해 보자. 하나의 코드북을 저장하는 데 필요한 메모리 크기는 $n \cdot 2^k$비트이므로 이는 $80 \cdot 2^{60} = 80 \cdot (2^{10})^6 \approx 80 \cdot (10^3)^6 = 10^{19}$ Bytes = 10^7 Terra Bytes가 되어 여러 개의 하드 디스크가 있어야 저장 가능하다. 따라서 최소 해밍 거리만을 보고 선택한 부호어들을 모두 메모리에 저장한 후 부호화와 복호화를 수행하는 것은 현실적이지 못하며 부호어들에 특정한 특성들을 부여하고 이를 이용하여 부호화와 복호화 과정을 설계할 필요가 있다. 이후에 다룰 선형 블록 부호나 순회 부호는 특정한 성질을 갖는 부호어들로 구성된 부호들이며 최적의 성능은 아니나 부호화와 복호화가 간단히 이루어진다는 장점이 있다.

5.2.2 선형 블록 부호(Linear Block Codes)

선형 블록 부호의 정의는 다음과 같다.

선형 블록 부호의 정의 (n, k) 블록 부호 C의 2^k개 부호어들이 길이 n인 2진 벡터들로 구성되는 n-차원 벡터 공간의 k-차원 부공간(subspace)을 형성하면 블록 부호 C는 '선형(linear)'이라고 한다.

선형 블록 부호에 대한 이러한 정의는 선형대수에 익숙하지 않은 학생들에게는 쉽게 이해가 되지 않을 수 있으며 공학수학2 혹은 선형대수에서 다루었던 벡터와 행렬, 랭크(rank), 선형독립성(linear independence), 벡터공간(vector space), 기저(basis), 생성공간(span), 널공간(Null space) 및 부공간(subspace) 등의 내용에 대한 약간의 이해가 필요하다.

한편, 위의 선형성에 대한 정의보다는 다음의 선형 부호의 특징을 따져 보는 것이 쉬울 것이다.

특징1: (n, k) 선형 블록 부호 C에 대해 임의의 두 부호어의 합(modulo-2 합 혹은 XOR)은 C의 또 다른 부호어가 된다. 즉, 코드북 C에 포함된 임의의 두 부호어 $\mathbf{c}_i = [c_{i1}, c_{i2}, \cdots c_{in}]$와 $\mathbf{c}_j = [c_{j1}, c_{j2}, \cdots c_{jn}]$에 대해

$$\mathbf{c}_i + \mathbf{c}_j = [c_{i1} \oplus c_{j1}, c_{i2} \oplus c_{j2}, \dots, c_{in} \oplus c_{jn}]$$

라 할 때 (여기서 $\oplus$는 XOR를 나타냄)

$$\mathbf{c}_i + \mathbf{c}_j \in C \quad \forall (i, j) \tag{5.2.7}$$

이 만족된다. 여기서 +는 두 벡터의 요소 별 XOR 혹은 modulo-2 합을 의미한다. 본 장에서는 앞으로 따로 언급이 없는 한 두 2진수 혹은 2진 벡터의 합은 XOR로 간주할 것이다.

[예제 5.2.3]

특징1을 사용하여 표 5.2.1의 세 가지 부호는 선형 블록 부호인가 확인해 보아라.

특징2: (항등원의 존재) 선형 블록 부호는 항상 0 부호어(모든 요소가 0인 부호어)를 갖는다(이에 대한 증명은 특징1로부터 쉽게 알 수 있다).

특징3: 선형 블록 부호의 최소 해밍 거리는 0 부호어를 제외한 부호어 중 해밍 웨이트가 가장 작은 부호어의 해밍 웨이트와 같다.

증명 특징1로부터 다음을 얻는다.

$$MHD = \min_{\mathbf{c},\mathbf{c}'\in C \text{ with } \mathbf{c}\neq\mathbf{c}'} d_H(\mathbf{c},\mathbf{c}') = \min_{\mathbf{c},\mathbf{c}'\in C \text{ with } \mathbf{c}\neq\mathbf{c}'} w_H(\mathbf{c}+\mathbf{c}') = \min_{\mathbf{c}\in C \text{ with } \mathbf{c}\neq\mathbf{0}} w_H(\mathbf{c}) \tag{5.2.8}$$

[예제 5.2.4]

특징3을 이용하여 예제 5.2.1을 다시 풀어보아라.

특징4: (n, k) 선형 블록 부호 C에 포함된 임의의 부호어는 k개 (선형 독립인) 기저 벡터들이 선형 결합으로 유일하게 표현될 수 있다.

특징4를 이용하면 임의의 부호어를 정보어와 생성 행렬의 곱으로 나타낼 수 있는데 $k \times n$ 생성 행렬을 $\mathbf{G}$라 하고 주어진 정보어를 $\mathbf{w} = [w_1, w_2, \cdots, w_k]$라 하면 $\mathbf{w}$에 상응한 부호어 $\mathbf{c}$는 다음과 같이 주어진다.

$$\mathbf{c} = \mathbf{w} \cdot \mathbf{G} \tag{5.2.9}$$

일반적으로 생성 행렬의 조건은 행렬의 행(기저 벡터)들이 선형 독립이어야 한다는 것뿐이며 동일한 부호에 대해서도 여러 가지의 생성 행렬이 존재할 수 있다. 그러나 대부분 사용되는 선형 블록 부호는 시스터매틱 부호의 형태를 갖기 때문에 이 경우 생성 행렬은 유일하게 결정된다. 즉, 선형 블록 부호가 시스터매틱 부호이면 정보어 $\mathbf{w} = [w_1, w_2, \cdots, w_k]$에 상응한 부호어 **c**는 다음과 같은 형태가 된다.

$$\mathbf{c} = [w_1, w_2, ...w_k, p_1, p_2, ..., p_{n-k}] = [\mathbf{w} \mid \mathbf{p}] \tag{5.2.10}$$

여기서, $1 \times (n-k)$ 벡터 $\mathbf{p} = [p_1,\ p_2,\ \cdots,\ p_{n-k}]$는 패리티 벡터이다. 따라서 시스테매틱 부호에 대한 생성 행렬 **G**는 다음과 같이 표기된다.

$$\mathbf{G} = [\mathbf{I}_{k \times k} \mid \mathbf{P}] \tag{5.2.11}$$

여기서, $\mathbf{I}_{k \times k}$ 는 $k \times k$ 단위 행렬이며 $k \times (n-k)$ 행렬 **P**는 다음의 패리티 생성식을 만족한다.

$$\mathbf{w} \cdot \mathbf{P} = \mathbf{p} \tag{5.2.12}$$

선형 블록 부호의 한 예로 (7, 4) 해밍 부호를 들 수 있는데, 이 역시 시스테매틱 부호이며 정보어 $\mathbf{w} = [w_1,\ w_2,\ w_3,\ w_4]$에 대응하는 부호어는

$$\mathbf{c} = [c_1, c_2, c_3, c_4, c_5, c_6, c_7] = [w_1, w_2, w_3, w_4, p_1, p_2, p_3] \tag{5.2.13}$$

로 쓸 수 있다. 여기서, 각 패리티 비트의 생성식은 다음과 같다.

$$\begin{aligned} p_1 &= w_1 + w_2 + w_3 \\ p_2 &= w_2 + w_3 + w_4 \\ p_3 &= w_1 + w_2 + w_4 \end{aligned} \tag{5.2.14}$$

따라서 행렬 **P**는

$$\mathbf{P} = \begin{bmatrix} 1 & 0 & 1 \\ 1 & 1 & 1 \\ 1 & 1 & 0 \\ 0 & 1 & 1 \end{bmatrix} \tag{5.2.15}$$

이며, 생성 행렬은 다음과 같다.

$$\mathbf{G} = [\mathbf{I}_{k \times k} \mid \mathbf{P}] = \begin{bmatrix} 1 & 0 & 0 & 0 & 1 & 0 & 1 \\ 0 & 1 & 0 & 0 & 1 & 1 & 1 \\ 0 & 0 & 1 & 0 & 1 & 1 & 0 \\ 0 & 0 & 0 & 1 & 0 & 1 & 1 \end{bmatrix} \tag{5.2.16}$$

식 (5.2.16)에서 각 행은 하나의 부호어이며 이들은 모두 선형 독립임을 알 수 있다.

[예제 5.2.5]

표 5.2.1에 주어진 (4, 3) 패리티 검사 부호에 대한 생성 행렬을 구하라(힌트: 단일 패리티 검사 부호의 패리티 비트는 정보어의 1의 개수가 짝수이면 0, 홀수이면 1이다).

식 (5.2.9)는 선형 블록 부호의 부호화 과정을 나타내며 단순한 2진 행렬연산을 통해 입력된 정보어에 대한 부호어를 쉽게 생성할 수 있음을 보여준다. 이제 선형 블록 부호의 복호화 과정을 알아보자. 복호화 과정은 오류 검출 과정과 오류 정정 과정으로 나누어 볼 수 있는데, 두 경우 모두 **패리티 검사 행렬**(parity check matrix)을 사용한다. 패리티 검사 행렬은 패리티 생성식으로부터 유도될 수 있는데, 상술한 (7, 4) 해밍 부호의 예를 고려해 보자. (7, 4) 해밍 부호의 패리티는 3비트로 구성되며 각 패리티에 대한 검사식은 식 (5.2.14)이다. 이를 부호어의 요소로 다시 써보면 다음과 같다.

$$\begin{aligned} c_1 + c_2 + c_3 + c_5 &= 0 \\ c_2 + c_3 + c_4 + c_6 &= 0 \\ c_1 + c_2 + c_4 + c_7 &= 0 \end{aligned} \tag{5.2.17}$$

이를 행렬로 표현하면 다음과 같다.

$$\mathbf{c} \cdot \mathbf{H}^T = \mathbf{0} \tag{5.2.18}$$

여기서,

$$\mathbf{H} = \begin{bmatrix} 1 & 1 & 1 & 0 & 1 & 0 & 0 \\ 0 & 1 & 1 & 1 & 0 & 1 & 0 \\ 1 & 1 & 0 & 1 & 0 & 0 & 1 \end{bmatrix} \tag{5.2.19}$$

이며, 0벡터 $\mathbf{0}$은 3×1벡터이다.

이제 이를 보다 일반적인 경우에 대해 기술해 보자. 식 (5.2.17)과 식 (5.2.18)은 모든 부호어에 대해 모두 만족되어야 함을 의미하는데, 부호어는 식 (5.2.9)에 의해 생성한 것이며 이는 모든 정보어 $\mathbf{w}$에 대해 만족되어야 하므로 다음의 일반화된 조건을 얻는다.

$$\mathbf{G} \cdot \mathbf{H}^T = \mathbf{0} \tag{5.2.20}$$

어기서, $\mathbf{H}$는 크기 $(n-k) \times n$인 2진 행렬이며 $\mathbf{0}$은 크기 $k \times (n-k)$인 0 행렬이다. 물론, 주어진 생성 행렬 $\mathbf{G}$에 대해 식 (5.2.20)은 자명한 해 $\mathbf{H} = \mathbf{0}$을 가지나 우리가 원하는 것은 자명하지 않은 해이다. 한편, 식 (5.2.20)에서 생성 행렬 $\mathbf{G}$가 주어졌다고 해도 $\mathbf{H}$에 포함된 미정 변수

는 $(n-k)\times n$인 반면 방정식의 개수는 $(n-k)\times k$개로 미정 변수의 개수보다 작고 따라서 무수히 많은 해를 갖는다. 이제 해밍 부호의 예를 다시 들여다 보자. 식 (5.1.19)를 보면 패리티 검사 행렬은 다음과 같은 형태를 가짐을 알 수 있다.

$$\mathbf{H}=[\mathbf{H}_s \mid \mathbf{I}_{(n-k)\times(n-k)}] \tag{5.2.21}$$

여기서, $\mathbf{I}_{(n-k)\times(n-k)}$는 $(n-k)\times(n-k)$의 단위 행렬이며 행렬 $\mathbf{H}_s$는 미정 변수를 포함하는 $k\times(n-k)$ 행렬이다. 따라서 패리티 검사 행렬을 식 (5.2.21)의 형태로 제한하면 식 (5.2.20)을 만족하는 패리티 검사 행렬은 다음의 식을 통해 유일하게 결정된다.

$$\mathbf{G}\cdot\mathbf{H}^T=[\mathbf{I}_{k\times k}\mid\mathbf{P}]\left[\frac{\mathbf{H}_s^T}{\mathbf{I}_{(n-k)\times(n-k)}}\right]=\mathbf{0}\Rightarrow\mathbf{H}_s^T=\mathbf{P} \tag{5.2.22}$$

따라서 식 (5.2.16)의 형태로 주어지는 시스터매틱 선형 블록 부호의 생성 행렬에 대한 패리티 검사 행렬은 다음과 같다.

$$\mathbf{H}=[\mathbf{P}^T \mid \mathbf{I}_{(n-k)\times(n-k)}] \tag{5.2.23}$$

예제 5.2.6

예제 5.2.5.의 (4, 3) 패리티 검사 부호의 패리티 검사 행렬을 구하라.

이제 패리티 검사 행렬을 이용한 복호 과정을 알아보자. 우선, 오류 검출의 경우 앞서 언급했듯이 수신된 워드가 부호어인지 아닌지를 판단하는 것이므로 수신 워드에 패리티 검사 행렬을 곱한 결과로 정의되는 **신드롬**(Syndrome)이 0인지 아닌지를 판별하면 된다. 즉, 수신된 워드를 $1\times n$의 벡터 $\mathbf{v}$라 하면 신드롬은

$$\mathbf{s}(\mathbf{v})\equiv\mathbf{v}\cdot\mathbf{H}^T \tag{5.2.24}$$

로 정의되며 오류 검출 과정은 $\mathbf{s}(\mathbf{v})=\mathbf{0}$이면 오류가 발생하지 않은 것으로 판단하며, $\mathbf{s}(\mathbf{v})\neq\mathbf{0}$이면 오류가 발생한 것으로 판단하는 것이다. 물론, 하나의 부호어를 전송하는 중에 전송 오류가 발생하였는데, 수신된 워드가 또 다른 부호어가 되는 경우도 있을 수 있으며 이러한 경우 수신단에서는 오류가 발생했는지 알 수 없다. 그러나 일반적으로 이러한 경우의 발생은 전송 오류의 발생 확률에 비해 매우 작으며 검출 불능의 상황을 얼마나 작게 만들 수 있는지는 부호를 얼마나 잘 설계하느냐 또는 최소 해밍 거리가 얼마나 되느냐에 달려있다.

[예제 5.2.7]

(7, 4) 해밍 부호를 사용하여 오류 확률이 0.01인 2진 대칭 채널을 통해 데이터를 전송한다고 하자. 수신단에서는 패리티 검사를 수행하여 오류의 발생 여부를 확인한다고 하자. 오류가 발생했음에도 불구하고 오류가 발생하지 않은 것으로 판단할 확률은 근사적으로 얼마나 되는가? (힌트: 0 부호어가 전송되었다고 가정하고 0 부호어가 다른 부호어로 수신될 확률을 근사적으로 구한다.)

오류 검출의 경우 패리티 검사 결과가 0인지 아닌지 만을 판별하는 것이나 오류 정정의 경우는 문제가 좀 더 복잡하다. (7, 4) 해밍 부호의 경우 식 (5.2.4)에 나타낸 최대 우도 복호화 방법의 사용도 가능하나, 일반적으로는 부호어의 길이가 매우 길기 때문에 최대 우도 복호화 방법을 실제로 사용하는 경우는 거의 없다. 선형 블록 부호의 경우 오류 정정 능력 혹은 패턴에 무관하게 정정 가능한 비트 오류의 수를 고려한 **신드롬 복호**(Syndrome decoding) 방법을 사용할 수 있다. 신드롬 복호는 신드롬이 0이 아닌 경우 신드롬 벡터로부터 가능한 오류 패턴을 찾아내는 방식인데, 검출에서와 마찬가지로 모든 오류를 정정할 수는 없으며 정정 가능한 능력 범위 내에서만 정정할 수 있다. 물론, 정정 능력은 최소 해밍 거리로 주어지며 앞서 언급했듯이 최소 해밍 거리가 t인 경우 정정 가능한 비트 오류의 개수는 $\lfloor (t-1)/2 \rfloor$ 이다. 우선, 오류 패턴을 다음과 같이 벡터 $\mathbf{e}$로 정의하자.

$$\mathbf{e} = [e_1, e_2, ..., e_n] \tag{5.2.25}$$

여기서, e_j는 2진수로 수신 워드의 j번째 비트에 오류가 발생한 경우 1, 그렇지 않은 경우 0이다. 이와 같은 오류 패턴을 이용하면 수신 워드 $\mathbf{v}$는 다음과 같다.

$$\begin{aligned}\mathbf{v} &= [v_1, v_2, ..., v_n] \\ &= \mathbf{c} + \mathbf{e} \\ &= [c_1 + e_1, c_2 + e_2, ..., c_n + e_n]\end{aligned} \tag{5.2.26}$$

이제 수신단에서 수신 워드에 대한 신드롬을 계산하면 다음을 얻는다.

$$\mathbf{s}(\mathbf{v}) = \mathbf{v} \cdot \mathbf{H}^T = (\mathbf{c} + \mathbf{e}) \cdot \mathbf{H}^T = \mathbf{e} \cdot \mathbf{H}^T \tag{5.2.27}$$

식 (5.2.27)이 의미하는 바는 신드롬은 오류 패턴에만 의존하며 실제 전송된 부호어와는 무관하다는 것이다. 따라서 (정정 능력 범위 내의) 정정 가능한 오류 패턴에 대한 신드롬을 보면 수신 워드의 어느 비트에 오류가 발생했는지를 확인할 수 있다. 물론, 정확히 어느 위치에 오류가 발생했는지를 확인하려면 오류 패턴과 그에 대응하는 신드롬이 1:1 대응 관계에 있어야 한다.

(7, 4) 해밍 부호의 예를 들어보자. (7, 4) 해밍 부호의 최소 해밍 거리는 3이며 1비트의 오류를 패턴에 무관하게 정정 가능하다. 이제 1비트의 오류로 나올 수 있는 오류 패턴은 모두 7가지(길이 7인 부호어의 1부터 7번째까지의 각 비트에 오류가 발생하는 경우의 수는 7가지)이며 이에 대한 신드롬을 계산해서 나열해 보면 표 5.2.2와 같다. 표를 보면 알 수 있지만 정정 가능한 1비트의 오류를 갖는 각 패턴과 신드롬은 1:1 대응 관계에 있으며, 따라서 신드롬으로부터 어느 비트에 오류가 발생했는지 확인이 가능하다. 물론, 실제로는 2비트 이상의 오류가 발생할 수 있으며 이 경우 그대로 오류 정정을 수행하면 정정 오류가 발생하게 된다. 결국은 오류 검출에서 검출 오류를 줄이는 방법과 마찬가지로 부호 설계를 통해 정정 능력을 향상시켜야 정정 오류의 발생 확률을 낮출 수 있다.

표 5.2.2 (7, 4) 해밍 부호에 대한 신드롬 표

정정 가능한 오류 패턴, $\mathbf{e}$	신드롬 $\mathbf{s(e)} = \mathbf{eH}^T$
[0 0 0 0 0 0 1]	[0 0 1]
[0 0 0 0 0 1 0]	[0 1 0]
[0 0 0 0 1 0 0]	[1 0 0]
[0 0 0 1 0 0 0]	[0 1 1]
[0 0 1 0 0 0 0]	[1 1 0]
[0 1 0 0 0 0 0]	[1 1 1]
[1 0 0 0 0 0 0]	[1 0 1]

[예제 5.2.8]

(7, 4) 해밍 부호를 이용하여 데이터 전송을 하였고 수신단에서 수신된 워드가 [0010011]이었다고 하자. 상술한 생성 행렬, 패리티 검사 행렬 및 신드롬 표를 활용하여 오류가 발생했는지 따져보고 발생했다면 원래 송신된 부호어는 무엇인지 추측해 보아라.

마지막으로 선형 대수에 익숙한 학생들을 위하여 선형 블록 부호의 특징을 선형 대수의 개념들을 이용하여 기술하면 다음과 같다.

(1) 임의의 선형 블록 부호 C의 생성 행렬 $\mathbf{G}$의 각 행을 벡터 $\mathbf{g}_j$ $(j = 1, 2, \cdots, k)$라 하자. 정보어 $\mathbf{w} = [w_1, w_2, \cdots, w_k]$에 대응하는 부호어는 $\mathbf{g}_j$들의 선형 결합

$$\mathbf{c} = \mathbf{w} \cdot \mathbf{G} = w_1\mathbf{g}_1 + w_2\mathbf{g}_2 + \ldots + w_k\mathbf{g}_k \tag{5.2.28}$$

로 쓸 수 있으며 이는

$$C = \mathbf{G}\text{의 행공간} = \text{span}(\mathbf{g}_1, \mathbf{g}_1, \ldots, \mathbf{g}_k) \tag{5.2.29}$$

임을 의미한다. 여기서, span($\mathbf{g}_1$, $\mathbf{g}_1$, ⋯, $\mathbf{g}_k$)는 벡터 집합 {$\mathbf{g}_1$, $\mathbf{g}_1$, ⋯, $\mathbf{g}_k$}에 의해 형성되는 생성공간이다.

(2) 한편, 패리티 검사 행렬 **H**는 span($\mathbf{g}_1$, $\mathbf{g}_1$, ⋯, $\mathbf{g}_k$)의 널 공간(Null space)을 형성하며 (span($\mathbf{g}_1$, $\mathbf{g}_1$, ⋯, $\mathbf{g}_k$)와 span($\mathbf{h}_1$, $\mathbf{h}_1$, ⋯, $\mathbf{h}_{n-k}$)는 서로 직교하며) 따라서 $\mathbf{GH}^{\mathrm{T}} = \mathbf{0}$이고 span($\mathbf{g}_1$, $\mathbf{g}_1$, ⋯, $\mathbf{g}_k$)에 존재하는 부호어 **c**의 span($\mathbf{h}_1$, $\mathbf{h}_1$, ⋯, $\mathbf{h}_{n-k}$) 상으로 투영 $\mathbf{cH}^{\mathrm{T}}$는 항상 0이 된다.

(3) 임의의 선형 블록 부호 C의 생성 행렬 **G**에 **기본 행 연산**(elementary row operation)을 수행하여 **G'**을 얻었다고 하자. 여기서 기본 행 연산이란 (가우스 소거법에서처럼) 행렬의 두 행을 맞바꾸거나 한 행에 상수를 곱하여 또 다른 행에 더하거나 빼는 것을 의미한다. 이제 **G'**을 사용하여 식 (5.2.9)와 같이 부호어를 생성하여 부호 C'을 얻었다고 하면 $C = C'$이다. 즉, 두 부호는 동일한 부호어들을 갖는다(달라지는 것은 정보어와 부호어 간 대응 관계뿐이다).

예제 5.2.9

다음과 같은 생성 행렬 **G'**과 패리티 검사 행렬 **H'**을 고려해 보자.

$$\mathbf{G'} = \begin{bmatrix} 1 & 0 & 1 & 1 & 0 & 0 & 0 \\ 0 & 1 & 0 & 1 & 1 & 0 & 0 \\ 0 & 0 & 1 & 0 & 1 & 1 & 0 \\ 0 & 0 & 0 & 1 & 0 & 1 & 1 \end{bmatrix}$$

$$\mathbf{H'} = \begin{bmatrix} 1 & 1 & 1 & 0 & 1 & 0 & 0 \\ 0 & 1 & 1 & 1 & 0 & 1 & 0 \\ 0 & 0 & 1 & 1 & 1 & 0 & 1 \end{bmatrix}$$

물론, 위의 생성 행렬은 시스터매틱 부호를 생성하지는 않는다. (왜 그런가?) 다음 물음에 답하라.

(1) 위의 생성 행렬은 (7, 4)의 선형 블록 부호를 생성하는가? 가능 여부를 검증해 보아라.

(2) (1)의 답이 '가능하다'라면 기본 행 연산을 통해 시스터매틱 부호를 생성하는 생성 행렬 **G"**을 얻을 수 있다. **G"**을 구하라.

(3) **G'**을 이용해 얻은 부호어 집합과 **G"**을 이용해 얻은 부호어 집합은 동일한지 확인해 보아라.

(4) **H'**에 상응한 생성 행렬(의 하나)을 **G**라 하고 이를 식 (5.2.16)처럼 쓸 수 있다고 하자. **G**를 구하고 이를 **G"**과 비교해 보아라.

(5) **H'**을 각각 **G'**와 **G"**를 통해 얻은 두 부호에 대한 패리티 검사 행렬로 사용할 수 있는지 확인해 보아라.

5.3 순회 부호(Cyclic codes)

본 절에서는 선형 블록 부호의 하나인 순회 부호에 대해 알아본다.

5.3.1 순회 부호의 정의 및 동작

순회 부호는 선형 부호의 일종으로 선형 부호의 특징을 가지면서 다음의 추가적인 특징을 갖는다.

순회 부호(Cyclic code)의 정의 선형 부호 C의 임의의 부호어 **c**에 임의의 수만큼 순회 천이(cyclic shift)를 적용해도 그 결과가 여전히 C의 부호어이면 선형 부호 C는 순회 부호라고 한다.

[예제 5.3.1]

표 5.2.1의 세 가지 부호가 순회 부호인지 판별해 보아라.

선형 블록 부호의 경우 벡터와 행렬 연산을 사용하였으나 순회 부호의 경우 **다항식 연산**(polynomial operation)을 사용한다. 따라서 순회 부호의 특징을 설명하기 전에 먼저 몇 가지 연산에 대한 정의부터 시작한다.

본 절에서 사용하는 다항식은 2진 벡터 혹은 2진 수열의 또 다른 표현이며 다항식의 계수는 2진수이다. 그림 5.3.1은 다항식 표현과 벡터 표현의 대응관계를 보여주는데, 변수 x 자체의 의미는 없으며 x의 차수는 2진 계수의 자리수를 의미한다. **다항식의 차수**(degree)는 최

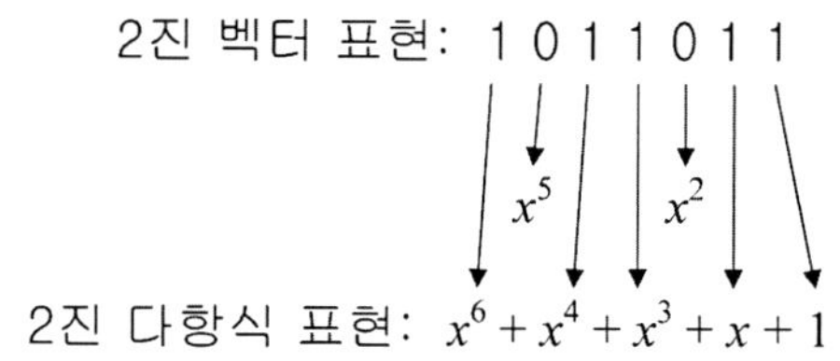

그림 5.3.1 다항식 표현과 벡터 표현의 대응관계

고차 항의 차수를 의미한다.

다항식의 덧셈과 곱셈은 일반적인 경우와 동일하나 계수 간 덧셈(+)과 곱셈(·)은 각각 XOR와 AND 연산이 적용된다. 다음은 두 다항식 $p_1(x)=x^5+x^4+x[110010]$와 $p_2(x)=x^3+x+1[1011]$의 덧셈과 곱셈의 예를 보여준다.

덧셈 : $p_1(x)+p_2(x)=x^5+x^4+x^3+1 \Rightarrow 111001$

곱셈 : $p_1(x)p_2(x)=(x^5+x^4+x)(x^3+x+1)$

$$
\begin{aligned}
&=(x^8+x^6+x^5)+(x^7+x^5+x^4)+(x^4+x^2+x)\\
&=x^8+x^7+x^6+x^2+x\\
&\Rightarrow 111000110
\end{aligned}
$$

2진수의 뺄셈은 덧셈과 동일하며 이제 나눗셈에 대해 알아보자. 나눗셈의 경우도 일반적인 나눗셈과 동일하나 계수가 2진수라는 것만 고려하면 된다. 다음은 두 다항식의 나눗셈을 보여준다.

$$
\begin{array}{rl}
 & x^2+x+1 \quad \text{(Quotient)} \\
\text{(Divisor)}\ x^3+x+1 & \overline{)\,x^5+x^4+x} \quad \text{(Dividend)} \\
 & \underline{x^5+x^3+x^2} \\
 & x^4+x^3+x^2+x \\
 & \underline{x^4+x^2+x} \\
 & x^3 \\
 & \underline{x^3+x+1} \\
 & \text{(Remainder)}\ x+1
\end{array}
\qquad
\begin{array}{rl}
 & 111 \\
1011 & \overline{)\,110010} \\
 & \underline{1011} \\
 & 1111 \\
 & 1011 \\
 & 1000 \\
 & \underline{1011} \\
 & 11
\end{array}
$$

나눗셈의 각 항목은

나누어지는 수(Dividend) = 몫(Quotient) × 나누는 수(Divisor) + 나머지(Remainder)

의 관계를 가지며, 위의 경우 $(x^5 + x^4 + x) = (x^3 + x + 1)(x^2 + x + 1) + (x + 1)$이다. 여기서, 나누어지는 수(Dividend)의 차수가 n이고 나누는 수(Divisor)의 차수가 p라면 몫(Quotient)의 차수는 $n-p$이고 나머지(Remainder)의 차수는 p보다 작다.

순회 부호의 기본적인 아이디어는 길이 n인 2진 수열 중(최고차 항의 차수가 n보다 작은 다항식 중) **생성 다항식**(generator polynomial)이라고 하는 $(n-k)$차의 정해진 다항식으로 나누어 나머지가 0이 되는 다항식들만 부호어로 사용하는 것이다. 즉, 주어진 생성 다항식 $g(x)$에 대해

$$C = \{c(x) : \deg[c(x)] < n, \mathrm{Rem}[c(x)/g(x)] = 0\} \tag{5.3.1}$$

일단은 순회 부호 자체와 생성 다항식에 대한 특성들을 다루기 전에 순회 부호의 부호화와 복호화 과정에 대해서 알아보자. 우선, $w(x)$, $c(x)$ 및 $g(x)$를 각각 정보어 다항식, 부호어 다항식 및 생성 다항식이라 하자. 각 다항식의 차수는 $\deg(w(x)) \le (k-1)$, $\deg(c(x)) \le n-1$, $\deg(g(x)) \le n-k$를 만족한다. 순회 부호의 부호화 과정을 보면 **직접 부호화**(direct encoding)와 **시스터매틱 부호화**(systematic encoding) 두 가지로 나누어 볼 수 있는데 다음과 같다.

(1) 직접 부호화:

$$c(x) = w(x) \cdot g(x) \tag{5.3.2}$$

(2) 시스터매틱 부호화:

① $u(x) = w(x) \cdot x^{n-k}$ (zero padding) (5.3.3)

② $r(x) = \mathrm{Rem}\left(\dfrac{u(x)}{g(x)}\right)$ (5.3.4)

③ $c(x) = u(x) + r(x)$ (5.3.5)

여기서, Rem(·)은 괄호안의 나누기를 실행한 후의 나머지를 나타낸다. 위의 두 부호화 방식을 보면 직접 부호화를 사용하나 시스터매틱 부호화를 사용하나 생성된 부호어 다항식을 생성 다항식으로 나누면 (정보어에 무관하게) 나머지는 항상 0이 됨을 알 수 있다. 또한, 동일한 생성 다항식을 사용하면 최종적으로 얻어지는 2^k개 부호어는 직접 부호화 방식과 시스터매틱 부호화 방식이 동일한 집합을 형성하며 정보어와 부호어 간 대응관계만 다를 뿐이다. 한편, 두 번째 방식의 경우 시스터매틱 부호를 생성하는데, 식 (5.3.3)~(5.3.5)까지의 3단계를 도식적으로 나타낸 그림 5.3.2를 보면 명확하다.

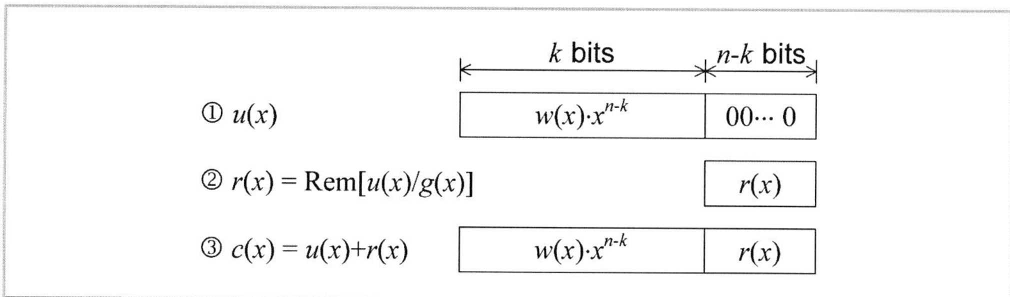

그림 5.3.2 순회 부호의 시스터매틱 부호화 과정의 설명

[예제 5.3.2]

생성 다항식이 $g(x)=x^3+x+1$로 주어지는 길이 7인 ($n=7$) 순회 부호의 부호어를 모두 찾아보아라. 상술한 직접 부호화 방법과 시스터매틱 부호화 방법을 각각 이용하여 구하고 두 방법을 통해 얻은 결과의 차이점은 무엇인지 답하라.

오류 검출의 경우, 수신된 워드를 다항식 $v(x)$라 하면 $v(x)$로부터 신드롬

$$s(x)=\text{Rem}\left(\frac{v(x)}{g(x)}\right) \tag{5.3.6}$$

를 얻고 $s(x)=0$이면 오류가 없는 것으로 판단하고 $s(x)\neq 0$이면 오류가 발생한 것으로 판단한다. 순회 부호를 이용한 오류 정정 역시 선형 블록 부호와 유사하게 신드롬 복호를 적용할 수 있다. 먼저 오류 패턴을 다음과 같은 다항식 $e(x)$로 나타내자.

$$e(x)=e_{n-1}x^{n-1}+e_{n-2}x^{n-2}+....+e_1x+e_0 \tag{5.3.7}$$

여기서, e_j는 2진수로 수신 워드의 상응한 비트에 오류가 발생한 경우 1, 그렇지 않은 경우 0이다. 이와 같은 오류 패턴을 이용하면 수신 워드 $v(x)$는 다음과 같이 쓸 수 있다.

$$\begin{aligned} v(x)&=c(x)+e(c)\\ &=(c_{n-1}+e_{n-1})x^{n-1}+\cdots+(c_1+e_1)x+(c_0+e_0) \end{aligned} \tag{5.3.8}$$

이제 수신단에서 수신 워드에 대한 신드롬을 계산하면 다음을 얻는다.

$$s(x)=\text{Rem}\left(\frac{v(x)}{g(x)}\right)=\text{Rem}\left(\frac{e(x)}{g(x)}\right) \tag{5.3.9}$$

선형 블록 부호에 대한 식 (5.2.27)에서와 같이 식 (5.3.9)가 의미하는 바는 신드롬 $s(x)$는 오류 패턴에만 의존하며 실제 전송된 부호어와는 무관하다는 것이다. 따라서 (정정 능력 범위 내의) 정정 가능한 오류 패턴에 대한 신드롬을 보면 수신 워드의 어느 비트에 오류가 발생했는지를 확인할 수 있다. 물론, 정확히 어느 위치에 오류가 발생했는지를 확인하려면 오류 패턴과 그에 대응하는 신드롬이 1:1 대응 관계에 있어야 한다.

이제 앞 절에서와 마찬가지로 1비트 오류에 대해 정정 가능한 (7, 4) 해밍 부호의 예를 들어보자. (7, 4) 해밍 부호의 생성 다항식은 $g(x) = x^3 + x + 1$이다. 식 (5.3.9)를 이용하여 1비트 오류의 7가지 오류 패턴에 대한 신드롬을 계산해서 나열해 보면 표 5.3.1과 같다. 표를 보면 알 수 있지만 정정 가능한 1비트의 오류를 갖는 각 패턴과 신드롬은 1:1 대응 관계에 있으며, 따라서 신드롬으로부터 어느 비트에 오류가 발생했는지 확인이 가능하다.

표 5.3.1 (7, 4) 해밍 부호에 대한 신드롬 표

정정 가능한 오류 패턴, $e(x)$	신드롬 $s(x)$
1	1
x	x
x^2	x^2
x^3	$x+1$
x^4	x^2+x
x^5	x^2+x+1
x^6	x^2+1

[예제 5.3.3]

(7, 4) 해밍 부호를 이용하여 데이터 전송을 하였고 수신단에서 수신된 워드가 [1011101]이었다고 하자. (7, 4) 해밍 부호의 생성 다항식과 표 5.3.1의 신드롬 표를 활용하여 오류가 발생했는지 확인하고 발생했다면 원래 송신된 부호어는 무엇인지 신드롬 복호를 통해 추측해 보아라. 또한, 최대 우도 복호를 사용할 경우 정정 결과는 무엇인가?

순회 잉여 검사(Cyclic Redundancy Check, CRC) 순회 잉여 검사는 순회 부호의 부호화와 복호화(신드롬 복호) 방식을 사용하는 것은 동일하나 정보어의 길이가 가변이므로 엄밀한 의미에서 블록 부호라고 할 수는 없다. 그러나 부호화와 복호화(오류 검출)의 편리성 때문에 패킷 기반의 통신 규격에 광범위하게 사용되고 있다. 그림 5.3.3은 CRC를 이용한 오류 검출과정을 보여주며 표 5.3.2는 대표적으로 사용되는 CRC 부호의 생성 다항식을 보여준다.

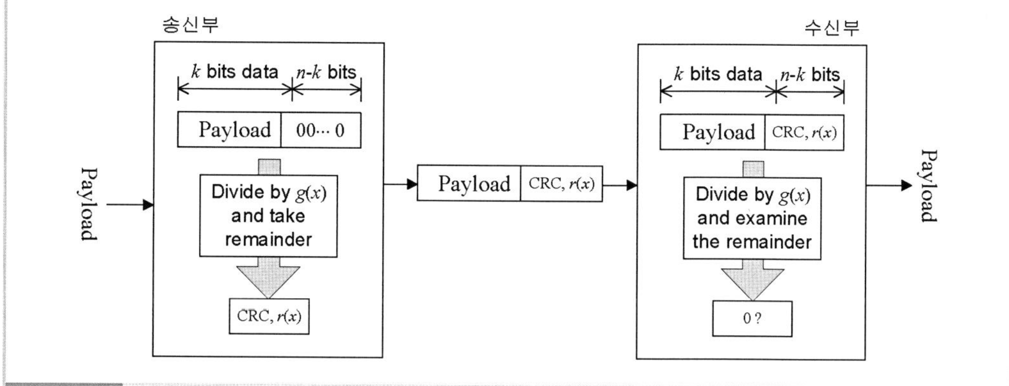

그림 5.3.3 CRC를 이용한 오류 검출

표 5.3.2 대표적인 CRC 부호의 생성 다항식

명칭	다항식	응용
CRC-8	$g(x)=x^8+x^2+x+1$	ATM 헤더
ITU-16	$g(x)=x^{16}+x^{12}+x^5+1$	HDLC
ITU-32	$g(x)=x^{32}+x^{26}+x^{23}+x^{22}+x^{16}+x^{12}+x^{11}$ $+x^{10}+x^8+x^7+x^5+x^4+x^2+x+1$	LAN

순회 잉여 검사(신드롬 복호)에서 신드롬의 계산은 기본적으로 다항식의 나눗셈인데 선형 궤환 천이 레지스터(Linear Feedback Shift Register, LFSR)를 이용하여 쉽게 구현할 수 있다. 수신 워드와 생성 다항식을 각각 $v(x)$와 $g(x)$라 하고 다음과 같이 쓰자.

수신 워드 : $v(x)=v_{n-1}x^{n-1}+v_{n-2}x^{n-2}+....+v_1x+v_0$

생성 다항식 : $g(x)=g_rx^r+g_{r-1}x^{r-1}+....+g_1x+g_0$

나눗셈의 결과로 얻은 나머지를

$$\mathrm{Rem}\left(\frac{v(x)}{g(x)}\right)=b(x)=b_{r-1}x^{r-1}+b_{r-2}x^{r-2}+....+b_1x+b_0$$

라 하면 나머지를 얻는 과정은 그림 5.3.4와 같은 선형 궤환 천이 레지스터로 구현된다.

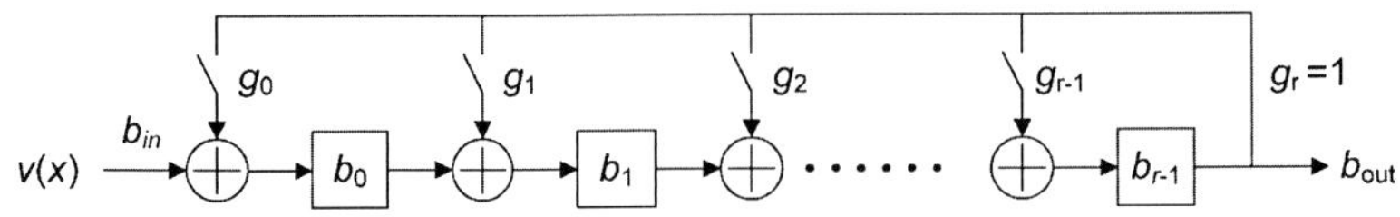

그림 5.3.4 다항식 나눗셈을 수행하는 선형 궤환 천이 레지스터의 구조. g_i가 1이면 스위치가 연결되고 0이면 개방된다.

선형 궤환 천이 레지스터의 동작을 알아보기 위해 앞서 알아본 (7, 4) 해밍 부호를 고려해 보자. 이의 생성 다항식은 $g(x) = x^3 + x + 1$이므로 이에 상응한 선형 궤환 천이 레지스터의 구조는 그림 5.3.5와 같다. 이제 수신 신호가 다음과 같다고 하자.

$$v(x) = x^6 + x^5 + x^4 + x + 1$$

이를 생성 다항식으로 나누면 그림 5.3.6과 같은 결과를 얻는다. 한편, 그림 5.3.5의 회로가 모든 레지스터의 초깃값이 0인 0-상태에서 $v(x)$를 (MSB부터 순차적으로) 입력하면 표 5.3.3의 결과를 얻는다.

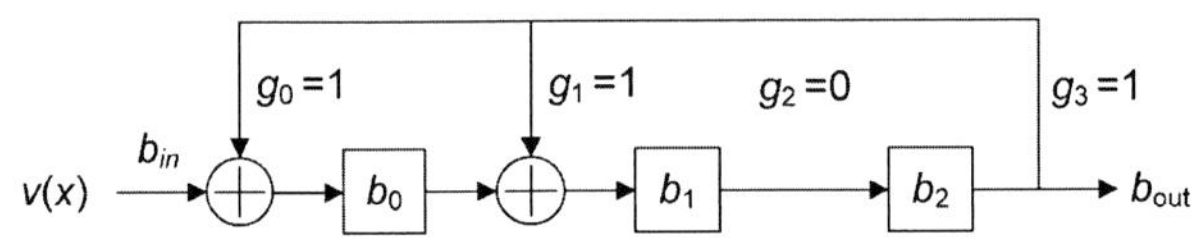

그림 5.3.5 생성 다항식 $g(x) = x^3 + x + 1$로 나눗셈을 수행하는 선형 궤환 천이 레지스터의 구조

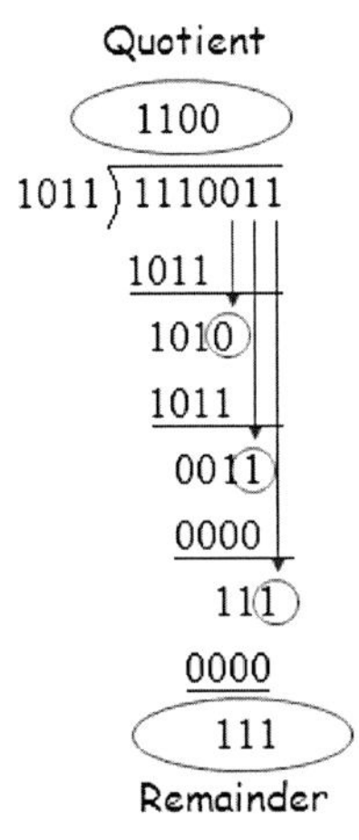

그림 5.3.6 $v(x) = x^6 + x^5 + x^4 + x + 1$를 $g(x) = x^3 + x + 1$로 나누는 연산 과정

표 5.3.3 그림 5.3.5의 하드웨어를 이용한 나눗셈 연산 예

Shift	b_{in}	b_0	b_1	b_2	b_{out}	$r(x)$
	0	0	0	0	0	
1	1	1	0	0	0	1
2	1	1	1	0	0	$x+1$
3	1	1	1	1	0	x^2+x+1
4	0	1	0	1	1	x^2+1
5	0	1	0	0	1	1
6	1	1	1	0	0	$x+1$
7	1	1	1	1	0	x^2+x+1

[예제 5.3.4]

다항식 $g(x) = x^4+x^3+x^2+1$의 배수를 부호어로 갖는 (7, 3) 블록 부호를 구성하려고 한다. 다음 물음에 답하라.

(1) 시스터매틱 부호화를 통해 얻어지는 정보어와 부호어 간 매핑 표를 만들어 보아라.

(2) (1)에서 얻은 매핑 표로부터 (1)에서 얻은 부호가 선형 부호인지 확인하고 최소 해밍 거리가 얼마인지 답하라. 또한, 몇 개의 비트 오류를 패턴에 상관 없이 정정할 수 있는가?

(3) (1)에서 얻은 매핑 표로부터 (1)에서 얻은 부호가 순회 부호인지 확인하라.

(4) 패턴에 상관없이 정정 가능한 오류의 수를 m이라 하고 m 혹은 그보다 적은 수의 오류가 발생했을 때 나올 수 있는 오류 패턴에 대해 표 5.3.1과 같은 신드롬 표를 작성하라.

(5) 수신단에서 수열 '1111101'을 수신했다고 가정하자. 신드롬 복호를 이용한 복호화 과정을 자세히 보이고 실제 전송된 부호가 무엇인지 추측해 보아라.

5.3.2 순회 부호의 특성과 생성 다항식의 조건

5.3.1절에서는 순회 부호의 부호화와 복호화 과정을 중심으로 다항식 연산을 통한 동작을 중점적으로 다루었으며 정작 도입부에서 제시된 순회 부호의 정의와 관련된 특성에 대한 설명은 없었다. 본 절에서는 앞 절에서 제시한 순회 부호의 정의로부터 유도되는 순회 부호와 생성 다항식의 특성 및 그들에 대한 증명 등을 제시한다.

[순회 부호의 특성1] $c(x)$를 (n, k) 순회부호 C의 한 부호어라 하면, 임의의 다항식 $a(x)$에 대하여, $a(x) \cdot c(x)$를 (x^n+1)로 나눈 나머지는 역시 C의 부호어이다.

증명 $c(x)$를 $(n,\ k)$ 순회부호 C의 한 부호어라하고 다음과 같이 표기하자.

$$c(x) = c_{n-1}x^{n-1} + c_{n-2}x^{n-2} + \ldots. + c_1 x + c_0 \tag{5.3.10}$$

그러면, 임의의 정수 l에 대해 다음과 같은 결과를 얻는다.

$$\begin{aligned}
x^l c(x) &= \underbrace{c_0 x^l + c_1 x^{l+1} + \cdots + c_{n-l-1}x^{n-1}}_{A(x)} + \underbrace{c_{n-l}x^n + c_{n-l+1}x^{n+1} + \cdots + c_{n-1}x^{n-1+l}}_{B(x)} \\
&= \underbrace{c_0 x^l + c_1 x^{l+1} + \cdots + c_{n-l-1}x^{n-1}}_{A(x)} + \underbrace{\overbrace{\left(c_{n-l} + c_{n-l+1}x + \cdots + c_{n-1}x^{l-1}\right)}^{D(x)} \cdot x^n}_{B(x)=D(x)\cdot x^n} \\
&\quad + \underbrace{\left(c_{n-l} + c_{n-l+1}x + \cdots + c_{n-1}x^{l-1}\right)}_{D(x)} + \underbrace{\left(c_{n-l} + c_{n-l+1}x + \cdots + c_{n-1}x^{l-1}\right)}_{D(x)} \\
&= \underbrace{c_0 x^l + c_1 x^{l+1} + \cdots + c_{n-l-1}x^{n-1}}_{A(x)} + \underbrace{c_{n-l} + c_{n-l+1}x + \cdots + c_{n-1}x^{l-1}}_{D(x)} \\
&\quad + \underbrace{\left(c_{n-l} + c_{n-l+1}x + \cdots + c_{n-1}x^{l-1}\right)}_{D(x)} \cdot (x^n + 1) \\
&= \underbrace{c^{(l)}(x)}_{A(x)+D(x)} + D(x) \cdot (x^n + 1)
\end{aligned} \tag{5.3.11}$$

따라서 $x^l \cdot c(x)$를 $(x^n + 1)$로 나눈 나머지는 $c(x)$를 l번 순회 천이시킨 것이므로 역시 C의 부호어이다. 이제, 위의 과정을 확장해 보자. 우선, 임의의 다항식 $a(x) = a_m x^m + a_{m-1}x^{m-1} + \cdots + a_1 x + 1$를 $c(x)$에 곱하면

$$\begin{aligned}
a(x) \cdot c(x) &= \sum_{l=0}^{m} a_l \cdot x^l c(x) \\
&= \sum_{l=0}^{m} a_l \cdot \left(\underbrace{c_0 x^l + c_1 x^{l+1} + \cdots + c_{n-l-1}x^{n-1}}_{A(x)} + \underbrace{c_{n-l}x^n + c_{n-l+1}x^{n+1} + \cdots + c_{n-1}x^{n-1+l}}_{B(x)} \right) \\
&= \sum_{l=0}^{m} a_l \cdot \left(\underbrace{c^{(l)}(x)}_{A(x)+D(x)} + D_l(x) \cdot (x^n + 1) \right) \\
&= \sum_{l=0}^{m} a_l \cdot c^{(l)}(x) + (x^n + 1)\left(\sum_{l=0}^{m} a_l \cdot D_l(x) \right)
\end{aligned} \tag{5.3.12}$$

위 식의 마지막 줄을 보면 첫 번째 항에서 $c^{(l)}(x) \in C$이므로 선형성에 의해 첫 번째 항의 합은 역시 C의 부호어이다. 또한, 두 번째 항은 $(x^n + 1)$을 공통 인수(factor)로 갖기 때문에 결국, $a(x)c(x)$를 $(x^n + 1)$로 나눈 나머지는 C의 부호어가 된다.

이제, 순회 부호의 생성 다항식의 정의와 특성에 대해 알아보자. 생성 다항식의 정의는 다음과 같다.

생성 다항식의 정의 : (n, k) 순회 부호 C의 0 부호어를 제외한 부호어 중 가장 작은 차수를 갖는 부호어를 생성자(generator) 혹은 생성 다항식이라 한다.

이제 C의 생성 다항식을 $g(x)$라 하면 이의 몇 가지 특성은 다음과 같다.

특성 1: $g(x)$는 유일하다.

특성 2: $g(x) = x^r + g_{r-1}x^{r-1} + \cdots + g_1x + g_0$라 놓으면 g_0는 1이어야 한다.

특성 3: 다항식 $v(x)$의 차수가 $(n-1)$보다 작거나 같다고 하자. $v(x)$가 임의의 다항식 $a(x)$에 대해 $v(x) = a(x)g(x)$로 표현된다면 $v(x)$는 부호어이며 그 역도 성립한다.

특성 4: $g(x)$가 (n, k) 순회 부호를 생성하려면 $g(x)$의 차수는 $(n-k)$이어야 한다.

특성 5: $g(x)$는 $x^n + 1$의 인자이다(즉, $x^n + 1$를 $g(x)$로 나누면 나머지는 0이다).

특성 6: $g(x)$의 차수가 $(n-k)$이고 $g(x)$가 $x^n + 1$의 인자(factor)이면 $g(x)$는 (n, k) 순회 부호를 생성한다.

이들 특성의 증명은 다음과 같다.

특성 1의 증명 순회 부호 C의 생성 다항식이 2개 이상이라고 가정하고 $g'(x)$를 또 다른 최소 차수의 0이 아닌 부호어라 하면, 선형 부호의 특성에 의해 $g(x) + g'(x)$가 0이 아닌 또 다른 부호어이어야 하나 $\deg[g(x) + g'(x)] < \deg[g(x)]$가 되므로 정의에 위배된다. 따라서 최소 차수의 0이 아닌 부호어는 유일하다.

특성 2의 증명 $g(x) = x^r + g_{r-1}x^{r-1} + \cdots + g_1x + g_0$라 놓고 여기서 g_0가 0이라고 가정해 보자. 순회 부호의 특성에 의해 $g(x)$를 우측으로 한 자리 순회 천이시킨 $g^{(1)}(x)$도 여전히 부호어이어야 하나 $\deg[g^{(1)}(x)] = r-1 < \deg[g(x)]$이 되어 생성 다항식의 정의에 위배되므로 g_0는 1이어야 한다.

특성 3의 증명 다항식 $c(x)$의 차수가 $(n-1)$보다 작거나 같고 임의의 다항식 $w(x)$에 대해 $c(x) = w(x) \cdot g(x)$로 표현된다고 하자. 그러면

$$c(x) = w(x) \cdot g(x) = \sum_{l=0}^{m} w_l \cdot x^l g(x) \tag{5.3.13}$$

이며 $x^l g(x)$는 생성 다항식의 순회 천이이므로 부호어이다. 따라서 식 (5.3.13)은 부호어

들의 선형 결합이므로 $c(x)$는 부호어이다. 이제 역(converse) 역시 성립함을 보이기 위해 $c(x)$는 $g(x)$의 배수가 아니라고 가정해 보자. 그러면,

$$c(x) = w(x) \cdot g(x) + v(x) \tag{5.3.14}$$

의 형태가 되며, 여기서 $w(x)g(x)$는 C의 부호어이며 $v(x)$는 0이 아니고 $\deg[v(x)] < r$이다. 그러나 $c(x)$가 C의 부호어이려면 $v(x)$가 C의 부호어이어야 하나 $g(x)$가 0이 아닌 최소 차수의 부호어이므로 $c(x)$는 C의 부호어가 될 수 없다.

특성 4의 증명 특성 3으로부터 C의 부호어의 개수는 2^{n-r}이다. 따라서 생성 다항식 $g(x)$가 (n, k) 순회 부호를 생성하려면 $g(x)$의 차수 $r = n-k$이어야 한다.

특성 5의 증명 특성 4로부터 $g(x) = x^{n-k} + g_{n-k-1}x^{n-k-1} + \cdots + g_1 x + g_0$로 놓으면

$$x^k g(x) = (x^n + 1) + g^{(k)}(x) \tag{5.3.15}$$

를 얻는다. 순회 부호의 특성으로부터 차수가 k보다 작거나 같은 다항식 $a(x)$에 대해 $g^{(k)}(x) = a(x)g(x)$이므로 이를 식 (5.3.15)에 대입하면

$$(x^n + 1) = (x^k + a(x)) \cdot g(x) \tag{5.3.16}$$

를 얻으며 $g(x)$가 $x^n + 1$을 나누는 것을 알 수 있다.

특성 6의 증명 차수가 n보다 작은 k개의 다항식

$$V = \{g(x),\ x \cdot g(x),\ x^2 \cdot g(x), \ldots\ldots,\ x^{k-1} \cdot g(x)\} \tag{5.3.17}$$

를 고려해 보자. 또한, 이들의 선형 결합으로 주어지는 다항식 $c(x)$를 다음과 같이 나타내 보자.

$$c(x) = (w_0 + w_1 x + w_2 x^2 + \ldots\ldots + w_{k-1} x^{k-1}) \cdot g(x) \tag{5.3.18}$$

$c(x)$는 차수가 n보다 작거나 같고 $g(x)$의 배수이므로 (특성 3에 의해) $c(x)$는 부호어이다. 식 (5.3.17)은 임의의 벡터 $[w_0, w_1, w_2, \cdots, w_{k-1}]$에 대해 성립하므로 총 2^k개 부호어가 존재하며 이는 (n, k) 선형 부호를 구성한다. 즉, 식 (5.3.17)로 주어지는 기저의 생성 공간으로 표현되는 선형 부호를 구성한다. 이제, 식 (5.3.18)로 표현되는 다항식들이 순회 부호의 특성 역시 만족함을 보이기 위해 $v(x)$의 임의의 순회 천이가 부호어임을 보인다. 우선, 식(5.3.18)을 다음과 같이 나타내보자.

$$c(x) = c_0 + c_1 x + c_2 x^2 + \ldots\ldots + c_{n-1} x^{n-1} = w(x) \cdot g(x) \tag{5.3.19}$$

그러면

$$x \cdot c(x) = c_{n-1}(x^n + 1) + c^{(1)}(x) \tag{5.3.20}$$

를 얻는다. 여기서, $c^{(1)}(x)$는 $c(x)$을 좌측으로 1자리 순회 천이한 다항식이다. 한편, $c(x)$와 $x^n + 1$는 $g(x)$로 나누어지므로 $c^{(1)}(x)$ 역시 $g(x)$로 나누어짐을 알 수 있으며 이를 반복적으로 적용해 보면 $c(x)$의 임의의 순회 천이는 $g(x)$의 배수이며 따라서 특성 3에 의해 이들은 부호어이며 결국 식 (5.3.18)로 표현되는 2^k개 부호어는 (n, k) 순회 부호를 구성함이 증명된다.

위의 특성 중 마지막 특성은 순회 부호를 생성하기 위한 생성 다항식과 부호율에 제약이 있음을 의미한다. 즉, 길이 n인 순회 부호를 구성하려면 $x^n + 1$을 인수 분해하여 얻어진 인수 혹은 그들의 곱으로 주어지는 다항식을 사용해야 하여 r차의 인수를 생성 다항식으로 사용하면 $(n, n-r)$ 순회 부호를 구성할 수 있다. 예를 들어 길이 7인 순회 부호를 구성하기 위해 이를 인수 분해하면 다음을 얻는다.

$$x^7 + 1 = (x+1)(x^3 + x^2 + 1)(x^3 + x + 1) \tag{5.3.21}$$

여기서, $x^3 + x + 1$를 생성 다항식으로 사용하면 앞 절에서 다룬 (7, 4) 해밍 부호가 얻어지며 $x + 1$를 사용하면 (7,6) 패리티 검사 부호를 얻는다.

[예제 5.3.5]

$x^5 + 1$을 인수 분해하여 길이 5인 순회 부호를 모두 찾아 보아라.

이제 패리티 검사 다항식과 5.2.2절에서 배운 선형 블록 부호와의 관계를 좀 더 알아보자. 특성 5로부터 길이 n인 순회 부호의 생성 다항식 $g(x)$은 다음을 만족한다.

$$g(x) \cdot h(x) = x^n + 1 \tag{5.3.22}$$

여기서, $h(x)$는 k차의 다항식으로 패리티 검사 다항식(Parity check polynomial)이라 하는데, 이를 이용한 수신 워드 $v(x)$에 대한 패리티 검사는

$$s(x) = \text{Rem}\left(\frac{v(x) \cdot h(x)}{x^n + 1}\right) \tag{5.3.23}$$

이며 식 (5.3.9)의 신드롬 계산과 동일하다.

[예제 5.3.6]

x^3+x+1를 생성 다항식으로 사용하는 (7, 4) 해밍 부호의 패리티 검사 다항식은 무엇인가?

[예제 5.3.7]

(7, 6) 패리티 검사 부호의 패리티 검사 다항식은 무엇인가?

순회 부호의 특징 5에 대한 증명에서 식 (5.3.18)을 보면 순회 부호의 부호어를 다음과 같이 생성할 수 있었다.

$$c(x)=(w_0+w_1x+w_2x^2+.....+w_{k-1}x^{k-1})\cdot g(x) \tag{5.3.24}$$

이는 기저 $\{g(x),\ x\cdot g(x),\ x^2\cdot g(x),\ \cdots,\ x^{k-1}\cdot g(x)\}$들의 선형 결합으로 상응한 행렬 연산으로 표기할 수 있는데, (7, 4) 해밍 부호의 예를 이용하여 설명해 보자. (7, 4) 해밍 부호의 생성 다항식은 $g(x)=g_3x^3+g_2x^2+g_1x^1+1$으로 쓸 수 있으며 식 (5.3.24)에 의한 부호어의 생성은 다음과 같이 쓸 수 있다.

$$\mathbf{G}=\begin{bmatrix} g_3 & g_2 & g_1 & g_0 & 0 & 0 & 0 \\ 0 & g_3 & g_2 & g_1 & g_0 & 0 & 0 \\ 0 & 0 & g_3 & g_2 & g_1 & g_0 & 0 \\ 0 & 0 & 0 & g_3 & g_2 & g_1 & g_0 \end{bmatrix} \tag{5.3.25}$$

여기서, **G**의 각 행은 기저 $x^lg(x)$에 해당한다. 위의 생성 행렬은 물론 직접 부호화 방식에 해당하며 시스터매틱 부호화를 위해서는 기본 행 연산을 통해 식 (5.2.11)의 형태 $\mathbf{G'}=[\,\mathbf{I}_{k\times k}\,|\,\mathbf{P}\,]$로 나타내야 한다.

생성 행렬과 마찬가지로 패리티 검사 행렬 역시 패리티 검사 다항식 $h(x)=h_4x^4+h_3x^3+h_2x^2+h_1x+1$를 이용하여 다음과 같이 나타낼 수 있다.

$$\mathbf{H}=\begin{bmatrix} h_0 & h_1 & h_2 & h_3 & h_4 & 0 & 0 \\ 0 & h_0 & h_1 & h_2 & h_3 & h_4 & 0 \\ 0 & 0 & h_0 & h_1 & h_2 & h_3 & h_4 \end{bmatrix} \tag{5.3.26}$$

여기서, **H**는 $\mathbf{G}\cdot\mathbf{H}^{\mathrm{T}}-\mathbf{0}$를 민족하며 이 역시 기본 행 연산을 통해 $\mathbf{H'}=[\,\mathbf{P}^T\,|\,\mathbf{I}_{(n-k)\times(n-k)}\,]$의 형태로 바꿀 수 있으며 모두 상기의 해밍 부호에 대한 패리티 검사 행렬로 사용할 수 있다.

[예제 5.3.8]

생성 다항식이 x^3+x+1인 (7, 4) 해밍 부호에 대해 직접 부호화에 대한 생성 행렬은 다음과 같다.

$$\mathbf{G}=\begin{bmatrix}1&0&1&1&0&0&0\\0&1&0&1&1&0&0\\0&0&1&0&1&1&0\\0&0&0&1&0&1&1\end{bmatrix}$$

가우스 소거법을 사용하여 시스터매틱 부호를 생성하기 위한 생성 행렬을 구하라.

5.4 콘볼루션 부호

본 절에서는 상용 무선/이동통신 시스템에서 광범위하게 사용되고 있는 콘볼루션 부호에 대해 설명한다. **콘볼루션 부호**(Convolutional code)는 부호화 과정이나 복호화 과정이 선형 블록 부호나 순회 부호와는 완전히 다른 방식으로 명칭이 의미하는 바와 같이 콘볼루션 연산을 통해 패리티를 생성하고 트렐리스 탐색을 통해 낮은 복잡도로 최대 우도 복호를 수행할 수 있다.

5.4.1 콘볼루션 부호의 기술(description)

콘볼루션 부호의 부호화는 정보 수열을 **생성자**(generator)라고 하는 유한 길이의 수열과 콘볼루션을 수행하여 이루어지는데, 그림 5.4.1에 부호화기의 몇 가지 예를 나타내었다. 그림에서 부호화기의 입력 x_l은 l번째 정보 비트를 나타내며 출력 $\{c_l^{(1)}, c_l^{(2)}, \cdots, c_l^{(n)}\}$은 x_l에 상응한 부호어의 프래그먼트(조각)를 나타낸다.

콘볼루션 부호의 표기도 선형 블록 부호와 유사하게 '(n, k) 콘볼루션 부호'라는 표기를 사용하는데, 여기서의 k는 한 번에 입력되는 정보 비트의 수이며 n은 입력된 정보 비트에 대응하여 출력되는 부호 비트의 수로 **부호율** r은 블록 부호에서와 마찬가지로 $r=k/n$이다. 그림 5.4.1의 예는 모두 한 번에 1비트의 정보가 입력되며 이에 대한 출력 부호 비트 수는 (a), (b)의 경우 2이며 (c)의 경우 3이다. 본 과정에서는 편의상 입력 비트 수 1인 경우(즉, $(n, 1)$ 콘볼루션 부호)만을 고려할 것이다.

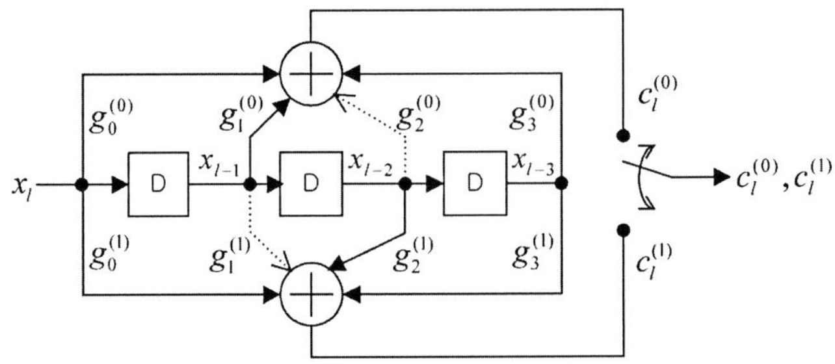

(a) (2,1) 콘볼루션 부호화기 - 메모리 길이 3, 일반형

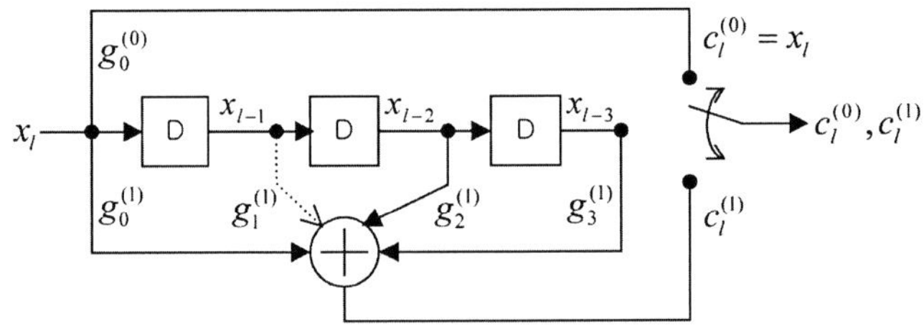

(b) (2,1) 콘볼루션 부호화기 – 메모리 길이 3, 시스터매틱 부호화

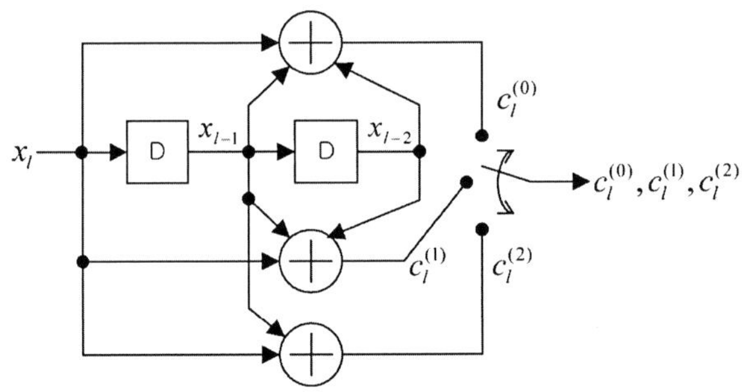

(c) (3,1) 콘볼루션 부호화기 - 메모리 길이 2, 일반형

그림 5.4.1 콘볼루션 부호 부호화기의 세 가지 예

이제 콘볼루션 부호에 대해 좀 더 구체적인 내용을 알아보자. 부호율 $1/n$인 $(n, 1)$ 콘볼루션 부호를 가정하고 그림에 도시한 데로 l번째 정보 비트를 x_l이라 하고 이에 상응한 n개 출력 비트를 각각 $c_l^{(1)}$, $c_l^{(2)}$,$\cdots$, $c_l^{(n)}$이라 하자. j번째 출력 비트는 다음과 같이 입력 비트와 생성자 수열의 콘볼루션으로 주어진다.

$$c_l^{(j)} = \sum_{m=0}^{M} g_m^{(j)} \cdot x_{l-m} \tag{5.4.1}$$

여기서, 각 파라미터 및 변수의 정의는 다음과 같다.

(1) **메모리 길이** M: 정수 M은 **메모리 길이**(memory length)라고 하는 콘볼루션 부호의 주요 파라미터 중 하나로 부호화기의 각 정보 비트 입력 경로를 따라 연결된 메모리 요소의 개수를 의미한다. 그림 5.4.1의 예시에서 'D'로 표기된 박스는 1비트를 저장하는 메모리 요소이며 (a), (b) 및 (c)의 각 부호화기의 메모리 길이는 각각 2, 2 및 3이다. 종종 메모리 길이 대신 구속장 혹은 **구속 길이**(constraint length)를 사용하기도 하는데, 이는 메모리 길이에 1을 더한 수이다.

(2) **생성자** $g_m^{(j)}$: $g_m^{(j)}$는 부호 비트 $c_l(n)$을 생성하는 데 사용되는 생성자로 길이 $M+1$인 2진 수열이며 다음과 같은 2진 다항식으로 나다낼 수 있다.

$$g^{(j)}(x) = g_M^{(j)} x^M + g_{M-1}^{(j)} x^{M-1} + \cdots + g_1^{(j)} x^1 + g_0^{(j)} \tag{5.4.2}$$

이러한 생성자는 통상 8진수로 표기하는데, 예를 들어, 그림 5.4.1(a)의 콘볼루션 부호의 경우 두 부호 비트에 대한 생성자는 2진수로 각각 $(1101)_2$와 $(1011)_2$이나 8진수를 이용하면 15와 13이 되며 이를 묶어 "**생성자 다항식**(generator polynomial)은 (15, 13)이다"라고 한다.

(3) **부호화기의 상태** $\{x_{l-M}, \cdots, x_{l-2}, x_{l-1}\}$: 부호화기의 메모리에 저장된 과거 입력 비트 $\{x_{l-M}, \cdots, x_{l-2}, x_{l-1}\}$을 부호화기의 상태(state)라고 하는데 비트 입력이 들어오면 부호화기의 상태는 그에 따라 또 다른 상태로 천이(transition)한다. 여기서는 편의상 상태를 10진수로 환산하여 나타내는데 예를 들어 상태 (1011)은 s_{11}로 표기한다.

(4) 생성된 부호열은 각 정보 비트 입력에 대한 부호어 프래그먼트를 나열하여 다음과 같이 1차원 벡터로 표기하는 것이 일반적이다.

$$\mathbf{c} = [c_0^{(0)}, c_0^{(1)}, \ldots, c_0^{(n-1)}, c_1^{(0)}, c_1^{(1)}, \ldots, c_1^{(n-1)}, \cdots, c_{L-1}^{(0)}, c_{L-1}^{(1)}, \ldots, c_{L-1}^{(n-1)}]$$

콘볼루션 부호는 입력에 따라 부호화기의 상태가 바뀌는데, 이러한 입력에 따른 상태 천이를 표현하기 위한 수단으로 **상태 천이도**(state transition diagram) 또는 **트렐리스도**(trellis diagram)를 사용한다. 상태 천이도는 상태 천이표(state transition table)로부터 얻어지는데 그림 5.4.1(a)의 부호화기에 대한 상태 천이표를 표 5.4.1에 나타내었으며 이를 기초로 상태 천이도를 그려보면 그림 5.4.2와 같다. 그림 5.4.2의 상태 천이도에서 원은 각 상태를 나타내며 상태와 상태를 연결하는 화살표는 상태 천이를 나타낸다. 각 화살표(상태 천이)에 마크된 값은 입력/출력 쌍을 나타낸다. 예를 들어 상태 s_3에서 s_2로의 천이는 0/001로 마크되어 있는

표 5.4.1 그림 5.4.1(c)의 부호화기에 대한 상태 천이표

이전 상태 (s^-) $s^- = \{x_{l-2}, x_{l-1}\}$	입력(x_l)	다음상태(s^+) $s^+ = \{x_{l-1}, x_l\}$	출력 ($c_l^{(1)}, c_l^{(2)}, c_l^{(3)}$)
00 (s_0)	0	00 (s_0)	000
	1	01 (s_1)	111
01 (s_1)	0	10 (s_2)	111
	1	11 (s_3)	000
10 (s_2)	0	00 (s_0)	110
	1	01 (s_1)	001
11 (s_3)	0	10 (s_2)	001
	1	11 (s_3)	110

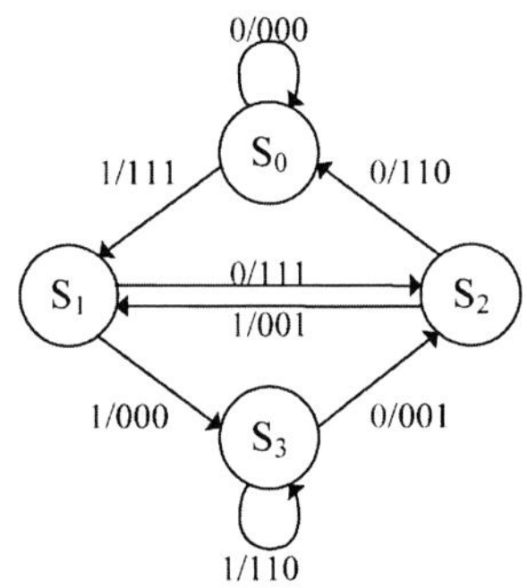

그림 5.4.2 그림 5.4.1(c)의 부호화기에 대한 상태 천이도

데, 이는 이전 상태 s_3에서 입력이 '0'이 들어오면 출력은 '001'이고 다음 상태는 s_2가 됨을 나타낸다.

한편, 콘볼루션 부호에서 상태 천이도보다 더 많이 사용되는 것은 트렐리스도이다. 상태 천이도에는 시간의 정보(이산 입력 시점에 대한 정보)가 나타나지 않는 반면 트렐리스도는 시간의 정보가 포함되는데 그림 5.4.3은 그림 5.4.1(c)의 부호화기에 대한 트렐리스도를 나타낸다. 그림 5.4.3에서 각 **노드**(node)는 입력을 전후한 시점에서의 상태를 나타내며 각 **가지**(branch)는 특정 비트 입력 시점에서의 상태 천이를 나타낸다. 그림 5.4.3의 트렐리스도 전체는 **초기 상태**와 함께 6비트의 정보 비트가 입력될 경우 나타날 수 있는 모든 가능한 상태 천이를 보여주며 그림에서 굵은 점선으로 표기된 것은 초기 상태 s_0에서 시작하여 '110000'의 입력이 들어갔을 때의 상태 천이를 나타내는데, 이러한 특정 입력 열에 대한 전체 상태

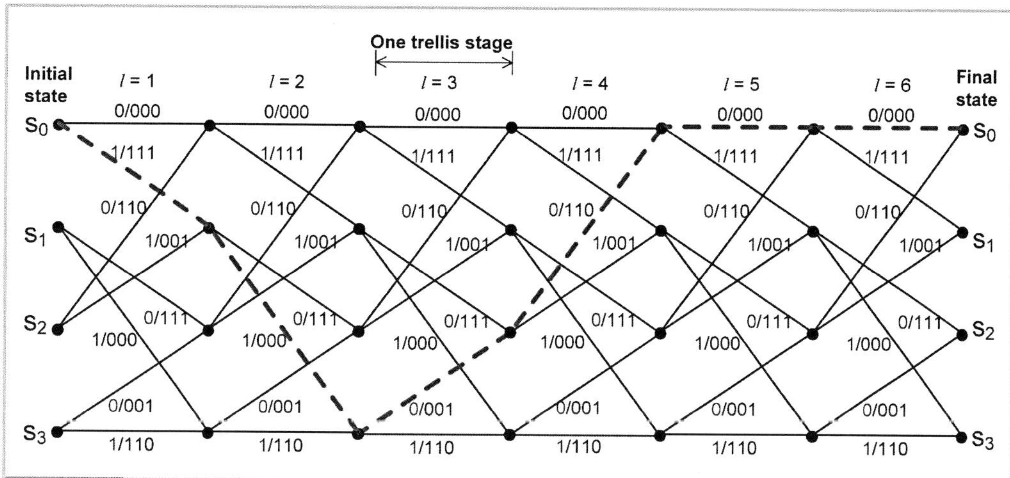

그림 5.4.3 그림 5.4.1(c)의 콘볼루션 부호화기에 6개의 정보 비트를 입력한 경우에 대한 트렐리스도

천이를 경로(path)라고 한다.

[예제 5.4.1]

그림 5.4.3의 트렐리스도에서 6비트 입력에 대한 트렐리스도 상의 경로는 총 몇 개가 존재하는가? 답하고 설명하라.

답 256개

[예제 5.4.2]

그림 5.4.3의 트렐리스도에서 초기 상태가 s_0였다고 가정하고 '010110'의 입력이 들어갔다. 다음에 답하라.

(1) 위 입력에 대한 경로를 트렐리스도 상에 표기하라.
(2) 그에 상응한 출력은 어떻게 나오는가?
(3) 마지막 비트의 입력 후 최종 상태는 무엇인가? (굳이 트렐리스 경로를 확인하지 않아도 됨)

[예제 5.4.3]

그림 5.4.3의 트렐리스도에서 특정 상태에서 시작하여 특정 상태로 끝나는 경로는 총 몇 개인가? 예를 들면 초기 상태가 s_0에서 시작하여 최종 상태 s_0에서 끝나는 경로는 총 몇 개인가? 답하고 왜 그런지 설명해 보아라.

답 16개

앞의 예제로부터 알 수 있듯이 초기상태가 정해지면 각 입력 비트 열에 대한 경로는 유일하게 결정이 되며 그에 상응한 출력 비트 열 역시 유일하게 결정이 된다. 일반적으로 초기상태는 0상태에서 시작하며 입력 비트 열은 정보어가 되고 출력 비트 열은 부호어가 된다. 다만 블록 부호와는 다르게 정보어의 길이나 부호어의 길이는 고정된 값이 아니며 전송 슬롯에 맞게 적당히 가변시킬 수 있는 점은 블록 부호에 비해 장점으로 볼 수 있다.

예제 5.4.4

다음의 콘볼루션 부호기에 대해 물음에 답하라.

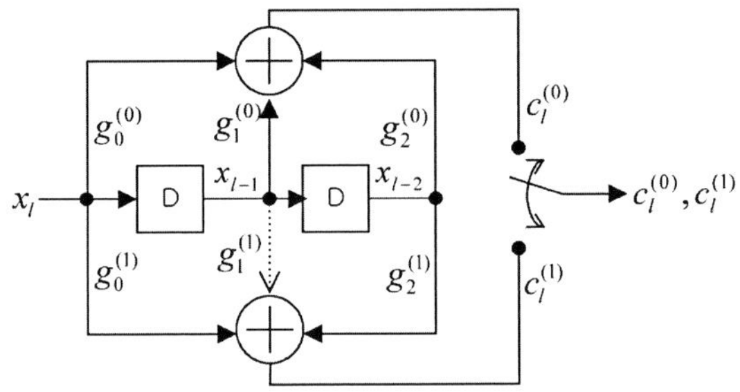

(1) 상태 천이표를 그리고 상태 천이도를 그려라.

(2) $L=4$에 해당하는 트렐리스도를 그려라.

5.4.2 콘볼루션 부호의 블록 처리

콘볼루션 부호의 경우 출력이 입력 수열과 생성자의 연속적인 콘볼루션으로 주어지기 때문에 굳이 블록 단위의 처리가 필요하지 않으며 패킷 통신보다는 방송 혹은 이동 전화 서비스와 같은 스트리밍 서비스에 주로 사용되었다. 물론, 블록 단위의 처리를 하지 않아도 되는 것이 스트리밍 서비스에 주로 사용되었던 이유는 아니며 뒤에서 콘볼루션 부호의 복호와 응용에 대해 기술하겠지만 콘볼루션 부호를 스트리밍 서비스에 적용한다 하더라도 블록 단위로 끊어서 처리하는 것이 일반적이다. 한편, 블록 단위의 부호화를 수행할 때 주의해야 할 점은 오류 정정 성능의 보장을 위해서는 초기 상태와 최종 상태를 적당히 고정 시킬 필요가 있으며 (이유는 뒤에서 다룰 것이다) 처리 방법은 다음과 같은 2가지 방법으로 나누어진다.

(1) Trellis Termination with tail bits(테일 비트를 이용한 트렐리스 종료)

(2) Tail-biting(꼬리 물기)

(1)의 테일 비트(tail bits)를 이용한 트렐리스 종료 방법은 초기 상태와 최종 상태를 동일

한 상태로(예를 들면 0상태로) 만들기 위해 (혹은 같은 상태는 아니더라도 초기 상태와 최종 상태를 특정한 상태로 고정시키기 위해) 정보 비트 블록의 종단에 메모리 길이에 해당하는 테일 비트를 추가하는 것이다. 대개의 경우 메모리 길이만큼의 0을 정보어 후미에 추가하여 최종 상태를 0으로 강제하는데, 그림 5.4.4에 그 예를 나타내었다. 그림 5.4.4는 그림 5.4.1(c)의 콘볼루션 부호화기에 대해 초기 상태는 0으로 놓고 4비트의 정보 비트 후미에 2비트의 테일 비트('00')를 추가하여 최종 상태 역시 0상태로 강제한 경우의 트렐리스도를 나타낸다. 이러한 테일 비트의 효과를 알아보기 위해 테일 비트를 사용하지 않고 4비트의 정보 비트만으로 트렐리스를 종료한 경우와 비교해 보자. 이에 대한 트렐리스도는 그림 5.4.5에 나타내었다.

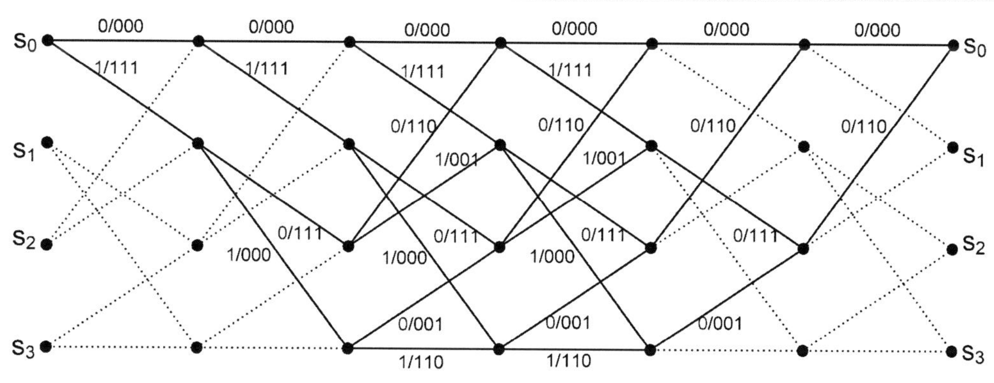

그림 5.4.4 그림 5.4.1(c)의 콘볼루션 부호화기에 4비트의 정보 비트와 2비트의 테일 비트(00)를 입력한 경우에 대한 트렐리스도

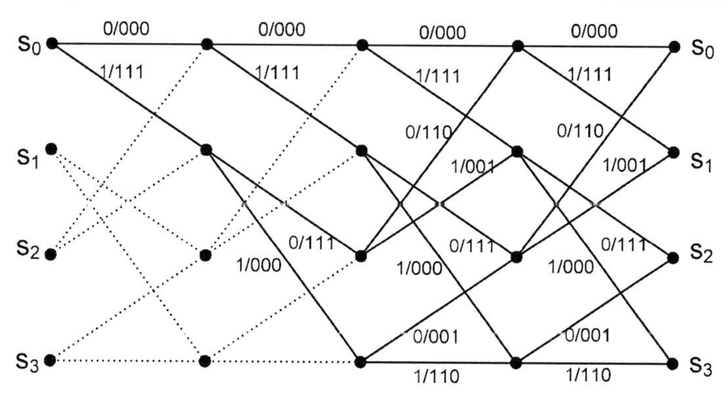

그림 5.4.5 그림 5.4.1(c)의 콘볼루션 부호화기에 4비트의 정보 비트만을 입력한 (테일 비트를 사용하지 않은) 경우에 대한 트렐리스도

[예제 5.4.5]

그림 5.4.4의 트렐리스도를 이용하여 다음에 답하라.

(1) 4비트 정보어에 상응한 부호어의 길이는 몇 비트인가? 답 18

(2) 4비트 정보어에 상응한 부호어 집합의 최소 해밍 거리를 구하라(힌트: 콘볼루션 부호는 선형 부호이며 따라서 0부호어를 제외한 부호어 중 해밍 웨이트가 가장 작은 부호어를 찾아보면 됨). 답 6

[예제 5.4.6]

이제 그림 5.4.5의 트렐리스도를 이용하여 다음 물음에 답하라.

(1) 테일 비트를 사용하지 않은 경우 4비트 정보어에 상응한 부호어의 길이는 몇 비트인가? 답 12

(2) 테일 비트를 사용하지 않은 경우 4비트 정보어에 상응한 부호어 집합의 최소 해밍 거리를 구하라. 답 3

(3) 확률적으로 어떤 경우에 오류 정정이 제대로 이루어지지 않는지 논의해 보아라.

위의 두 예제로부터 알 수 있듯이 테일 비트의 사용은 블록 단위의 처리에서 부호어 간 최소 해밍 거리를 최대화하기 위해 필수적으로 적용되어야 함을 알 수 있다. 한편, 이러한 테일 비트의 추가는 사실상의 부호율 감소를 가져오는데, 테일 비트를 사용하지 않을 경우의 (n, 1) 콘볼루션 부호의 명목상 부호율(nominal code rate)은 $1/n$이나 메모리 길이만큼의 테일 비트를 사용한다면 실질적인 부호율은 다음과 같다.

$$r = \frac{L}{(L+M)\cdot n} < \frac{1}{n} \tag{5.4.3}$$

여기서, M은 메모리 길이(즉, 테일 비트의 수)이고 L은 한 블록에 포함된 정보 비트의 수이다. 따라서 블록의 길이 L이 메모리 길이 M보다 훨씬 길다면 테일 비트에 의한 부호율의 감소는 거의 무시할 수 있다.

(2)의 꼬리 물기 방법은 테일 비트의 사용에 따른 부호율의 감소를 해결하기 위한 대안으로 제안되었으며 여기서는 최종 상태를 강제하는 것이 아니라 아예 초기 상태를 최종 상태에 맞춰 시작하는 것이다. 즉, 정보어 후미의 메모리 길이만큼의 비트를 부호화기의 초기 상태 값으로 설정한 후 부호화를 수행하여 초기 상태와 최종 상태를 같은 값으로 맞추는 것으로 "꼬리 물기"란 초기 상태가 최종 상태와 연결되어 있음을 의미한다. 물론, 이 경우 송신

단에서 초기 상태가 무엇인지 수신단에 알려주지 않으면 초기 및 최종 상태에 대한 불확실성이 존재한다. 그러나 굳이 초기 및 최종 상태를 모르더라도 두 상태가 같다는 정보만 있다면 약간의 추가적인 연산으로 성능상의 열화 없이 복호가 가능하다.

5.4.3 콘볼루션 부호의 복호 – Viterbi 복호 알고리즘

콘볼루션 부호의 복호는 Viterbi 복호 알고리즘을 사용하는데, Viterbi 복호 알고리즘은 기본적으로 최대 우도 복호이나 트렐리스 구조를 이용하여 복잡도는 정보 비트의 길이에 따라 선형적으로 증가한다. 다만, 메모리 길이에 따라서는 지수적으로 증가하므로 부호 설계 시 복잡도를 고려하여 적절한 메모리 길이의 설정이 필요하다. Viterbi 복호 알고리즘이 동작하는 방식은 수신 비트 열을 트렐리스를 따라 나올 수 있는 모든 가능한 경로에 대한 출력과의 해밍 거리 혹은 **연판정**(soft decision) 값을 사용할 경우 유클리드 거리를 계산하여 가장 작은 거리를 갖는 최선의 경로(best path)를 찾는다. 이러한 Viterbi 복호 알고리즘은 순방향 회귀 연산(forward recursion) 및 역 추적(trace back)의 두 가지 연산 단계로 구성되는데, 구체적인 동작은 다음과 같다.

우선, s와 s'을 각각 상태를 나타내는 변수라 하자. 또한, (s', s)를 이전 상태 s'에서 다음 상태 s로 천이하는 가지(branch)를 나타낸다고 하고 다음을 정의한다.

(1) $\mathbf{c}(s', s)$: 가지 (s', s)에 상응한 부호어 프래그먼트

(2) $\mathbf{r}_k$: k번째 트렐리스 스테이지에 대한 수신 워드 프래그먼트(즉, k번째 정보 비트 입력 x_k에 대한 출력 열 $\{c_k^{(1)}, c_k^{(2)}, \cdots, c_k^{(n)}\}$의 수신된 값) $k = 1, 2, \cdots, L$.

===

알고리즘 시작

초기화: **누적 경로 거리**(path metric) $P(s)$를 초기화 한다.

$$P(s) = \begin{cases} 0 & \text{for } s = 0 \\ \infty & \text{for } s \neq 0 \end{cases} \tag{5.4.4}$$

순방향 회귀 연산(Forward recursion):

For $k = 1 : 1 : L$

모든 가지 (s', s)에 대해 **가지 메트릭**(branch metric) $b_k(s', s)$ 계산

$$b_k(s', s) = d_H(\mathbf{r}_k, \mathbf{c}(s', s)) \tag{5.4.5}$$

생존 경로(survivor path)의 저장 및 누적 경로 거리 갱신

$$t_k(s) = \arg\min_{s' \in N^-(s)} \left(P(s') + b_k(s', s)\right) \qquad (5.4.6)$$

$$P(s) = \min_{s' \in N^-(s)} \left(P(s') + b_b(s', s)\right) \qquad (5.4.7)$$

여기서, $N^-(s)$는 상태 노드 s에 연결된 이전 상태 노드들의 집합

End

생존 경로의 역 추적(Trace back) :

$$S_L^* = 0 \qquad (5.4.8)$$

For $k = L : -1 : 1$

$$S_{k-1}^* = t_k(s) \qquad (5.4.9)$$

End

수신 신호와 최소 거리를 갖는 경로 = $[S_0^* .S_1^* .,....,S_L^*]$ (5.4.10)

$[S_0^* .S_1^* .,....,S_L^*]$에 상응한 정보(혹은 부호) 비트 열을 출력함

알고리즘 종료

==

다음은 상기 알고리즘과 관련된 추가적인 설명이다.

(1) 위 알고리즘은 (테일 비트를 사용하여) 초기 상태와 최종 상태를 모두 0으로 만들었다는 가정 하에 구성되었다. 꼬리 물기 방식이 사용되었다면 가장 쉽게 생각할 수 있는 방법은 먼저, 식 (5.4.4)를

$$P(s) = 0 \ \ \forall s \qquad (5.4.11)$$

로 초기화하여 순방향 회귀 연산을 수행한 후 마지막 트렐리스 스테이지에 대한 누적 경로 거리를 이용하여 초기 상태와 최종 상태를 다음과 같이 결정한다.

$$S_0^* = S_L^* = \arg\min_{s' \in S} P(s) \qquad (5.4.12)$$

초기 상태와 최종 상태가 결정되면 식 (5.4.4)를

$$P(s) = \begin{cases} 0 & \text{for } s = S_0^* \\ \infty & \text{for } s \neq 0 \end{cases} \qquad (5.4.13)$$

로 초기화하여 다시 한 번 순방향 회귀 연산을 수행하고 S_L^*부터 역 추적을 수행한다.

물론, 두 번째 순방향 회귀 연산을 수행한 후 얻은 S_L^*가 첫 번째의 결과와 다를 수도 있으나 블록 길이가 (메모리 길이에 비해) 충분히 긴 경우 누적 경로 거리의 초깃값이 (블록의 끝까지 계산한 뒤의) 최종값에 미치는 영향은 거의 없다고 볼 수 있으므로 그런 결과가 얻어질 확률은 매우 낮다.

(2) 위에서 누적 경로 거리의 초깃값이 (블록의 끝까지 계산한 뒤의) 최종값에 미치는 영향은 거의 없다고 하였다. 이제 $P_k(s)$와 $P_{k+N}(s)$를 각각 k번째 및 $k+N$번째 트렐리스 스테이지에서의 누적 경로 거리라 하면 N이 어느 정도 이상이어야 $P_{k+N}(s)$이 $P_k(s)$의 영향을 받지 않게 될까? 이에 대한 명확한 답은 없으나 N이 대체로 콘볼루션 부호의 메모리 길이 M의 5배 이상이면 $P_{k+N}(s)$이 $P_k(s)$의 영향을 받지 않는다는 것이 실험적으로 검증되었다. 한편, 이러한 사실은 상술한 Viterbi 복호 알고리즘에서의 생존 경로 역 추적을 순방향 회귀 연산이 종료된 후에 진행하지 않고 역 추적 깊이(Trace back depth)라고 하는 일정 길이만큼만 진행된 상태에서 병렬로 수행해도 성능에 큰 문제는 없다는 것을 말한다.

예제 5.4.7

[Viterbi 복호의 연산] 다음과 같은 2진 대칭 채널을 통한 전송을 위해 콘볼루션 부호화기와 Viterbi 복호기로 구성된 송수신 시스템을 고려해 보자.

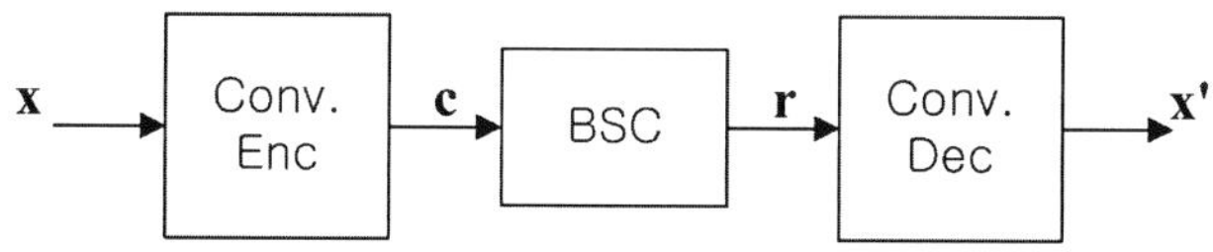

예제 5.4.7의 송수신단 구성

그림에서 콘볼루션 부호화기는 그림 5.4.1(c)의 메모리 길이 $M=2$, 부호율 1/3인 콘볼루션 부호기이며 2비트의 테일 비트를 사용하여 블록 전송을 한다. 즉, 이에 대한 트렐리스도는 그림 5.4.4와 같다. 벡터 $\mathbf{x}$는 길이 6비트인 2진 벡터이며 마지막 2비트는 00으로 구성된 테일 비트이다. $\mathbf{c}$는 $\mathbf{x}$에 상응한 부호어이며 $\mathbf{r}$은 $\mathbf{c}$를 2진 대칭 채널을 통해 전송한 후 수신된 워드이다. 정보어 $\mathbf{x}$가

$$\mathbf{x} = [110100]$$

라 하자(마지막 2비트는 테일 비트임). 그러면 부호어는

$$\mathbf{c} = [111,000,001,001,111,110]$$

이다. 이제 채널에서 4비트의 오류가 발생하여 다음과 같은 워드가 수신되었다고 하자.

$\mathbf{r} = [101, 100, 001, 011, 111, 010]$

Viterbi 복호를 이용하여 정보 신호를 복구하고 복구된 정보어 $\mathbf{x}'$을 제시하라. 답은 $\mathbf{x}' = \mathbf{x}$이나 Viterbi 복호 과정에 따른 연산을 자세히 보여라.

[풀이]

순방향 회귀 연산

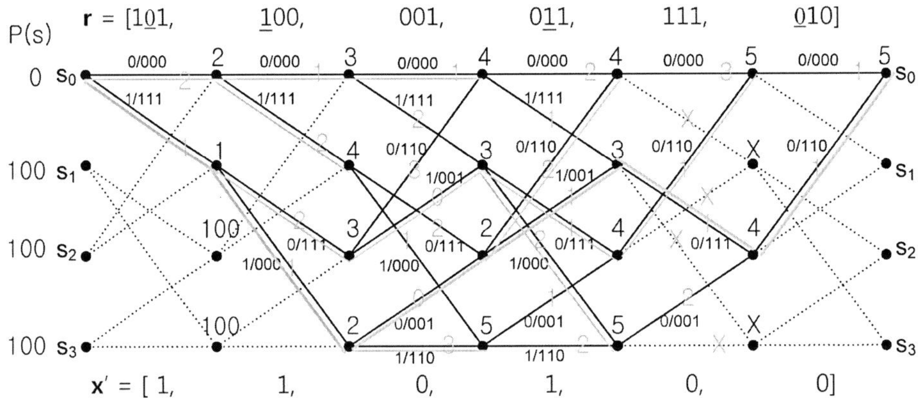

역 추적

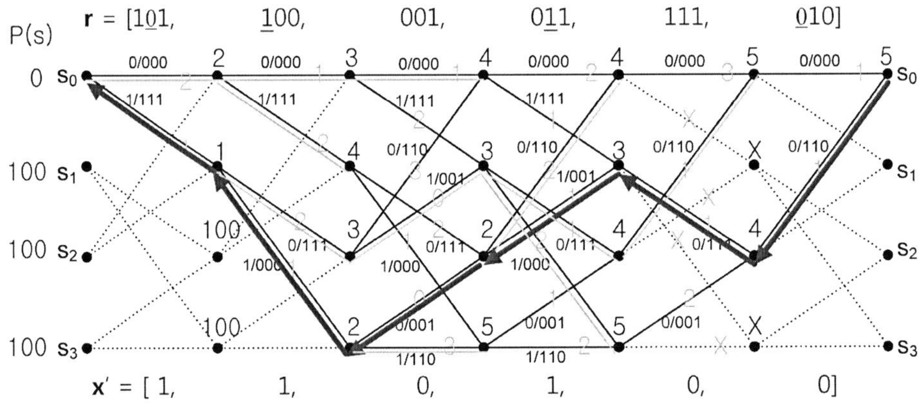

따라서 복구된 정보 비트는 $\mathbf{x}' = [110100] = \mathbf{x}$임.

상기 예제의 콘볼루션 부호는 최소 해밍 거리가 6인 부호이며(이는 다음 절에서 다룰 것이다) 만약 신드롬 복호를 사용할 수 있어서 이를 이용한다면 복구 가능한 오류의 개수는 2비트이다. 그러나 상기 예제의 결과를 보면 오류가 발생한 비트 수가 4개임에도 불구하고 정정이 가능하였는데, 이는 Viterbi 복호가 사실상 최대 우도 복호이며 수신 워드를 모든 가능한 부호어와 비교함으로써 얻을 수 있었던 결과이다.

[예제 5.4.8]

[연판정을 사용한 Viterbi 복호의 연산] 다음 그림과 같은 콘볼루션 부호와 BPSK 변조를 적용한 통신 시스템 모형을 가정해 보자.

그림에서 BPSK 변조는 입력되는 부호 비트 $c_j \in \{0,1\}$를 2진 심벌 $x_j\{+1, -1\}$로 매핑하며 BPSK 복조부에서는 각 수신 심벌 $y_j \in R$에 대해 경판정 혹은 연판정 값을 r_j를 생성하여 복호부에 넘긴다. 이제 다음과 같은 신호가 전송되었다고 가정하자.

$$\mathbf{w} = [0000]$$

$$\mathbf{c} = [000,000,000,000,000,000]$$

$$\mathbf{x} = [+1\ +1\ +1,\ +1\ +1\ +1,\ +1\ +1\ +1,\ +1\ +1\ +1,\ +1\ +1\ +1,\ +1\ +1\ +1\ ]$$

그리고 잡음의 영향으로 수신 신호는 다음과 같다고 가정하자.

$$\mathbf{y} = [\ 0.8,\ 0.6,\ 0.9,\ 1.0,\ 0.5,\ -0.6,\ 0.7,\ 1.1,\ 0.8,\ -0.3,\ -0.2,\ 0.7,\ -0.1,\ -0.2,\ 1.0,\ 0.7,\ 0.8,\ 0.9\ ]$$

다음의 각 경우에 대해 Viterbi 복호를 '손으로' 수행하여 복호기 출력 **w'**을 구하라.

(1) 경판정 BPSK 복조기를 사용하는 경우: 이 경우 복조기는 수신 신호 $y_j \in R$에 대해 다음과 같은 출력을 생성한다.

$$r_j = f(y_j) = \begin{cases} +1 & \text{if } q_j \geq 0 \\ -1 & \text{if } q_j < 0 \end{cases}$$

이에 따라, 경판정 출력은

$$\mathbf{r} = [\ +1\ +1\ +1,\ +1\ +1\ -1,\ +1\ +1\ +1,\ -1\ -1\ +1,\ -1\ -1\ +1,\ +1\ +1\ +1\ ]$$

이다.

(2) 3-레벨 양자화기를 사용하는 경우: 이 경우 복조기는 수신 신호 $y_j \in R$에 대해 다음과 같은 출력을 생성한다.

$$r_j = f(y_j) = \begin{cases} +1 & \text{if } q_j \geq 0.5 \\ 0 & \text{if } -0.5 \leq q_j < 0.5 \\ -1 & \text{if } q_j < -0.5 \end{cases}$$

이에 따라, 경판정 출력은

$$\mathbf{r} = [\ +1\ +1\ +1,\ +1\ +1\ -1,\ +1\ +1\ +1,\ 0\ 0\ +1,\ 0\ 0\ +1,\ +1\ +1\ +1\ ]$$

이다.

(3) 양자화를 하지 않은 경우: 이 경우 복조기 출력은 수신 신호 y_j와 같다($\mathbf{r}=\mathbf{y}$).

5.4.4 콘볼루션 부호의 자유 거리와 거리 스펙트럼

콘볼루션 부호의 성능 평가에서 1차적으로 고려되는 것은 자유 거리와 거리 스펙트럼이다. 콘볼루션 부호는 블록의 길이가 가변이며 사실상 정해진 길이의 부호어 집합은 존재하지 않기 때문에 최소 해밍 거리라는 용어보다는 **자유 거리**(free distance)라는 지표를 사용한다. 한편, 자유 거리 이외에 (콘볼루션 부호를 블록 처리하는 경우) **거리 스펙트럼**(distance spectrum)을 유도할 수 있으며 이를 통해 보다 정확한 오류율 성능의 평가가 가능한데, 거리 스펙트럼이란 각 부호어 쌍에 대한 거리가 어떻게 분포하는지를 나타낸다. 이러한 거리 스펙트럼은 콘볼루션 부호가 선형 부호라는 특징을 고려하면 0부호어를 제외한 모든 부호열의 해밍 웨이트의 분포와 동일하며 결국 트렐리스도에서 0부호어에 대한 경로를 제외한 나머지 경로들의 웨이트를 평가하여 얻어질 수 있다.

우선, (블록 처리를 가정하고) 정보어의 길이가 L이고 부호의 길이가 N인 콘볼루션 부호에 대해 **웨이트 열거 함수**(weight enumerating function, WEF)를 정의하자.

$$T(Z) = \sum_{d=d_{free}}^{N} K(d) Z^{d} \tag{5.4.14}$$

여기서, $T(Z)$는 Z의 다항식인데 변수인 Z 자체는 의미가 없으며 Z의 d차 항의 계수인 $K(d)$는 해밍 웨이트가 d인 부호열의 개수로 거리 스펙트럼을 나타낸다. 또한, d_{free}는 콘볼루션 부호의 자유 거리로 0부호어를 제외한 부호열 중 웨이트가 가장 작은 부호의 해밍 웨이트를 나타낸다. 이러한 웨이트 열거 함수의 다항식의 계수는 상태 천이도 혹은 트렐리스도를 이용한 다항식 연산을 통해 얻어지는데, 웨이트 분포 자체가 0부호어를 제외한 나머지 부호열들의 웨이트 분포이므로 정보어의 길이를 L이라 하면 다음의 조건이 만족된다.

$$T(1) = \sum_{d=d_{free}}^{N} K(d) = 2^{L} - 1 \tag{5.4.15}$$

여기서, $2^{L}-1$는 0부호어를 제외한 모든 부호열의 수이다.

한편, 웨이트 열거 함수와 유사하게 정의되는 **입력-출력 웨이트 열거 함수**(Input-Output

Weight enumerating function, IOWEF)는 다음과 같다.

$$T(W,Z)=\sum_{d=d_{free}}^{N}\sum_{w=1}^{L}K'(d,w)W^{w}Z^{d} \tag{5.4.16}$$

여기서, $K'(d, w)$는 입력 웨이트가 w이고 그에 대응하는 부호열의 웨이트는 d인 부호열의 총 수를 나타내는데, 이러한 정의는 나중에 다룰 터보 부호의 성능 평가에 유용하게 적용된다. IOWEF와 식 (5.4.14)의 WEF의 관계는 다음과 같다.

$$T(1,Z)=\sum_{d=d_{free}}^{N}\sum_{w=1}^{L}K'(d,w)Z^{d}=T(Z) \tag{5.4.17}$$

여기서,

$$K(d)=\sum_{k=1}^{L}K'(d,k) \tag{5.4.18}$$

그럼 WEF와 IOWEF를 어떻게 얻는지에 대해 알아보자. WEF는 IOWEF로부터 얻어질 수 있으며 IOWEF를 얻는 방식과 유사하게 얻을 수 있으므로 여기서는 IOWEF를 기준으로 설명한다.

우선, 콘볼루션 부호의 상태수를 N_s라 하고 $N_s \times N_s$의 상태 천이 행렬 $C(W, Z)$를 정의한다. 여기서 $C(W, Z)$의 각 요소는 W와 Z의 다항식으로 (j, k)번째 요소 $c_{jk}(W, Z)$는 트렐리스도 상에서 이전 상태가 k이고 이후 상태가 j인 가지의 입력 비트와 출력 비트의 웨이트를 나타낸다. 예를 들어, 입력 비트가 1이고 출력 비트 열이 101이라면 $c_{jk}(W, Z)=W^1Z^2$이 된다. 그림 5.4.3의 트렐리스를 고려해 보자. 한 트렐리스 스테이지만을 떼어 놓고 보면 다음과 같은 상태 천이 행렬을 얻는다.

$$\mathbf{C}(W,Z)=\begin{bmatrix} 1 & 0 & Z^2 & 0 \\ WZ^3 & 0 & WZ & 0 \\ 0 & Z^3 & 0 & Z \\ 0 & W & 0 & WZ^2 \end{bmatrix} \tag{5.4.19}$$

이제 m번째 트렐리스 스테이지를 기준으로 이후 상태의 벡터를 $s^{(n)}(W, Z)$로 표기하면 다음을 얻는다.

$$\begin{aligned} S^{(m)}(W,Z) &= C(W,Z)S^{(m-1)}(W,Z) \\ &= C(W,Z)^{m}S^{(0)} \end{aligned} \tag{5.4.20}$$

이를 식 (5.4.19)의 예에 대해 풀어서 쓰면 다음과 같은 상태 천이 관계를 얻는다.

$$\begin{bmatrix} s_0^{(m)}(W,Z) \\ s_1^{(m)}(W,Z) \\ s_2^{(m)}(W,Z) \\ s_3^{(m)}(W,Z) \end{bmatrix} = \begin{bmatrix} 1 & 0 & Z^2 & 0 \\ WZ^3 & 0 & WZ & 0 \\ 0 & Z^3 & 0 & Z \\ 0 & W & 0 & WZ^2 \end{bmatrix} \cdot \begin{bmatrix} s_0^{(m-1)}(W,Z) \\ s_1^{(m-1)}(W,Z) \\ s_2^{(m-1)}(W,Z) \\ s_3^{(m-1)}(W,Z) \end{bmatrix} \tag{5.4.21}$$

이제 초기 상태가 s_0에서 시작하였다고 하면 다음을 얻는다.

$$\begin{bmatrix} s_0^{(m)}(W,Z) \\ s_1^{(m)}(W,Z) \\ s_2^{(m)}(W,Z) \\ s_3^{(m)}(W,Z) \end{bmatrix} = \begin{bmatrix} 1 & 0 & Z^2 & 0 \\ WZ^3 & 0 & WZ & 0 \\ 0 & Z^3 & 0 & Z \\ 0 & W & 0 & WZ^2 \end{bmatrix}^m \cdot \begin{bmatrix} 1 \\ 0 \\ 0 \\ 0 \end{bmatrix} \tag{5.4.22}$$

여기서, 좌변 벡터의 각 요소 $s_j^{(m)}(W, Z)$는 초기 상태 s_0에서 시작하여 m개의 정보 비트로 생성된 부호어 중 최종 상태가 j인 부호어들에 대한 웨이트 열거 함수이다. 따라서 L 비트의 정보 비트와 M 비트의 테일 비트를 이용하여 생성된 콘볼루션 부호의 입력-출력 웨이트 열거 함수는 다음과 같다.

$$T(W,Z) = s_0^{(L+M)}(W,Z) - 1 \tag{5.4.23}$$

예제 5.4.9

앞 절에서 예로 다루었던 그림 5.4.1(c)의 콘볼루션 부호에 대해 4비트의 정보 비트와 2비트의 테일 비트로 이루어진 입력에 대한 트렐리스도는 그림 5.4.4에 나와 있으며 각 트렐리스 스테이지에 대한 상태 천이 행렬은 식 (5.4.19)이다. 생성된 부호열의 집합에 대한 입력–출력 웨이트 열거 함수를 구하고 자유 거리(최소 해밍 거리)를 구하라.

[풀이]

테일 비트를 포함한 6비트의 입력에 대해 초기 상태와 최종 상태가 모두 0인 부호열에 대한 IOWEF는 식 (5.4.23)으로부터

$$T(W,Z) = s_0^{(6)}(W,Z) - 1$$

이며, 여기서 $s_j^{(6)}(W, Z)$는 다음으로 얻어지는 벡터의 첫 번째 요소이다.

$$S^{(6)}(W,Z) = \begin{bmatrix} 1 & 0 & Z^2 & 0 \\ WZ^3 & 0 & WZ & 0 \\ 0 & Z^3 & 0 & Z \\ 0 & W & 0 & WZ^2 \end{bmatrix}^6 \cdot \begin{bmatrix} 1 \\ 0 \\ 0 \\ 0 \end{bmatrix}$$

이를 직접 연산을 통해 구해보면 다음을 얻는다.

$$T(W,Z) = s_0^{(6)}(W,Z) - 1$$
$$= 3W^2Z^6 + (4W + 2W^3)Z^8 + (2W^3 + W^4)Z^{10} + 2W^2Z^{12} + W^2Z^{16}$$

$$T(Z) = T(1,Z) = 3Z^6 + 6Z^8 + 3Z^{10} + 2Z^{12} + Z^{16}$$

따라서 자유 거리는 6이며, 0 부호열을 포함한 전체 부호열의 개수는

$$T(1) + 1 = (3 + 6 + 3 + 2 + 1) + 1 = 16$$

이 된다.

위에서 설명한 방식은 콘볼루션 부호를 블록 처리할 때 사용가능하며, 특히 터보 부호의 성능 평가에 적용이 가능하다. 한편, 콘볼루션 부호를 스트리밍 서비스에 적용할 경우 굳이 블록 단위의 처리를 하지 않아도 되는데, 이 경우 부호열의 길이는 따로 정해지지 않는다. 이러한 경우에 대한 IOWEF는 특정한 시점에서 (부호열의 시작 시점에서) 0상태를 벗어나 다시 0상태로 돌아오는 모든 가능한 경로에 대해 해밍 웨이트를 열거하는 방법으로 상태 천이도를 이용하여 구할 수 있다. 그림 5.4.6은 그림 5.4.1(c)의 콘볼루션 부호에 대한 그림 5.4.2의 상태 천이도에서 0상태의 노드를 초기 0상태(S_0)와 최종 0상태(S'_0) 두 개로 나누어 작성한 상태 천이도 이며 0상태를 벗어나 다시 0상태로 되돌아오는 모든 경로에 대한 입력-출력 웨이트 열거 함수는 이 두 노드 간 전달 함수를 구하여 얻을 수 있다.

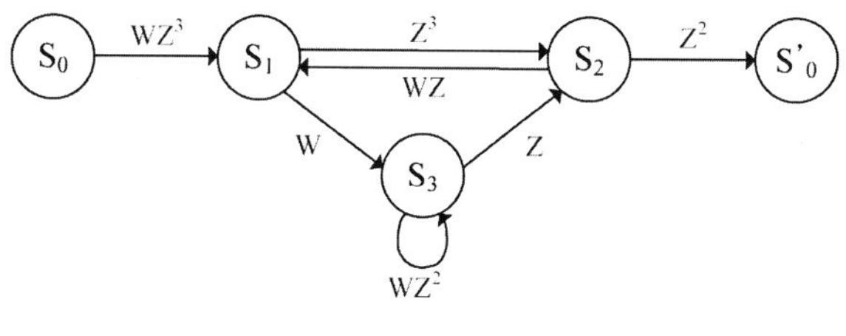

그림 5.4.6 그림 5.4.1(c)의 콘볼루션 부호에 대한 수정된 상태 천이도

예로서 그림 5.4.1(c)의 콘볼루션 부호를 고려해 보자. 그림 5.4.6에 수정된 상태 천이도를 도시하였으며 이로부터 각 노드에 대한 입출력 관계식은 다음과 같다.

$$S'_0 = Z^2 \cdot S_2$$
$$S_2 = Z^3 \cdot S_1 + Z \cdot S_3$$
$$S_3 = W \cdot S_1 + WZ^2 \cdot S_3$$
$$S_1 = WZ \cdot S_2 + WZ^3 \cdot S_0$$

또한, 이들 관계식으로부터 S_0와 S'_0 사이의 전달 함수를 구해보면 다음을 얻는다.

$$T(W,Z)=\frac{S'_0}{S_0}=\frac{W^2Z^6+WZ^8-W^2Z^{10}}{1-WZ^2-WZ^4-W^2Z^2+W^2Z^6}$$
$$=\frac{a}{1-b}=a\cdot[1+b+b^2+\cdots]$$
$$=(W^2Z^6+WZ^7-W^2Z^{10})\cdot(1+WZ^2+WZ^4+W^2Z^2-W^2Z^6+\cdots)$$

위 식의 마지막 행에서 가장 작은 출력 웨이트를 찾아보면 6임을 알 수 있으며, 따라서 자유 거리 $d_{free}=6$임을 알 수 있다. 표 5.4.2는 (2, 1) 콘볼루션 부호에 대해 메모리 길이에 따라 얻을 수 있는 가장 큰 자유 거리를 보여주며 표 5.4.3은 (3, 1) 콘볼루션 부호에 대한 결과이다.

표 5.4.2 (2,1) 콘볼루션 부호에 대한 최대 자유 거리

메모리 길이(M)	생성자(8진수)	자유 거리(d_{free})
2	[5, 7]	5
3	[15, 17]	6
4	[23, 35]	7
5	[53, 75]	8
6	[133, 171]	10
7	[247, 371]	10
8	[561, 753]	12

표 5.4.3 (3,1) 콘볼루션 부호에 대한 최대 자유 거리

메모리 길이(M)	생성자(8진수)	자유 거리(d_{free})
2	[5, 7, 7]	8
3	[13, 15, 17]	10
4	[25, 33, 37]	12
5	[47, 53, 75]	13
6	[133, 145, 171]	15
7	[225, 331, 367]	16
8	[557, 663, 711]	18

5.4.5 콘볼루션 부호의 오류 성능(*)

콘볼루션 부호의 거리 스펙트럼으로부터 비트 오류 성능에 대한 바운드를 구할 수 있으며, 콘볼루션 부호를 통해 얻을 수 있는 SNR 이득이 어느 정도인지 예측해 보는 것이 가능하다. 그림 5.4.7과 같은 콘볼루션 부호와 BPSK 변조를 적용한 통신 시스템 모형을 가정해 보자.

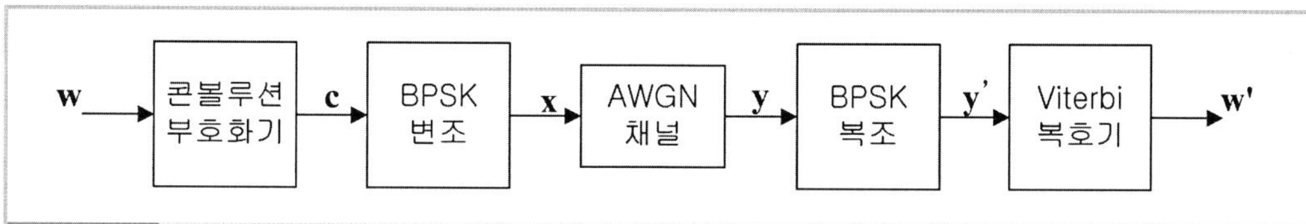

그림 5.4.7 콘볼루션 부호와 BPSK 변조를 적용한 통신 시스템 모형

그림에서 AWGN 채널은 메모리가 없는 채널이고 BPSK 변조는 입력되는 부호 비트 $c_j \in \{0,1\}$를 2진 심벌 $x_j \in \{+1, -1\}$로 매핑하여 전송하며 BPSK 복조부에서는 각 부호 비트에 대한 log-likelihood ratio(LLR)를 계산하여 복호부에 넘긴다.

BPSK를 적용할 경우 AWGN 채널에서의 오류율의 바운드는 (채널 부호를 사용하지 않는 경우) 다음과 같이 표현된다.

$$P_b(\text{No Coding}) = Q\left(\sqrt{\frac{2E_s}{N_0}}\right) \le \exp\left(-\frac{2E_s}{N_0}\right) \tag{5.4.24}$$

부호어 오류율 성능 채널 부호를 적용하였을 때의 오류 성능을 고려해 보자. BPSK 복조부 출력을 벡터로 $\mathbf{y}$라 하고 이를 Viterbi 복호기로 넘기면 Viterbi 복호기는 모든 가능한 2^L개 부호열과 거리를 비교하여 가장 가까운 거리를 갖는 부호열을 선택한다. Viterbi 복호는 (AWGN 채널의 경우) 최대 우도 복호와 성능면에서 동일하므로 다음과 같이 표현할 수 있다.

$$\mathbf{x}^* = \arg\min_{\mathbf{x} \in C} d(\mathbf{y}, \mathbf{x}) \tag{5.4.25}$$

여기서, $d(\mathbf{y}, \mathbf{x})$는 벡터 $\mathbf{y}$와 $\mathbf{x}$ 간의 유클리드 거리이다.

따라서 0부호열 $\mathbf{c}_0$가 전송되었다고 가정하면 오류율은 다음과 같이 Union bound로 나타낼 수 있다.

$$\begin{aligned} P_E &= \Pr\left\{\bigcup_{j=1}^{2^L-1} \{d(\mathbf{y},\mathbf{x}_j) < d(\mathbf{y},\mathbf{x}_0) \mid \mathbf{x}_0 \text{ sent}\}\right\} \\ &\le \sum_{j=1}^{2^L-1} \Pr\left\{d(\mathbf{y},\mathbf{x}_j) < d(\mathbf{y},\mathbf{x}_0) \mid \mathbf{x}_0 \text{ sent}\right\} \end{aligned} \tag{5.4.26}$$

여기서, $\mathbf{x}_j$는 $\mathbf{c}_j$를 BPSK 변조하여 얻은 수열이며 $\{d(\mathbf{y}, \mathbf{x}_j) < d(\mathbf{y}, \mathbf{x}_0) \mid \mathbf{x}_0 \text{ sent}\}$는 소위 **쌍별 오류 사건**(pairwise error event)으로 0부호어 $\mathbf{c}_0$를 전송했는데, $\mathbf{c}_j$와의 거리가 더 작은 사건이며 이의

확률은 다음과 같이 한정된다.

$$
\begin{aligned}
`\Pr\{d(\mathbf{y},\mathbf{x}_j) < d(\mathbf{y},\mathbf{x}_0) \mid \mathbf{x}_0 \text{ sent}\} &= \Pr\{\mathbf{c}_0 \to \mathbf{c}_j\} \\
&\le \exp\left(-\frac{2E_s}{N_0}\cdot w_H(\mathbf{c}_j)\right)
\end{aligned}
\tag{5.4.27}
$$

이제

$$
Z = \exp\left(-\frac{2E_s}{N_0}\right) \tag{5.4.28}
$$

를 정의하면 식 (5.4.26)의 Union bound는 웨이트 열거 함수 $T(Z)$를 이용하여 다음과 같이 나타낼 수 있다.

$$
P_E \le \sum_{j=1}^{2^L-1} Z^{w_H(\mathbf{c}_j)} = \sum_{d=d_{free}}^{n} K(d)Z^d = T(Z)\Big|_{Z=\exp(-2E_s/N_0)} \tag{5.4.29}
$$

한편, 0부호열이 전송된 경우 오류가 발생하면 대부분은 작은 해밍 웨이트를 갖는 부호열로 잘못된 결정이 이루어지게 되므로 식 (5.4.29)의 우변은 다음과 같이 근사화될 수 있다.

$$
P_E \le \sum_{d=d_{free}}^{n} K(d)Z^d \approx K(d_{free})\cdot Z^{d_{free}} \tag{5.4.30}
$$

비트 오류율 성능 이제 비트 오류율을 따져 보자. 먼저, $w_H(\mathbf{c})$를 부호열 $\mathbf{c}$에 대응하는 정보열의 웨이트라 하자. 쌍별 부호어 오류 $\mathbf{c}_0 \to \mathbf{c}_j$이 발생한 경우 전체 L개의 정보 비트 중 실제 비트 오류는 $w_H(\mathbf{c}_j)$이므로 식 (5.4.26)의 Union bound와 마찬가지로 비트 오류율 P_b에 대한 Union bound는 다음과 같이 쓸 수 있다.

$$
\begin{aligned}
P_b &\le \sum_{j=1}^{2^L-1} \Pr\{\text{bit error} \mid \mathbf{c}_0 \to \mathbf{c}_j\}\Pr\{\mathbf{c}_0 \to \mathbf{c}_j\} \\
&= \sum_{j=1}^{2^L-1} \frac{w_H(\mathbf{c}_j)}{L}\cdot \Pr\{\mathbf{c}_0 \to \mathbf{c}_j\} \\
&\le \sum_{j=1}^{2^L-1} \frac{w_H(\mathbf{c}_j)}{L}\cdot Z^{w_H(\mathbf{c}_j)} \\
&= \sum_{d=d_{free}}^{N} \sum_{w=1}^{L} \frac{w}{L} K'(d,w)Z^d
\end{aligned}
\tag{5.4.31}
$$

여기서, $K'(d, w)$는 입력 정보열의 웨이트가 w이고 그에 대응하는 부호열의 웨이트는 d인 부호열의 총 수로 식(5.4.16)으로 주어지는 IOWEF의 계수이며, 따라서 IOWEF를 이용하면 다음과 같이 나타낼 수 있다.

$$P_b \le \frac{1}{L}\frac{\partial}{\partial W}T(W,Z)\bigg|_{W=1,Z=\exp(-2E_s/N_0)} \tag{5.4.32}$$

이제 식(5.4.30)에서와 같이 $\mathbf{c}_0$가 전송된 경우 발생되는 오류의 대부분이 작은 해밍 웨이트를 갖는 부호열(즉, $w_H(\mathbf{c}) = d_{free}$인 부호열)로 잘못된 결정이 이루어져 발생된다고 하자. 또한, $w_H(\mathbf{c}) = d_{free}$인 부호열은 웨이트 1인 정보열에 의해 생성된다고 하자. 웨이트 1인 정보열은 L개가 존재하므로, 식(5.4.31)의 우변은 다음과 같이 근사화 할 수 있다.

$$P_b \le \sum_{d=d_{free}}^{N}\sum_{w=1}^{L}\frac{w}{L}K'(d,w)Z^d \approx \frac{1}{L}K'(d_{free},1)Z^{d_{free}} \approx Z^{d_{free}} \tag{5.4.33}$$

식 (5.4.33)의 바운드를 식 (5.4.24)의 부호를 사용하지 않은 경우의 비트 오류 바운드와 비교해 보면 신호대 잡음비 E_s/N_0에 d_{free}만큼의 이득이 발생한 것으로 볼 수 있는데, 부호율 $r < 1$인 채널 부호를 사용하는 것은 한 비트의 정보를 전송하기 위해 $1/r > 1$개의 심벌을 사용하는 것으로 볼 수 있으므로 E_s/N_0보다는 비트당 신호대 잡음비인 E_b/N_0의 항으로 나타내는 것이 공정한 비교일 것이다. $rE_b = E_s$이고 채널 부호화를 사용하지 않은 경우 $r = 1$이므로 채널 부호화를 적용하지 않은 경우와 적용한 경우의 BER 바운드는 각각 다음과 같다.

$$P_b(\text{No Coding}) \le \exp\left(-\frac{2E_b}{N_0}\right) \tag{5.4.34}$$

$$P_b(\text{Coding}) \le \exp\left(-\frac{2E_b}{N_0}\cdot rd_{free}\right) \tag{5.4.35}$$

따라서 실질적인 이득은 rd_{free}이다. 이와 같이 채널 부호화를 통해 얻어지는 SNR에서의 이득을 **부호화 이득**(Coding gain)이라 하는데, 이를 dB 단위로 나타내면 다음과 같다.

$$G_c[\text{dB}] \approx 10\cdot\log_{10}\left(r\cdot d_{free}\right) \tag{5.4.36}$$

그림 5.4.8은 생성자가 [15, 17]인 부호율 1/2의 콘볼루션 부호를 사용한 경우와 채널 부호화를 사용하지 않은 경우에 대해 모의실험을 통해 획득한 BER을 비교한다. 심벌 복조부에서의 연판정과 경판정이 채널 부호화기 성능에 미치는 영향도 보기 위하여 연판정(soft)과 경판정(hard)을 이용한 BER 곡선을 모두 도시하였다. 그림은 E_b/N_0에 따른 BER 곡선을 나타내며 연판정을 사용할 경우 4.4 dB 정도의 이득이 나타났음을 확인할 수 있는데, 표 5.4.6에 제시한 [15, 17] 콘볼루션 부호의 자유 거리가 6이므로 분석을 통해 얻은 부호화 이득은 $10\log_{10}(½\cdot 6) \approx 4.7$이며 이는 모의실험 결과로부터 확인된 부호화 이득과 거의 비슷한 값임을 알 수 있다.

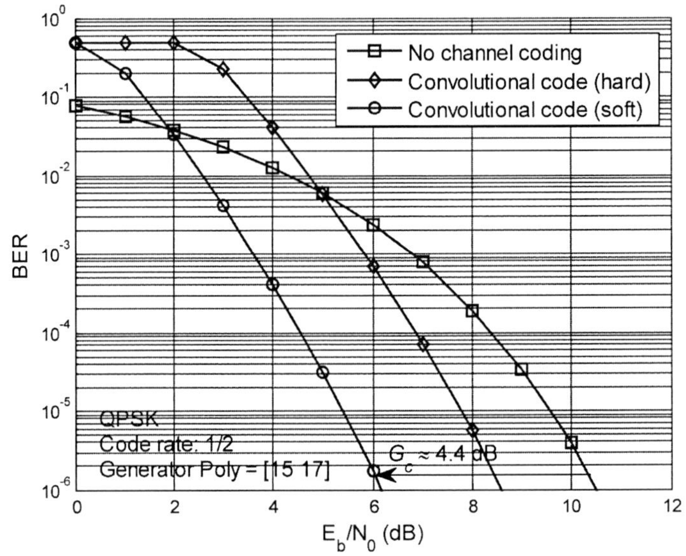

그림 5.4.8 채널 부호화를 통한 부호화 이득. 채널 부호화는 생성자가 [15, 17]인 부호율 1/2의 콘볼루션 부호를 사용하였다

5.4.6 천공과 부호율 호환 콘볼루션 부호

콘볼루션 부호의 경우 **천공**을 이용하여 여러 가지 부호율의 부호를 동일한 부호화기로 생성하고 동일한 복호기로 복호를 수행하는 것이 가능한데, 이러한 부호를 **부호율 호환 천공된 콘볼루션 부호**(rate compatible punctured convolution code, RCPC **부호**)라 한다. 천공은 낮은 부호율의 **모부호**(mother code)에 정해진 길이의 **천공 패턴**을 적용하여 구현하는데, 예를 들어 천공 패턴이 [1 1 1 0 1 1]이라면 부호화기 출력에서 6개의 부호 비트마다 네 번째 비트를 천공하여 천공된 비트는 버리거나 혹은 이후의 재전송을 위해 저장하고 나머지 5비트만을 전송한다. 수신단에서의 복호는 모부호에 대한 복호와 동일하게 수행하는데, 전송되지 않은 비트의 자리는 0(혹은 Null값)을 채워 복호를 수행한다. 물론, 전송되지 않은 비트들 때문에 실효 부호율은 높아지며 오류 정정 성능에서는 손해를 보지만 채널 품질의 변화에 따라 적절한 부호율을 선택하여 보내는 적응형 부호화를 통해 전송 수율을 극대화할 수 있다. 적응형 변조/부호화에 대해서는 제6장에서 보다 자세히 다룬다.

5.5 채널 부호의 응용

본 절에서는 채널 부호의 활용과 관련된 몇 가지 주제를 다룬다.

5.5.1 연집 오류와 인터리빙

연집 오류(Burst Error)란 국소 구간에서 비트 오류가 다발적으로 발생하는 것을 말하는데, 무선/이동통신에서는 채널 이득의 랜덤한 변동인 페이딩에 의해 발생할 수 있다. 그림 5.5.1에 나타낸 바와 같이 페이딩에 의해 채널 이득이 특정 구간에서 매우 작은 값을 가지면 그 구간 내에서는 비트 오류가 다발적으로 발생하는데, 전체적으로 이러한 구간의 비율이 낮다 해도 일단 연집 오류가 발생하면 아무리 잘 설계된 채널 부호라 하더라도 오류의 복구가 거의 불가능하다.

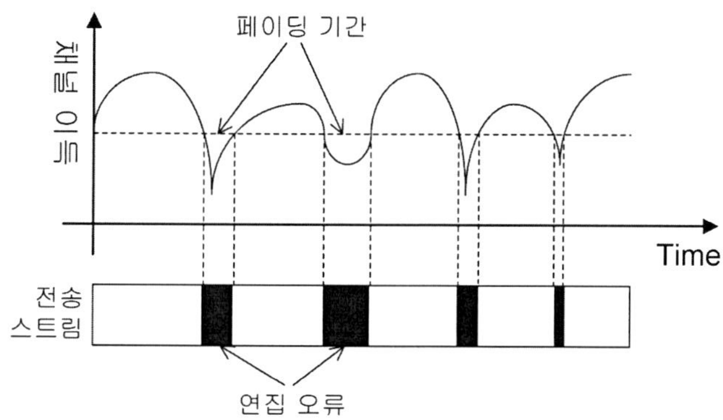

그림 5.5.1 무선/이동 시스템에서 페이딩에 의한 연집 오류의 발생

이러한 연집 오류에 대처하기 위한 방법으로 **인터리빙**(Interleaving)을 사용한다. 인터리빙이란 부호화된 비트를 전송하기 전에 송수신기가 공유하는 인터리빙 표 혹은 인터리빙 식에 의해 부호 비트의 순서를 바꾸어 전송하는 것을 의미하며 이에 따라 수신단에서 원래의 순서로 바꾸어 복호를 수행한다(그림 5.5.2 참조). 이때 인터리빙된 수열을 원래의 순서로 바꾸어주는 것을 **디인터리빙**(Deinterleaving)이라 한다. 이러한 인터리빙의 효과를 그림 5.5.3에 도시하였다. 그림 5.5.3은 3개의 부호어를 전송하는 예시로 인터리빙을 하지 않은 경우 부호의 오류 정정 능력범위를 넘어선 연집 오류가 발생하면(예를 들면 3비트 이상의 오류가

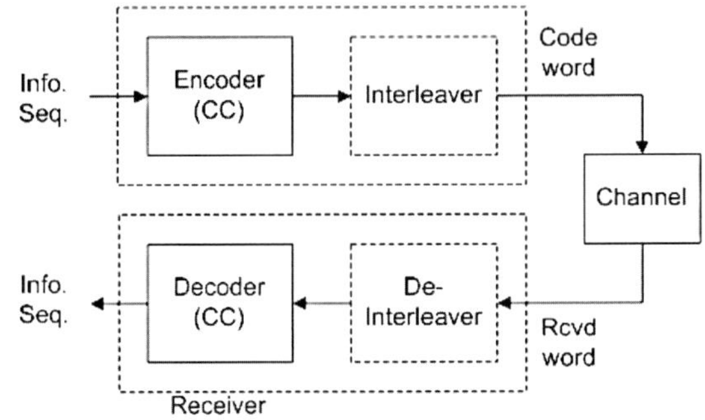

그림 5.5.2 송수신단에서 인터리빙과 디인터리빙의 적용

	Codeword 1										Codeword 2										Codeword 3									
Original Frame	1	2	3	4	5	6	7	8	9	10	11	12	13	14	15	16	17	18	19	20	21	22	23	24	25	26	27	28	29	30
Received Frame	1	2	3	4	5	6	7	8	9	10	11	**12**	**13**	**14**	**15**	**16**	17	18	19	20	21	22	23	24	25	26	27	28	29	30
Corrected Frame	1	2	3	4	5	6	7	8	9	10	11	12	**13**	**14**	**15**	16	17	18	19	20	21	22	23	24	25	26	27	28	29	30

(a) 인터리빙을 사용하지 않은 경우

	Codeword 1										Codeword 2										Codeword 3									
Original Frame	1	2	3	4	5	6	7	8	9	10	11	12	13	14	15	16	17	18	19	20	21	22	23	24	25	26	27	28	29	30
Interleaved Frame	1	7	13	19	25	2	8	14	20	26	3	9	15	21	27	4	10	16	22	28	5	11	17	23	29	6	12	18	24	30
Received Frame	1	7	13	19	25	2	8	14	20	26	3	**9**	**15**	**21**	**27**	**4**	10	16	22	28	5	11	17	23	29	6	12	18	24	30
DeInterleaved Frame	1	2	3	4	5	6	7	8	**9**	10	11	12	13	14	**15**	16	17	18	19	20	**21**	22	23	24	25	26	**27**	28	29	30
Corrected Frame	1	2	3	4	5	6	7	8	9	10	11	12	13	14	15	16	17	18	19	20	21	22	23	24	25	26	27	28	29	30

(b) 인터리빙을 사용한 경우

그림 5.5.3 연집 오류와 인터리빙을 통한 연집 오류의 분산

연속적으로 한 부호어 내에서 발생하면) 오류 정정이 이루어지지 못하나 인터리빙과 수신단에서의 디인터리빙을 통해 연집 오류를 분산시키면 각 부호어에서 발생한 실질적 오류가 정정할 수 있는 범위 이내로 들어와 오류 정정이 가능해진다.

일반적으로 인터리빙을 통한 비트의 이동 범위를 **인터리빙 깊이(Interleaving depth)**라고 하는데, 무선/이동통신에서는 채널의 코히어런스 타임(혹은 코히어런스 대역폭 등)을 고려하여 이보다 훨씬 더 크게 잡아야 인터리빙의 효과를 볼 수 있으며 특히 비디오 전송과 같은 스트리밍 서비스에서는 인터리빙의 사용은 필수적이다. 한편, 실시간 통신이 요구되는 경우 너무 큰 시간적 분산은 전송 지연을 일으키므로 적절한 인터리빙 방식의 설계가 요구된다. 결국, 인터리빙이란 좋은 채널과 나쁜 채널을 적절히 섞어 평균적인 채널 품질이 유지되도록 하여 설계된 채널 부호기가 잘 동작되도록 하는 것이 목표이다. 인터리빙의 방법으로는 크게 연속적인 처리를 하는 **콘볼루션 인터리버**(Convolutional interleaver)와 블록 단위로 처리를 하는 **블록 인터리버**(block interleaver)가 있으며 블록 인터리버의 경우 대부분 2차원 배열을 이용하여 행 순으로 쓰고 열 순으로 읽어 인터리빙과 디인터리빙을 수행한다.

5.5.2 연접 부호와 곱 부호

연집 부호(Concatenated code)란 2개 이상의 부호를 연속적으로 사용하는 것을 말하는데, 전형적인 연접 부호의 적용 방법을 그림 5.5.4에 도시하였다. 그림을 보면 부호율 r_1의 외부호(Outer code)로 먼저 부호화를 하고 인터리버를 거쳐 부호율 r_2인 내부호(Inner code)로 한 번 더 부호화를 하고 한 번 더 인터리빙을 수행하여 전송한다. 두 개의 부호를 사용하였으므로 전체적인 부호율은 $r_1 \times r_2$가 된다. 일반적으로 내부호의 경우 전적으로 오류 정정 기능만을 수행하는 반면 외부호는 오류 정정 기능을 수행하기도 하지만 오류 검출 기능이 있는 부호를 사용하며 대표적으로 많이 사용되는 외부호로는 리드-솔로몬 부호(Reed-Solomon code)와 순회 잉여 검사(CRC) 부호가 있다.

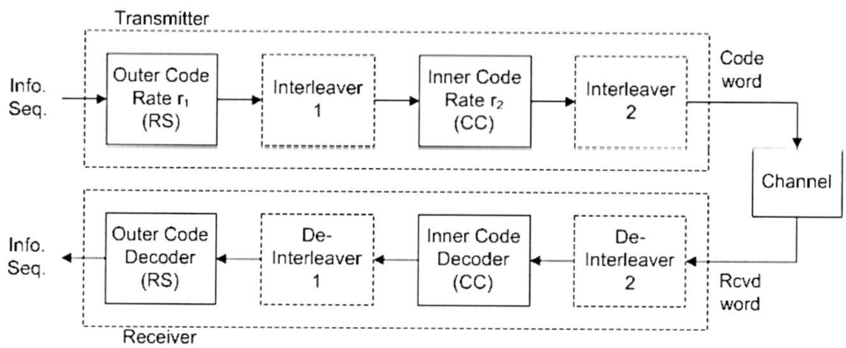

그림 5.5.4 연접 부호를 사용한 송수신기 처리 구조

연접 부호가 2개 이상의 부호를 직렬로 연결하는 것이라면 **곱부호**(product code)는 2개의 부호를 2중으로 적용하는 것으로 대표적인 예로는 그림 5.5.5에 도시한 2차원 패리티 검사 부호가 있다. 이러한 방식에서는 정보어를 2차원 배열로 나열하고 각 열에 대해 패리티 검

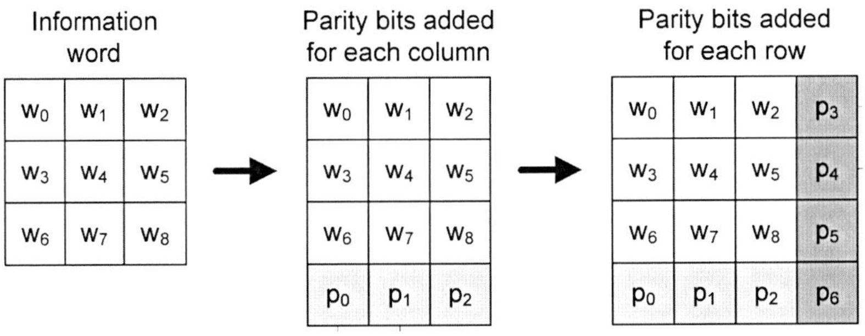

그림 5.5.5 단일 패리티 검사 부호를 2중으로 적용한 곱부호

사 부호로 부호화를 한 후 다시 각 행에 대해 동일한 패리티 검사 부호로 부호화한 예를 보여준다.

5.5.3 자동 재전송 프로토콜과 HARQ

자동 재전송(Automatic Repeat request, ARQ) 프로토콜은 패킷기반의 데이터 통신에 적용되는 기술로 송신단에서 오류 검출부호를 이용하여 부호화를 수행한 후 전송을 하면 수신단에서 오류의 발생유무를 판단한 후 전송 중 오류가 발생된 것으로 판단되면 송신단에 재전송을 요청하는 과정을 말한다. 한편, 무선/이동통신 채널과 같은 열악한 조건에서는 오류 검출 기능만으로는 너무 많은 재전송이 발생하여 시스템 운영이 비효율적일 수 있으므로 순방향 오류 정정(FEC) 기능을 같이 사용하는 **하이브리드 ARQ**(Hybrid ARQ, HARQ)가 주로 사용된다. ARQ는 전통적으로는 네트워크 모형의 2계층인 링크 계층에 주로 적용되는 기술이었으나 최근의 셀룰라 규격의 경우 전송 지연의 최소화를 위해 HARQ의 형태로 물리계층에 그 기능을 포함시키기도 하였다.

그림 5.5.6은 오류 검출 부호인 CRC와 순방향 오류 정정 부호를 연접하여 HARQ 프로토콜에 적용하였을 경우의 송수신단 처리과정을 나타낸다. 그림에서 송수신 각 단의 구체적인 동작은 다음과 같다.

(1) **패킷의 전송** 송신부에서는 정보어에 패킷 번호 등을 포함하는 패킷 헤더(packet header)를 추가한 후 외부호에 해당하는 CRC 부호로 부호화하고 다시 내부호에 해당하는 순방향 오류 정정 부호로 부호화한 후 전송한다. 전송한 패킷은 혹시 모를 재전송을 위해 메모리에 저장하고 수신부로부터의 확인 응답을 기다리는 대기 모드로 전환

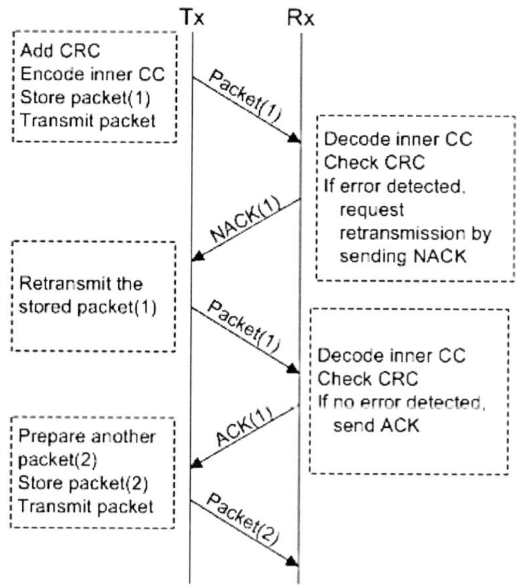

그림 5.5.6 자동 재전송 프로토콜의 동작

한다.

(2) **패킷의 수신 및 처리** 수신단에서는 수신된 패킷에 대해 내부호를 이용한 오류 정정을 수행한 후 외부호인 CRC를 이용하여 여전히 오류가 존재하는지를 판단한다. 만약 오류가 여전히 존재한다고 판단한 경우 송신단에 부정의 확인 응답(Negative acknowledgement, NACK)를 보내 재전송을 요청한다. 만약 오류가 없다고 판단한 경우는 (긍정의) 확인 응답(Acknowledgement, ACK)을 보낸 후 다음 번 패킷의 수신을 위해 대기한다.

(3) **확인 응답에 대한 처리** 송신부에서는 수신단이 보낸 확인 응답을 확인하고 부정의 확인 응답인 경우 메모리에 저장한 패킷을 재전송하며, 긍정의 확인 응답을 받은 경우 다음 번 정보어에 대해 (1)의 과정부터 다시 시작한다.

위와 같은 방식의 재전송 프로토콜은 **정지후-대기(Stop-and-wait) 방식**이라는 매우 단순한 방식을 기준으로 설명한 것이며 확인 응답의 오류나 패킷의 손실과 같은 예외적인 상황은 고려하지 않은 단순한 것으로 파이프라이닝(pipelining) 혹은 다중채널 ARQ 등을 이용한 보다 현실적인 재전송 프로토콜은 본 과정에서는 다루지 않는다.

연판정 결합(Soft combining)을 이용한 HARQ 상술한 HARQ 방식은 최초의 전송에서 변조 및 부호화 방식이 정해지면 송신단에서는 매 재전송 시도(Trial)마다 동일한 패킷(정보 비트와 패리티 및 변조 심벌이 모두 동일한 패킷)이 재전송되는데, 수신단에서 오류 발생 시 이의 연판정 값을 버리지 않고 재전송된 패킷과 이른바 **패킷-결합**(packet combining)이라고 하는 연판정 값의 결합을 수행하여 복호를 수행하면 평균적인 재전송 횟수를 줄일 수 있다. 예를 들어 k번째 시도에서의 수신 SNR을 γ_k라 하고 k번째까지 수신된 패킷을 이전의 패킷들과 최대비 결합을 수행하면 최종적인 SNR $\gamma^{(k)}$는 다음과 같이 표현된다.

$$\gamma^{(k)} = \sum_{j=1}^{k} \gamma_j \tag{5.5.1}$$

따라서 재전송 시도가 증가함에 따라 실효 SNR에서 이득이 발생하여 이전 패킷과의 결합을 수행하지 않은 경우에 비해 재전송 횟수가 평균적으로 감소하는 효과를 얻는다.

Type-II HARQ 이상에서 설명한 HARQ는 수신단에서 연판정 결합을 수행하든 그렇지 않든 매 전송 시도에서 실제 전송하는 패킷은 모두 동일하며 각 수신 패킷을 따로 복호하는 것이 가능한데, 이러한 특징을 갖는 HARQ는 다음에 설명할 또다른 형태의 HARQ와 구분하기 위해 Type-I HARQ라 한다. 한편, Type-II HARQ는 매 재전송 시도(Trial)마다 전송되는 정보 자체가 달라지는 것을 말하는데, 일반적으로 5.4절에서 설명한 부호율 호환 천공된 콘볼루션 부호(Rate Compatible Punctured Convolution code, RCPC)를 이용하여 송신단에서의 **증가된 잉여비트 재전송**(Incremental Redundancy retransmission)과 수신단에서의 **코드-결합**(code combining)을 적용한 복호를 통해 이루어진다.

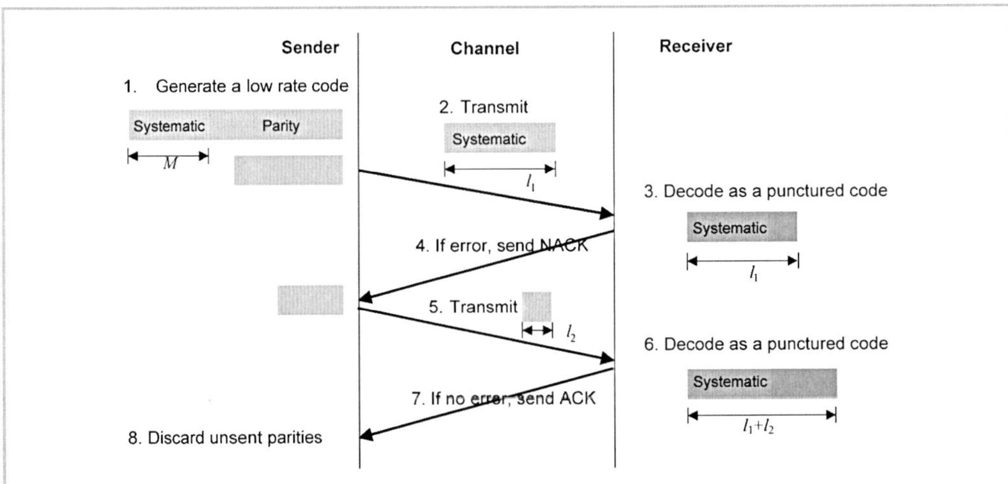

그림 5.5.7 Type-II HAQR의 동작을 나타내는 흐름도

그림 5.5.7은 Type-II HARQ의 동작 흐름도를 나타내는데, 먼저 단말 노드에서 전송될 메시지가 발생되면 채널 부호기는 $1/n$ 부호율의 부호어를 생성하되 첫 번째 시도에서는 전체 부호어 중 일부만을 전송한다. 수신단에서는 이를 천공된 부호어로 간주하여 복호를 수행하는데, 만약 정정 불가능한 오류가 발생하면 수신된 패킷을 메모리에 저장하고 재전송을 요청한다. 한편, 재전송 시에는 이전에 전송하지 않은 패리티 비트 중의 일부만을 추가로 전송하게 되는데, 물론 일부의 패리티 만을 이용한 복호는 불가능하나 이를 이전에 수신한 패킷에 연결시키면 실효적으로 더 낮은 부호율의 천공된 부호어로 볼 수 있으며 따라서 오류 성능에서 이득을 얻게 된다. 예를 들어 L_i를 i번째 재전송 시도에서 전송되는 비트 수라 하고 $l_1 > l_s$라 하자. 여기서, l_s는 부호어에 포함된 시스터매틱 비트의 수이다. 그러면, i번째 재전송 시도에서의 실질적인 부호율은 다음과 같이 주어진다.

$$r_i = \frac{l_s}{\sum_{j=1}^{i} l_j} \tag{5.5.2}$$

따라서 i번째 재전송 시도에서의 패킷 오류율은 부호율 r_i를 갖는 부호의 오류율로 표현되며 재전송 시도가 증가함에 따라 오류에 더 강인해진다.

5.6 터보 부호

1993년 Berrou 등에 의해 터보 부호(Turbo code)가 제안된 이래 그래프와 반복적 복호 알고리즘에 기초한 고성능의 채널 부호화와 관련한 많은 연구가 진행되면서 채널 부호화 분야는 새로운 전환기를 맞게 되었고 대표적으로 터보 부호와 저밀도 패리티 검사(low density parity check, LDPC) 부호가 여러 무선/이동통신 규격에 도입되었다. 본 절과 다음 절에서는 이들 두 부호에 대해 각각 소개한다.

터보 부호는 병렬 연접 콘볼루션 부호(parallel concatenated convolutional code, PCCC)라는 명칭도 가지고 있는데 이는 그림 5.6.1에 도시한 터보 부호화기의 구조 때문이다. 그림 5.6.1(a)는 1993년 Berrou 등이 처음 제안한 터보 부호화기의 구조로 회귀 콘볼루션 부호기 #1과 #2는 부호율 1인 콘볼루션 부호화기로 전체 부호율은 1/3이며 시스터매틱 부호이다. 이에 대한 등가 모형을 그림 5.6.1(b)에 나타내었는데 부호율 1/2인 두 개의 시스터매틱 콘볼루션 부호가 병렬로 연접되어 있는 것으로 볼 수 있으며 두 번째 부호기의 입력은 첫 번째 부호기의 입력을 단순히 순서만 바꾼 것이다. 한편, 터보 부호에 사용되는 인터리버는 블

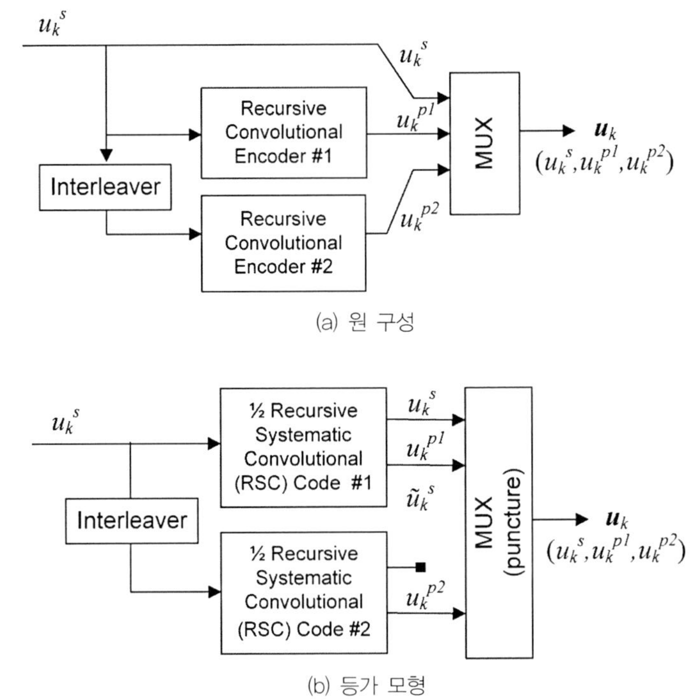

그림 5.6.1 1993년 Berrou 등이 제안한 터보 부호화기의 구조와 등가 모형

록 인터리버로 길이가 제한되며 따라서 터보 부호 역시 길이가 제한된 블록 부호이다.

5.6.1 터보 부호의 특징

터보 부호의 성능을 결정짓는 요인은 다음의 세 가지로 볼 수 있다.

(1) 회귀 시스터매틱 콘볼루션(Recursive systematic convolutional, RSC) 부호기의 사용

(2) 인터리버를 갖는 병렬 연접 구성(Parallel concatenation with interleaver)

(3) 반복적 복호 알고리즘의 사용(Iterative decoding)

먼저, 회귀 콘볼루션 부호기와 비회귀 콘볼루션 부호기를 비교해 보자. 그림 5.6.2(a)와 (b)는 각각 부호율 1/2인 회귀 콘볼루션 부호기와 비회귀 콘볼루션 부호기의 예이다. 두 부호기는 모두 부호율 1/2인 시스터매틱 콘볼루션 부호기로 정보 비트 입력 u_l에 대한 첫 번째 부호 비트는 $c_l^{(1)} = u_l$이다. 한편 두 번째 부호 비트 $c_l^{(2)} = y_l$을 생성하는 전달함수는 두 부호화기에 대해 각각 다음과 같다.

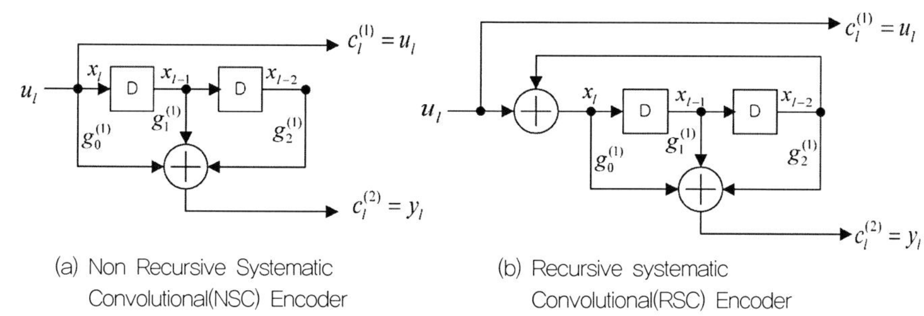

그림 5.6.2 회귀 콘볼루션 부호기와 비회귀 콘볼루션 부호기

$$\text{비회귀 부호기 : } \frac{Y(D)}{U(D)} = D^2 + D + 1 \tag{5.6.1}$$

$$\text{회귀 부호기 : } \frac{Y(D)}{U(D)} = \frac{D^2 + D + 1}{D^2 + 1} \tag{5.6.2}$$

제5장에서 다룬 콘볼루션 부호기의 생성자를 8진수로 표기하는 전통을 따르면 두 부호화기의 생성자는 각각 (1, 7) 및 (1, 7/5)이다.

[예제 5.6.1]

그림 5.6.2의 두 콘볼루션 부호기에 대해 다음에 답하라.

(a) 두 콘볼루션 부호기의 상태 천이표 및 상태 천이도를 도시하고 자유 거리를 확인해 보아라.

(b) 두 부호기에 대해 0~3의 각 상태로부터 최종 상태를 0으로 만들기 위한 꼬리 비트는 어떻게 되는가?

(c) 초기 상태가 s_0에서 시작한다고 할 때 1000000000에 대한 출력 비트열을 구하라.

답 (a) 상기의 예제로부터 우선 두 콘볼루션 부호기의 상태 천이도는 각각 그림 5.6.3(a) 및 (b)와 같으며 그림으로부터 비회귀 부호와 회귀부호의 자유 거리는 각각 4와 5임을 알 수 있다.

(b) 두 부호의 메모리 길이는 2이므로 각 상태로부터 최종 상태를 0으로 만들기 위한 꼬리 비트는 최대 2비트가 필요하며 비회귀 부호의 경우 꼬리 비트는 모두 00이다. 한편, 회귀부호의 경우 단순히 0값을 입력해서는 최종 상태를 0으로 만들 수 없으며 각 상태로부터 최종 상태를 0으로 만들기 위한 꼬리 비트는 다음과 같다.

$$s_0 : 00, \ s_1 : 01, \ s_2 : 10, \ s_3 : 11$$

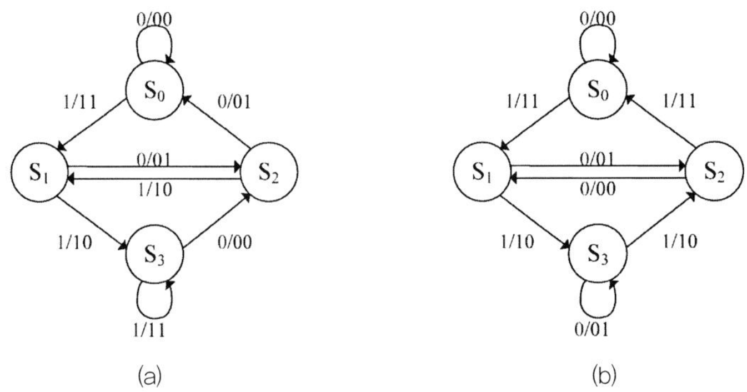

그림 5.6.3 (1, 7) 비회귀 콘볼루션 부호기의 상태 천이도(a)와 (1, 7/5) 회귀 콘볼루션 부호기의 상태 천이도(b)

(c) 초기 상태가 s_0에서 시작한다고 할 때 1000000000에 대한 출력 비트열은 각각 다음과 같다.

비회귀 부호 : 11,01,01,00,00,00,00,00,00,00

회귀 부호 : 11,01,00,01,00,01,00,01,00,01

상기의 예제 (a)에서 회귀 부호의 자유 거리가 비회귀 부호의 자유 거리보다 더 크게 나타났으나 이러한 차이가 이들 각각을 요소부호로 사용하는 병렬 연접부호의 궁극적인 성능을 좌우하는 것만은 아니다. 터보 부호의 성능은 회귀 콘볼루션 부호가 갖는 특징과 병렬 연접 구성의 조합에 의해 나타난다고 볼 수 있는데, 위의 예제로부터 확인할 수 있는 다음의 사실들을 고려해 보면 보다 쉽게 이해가 될 수 있다.

(1) 그림 5.6.2(a)의 비회귀 콘볼루션 부호기는 (시스터매틱 파트를 빼고 보면) 유한 임펄스 응답을 가지며 웨이트 1인 입력에 대해 웨이트 3인 출력이 생성된다. 반면 그림 5.6.2(b)의 회귀 콘볼루션 부호기는 무한 길이의 임펄스 응답을 가지며 웨이트 1인 입력에 대해 출력 웨이트는 (길이에 따라 다르겠지만 비회귀 부호기에 비해) 훨씬 크다.

(2) 비회귀 콘볼루션 부호의 경우 웨이트 1인 정보어는 그에 포함된 1의 위치에 상관없이 동일한 웨이트(시스터매틱 파트를 포함하여 4)를 갖는 부호어를 생성하는 반면 회귀 콘볼루션 부호의 경우 1의 위치에 따라 상응한 부호어의 웨이트가 달라지는데(부호어의 길이에 제한이 있기 때문임) 입력에서의 1의 위치가 뒤로 갈수록 출력 웨이트가 작아진다.

(3) 위의 특징으로부터 유추해 보면 (낮은 웨이트를 갖는) 정해진 입력에 대해 그림 5.6.1(a)의 두 회귀 요소 부호기로부터 얻어진 출력은 웨이트가 서로 다른 값을 가지

며 따라서 하나의 요소 부호기로부터 얻어진 부분 부호어의 웨이트가 낮더라도 또 다른 요소 부호기 출력은 웨이트가 클 수 있다.

따라서 터부 부호가 선형 부호임을 감안하면 적절한 인터리버의 설계를 통해 부호의 최소 해밍 거리를 향상시킬 수 있음을 알 수 있다.

터보 부호의 또 한 가지 특징은 변형된 BCJR 알고리즘을 이용한 반복적 복호이다. 여기서는 먼저 하나의 요소 부호에 대해 BCJR 알고리즘을 적용하여 각 정보 비트에 대한 연판정 결과를 얻고 이를 또 다른 요소 부호에 대한 BCJR 복호에서 사전 확률로 활용하는데, 이러한 과정을 반복적으로 적용함으로써 ML 복호 성능에 근접한 성능을 얻을 수 있다.

5.6.2 터보 부호의 성능

본 부절에서는 앞서 정성적으로 유추해 본 부호어의 웨이트와 관련된 논의를 좀 더 정량적인 방식으로 논의해 본다. 부호의 성능을 평가할 수 있는 1차 지표는 자유 거리 혹은 최소 해밍 거리인데, 인터리버가 사용되는 병렬 연접 구성에서 특정 인터리버에 대해 자유 거리 혹은 거리 스펙트럼을 분석하는 것은 매우 어렵다. 한편, 1996년 베네디토 등은 **균일 인터리버 앙상블**에 대한 평균적인 거리 스펙트럼의 분석 방법을 고안하여 터보 부호가 보이는 매우 우수한 성능이 어떻게 나타나는지 확인하였다. 이 방법에서 사용한 균일 인터리버는 확률적인 장치로 길이가 L이고 가충치가 w인 입력 정보 비트열에 대해 모든 가능한 순열(permutation) 중 하나를 임의로 선택하여 인터리빙을 수행하는데, 이때 특정 순열이 선택될 확률은 균일 분포에 따른다고 하면 길이 L이고 가충치가 w인 입력 정보 비트열에 대한 모든 가능한 순열의 수는 $\binom{L}{w}$이므로 각각의 확률은 $1/\binom{L}{w}$이다.

이제 그림 5.6.1(b)의 등가 모형을 고려해 보자. 입력 비트열 u_k^s의 웨이트를 w라 하고 패리티 u_k^{p1}과 u_k^{p2}의 웨이트를 각각 z_1과 z_2라 하자. 그러면 u_k^s에 의해 생성된 부호어의 웨이트는 $w+z_1+z_2$이다. 이제 요소 부호 C의 웨이트 열거 함수(WEF)가 주어졌다고 가정하자. 정해진 인터리버에 대해서 터보 부호의 WEF를 유도하는 것은 어려우나 균일 분포를 갖는 인터리버 앙상블에 대한 평균적인 WEF는 유도할 수 있다.

우선, 요소 부호의 **입력-패리티 웨이트 열거함수**(Input-redundancy weight enumerating function, IRWEF)를 다음과 같이 정의한다.

$$A^C(W,Z)=\sum_{w=1}^{L}\sum_{j}A(w,j)W^wZ^j \tag{5.6.1}$$

여기서, $A(w, j)$는 요소 부호 C의 입력 비트열의 웨이트는 w이고 이에 대한 패리티 비트열의 웨이트는 j인 부호어의 개수이며 제5장 5.4.4절의 방법에 따라 얻어진다. IRWEF는 식 (5.4.14)의 웨이트 열거 함수와 다음과 같은 관계를 갖는다.

$$A^C(Z,Z) = \sum_{w=1}^{L}\sum_{j} A(w,j)Z^{w+j} = T(Z) \qquad (5.6.2)$$

식 (5.6.1)로부터 **조건부 웨이트 열거함수**(Conditional WEF, CWEF)를 다음과 같이 정의한다.

$$A_w^C(Z) = \sum_{j} A(w,j)Z^{j} = \frac{1}{w!}\cdot\left.\frac{\partial^w A^C(W,Z)}{\partial W^w}\right|_{W=1} \qquad (5.6.3)$$

$A_w^C(Z)$는 입력 비트열의 웨이트가 w일 때의 조건부 WEF로 명백히 다음의 조건이 만족된다.

$$A^C(W,Z) = \sum_{w=1}^{L} A_w^C(Z)\cdot W^w \qquad (5.6.4)$$

터보 부호에 사용된 두 요소 부호를 각각 C_1 및 C_2라 하고 이들의 CWEF를 각각 $A_w^{C_1}(Z)$ 및 $A_w^{C_2}(Z)$라 하자. C_1과 C_2가 병렬 연접된 터보 부호 C_p의 균일 인터리버 앙상블에 대한 평균 CWEF는 다음과 같이 나타낼 수 있다.

$$A_w^{C_p}(Z) = \frac{A_w^{C_1}(Z)\cdot A_w^{C_2}(Z)}{\binom{L}{w}} \qquad (5.6.5)$$

또한, 식 (5.6.4)의 관계로부터 C_p의 IRWEF와 WEF는 각각 다음과 같이 얻어진다.

$$A^{C_p}(W,Z) = \sum_{w=1}^{L} A_w^{C_p}(Z)\cdot W^w \qquad (5.6.6)$$

$$T^{C_p}(Z) = A^{C_p}(Z,Z) = \sum_{n=d_{H,\min}}^{N} T^{C_p}(n)Z^n \qquad (5.6.7)$$

여기서, $d_{H,\min}$은 최소 해밍 거리이며 $T^{C_p}(n)$는 부호 C_p의 거리 스펙트럼으로 해밍-웨이트가 n인 부호어의 평균적인 개수(균일분포를 갖는 인터리버 앙상블에 대한 기댓값)를 나타낸다.

식 (5.6.7)을 이용하여 부호어 오류 확률에 대한 유니온 바운드를 얻을 수 있으며 5.4절의 식 (5.4.29)와 유사하게 BPSK 변조에 대해 다음과 같이 얻어진다.

$$P_E \le T^{C_p}(Z)\Big|_{Z=\exp(-2rE_b/N_0)} \tag{5.6.8}$$

여기서, r은 부호율이다. 또한, 비트 오류율 바운드는 다음과 같다.

$$\begin{aligned} P_b &\le \frac{W}{L}\frac{\partial^w A^C(W,Z)}{\partial W^w}\Bigg|_{W=Z=\exp(-2rE_b/N_0)} \\ &= \sum_{w=1}^{L}\frac{w}{L}A_w^{C_p}(Z)\cdot W^w\Big|_{W=Z=\exp(-2rE_b/N_0)} \end{aligned} \tag{5.6.9}$$

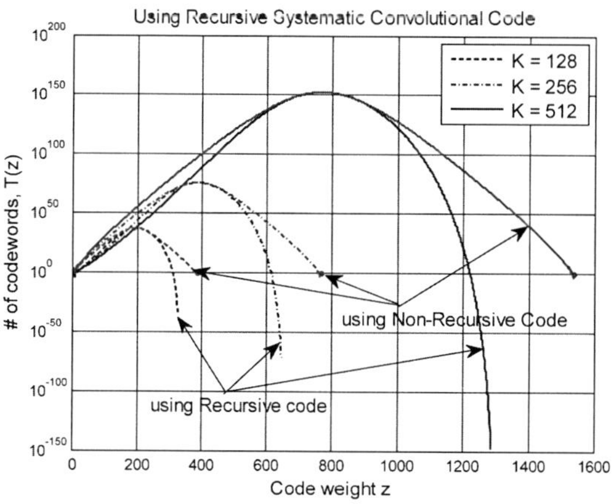

(a) 전체 거리 스펙트럼

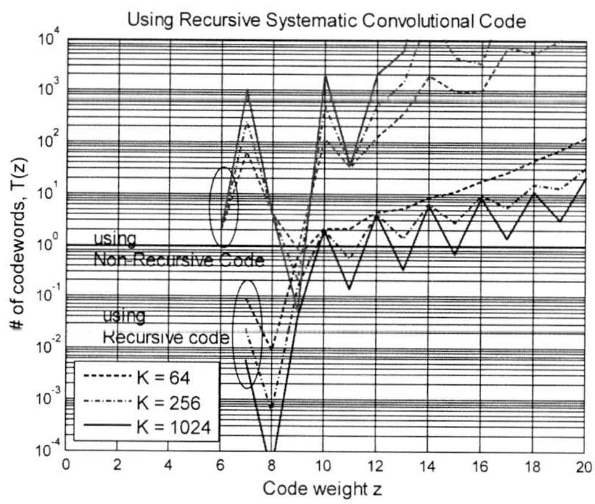

(b) 0~20까지의 거리 스펙트럼

그림 5.6.4 비회귀 및 회귀 시스터매틱 콘볼루션 부호를 요소부호로 사용한 병렬 연접 부호의 균일 인터리버 앙상블에 대한 평균 거리 스펙트럼

그림 5.6.4는 그림 5.6.1의 비회귀 시스터매틱 콘볼루션 부호와 회귀 부호를 각각 요소 부호로 갖는 부호율 1/3인 두 터보 부호의 거리 스펙트럼을 보여준다. 각 부호에 대해 입력 비트열의 길이는 $L = 128$, 256 및 512를 사용하였으며 이들 각각에 대한 부호어의 길이는 $N = 392$, 776 및 1544이다.

한편, 그림 5.6.5는 식 (5.6.9)를 적용하여 얻은 비트 오류 확률의 유니온 바운드를 보여준다. 그림을 보면 우선 E_b/N_0가 일정 값 이하의 낮은 영역에서는 연산 폭포 영역(computational waterfall region)이 존재하는데, 이 연산 폭포를 보이는 E_b/N_0보다 큰 영역에서는 의미 있는 부호어 오류확률을 보인다. 또한, 요소 부호가 회귀적 콘볼루션 부호인 경우 부호어의 길이가 늘어남에 따라 부호어 오류율의 바운드는 점점 더 낮아지나 비회귀적 부호의 경우 부호어의 길이가 늘어나도 부호어 오류율 바운드는 유사한 수준을 유지하는 것을 볼 수 있다. 물론, 이들 바운드는 균일 인터리버 앙상블에 대한 평균으로 실제 터보 부호의 오류 성능과는 다를 수 있으나 잘 설계된 인터리버의 사용을 통해 최소한 평균 오류율 바운드보다는 더 좋은 오류율 성능을 갖는 부호를 얻을 수 있다는 논리는 타당해 보이며 이에 따라 인터리버 설계에 대한 많은 연구가 진행되었다. 가장 간단한 인터리버로는 행렬을 이용하여 행 순으로 쓰고 열 순으로 읽어내는 블록 인터리버가 있을 수 있으나 이러한 단순한 인터리버가 갖는 규칙성은 터보 부호에는 적절하지 않은 것으로 보고되었으며 S-랜덤 인터리버, quadratic 인터리버, 프라임 인터리버 등 불규칙 요소가 강하거나 좀 더 규칙성이 복잡한 인

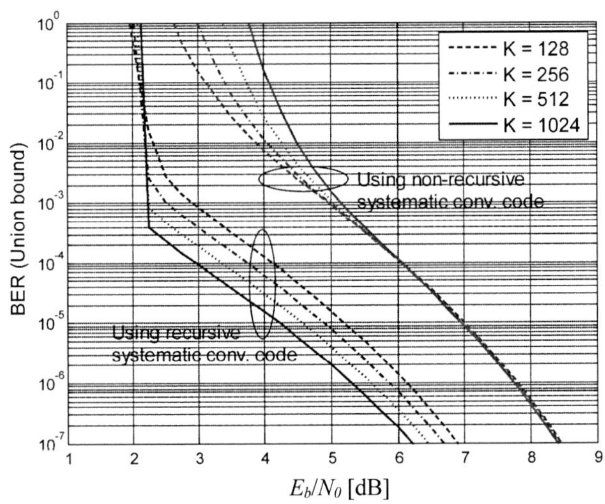

그림 5.6.5 비회귀 및 회귀 시스터매틱 콘볼루션 부호를 요소 부호로 사용한 병렬 연접 부호의 균일 인터리버 앙상블에 대한 비트 오류율 바운드

터리버들이 터보 부호를 위한 인터리버로 제안되었다.

5.6.3 터보 부호의 복호(*)

터보 부호의 복호는 반복적인 복호 방식인데 먼저 하나의 요소 부호에 대해 BCJR 알고리즘으로도 알려진 APP(a posteriori probability) **복호**를 적용하여 각 정보 비트에 대한 연판정 결과를 얻고 이를 또 다른 요소 부호에 대한 APP 복호에서 사전 확률로 활용하는 과정을 반복적으로 적용한다. 먼저 APP 복호에 대해 알아보자.

APP 복호 알고리즘 APP 복호 알고리즘은 1974년 Bahl, Cocke, Jelink 및 Raviv에 의해 제안된 알고리즘으로 콘볼루션 부호의 복호에 적용 가능한데 Viterbi 복호가 경판정 값을 생성하는 반면 APP 복호 알고리즘은 각 정보비트에 대한 연판정 값을 생성할 수 있는 장점이 있다. 그러나 부호어 오류율 성능에서 Viterbi 복호기에 비해 성능이 떨어지기 때문에 주목을 받지 못하였다. APP 복호 알고리즘 역시 Viterbi 복호와 마찬가지로 트렐리스도 상에서 연산이 이루어지는데, Viterbi 복호가 수신 신호 벡터와 가장 거리가 작은 하나의 경로만을 탐색하는 과정이라면 APP 복호 알고리즘은 모든 가능한 경로를 탐색하여 특정 정보 비트에 대한 사후 확률을 얻는 과정이다.

먼저, 5.4.3절에서와 마찬가지로 s와 s'를 트렐리스도 상에서의 상태를 나타내는 변수라 하고 (s', s)를 이전 상태 s'에서 다음 상태 s로 천이하는 가지(branch)를 나타낸다고 하자. 이를 이용하여 다음을 정의한다.

(1) $\mathbf{c}(s', s)$: 가지 (s', s)에 상응한 콘볼루션 부호의 부호어 프래그먼트

(2) $b(s', s) \in \{+1, -1\}$: 가지 (s', s)에 상응한 정보 비트

(3) $\mathbf{r}_k$: k번째 트렐리스 스테이지에 대한 수신 워드 프래그먼트 (즉, k번째 정보 비트 입력 x_k에 대한 출력 열 $\{c_k^{(1)}, c_k^{(2)}, \cdots, c_k^{(n)}\}$의 수신된 값.) $k = 1, 2, \cdots, L$

(4) $\mathbf{r} = [\mathbf{r}_1, \mathbf{r}_2, \cdots \mathbf{r}_L] = \mathbf{r}_1^L$: 전체 수신신호 벡터

APP 복호 알고리즘에서 얻고자 하는 목표는 다음과 같다.

$$\begin{aligned}\Pr\{ x_k = x \mid \mathbf{r}_1^L \} &= \sum_{(s,s'):b(s,s')=x} \Pr\{ S_k = s, S_{k-1} = s' \mid \mathbf{r}_1^L \} \\ &\propto \sum_{(s,s'):b(s,s')=x} \Pr\{ S_k = s, S_{k-1} = s', \mathbf{r}_1^L \}\end{aligned} \tag{5.6.10}$$

이를 위해 다음의 변수들을 정의한다.

(1) 가지 메트릭(branch metric): $\gamma_k(s,s') \equiv \Pr\{ S_k = s, \mathbf{r}_k \mid S_{k-1} = s' \}$ (5.6.11)

(2) 전향 변수(Forward variable): $\alpha_k(s) \equiv \Pr\{\ S_k = s, \mathbf{r}_1^k\ \}$ (5.6.12)

(3) 후향 변수(Backward variable): $\beta_k(s) \equiv \Pr\{\ \mathbf{r}_{k+1}^L \mid S_k = s\ \}$ (5.6.13)

먼저, 메모리가 없고 잡음 전력이 σ^2인 AWGN 채널을 가정하면 가지 메트릭은 다음과 같다.

$$\begin{aligned}\gamma_k(s,s') &\equiv \Pr\{\ S_k = s, \mathbf{r}_k \mid S_{k-1} = s'\} \\ &= \Pr\{\ \mathbf{r}_k \mid S_k = s, S_{k-1} = s'\}\cdot\Pr\{\ S_k = s \mid S_{k-1} = s'\} \\ &= \Pr\{\ \mathbf{r}_k \mid S_k = s, S_{k-1} = s'\}\cdot\Pr\{\ x_k = b(s,s')\} \\ &\propto \exp\left(-\|\mathbf{r}_k - \mathbf{c}(s,s')\|^2/2\sigma^2\right)\cdot\Pr\{\ x_k = b(s,s')\}\end{aligned} \tag{5.6.14}$$

또한, (5.6.12) 및 (5.6.13)의 정의로부터 다음을 얻는다.

$$\begin{aligned}\alpha_k(s) &\equiv \Pr\{\ S_k = s, \mathbf{r}_1^k\ \} \\ &= \sum\nolimits_{s'\in N^-(s)} \Pr\{\ S_{k-1} = s', S_k = s, \mathbf{r}_1^k\ \} \\ &= \sum\nolimits_{s'\in N^-(s)} \Pr\{\ S_k = s, \mathbf{r}_k \mid S_{k-1} = s'\}\cdot\Pr\{\ S_{k-1} = s', \mathbf{r}_1^{k-1}\ \} \\ &= \sum\nolimits_{s'\in N^-(s)} \gamma_k(s,s')\cdot\alpha_{k-1}(s')\end{aligned} \tag{5.6.15}$$

$$\begin{aligned}\beta_k(s) &\equiv \Pr\{\ \mathbf{r}_{k+1}^L \mid S_k = s\ \} \\ &= \sum\nolimits_{s'\in N^+(s)} \Pr\{S_{k+1} = s', \mathbf{r}_{k+1}^L \mid S_k = s\} \\ &= \sum\nolimits_{s'\in N^+(s)} \Pr\{\ S_{k+1} = s', \mathbf{r}_{k+1} \mid S_k = s\ \}\cdot\Pr\{\ \mathbf{r}_{k+2}^L \mid S_{k+1} = s'\} \\ &= \sum\nolimits_{s'\in N^+(s)} \gamma_{k+1}(s',s)\cdot\beta_{k+1}(s')\end{aligned} \tag{5.6.16}$$

여기서, $N^-(s)$와 $N^+(s)$는 상태 노드 s에 연결된 이전 및 이후 상태 노드들의 집합이다. 위 식에서 알 수 있듯이, 전향 변수와 후향 변수는 각각 초기 변수 $\alpha_0(s')$와 $\beta_k(s')$로부터 회귀적으로 계산된다. 한편, 식 (5.6.10) 우변의 결합 확률 $\Pr\{S_k = s,\ S_{k-1} = s',\ \mathbf{r}_1^L\}$는 다음과 같이 쓸 수 있다.

$$\begin{aligned}&\Pr\{\ S_k = s, S_{k-1} = s', \mathbf{r}_1^L\ \} \\ &= \Pr\{\ S_k = s, \mathbf{r}_1^k\ \}\Pr\{\ S_k = s, \mathbf{r}_k \mid S_{k-1} = s'\ \}\Pr\{\ \mathbf{r}_{k+1}^L \mid S_k = s\ \} \\ &= \alpha_{k-1}(s')\gamma_k(s,s')\beta_k(s)\end{aligned} \tag{5.6.17}$$

따라서 $\{\gamma_k(s, s'),\ \alpha_k(s),\ \beta_k(s)\ \ \forall k\}$를 이용하여 식 (5.6.10)의 사후 확률을 다음과 같이 얻을 수 있다.

$$\Pr\{\ x_k = x \mid \mathbf{r}_1^L\ \} \propto \sum_{(s,s'):b(s,s')=x} \alpha_{k-1}(s')\gamma_k(s,s')\beta_k(s) \tag{5.6.18}$$

요소 콘볼루션 부호의 초기 상태와 최종상태가 각각 0상태에서 시작하여 0상태로 끝난다고 가정하고 APP 복호 알고리즘을 요약하면 다음과 같다.

==

알고리즘 시작

초기화:

$$\alpha_0(s) = \beta_L(s) = \begin{cases} 1 & \text{for } s = 0 \\ 0 & \text{for } s \neq 0 \end{cases} \tag{5.6.19}$$

순방향 회귀 연산(Forward recursion):

For k = 1 : 1 : L

모든 가지 (s', s)에 대해 **가지 메트릭**(branch metric) $\gamma_k(s', s)$ 계산

$$\gamma_k(s',s) = \exp\left(-\frac{\| \mathbf{r}_k - \mathbf{c}(s',s) \|^2}{2\sigma^2}\right) \cdot \Pr\{\ x_k = b(s,s')\ \} \tag{5.6.20}$$

전향변수 연산 및 저장

$$\alpha_k(s) = \sum\nolimits_{s' \in N^-(s)} \gamma_k(s,s') \cdot \alpha_{k-1}(s') \tag{5.6.21}$$

End

역방향 회귀 연산(Backward recursion) **및 사후확률 연산**:

For k = L : -1 : 1

$$\beta_{k-1}(s) = \sum\nolimits_{s' \in N^+(s)} \gamma_k(s',s) \cdot \beta_k(s') \tag{5.6.22}$$

$$\Pr\{\ x_k = x \mid \mathbf{r}_1^L\ \} \propto \sum_{(s,s'):\, b(s,s') = x} \alpha_{k-1}(s') \gamma_k(s,s') \beta_k(s) \tag{5.6.23}$$

End

알고리즘 종료

==

상기의 APP 복호 알고리즘은 지수 함수의 연산이 포함되므로 하드웨어 구현 시 부담스러울 수 있으므로 일반적으로는 약간의 성능 열화를 감수하고 연산량이 보다 적은 **Max-Log-Map 알고리즘**을 사용한다.

먼저 이진 부호를 가정하면 사전확률(및 사후확률)은 소위 Log-likelihood ratio(LLR)라는 값으로 요약하여 표현 가능하다. 즉,

$$L_{a,k} \equiv \log \frac{\Pr\{x_k = +1\}}{\Pr\{x_k = -1\}} \tag{5.6.24}$$

여기서, $\Pr\{x=+1\}+\Pr\{x=-1\}=1$ 을 이용하면

$$\Pr\{x_k=\pm 1\}=\frac{e^{\pm L_{a,k}/2}}{e^{+L_{a,k}/2}+e^{-L_{a,k}/2}} \tag{5.6.25}$$

을 얻는다.

Max-log-MAP의 아이디어는 다음의 근사식을 이용하는 것이다.

$$\log\left(e^{a}+e^{b}\right)\approx \max(a,b) \tag{5.6.26}$$

이를 전향변수와 후향변수의 회귀연산에 적용하면 다음과 같다.

$$\log\alpha_k(s)\approx \max_{s'\in N^-(s)}\left(\log\gamma_k(s,s')+\log\alpha_{k-1}(s')\right) \tag{5.6.27}$$

$$\log\beta_k(s)\approx \max_{s'\in N^+(s)}\left(\log\gamma_{k+1}(s',s)+\log\beta_{k+1}(s')\right) \tag{5.6.28}$$

여기서

$$\log\gamma_k(s,s')=-\frac{\|\mathbf{r}_k-\mathbf{c}(s,s')\|^2}{2\sigma^2}+\frac{b(s,s')\cdot L_{a,k}}{2} \tag{5.6.29}$$

이를 이용하여 APP 복호 알고리즘을 바꿔 보면 다음과 같다.

==

알고리즘 시작

초기화:

$$l\alpha_0(s)=l\beta_K(s)=\begin{cases}0 & \text{for } s=0\\ -\infty & \text{for } s\neq 0\end{cases} \tag{5.6.30}$$

순방향 회귀 연산(Forward recursion):

For $k = 1:1:L$

모든 가지 (s', s)에 대해 **가지 메트릭**(branch metric) $\gamma_k(s', s)$ 계산

$$l\gamma_k(s',s)=-\frac{\|\mathbf{r}_k-\mathbf{c}(s',s)\|^2}{2\sigma^2}+\frac{b(s,s')\cdot L_{a,k}}{2} \tag{5.6.31}$$

전향변수 연산 및 저장

$$l\alpha_k(s)=\max_{s'\in N^-(s)}\left(l\gamma_k(s,s')+l\alpha_{k-1}(s')\right) \tag{5.6.32}$$

End

역방향 회귀 연산(Backward recursion) 및 사후확률 연산:

For $k = L:-1:1$

$$l\beta_{k-1}(s) = \max_{s' \in N^+(s)} \left(l\gamma_k(s', s) + l\beta_k(s') \right) \tag{5.6.33}$$

$$\begin{aligned} L_{p,k} = & \max_{(s,s'):b(s,s')=+1} \left(l\alpha_{k-1}(s') + l\gamma_k(s,s') + l\beta_k(s) \right) \\ & - \max_{(s,s'):b(s,s')=-1} \left(l\alpha_{k-1}(s') + l\gamma_k(s,s') + l\beta_k(s) \right) \end{aligned} \tag{5.6.34}$$

End

알고리즘 종료

===

위의 식 (5.6.34)에서 $L_{p,k}$의 정의는 다음과 같다.

$$L_{p,k} \equiv \log \frac{\Pr\{ x_k = +1 \mid \mathbf{r}_1^L \}}{\Pr\{ x_k = -1 \mid \mathbf{r}_1^L \}} \tag{5.6.35}$$

상기의 APP 복호를 이용한 터보 부호의 복호 알고리즘은 그림 5.6.6과 같다. 그림에서 APP (cc1)과 APP(cc2)는 각각 두 요소 콘볼루션 부호기에 대한 APP 복호기를 나타내며 두 APP 복호기 모두 (각 요소 부호기에 대한) 수신 신호 벡터 $\mathbf{r}^{(*)}$와 정보 비트의 사전 확률에 대한 LLR 벡터 $\mathbf{L}_a^{(*)}$를 입력으로 받아 정보 비트의 사후 확률에 대한 LLR 벡터 $\mathbf{L}_a^{(*)}$를 생성하여 또 다른 APP 복호기에 전달한다. 한편, 사후 LLR을 전달할 때는 사후 LLR에서 사전 LLR 값을 빼준 소위 'extrinsic LLR'만을 전달하는데, 이는 반복에 따른 LLR 값의 안정된 수렴을 위한 것으로 extrinsic information의 정의는 다음과 같다.

$$L_{e,k} = L_{p,k} - L_{a,k} \tag{5.6.36}$$

이러한 반복은 사전에 정해진 횟수만큼 반복하거나 혹은 사후 LLR값이 더 이상 변하지 않을 때까지 반복할 수 있는데, 그림 5.6.7은 이러한 반복적 복호 알고리즘을 적용한 경우 반복 횟수에 따른 터보 부호의 오류 성능의 향상을 보여준다.

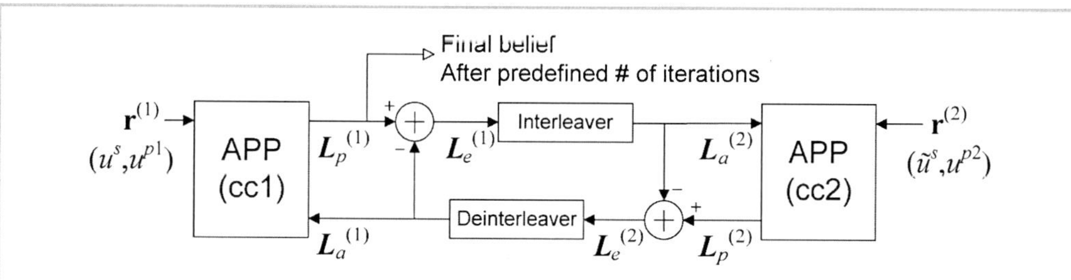

그림 5.6.6 APP 복호를 반복적으로 적용하는 터보 부호의 복호 과정

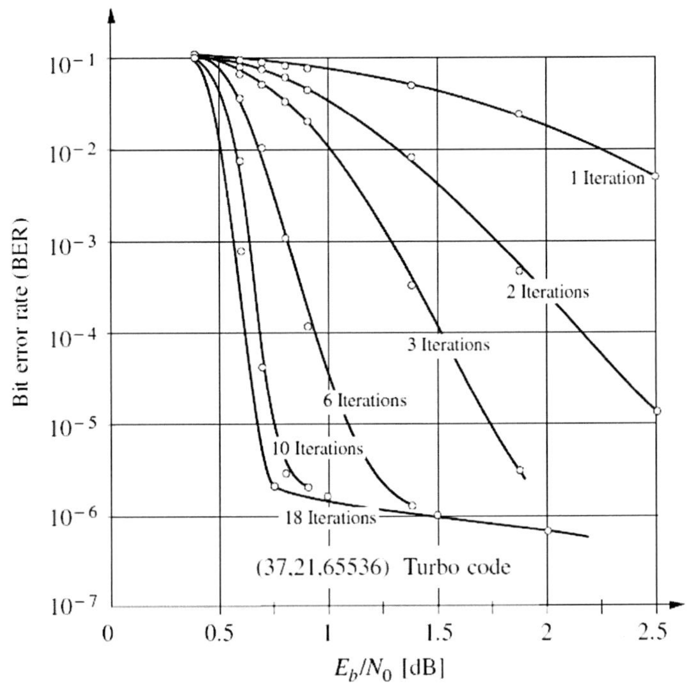

그림 5.6.7 반복적 복호 알고리즘을 적용한 경우 터보 부호의 오류 성능. 요소 부호: (1, 21/37) 콘볼루션 부호, 부호어 길이: 65536(인용: John G. Proakis, Digital Communications 5th ed., McGraw-Hill, 2007)

5.6.4 낮은 처리지연을 위한 병렬 복호

그림 5.6.6에 기술된 터보 부호의 복호 알고리즘은 각 요소 부호에 대한 APP 복호 자체가 (순방향 변수와 역방향 변수를 순차적으로 얻어야 하는) 순환적인 연산일뿐더러 이를 여러 번 반복해야 하기 때문에 연산 지연(latency)이 클 수밖에 없으며 이러한 연산 지연은 즉각적인 확인 응답(acknowledgement)이 요구되는 데이터 통신망에서는 부담일 수밖에 없다.

터보 부호의 복호에서 연산 지연을 줄이기 위해서는 각 요소 부호에 대한 APP 복호(Forward-backward 연산)의 병렬화가 필요한데, 이는 전체 트렐리스 스테이지를 K개의 블록으로 나누어 병렬로 순환 연산을 수행하는 것이다. 여기서 각 블록의 순환 연산을 병렬로 처리할 경우 각 블록의 시작 전향변수와 최종 후향변수에 대한 초기 상태분포 값이 요구되는데 터보 부호의 경우 반복적인 APP 복호가 적용되므로 이전 반복에서의 상태분포 값을 활용하는 것이 가능하다. 그림 5.6.8은 APP 복호를 병렬로 처리하기 위한 구조를 보여주는데 처리 방법은 다음과 같다.

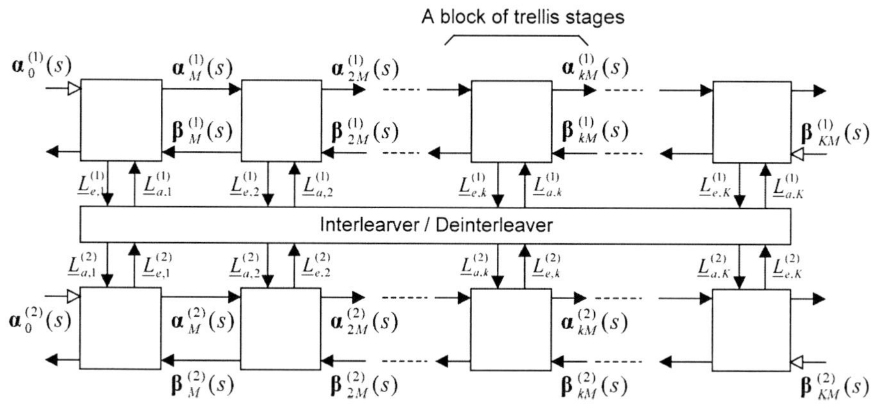

그림 5.6.8 낮은 연산 지연을 위한 병렬 복호기 구조(인용: S. Yoon and Y. Bar-Ness, "A Parallel MAP Algorithm for Low Latency Turbo Decoding," IEEE Communications Letters, vol.6, No.7, 288-290, July 2002)

(1) 먼저, K개의 연산 단위를 이용한 병렬처리를 위해 요소 부호에 대한 길이 L의 트렐리스 스테이지를 K개의 블록으로 나눈다(이때, 각 블록의 트렐레스 스테이지 수는 $M = L/K$이다).

(2) 각 블록, 예를 들면, k번째 블록에서는 이전 터보 반복에서 얻어진 (k-1)번째 블록의 최종 전향변수 $\alpha_{(k-1)M}(s)$와 $(k+1)$번째 블록의 최종 후향변수 $\beta_{kM}(s)$를 초기 상태 분포 값으로 하여 전향변수 $\alpha_{(k-1)M+l}(s)$, $l=1,\ 2,\ \cdots,\ M$와 후향변수 $\beta_{kM-l}(s)$, $l=1,\ 2,\ \cdots,\ M$을 순차적으로 얻고 다음 번 반복에서 인접 블록의 초기 상태 분포 값을 위해 $\alpha_{kM}(s)$과 $\beta_{(k-1)M}(s)$를 저장한다.

(3) 최초의 터보 반복에서는 블록 경계에서의 상태 분포가 수어지지 않으므로 이 경우 $\alpha_0(s)$와 $\beta_N(s)$를 제외한 나머지 블록 경계에서의 상태 분포는 $\alpha_{kM}(s)=\beta_{kM}(s)=1/N_s$ $\forall$k로 놓는다.

(4) 단계 (2)는 모든 블록에 대해 병렬로 이루어지며 이는 두 요소 부호에 대해 (정상적인 터보 복호 알고리즘과 동일하게) 교대로 빈복된다.

만약 이러한 병렬 알고리즘이 L개의 트렐리스 스테이지의 연산을 순차적으로 수행하는 정상적인 Forward-backward 알고리즘과 동일한 성능을 갖는다면 이를 통해 얻어지는 연산 지연의 감소는 $1/K$로 주어질 것이다. 그러나 최초 반복에서 블록 경계의 상태 분포가 균일 분포로 시작되기 때문에 필연적으로 성능 열화가 발생하며 정상적인 터보 복호기의 성능과 동일한 성능을 얻기 위해 추가적인 터보 반복이 필요할 수도 있다.

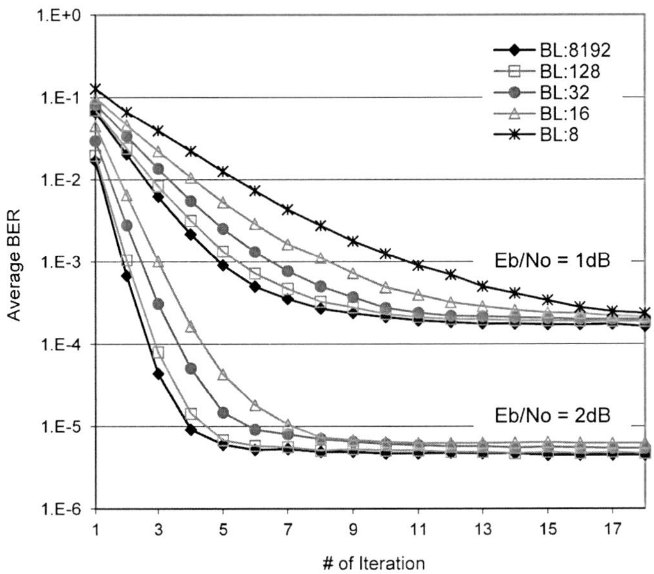

그림 5.6.9 블록 길이에 따른 병렬 복호 알고리즘의 성능(인용: S. Yoon and Y. Bar-Ness, "A Parallel MAP Algorithm for Low Latency Turbo Decoding," IEEE Communications Letters, vol.6, No.7, 288-290, July 2002)

그림 5.6.9는 $L = 8192$인 터보 부호에 대해 정상적인 터보 복호 알고리즘과 여러 가지 블록 길이(BL)로 병렬 처리한 경우의 터보 반복에 따른 BER의 수렴 성능을 보여주는데, 결과로부터 알 수 있듯이 블록 길이가 길어질수록 병렬 복호 알고리즘의 수렴 성능은 정상적인 터보 복호 알고리즘의 수렴 성능에 가까워지며, 블록 길이가 128 이상에서는 정상적인 터보 복호 알고리즘과 거의 차이가 없는 것을 알 수 있다. 이러한 결과는 결국 블록 길이를 충분히 크게 하여 첫 번째 반복에서 얻어지는 각 블록의 최종 상태 분포를 충분히 신뢰성 있게 만들면 병렬 처리에 의한 수렴 성능의 열화를 최소화 할 수 있음을 보여준다.

병렬 복호 알고리즘에서 고려해야 할 또 한 가지는 LLR 값을 저장하는 메모리 액세스에서의 충돌 발생이다. 먼저, 병렬 복호기가 K개의 연산 블록과 K개의 메모리 모듈로 구성된다고 하자. 여기서 K개의 각 메모리 모듈은 M개의 LLR 값을 '순서대로' 저장한다고 가정하자. 즉, i번째 비트가 저장된 메모리의 인덱스는 $\lfloor i/M \rfloor$이며 메모리 내에서의 위치는 $(i)_M$이다. 이제, 인터리버 함수를 $\Pi(i)$, $i = 0, 1, \cdots, L-1$로 정의하고 첫 번째 요소 부호에 대한 APP 복호를 고려해 보자. K개의 각 블록(예를 들어 k번째 연산 블록)은 그 블록에서의 APP 연산에 필요한 (사전) LLR 값을 '순서대로(k번째 메모리 모듈 내에서 위치 $j = 0, 1, 2, \cdots,$

$M-1$의 순으로)' 읽어 들여 전향변수와 후향변수를 계산한 후 최종적으로 extrinsic LLR 값을 산출하여 메모리에 저장한다. 여기서, j번째 입력 LLR에 대한 extrinsic LLR 값이 저장되는 메모리 모듈의 인덱스와 그 메모리 내에서의 위치는 각각 $\lfloor \Pi(kM+j)/M \rfloor$와 $(\Pi(kM+j))_M$이다. 문제는 K개의 연산 블록이 동시에 메모리에 써야 하는데, 두 개 이상의 연산 블록이 동일한 메모리에 extrinsic LLR값을 저장하게 되는 경우 '충돌'이 발생하게 된다. 이러한 상황은 두 번째 요소 부호에 대한 복호에서도 똑같은 방식으로 발생한다. 메모리 액세스에서의 충돌 발생을 회피할 수 있는 한 가지 방법은 인터리버를 잘 설계하여 K개의 연산 블록이 동시에 extrinsic LLR값을 저장할 때 서로 다른 메모리 모듈에 쓰도록 만드는 것이며 이는 다음의 **무충돌(contention-free) 조건**으로 표현될 수 있다.

$$\left\lfloor \frac{\Pi(j+kM)}{M} \right\rfloor \neq \left\lfloor \frac{\Pi(j+k'M)}{M} \right\rfloor \tag{5.6.37}$$

$$\left\lfloor \frac{\Pi^{-1}(j+kM)}{M} \right\rfloor \neq \left\lfloor \frac{\Pi^{-1}(j+k'M)}{M} \right\rfloor \tag{5.6.38}$$

5.6.5 LTE 규격의 터보 부호

LTE 하향 링크의 공용 데이터 채널인 DL-SCH는 채널 부호로 터보 부호를 사용하며 이를 적절히 천공(혹은 반복)하여 여러 가지의 부호율을 지원한다. 그림 5.6.1은 DL-SCH의 채널 부호화 및 다중화 처리과정을 보여주는데, 본 부절에서는 그림에서 회색으로 표기된 채널 부호화 과정에 대해서만 알아본다.

부호기의 구조 터보 부호기의 입력 데이터 블록 $c_{r0}, c_{r1}, \ldots, c_{r(L-1)}$(여기서, L는 입력 블록의 길이)은 그림 5.6.11의 정상적 부호율 1/3인 (꼬리 비트에 의한 추가적인 부호율 손실은 고려하지 않은 부호율이 1/3인) 터보 부호화기에 의해 부호화된다. 그림의 터보 부호는 Berrou 등에 의해 제안된 구성과 동일한 부호율 1/2인 회귀 콘볼루션 부호기가 병렬 연접된 구성으로 두 콘볼루션 부호기는 완전히 동일하며 이들의 생성자 다항식은 다음과 같다.

$$G(D) = \left[1, \frac{1+D+D^3}{1+D^2+D^3}\right] = [1,13/15] \tag{5.6.39}$$

터보 부호 내부 인터리버 한편, 터보 부호에 사용되는 인터리버는 소위 QPP(Quadrature Permutation Polynomial) 인터리버라 하는데, i번째 입력 비트의 출력 비트 열에서의 위치

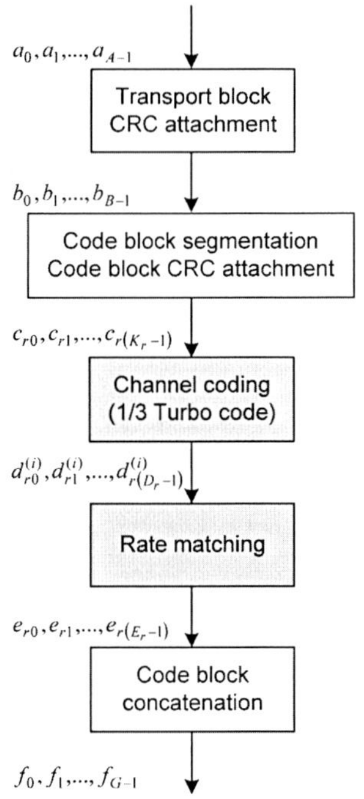

그림 5.6.10 LTE 하향 링크 공유채널의 채널 부호화 및 다중화

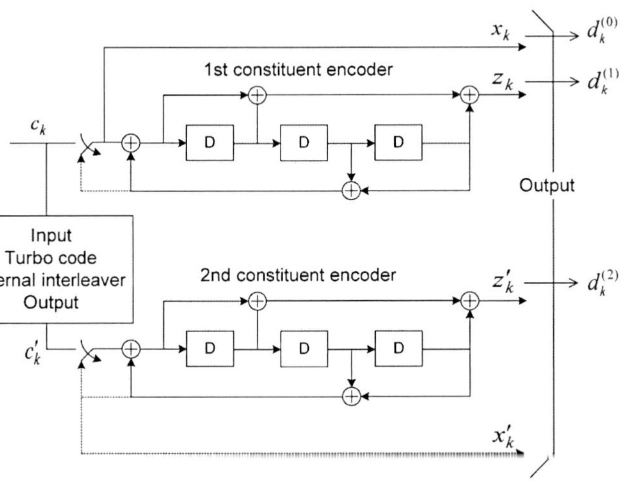

그림 5.6.11 LTE 하향 링크 DL-SCH에 사용되는 터보 부호화기

$\Pi(i)$는 다음의 식에 의해 주어진다.

$$\Pi(i) = \left(f_1 \cdot i + f_2 \cdot i^2\right)_L \tag{5.6.40}$$

여기서 $(\cdot)_L$는 모듈로-L 연산이며 f_1과 f_2는 입력 비트열의 길이에 따라 선택되는 파라미터로 다음의 표 5.6.1에 의해 주어진다. 표로부터 알 수 있듯이 터보 부호의 입력 데이터 블록

표 5.6.1 LTE 터보 부호의 길이에 따른 내부 인터리버 파라미터의 설정 값

i	K_i	f_1	f_2	i	K_i	f_1	f_2	i	K_i	f_1	f_2	i	K_i	f_1	f_2
1	40	3	10	48	416	25	52	95	1120	67	140	142	3200	111	240
2	48	7	12	49	424	51	106	96	1152	35	72	143	3264	443	204
3	56	19	42	50	432	47	72	97	1184	19	74	144	3328	51	104
4	64	7	16	51	440	91	110	98	1216	39	76	145	3392	51	212
5	72	7	18	52	448	29	168	99	1248	19	78	146	3456	451	192
6	80	11	20	53	456	29	114	100	1280	199	240	147	3520	257	220
7	88	5	22	54	464	247	58	101	1312	21	82	148	3584	57	336
8	96	11	24	55	472	29	118	102	1344	211	252	149	3648	313	228
9	104	7	26	56	480	89	180	103	1376	21	86	150	3712	271	232
10	112	41	84	57	488	91	122	104	1408	43	88	151	3776	179	236
11	120	103	90	58	496	157	62	105	1440	149	60	152	3840	331	120
12	128	15	32	59	504	55	84	106	1472	45	92	153	3904	363	244
13	136	9	34	60	512	31	64	107	1504	49	846	154	3968	375	248
14	144	17	108	61	528	17	66	108	1536	71	48	155	4032	127	168
15	152	9	38	62	544	35	68	109	1568	13	28	156	4096	31	64
16	160	21	120	63	560	227	420	110	1600	17	80	157	4160	33	130
17	168	101	84	64	576	65	96	111	1632	25	102	158	4224	43	264
18	176	21	44	65	592	19	74	112	1664	183	104	159	4288	33	134
19	184	57	46	66	608	37	76	113	1696	55	954	160	4352	477	408
20	192	23	48	67	624	41	234	114	1728	127	96	161	4416	35	138
21	200	13	50	68	640	39	80	115	1760	27	110	162	4480	233	280
22	208	27	52	69	656	185	82	116	1792	29	112	163	4544	357	142
23	216	11	36	70	672	43	252	117	1824	29	114	164	4608	337	480
24	224	27	56	71	688	21	86	118	1856	57	116	165	4672	37	146
25	232	85	58	72	704	155	44	119	1888	45	354	166	4736	71	444
26	240	29	60	73	720	79	120	120	1920	31	120	167	4800	71	120
27	248	33	62	74	736	139	92	121	1952	59	610	168	4864	37	152
28	256	15	32	75	752	23	94	122	1984	185	124	169	4928	39	462
29	264	17	198	76	768	217	48	123	2016	113	420	170	4992	127	234
30	272	33	68	77	784	25	98	124	2048	31	64	171	5056	39	158
31	280	103	210	78	800	17	80	125	2112	17	66	172	5120	39	80
32	288	19	36	79	816	127	102	126	2176	171	136	173	5184	31	96
33	296	19	74	80	832	25	52	127	2240	209	420	174	5248	113	902
34	304	37	76	81	848	239	106	128	2304	253	216	175	5312	41	166
35	312	19	78	82	864	17	48	129	2368	367	444	176	5376	251	336
36	320	21	120	83	880	137	110	130	2432	265	456	177	5440	43	170
37	328	21	82	84	896	215	112	131	2496	181	468	178	5504	21	86
38	336	115	84	85	912	29	114	132	2560	39	80	179	5568	43	174
39	344	193	86	86	928	15	58	133	2624	27	164	180	5632	45	176
40	352	21	44	87	944	147	118	134	2688	127	504	181	5696	45	178
41	360	133	90	88	960	29	60	135	2752	143	172	182	5760	161	120
42	368	81	46	89	976	59	122	136	2816	43	88	183	5824	89	182
43	376	45	94	90	992	65	124	137	2880	29	300	184	5888	323	184
44	384	23	48	91	1008	55	84	138	2944	45	92	185	5952	47	186
45	392	243	98	92	1024	31	64	139	3008	157	188	186	6016	23	94
46	400	151	40	93	1056	17	66	140	3072	47	96	187	6080	47	190
47	408	155	102	94	1088	171	204	141	3136	13	28	188	6144	263	480

의 길이 L은 최소 40비트에서 최대 6144비트까지 8비트 단위로 증가되는 길이를 가질 수 있다. QPP 인터리버는 앞 절에서 언급한 병렬 처리가 가능하도록 설계된 것인데 실제로 병렬 블록의 수 K를 L의 인수로 설정할 경우 식 (5.6.37) 및 (5.6.38)로 주어지는 무충돌 조건을 만족한다.

꼬리 비트 및 출력 스트림의 구성 그림 5.6.11의 터보 부호의 출력으로부터 다음과 같은 3개의 비트 스트림이 구성된다.

$$d_k^{(0)} = x_k$$

$$d_k^{(1)} = z_k$$

$$d_k^{(2)} = z'_k$$

여기서, $k = 0, 1, 2, \cdots, L-1$. 한편, 각 요소 부호는 트렐리스의 종료를 위해 (최종 상태를 0으로 만들기 위해) 3개의 추가적인 비트 입력 x_L, x_{L+1}, x_{L+2}이 필요하며 이에 대한 패리티 z_L, z_{L+1}, z_{L+2}를 포함하면 총 6비트의 꼬리 비트가 생성된다. 또한, 요소 부호로 회귀적 콘볼루션 부호가 사용되므로 두 요소 부호의 꼬리 비트는 서로 다르며 이에 따라 (x'_L, x'_{L+1}, x'_{L+2}와 z'_L, z'_{L+1}, z'_{L+2}를 추가하여) 총 12비트의 꼬리 비트가 생성되는데, 이는 천공하지 않고 다음의 규칙에 의해 출력 비트 스트림에 추가한다.

$$d_L^{(0)} = x_L, \quad d_{L+1}^{(0)} = z_{L+1}, \quad d_{L+2}^{(0)} = x'_L, \quad d_{L+3}^{(0)} = z'_{L+1}$$

$$d_L^{(1)} = z_L, \quad d_{L+1}^{(1)} = x_{L+2}, \quad d_{L+2}^{(1)} = z'_L, \quad d_{L+3}^{(1)} = x'_{L+2}$$

$$d_L^{(2)} = x_{L+1}, \quad d_{L+1}^{(2)} = z_{L+2}, \quad d_{L+2}^{(2)} = x'_{L+1}, \quad d_{L+3}^{(2)} = z'_{L+2}$$

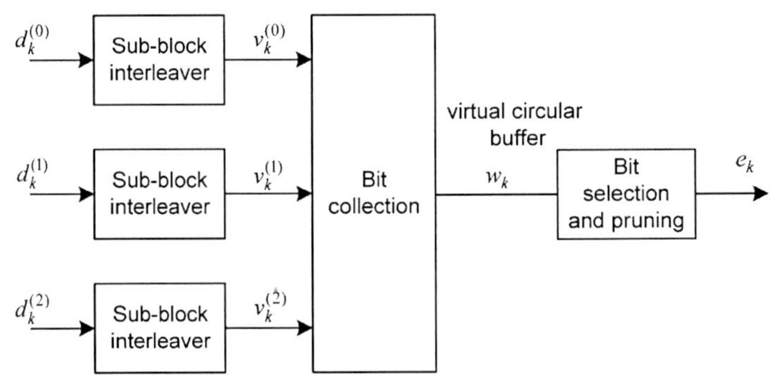

그림 5.6.12 LTE 하향 링크 DL-SCH에 사용되는 부호율정합 처리과정

부호율 정합 이상의 방식으로 생성된 3개의 (길이 $L+4$인) 비트 스트림은 그림 5.6.12의 부호율 정합(rate matching) 처리 과정을 통해 최종적으로 전송될 비트 스트림으로 만들어지는데, 그림에 나타낸 각 단계에서의 처리 과정은 (간략히 요약하면) 다음과 같다.

(1) Sub-block interleaver: 입력 스트림의 길이에 따라 정해지는 크기의 행렬을 이용하여 각 스트림 별로 인터리빙을 수행한다.

(2) Bit collection: Sub-block interleaver를 거친 3개 스트림을 하나의 스트림으로 합치는데, 시스터매틱 파트인 첫 번째 Sub-block이 맨 앞에 배치되며 각 요소 부호의 패리티에 해당하는 나머지 두 Sub-block은 비트 단위로 교차하여 순서대로 배치된다.

(3) Bit-selection and puncturing: MCS 레벨(변조크기 및 부호율), HARQ의 재선송 버전 (1~4사이의 정수) 및 할당된 자원의 크기에 따라 적절한 비트를 선택하여 최종적으로 전송될 비트 스트림을 구성한다(1/3보다 낮은 부호율의 경우 혹은 HARQ에서의 재전송이 반복될 경우 일부 비트는 재사용되거나 여러 번 전송될 수 있다).

5.7 저밀도 패리티 검사 부호(Low Density Parity Check Codes)

저밀도 패리티 검사(Low Density Parity Check, LDPC) 부호는 1962년 R. G. Gallager가 처음 개발하였으나 반복적 메시지 전달에 기초한 복호 방식이 당시의 하드웨어로 구현하기가 어려웠기 때문에 사람들의 주목을 끌지 못하다가 1993년 터보 부호의 등장과 함께 D. J. C. Mackay에 의해 다시 빛을 보게 되었다.

5.7.1 LDPC 부호의 특징과 그래프 모형

LDPC 부호의 기본적인 아이디어는 이른바 성긴(sparse) 패리티 검사 행렬과 반복적인 메시지 전달 알고리즘을 이용한 복호를 적용하여 고 성능의 부호를 설계하고 매우 낮은 하드웨어 복잡도로 ML에 가까운 성능을 얻을 수 있다는 데 있다. 성긴 행렬이란 각 원소가 이진수로 구성된 행렬에서 1에 해당하는 원소의 개수가 전체 원소의 개수에 비해 매우 낮은 것을 의미하며 이에 따라 저밀도 패리티 검사 부호라는 이름이 붙여졌다.

한편, 일반적인 부호가 부호기를 우선적으로 설계하는 반면 LDPC 부호는 패리티 검사 행렬을 먼저 설계하고 이에 상응한 부호화 행렬을 얻는 방식인데, LDPC 부호의 설계는 제한된 수의 1을 패리티 검사 행렬 내에 어떻게 잘 배치할 것인가의 문제이며, 이때 성능 및 부

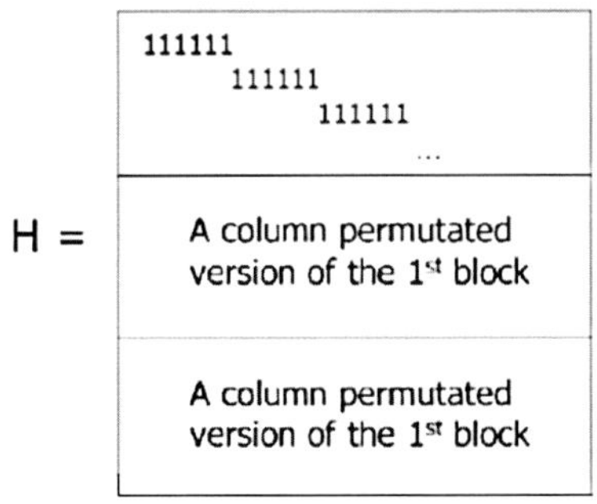

그림 5.7.1 Gallager의 정규 LDPC 부호의 패리티 검사 행렬 구성방법

호화/복호화의 복잡도를 고려해야 하나 기타 다른 선형 부호의 설계와 마찬가지로 분석적인 방식을 통해 주어진 성능 및 밀도 요구사항에 맞는 최적의 검사 행렬을 찾기는 쉽지 않다.

그림 5.7.1은 1992년 Gallager에 의해 제안된 LDPC 부호의 패리티 검사 행렬의 한 구성 방법을 보여준다. 그림에서 첫 번째 블록의 각 열은 하나의 1만을 가지며 두 번째와 세 번째 블록은 첫 번째 블록의 각 열을 랜덤하게 이동시켜 얻는다. 이렇게 얻은 패리티 검사행렬의 각 행과 각 열은 모두 동일한 수의 1을 갖게 되며 이러한 패리티 검사 행렬을 갖는 LDPC 부호를 **정규**(regular) LDPC **부호**라 한다.

다음의 식 (5.7.1)은 이러한 패리티 검사 행렬의 일례를 보여주는데, 이 경우 부호어의 길이는 12이며 행렬의 각 행은 부호어에 포함된 각 부호 비트가 만족해야 하는 패리티 검사식을 나타낸다.

$$\mathbf{H}=\begin{bmatrix} 1&1&1&1&0&0&0&0&0&0&0&0\\ 0&0&0&0&1&1&1&1&0&0&0&0\\ 0&0&0&0&0&0&0&0&1&1&1&1\\ 1&0&1&0&0&1&0&0&0&1&0&0\\ 0&1&0&0&0&0&1&1&0&0&0&1\\ 0&0&0&1&1&0&0&0&1&0&1&0\\ 1&0&0&1&0&0&1&0&0&1&0&0\\ 0&1&0&0&0&1&0&1&0&0&1&0\\ 0&0&1&0&1&0&0&0&1&0&0&1 \end{bmatrix} \tag{5.7.1}$$

부호의 그래프 표현 이러한 패리티 조건은 그래프를 이용하여 표현할 수 있는데 그림 5.7.2는 식 (5.7.1)의 패리티 검사 행렬로 표현되는 LDPC 부호에 대한 태너 그래프(Tanner Graph)

표현이다. 태너 그래프는 Bipartite 그래프의 일종으로 2가지의 노드(변수 노드와 체크 노드)와 이들 노드를 연결하는 가지(edge)로 구성되며 이종 노드 간에만 가지로 연결된다. 그림 5.7.3의 상단에 나타낸 12개 변수 노드는 12비트로 구성된 부호어의 각 비트를 나타내며 하단의 9개 체크 노드는 9개 패리티 방정식에 대응하는데 각 체크 노드에 연결된 변수 노드들은 그 체크 노드에 상응한 패리티 방정식에 포함된 부호 비트를 나타낸다.

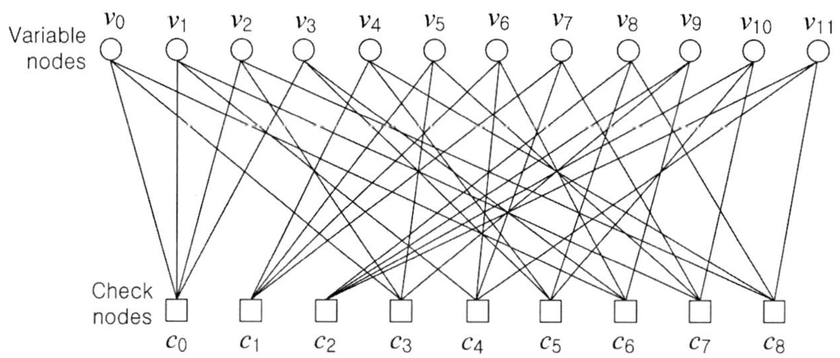

그림 5.7.2 그림 5.7.2의 LDPC 부호에 대한 그래프 표현

정규 및 비정규 LDPC 부호 하나의 노드에 연결된 가지의 수를 차수(degree)라 하는데 변수 노드의 차수는 패리티 검사 행렬의 각 열이 갖는 1의 개수에 해당하며 체크 노드의 차수는 각 행이 갖는 1의 개수에 해당한다. 정규 LDPC 부호는 모든 변수 노드의 차수가 동일하고 모든 체크 노드의 차수도 동일한 값을 갖는 경우를 말하며 비정규 부호는 그렇지 않은 부호를 의미한다.

한편, 비정규 부호의 경우 **차수 분포**(degree distribution)를 정의할 수 있으며 노드의 차수 분포는 다항식을 이용하여 표현 가능한데 다음과 같이 정의된다.

$$\Lambda(x) = \sum_{i=1}^{d_v^{\max}} \Lambda_i X^i \qquad (5.7.2)$$

$$P(x) = \sum_{i=1}^{d_c^{\max}} P_i X^i \qquad (5.7.3)$$

여기서, Λ_i는 차수가 i인 변수 노드의 개수이며, P_i는 차수가 i인 체크 노드의 개수이다. 또한, $d_v^{\max}$와 $d_c^{\max}$는 각각 변수 노드 및 체크 노드의 최대 차수이다. 변수 노드의 총 수와 체크 노드의 총 수는 각각 $\Lambda(1)$와 $P(1)$이며 식 (5.7.2)와 (5.7.3)의 분포를 각각 $\Lambda(1)$와 $P(1)$로 나누어 정규화하여 나타낼 수 있다. 한편, 가지의 개수로 변수 노드의 차수와 체크 노드의 차수를 표현하는 것도 가능한데 다음과 같이 표현될 수 있다.

$$\lambda(x)=\sum_{i=1}^{d_v^{\max}}\lambda_i X^{i-1}=\frac{\Lambda'(x)}{\Lambda'(1)} \tag{5.7.4}$$

$$\rho(x)=\sum_{i=1}^{d_c^{\max}}\rho_i X^{i-1}=\frac{P'(x)}{P'(1)} \tag{5.7.5}$$

여기서, λ_i는 태너 그래프의 전체 가지 중 차수가 i인 변수 노드에 연결된 가지의 비율이며 ρ_i는 태너 그래프의 전체 가지 중 차수가 i인 체크 노드에 연결된 가지의 비율이다. 또한, 식 (5.7.4) 및 (5.7.5)의 차수 분포를 갖는 LDPC 부호의 부호율은 다음과 같이 얻어진다.

$$r(\lambda,\rho)=1-\frac{\sum_i \rho_i / i}{\sum_i \lambda_i / i}=1-\frac{\int_0^1 \rho(x)dx}{\int_0^1 \lambda(x)dx} \tag{5.7.6}$$

정규 LDPC 부호의 경우 변수 노드의 차수와 체크 노드의 차수가 각각 정해진 상수값을 가지므로 다음과 같이 쓸 수 있다.

$$\Lambda(x)=nX^{d_v}\rightarrow\lambda(x)=X^{d_v-1} \tag{5.7.7}$$

$$P(x)=mX^{d_c}\rightarrow\rho(x)=X^{d_c-1} \tag{5.7.8}$$

여기서, n은 변수 노드의 총 수, m은 체크 노드의 총 수, d_v는 변수 노드의 차수, d_c는 체크 노드의 차수이며, 따라서 다음을 얻는다.

$$r(\lambda,\rho)=1-\frac{d_v}{d_c} \tag{5.7.7}$$

여기서, $d_c \geq d_v$이다.

5.7.2 LDPC 부호의 복호(*)

LDPC 부호의 복호는 이른바 메시지 전달(message passing) 알고리즘으로 알려진 반복적 복호 방식을 사용하는데, 이는 기본적으로 지역 정보만을 이용하여 (각각의 체크 방정식을 따로) 처리하되 이들로부터 획득된 정보를 그래프 상의 노드 간 메시지로 주고받으면서 반복적으로 활용하는 방식으로 ML 복호에 비해 매우 낮은 복잡도를 갖는 반면 성능은 ML에 가까운 것으로 알려져 있다.

Bipartite 그래프로 표현되는 LDPC 부호에 대한 메시지 전달 알고리즘은 체크 노드에서의 처리와 변수 노드에서의 처리로 나뉘며 다음과 같이 요약할 수 있다: 우선, 다음을 정의하자.

$r = [r_0, r_1, \cdots, r_{n-1}]^T$: 수신 신호 벡터. 여기서, n은 부호어 길이이며 $r_k \in \{0,1\}$

$V = \{0, 1, \cdots, n-1\}$: 변수 노드 인덱스 집합

$C = \{0, 1, \cdots, m-1\}$: 체크 노드 인덱스 집합

$V(j)$: j번째 체크 노드에 연결된 변수 노드들의 인덱스 집합

$C(j)$: j번째 변수 노드에 연결된 체크 노드들의 인덱스 집합

$\lambda_{k\to j}^{(l)} \in \{0,1\}$: l번째 반복에서 체크 노드로부터 변수 노드로의 메시지. $k \in C, j \in V(k)$

$\pi_{i\to k}^{(l)} \in \{0,1\}$: l번째 반복에서 변수 노드로부터 체크 노드로의 메시지. $i \in V, k \in C(i)$

경판정 기반 메시지 전달 반복 복호 알고리즘

===

초기화: $\lambda_{k\to j}^{(0)} = r_k \ \forall j$

반복 루프($l = 1, 2, \cdots$.):

1. c-to-v 메시지: $$\pi_{j\to k}^{(l)} = \left(\sum_{i\in V(j)\setminus k} \lambda_{i\to j}^{(l-1)} \right) \bmod 2 \qquad (5.7.8)$$

2. v-to-c 메시지: $$\lambda_{k\to j}^{(l)} = maj(r_k, \{\pi_{i\to k}^{(l)} \mid i \in C(k) \setminus j\}) \qquad (5.7.9)$$

3. 임시 부호어 판정: $$v'^{(l)}_k = maj(r_k, \{\pi_{i\to k}^{(l)} \mid i \in C(k)\}) \qquad (5.7.10)$$

반복 종료

===

여기서, 함수 $maj(a, b, c, \cdots)$는 다수결 함수(majority function)로 이진 수열 $a, b, c, \cdots$의 다수를 차지하는 대표 값이며, 예를 들면, $maj(0, 1, 1) = 1$이다. 인수의 수가 짝수인 경우 0의 수와 1의 수가 동일하면 0과 1중 랜덤하게 선택한다. 반복 루프의 종료조건은 여러 가지가 가능하나 흔히 최대 반복횟수를 정해두고 그 이전에 부호어의 임시 판정 값에 대해 모든 패리티 방정식이 만족되면 반복을 종료하는 것이 일반적이다. 그림 5.7.3의 (a)와 (b)는 각각 c-to-v 및 v-to-c 메시지 연산을 나타낸다.

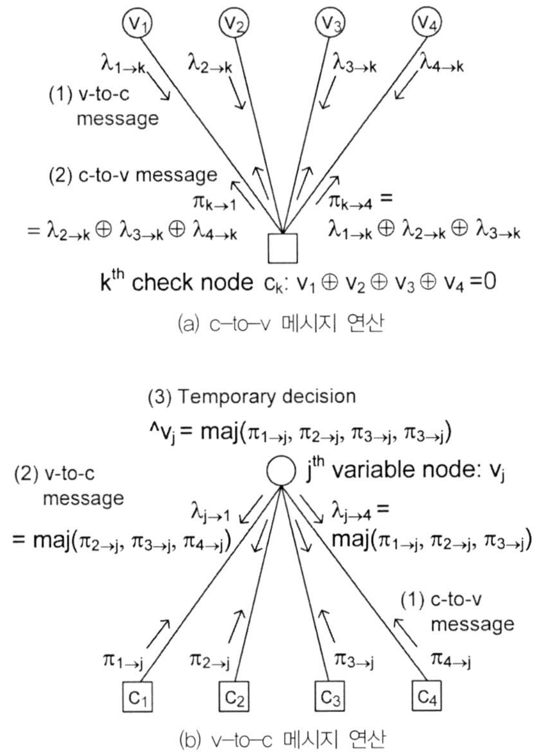

그림 5.7.3 경판정 기반 메시지 전달 반복 복호 알고리즘에서 c–to–v 및 v–to–c 메시지 연산

[예제 5.7.1]

Mackay–Neal의 LDPC 부호로 알려진 길이 12인 LDPC 부호의 패리티 검사 행렬은 다음과 같다.

$$\mathbf{H} = \begin{bmatrix} 1&0&0&0&0&1&0&1&0&1&0&0 \\ 1&0&0&1&1&0&0&0&0&0&1&0 \\ 0&1&0&0&1&0&1&0&1&0&0&0 \\ 0&0&1&0&0&1&0&0&0&0&1&1 \\ 0&0&1&0&0&0&1&1&0&0&0&1 \\ 0&1&0&0&1&0&0&0&1&0&1&0 \\ 1&0&0&1&0&0&1&0&0&1&0&0 \\ 0&1&0&0&0&1&0&1&0&1&0&0 \\ 0&0&1&1&0&0&0&0&1&0&0&1 \end{bmatrix} \tag{5.7.8}$$

0－부호어가 전송되었고 첫 번째 비트에 오류가 발생하여 수신 신호 벡터가 $\mathbf{r}=[10\,0000000000]$으로 주어졌다고 하자. 경판정 기반 메시지 전달 반복 복호 알고리즘을 적용하고 k번째 반복에서의 c–to–v 및 v–to–c 메시지를 편의상 행렬로 표기하면 초기화 및 첫 번째 반복에서의 메시지 및 임시 판정 값은 다음과 같이 얻어진다. 두 번째와 세 번째 반복까지의 메시지 연산을 반복하여 최종 판정 값을 얻어 보아라.

초기화:

수신신호: $\mathbf{r}=[1\ \ 0\ \ 0\ \ 0\ \ 0\ \ 0\ \ 0\ \ 0\ \ 0\ \ 0\ \ 0\ \ 0]$

v-to-c 메시지:

$$\Lambda(0)=\begin{bmatrix} 1 & - & - & - & - & 0 & - & 0 & - & 0 & - & - \\ 1 & - & - & 0 & 0 & - & - & - & - & - & 0 & - \\ - & 0 & - & - & 0 & - & 0 & - & 0 & - & - & - \\ - & - & 0 & - & - & 0 & - & - & - & - & 0 & 0 \\ - & - & 0 & - & - & - & 0 & 0 & - & - & - & 0 \\ - & 0 & - & - & 0 & - & - & - & 0 & - & 0 & - \\ 1 & - & - & 0 & - & - & 0 & - & - & 0 & - & - \\ - & 0 & - & - & - & 0 & - & 0 & - & 0 & - & - \\ - & - & 0 & 0 & - & - & - & - & 0 & - & - & 0 \end{bmatrix}$$

Messages from v_0 to c_0, c_5, c_7, c_9

Messages from v_0, v_1, v_6 to c_0

(j,k)th element of $\Lambda(0)$ is $\lambda^{(0)}_{j\to k}$

첫 번째 반복:

c-to-v 메시지:

$$\Pi(1)=\begin{bmatrix} 0 & - & - & - & - & 1 & - & 1 & - & 1 & - & - \\ 0 & - & - & 1 & 1 & - & - & - & - & - & 1 & - \\ - & 0 & - & - & 0 & - & 0 & - & 0 & - & - & - \\ - & - & 0 & - & - & 0 & - & - & - & - & 0 & 0 \\ - & - & 0 & - & - & - & 0 & 0 & - & - & - & 0 \\ - & 0 & - & - & 0 & - & - & - & 0 & - & 0 & - \\ 0 & - & - & 1 & - & - & 1 & - & - & 1 & - & - \\ - & 0 & - & - & - & 0 & - & 0 & - & 0 & - & - \\ - & - & 0 & 0 & - & - & - & - & 0 & - & - & 0 \end{bmatrix}$$

수신신호: $\mathbf{r}=[1\ \ 0\ \ 0\ \ 0\ \ 0\ \ 0\ \ 0\ \ 0\ \ 0\ \ 0\ \ 0\ \ 0]$

임시 판정: $\mathbf{v}'(1)=[0\ \ 0\ \ 0\ \ x\ \ 0\ \ 0\ \ 0\ \ 0\ \ 0\ \ x\ \ 0\ \ 0]$

(동률의 경우 x로 놓음)

v-to-c 메시지:

$$\Lambda(1)=\begin{bmatrix} 0 & - & - & - & - & 0 & - & 0 & - & 0 & - & - \\ 0 & - & - & 0 & 0 & - & - & - & - & - & 0 & - \\ - & 0 & - & - & 0 & - & 0 & - & 0 & - & - & - \\ - & - & 0 & - & - & 0 & - & - & - & - & 0 & 0 \\ - & - & 0 & - & - & - & 0 & 0 & - & - & - & 0 \\ - & 0 & - & - & 0 & - & - & - & 0 & - & 0 & - \\ 0 & - & - & 0 & - & - & 0 & - & - & 0 & - & - \\ - & 0 & - & - & - & 0 & - & 0 & - & 1 & - & - \\ - & - & 0 & 1 & - & - & - & - & 0 & - & - & 0 \end{bmatrix}$$

LDPC 부호의 복호 역시 콘볼루션 부호의 복호와 마찬가지로 수신 신호에 대한 연판정(soft-decidion)을 사용함으로써 복호 성능을 향상시킬 수 있다. 이 경우, 수신 신호 벡터의 각 요소는 실수이며 반복적 복호 알고리즘의 메시지 역시 LLR로 정의되는 실수이다. 우선 수신 신호 벡터를 $r=[r_0,\ r_1,\ \cdots,\ r_{n-1}]^{\mathrm{T}}$라 하면(여기서, $r_k \in \mathcal{R}$), 소위 합-곱 알고리즘(sum-product algorithm)으로 알려진 연판정 기반 메시지 전달 반복 복호 알고리즘은 다음과 같다.

연판정 기반 메시지 전달 반복 복호 알고리즘(sum-product algorithm)

==

초기화: $\lambda_{k\to j}^{(0)}=r_k\ \forall j$

반복 루프($l=1,\ 2,\ \cdots$.):

1. c-to-v 메시지: $\pi_{j\to k}^{(l)}=\left(\prod_{i=1}^{m}\operatorname{sgn}\left(\lambda_{i\to j}^{(l-1)}\right)\right)\cdot\phi\left(\sum_{i=1}^{m}\phi(|\ \lambda_{i\to j}^{(l-1)}\ |)\right)$ (5.7.11)

2. v-to-c 메시지: $\lambda_{k\to j}^{(l)}=r_k+\sum_{i\in C(k)\setminus j}\pi_{i\to k}^{(l)}$ (5.7.12)

3. 임시 부호어 판정: $L_k^{(l)}=r_k+\sum_{i\in C(k)}\pi_{i\to k}^{(l)}$ (5.7.13)

$$v_k^{(l)}=\begin{cases}0 & \text{if } L_k^{(l)}\ge 0\\ 1 & \text{otherwise}\end{cases} \tag{5.7.14}$$

반복 종료

==

* 함수 $\phi(\cdot)$의 정의는 식 (5.7.21)과 같다.

체크 노드에서의 연산은 이진 변수 $v_1,\ v_2,\ \cdots,\ v_{\mathrm{m}}$에 대한 각각의 확률 $\Pr\{v_k\}$가 주어졌을 때 이들의 모듈로-2 합 $v_1\oplus v_2\oplus\cdots\oplus v_m$에 대한 확률의 연산 과정에서 얻어진다. 우선, 확률

$\Pr\{v_k\}$가 주어졌다고 가정하고 다음을 정의하자.

$$p_k = 2\Pr\{v_k = 0\} - 1 \tag{5.7.15}$$

그러면 $2\Pr\{v_1 \oplus v_2\} - 1 = p_0 p_1$을 확인할 수 있으며 이를 확장해 보면 다음을 얻는다.

$$2\Pr\{v_1 \oplus v_2 \oplus \cdots \oplus v_m = 0\} - 1 = \prod_{i=1}^{n} p_k \tag{5.7.16}$$

한편, p_k는 LLR의 정의

$$L(v_k) = \log \frac{\Pr\{v_k = 0\}}{\Pr\{v_k = 1\}} \tag{5.7.17}$$

를 이용하면

$$\Pr\{v_k = 0\} = \frac{e^{L(v_k)/2}}{e^{L(v_k)/2} + e^{-L(v_k)/2}} \Rightarrow p_k = \tanh\left(\frac{1}{2}L(v_k)\right) \tag{5.7.18}$$

이 되며 따라서 다음의 관계식을 얻는다.

$$\tanh\left(\frac{1}{2}L(v_1 \oplus \cdots \oplus v_m)\right) = \prod_{i=1}^{m} \tanh\left(\frac{1}{2}L(v_i)\right) \tag{5.7.19}$$

함수 tanh(·)의 특성을 이용하면 위 식은 또한 다음과 같이 나타낼 수 있다.

$$L(v_1 \oplus \cdots \oplus v_m) = \left(\prod_{i=1}^{m} \operatorname{sgn}\left(L(v_i)\right)\right) \cdot \phi\left(\sum_{i=1}^{m} \phi(|L(v_i)|)\right) \tag{5.7.20}$$

여기서, 함수 $\phi(\cdot)$의 정의는

$$\phi(x) = -\log\left(\tanh\left(\frac{x}{2}\right)\right) \tag{5.7.21}$$

이며, 이는 $\phi^{-1}(x) = \phi(x)$을 만족한다. 이제 체크 노드의 연산을 고려해 보자. 예를 들어, k번째 체크 노드의 패리티 방정식이 $v_1 \oplus v_2 \oplus \cdots \oplus v_m = 0$로 주어진다고 하고 이에 연결된 변수 노드들로부터 k번째 체크 노드의 메시지가 (LLR로 표현되는) $\lambda_{i \to k}^{(l-1)}$, $i = 1, 2, \cdots, m$라 하자. 패리티 방정식으로부터 j번째 변수는 $v_j = v_1 \oplus v_2 \oplus \cdots \oplus v_{j-1} \oplus v_{j+1} \cdots \oplus v_m$이므로 이에 대한 LLR은 식 (5.7.19)를 이용하면 나머지 변수 노드로부터의 메시지들을 이용하여 다음과 같이 얻어진다.

$$\begin{aligned} \tanh\left(\frac{1}{2}L(v_j)\right) &= \tanh\left(\frac{1}{2}L(v_1 \oplus \cdots \oplus v_{j-1} \oplus v_{j+1} \oplus \cdots \oplus v_m)\right) \\ &= \prod_{i \in V(k) \setminus j} \tanh\left(\frac{1}{2}L(v_i)\right) \end{aligned} \tag{5.7.22}$$

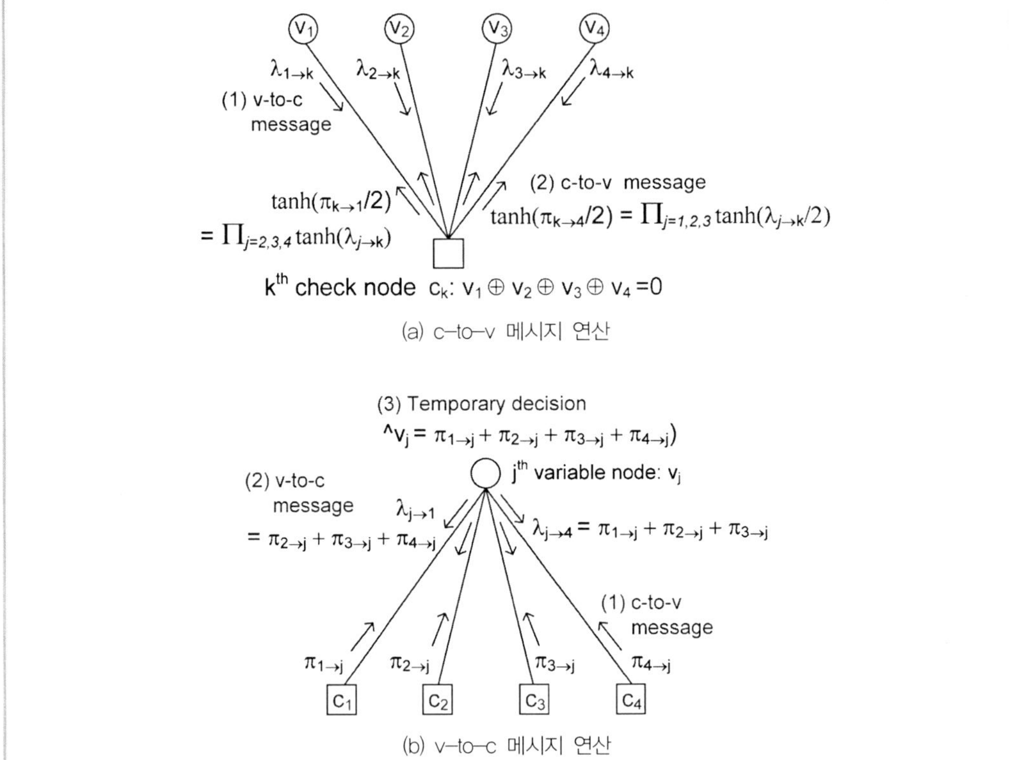

그림 5.7.4 연판정 기반 메시지 전달 반복 복호 알고리즘에서 c–to–v 및 v–to–c 메시지 연산. 그림에 나타낸 c–to–v 메시지 연산은 식 (5.7.22)의 형태로 나타낸 것이다

또한, 이를 식 (5.7.20)의 형태로 다시 쓰면 식 (5.7.11)의 c-to-v 메시지 갱신식을 얻는다. 그림 5.7.4의 (a)와 (b)는 각각 합-곱 알고리즘의 c-to-v 및 v-to-c 메시지 연산을 나타낸다.

합-곱 알고리즘은 비선형 함수 $\phi(\cdot)$의 연산이 요구되는데, 이는 하드웨어 구현 시 연산 복잡도에 상당한 부담이 된다. 일반적으로 이러한 비선형 함수는 변환표(lookup table)로 구현이 가능하나 좀 더 연산량이 적은 근사화 방식을 적용하는 것도 가능하다. 이른바 최소-합(min-sum) 알고리즘으로 알려진 방식에서는 $\phi(\cdot)$의 특성을 고려하여 다음의 근사화를 적용한다.

$$\phi\left(\sum_{i=1}^{m}\phi(|L(v_i|)\right) \approx \phi\left(\min_{1\le i\le m}\phi(|L(v_i|)\right)$$
$$= \phi\left(\phi\left(\min_{1\le i\le m}|L(v_i|\right)\right) = \min_{1\le i\le m}|L(v_i| \qquad (5.7.23)$$

이러한 근사화를 적용하면 식 (5.7.11)로 주어지는 합-곱 알고리즘의 c-to-v 연산은 다음과 같이 단순화할 수 있다.

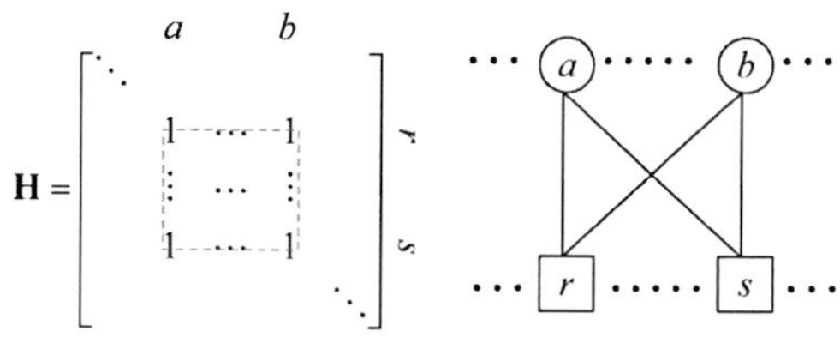

(a) 길이 4인 폐경로

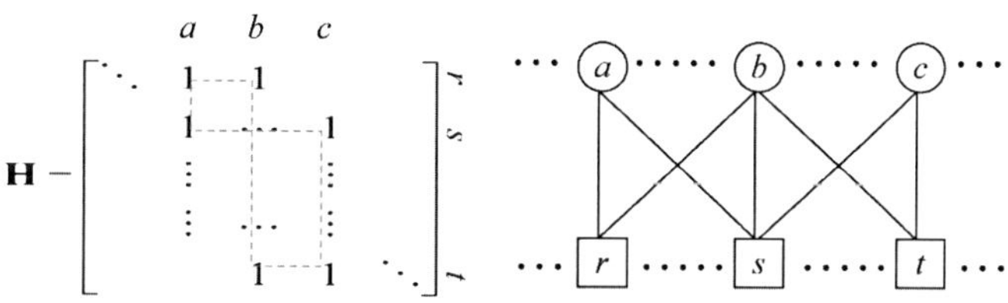

(b) 길이 6인 폐경로

그림 5.7.5 길이 4 및 6인 폐경로의 예

$$\pi_{j\to k}^{(l)} = \left(\prod_{i\in V(j)\backslash k} \mathrm{sgn}(\lambda_{i\to j}^{(l-1)}) \right) \cdot \min_{i\in V(j)\backslash k} |\lambda_{i\to j}^{(l-1)}| \tag{5.7.24}$$

이상에서 설명한 반복적 복호 알고리즘은 패리티 방정식으로 주어지는 지역 정보들을 독립적으로 사용하되 이들을 반복적으로 적용하면서 메시지들을 갱신해 나감으로써 반복횟수가 증가함에 따라 보다 향상된 결과를 얻는 것이 가능하다. 한편, 그래프 상에서의 이러한 메시지 전달 알고리즘은 그래프에 짧은 폐경로(short cycle)가 상당수 존재하는 경우 폐경로를 통해 동일한 정보가 재사용되게 되는데, 이러한 동일 정보의 재사용은 인접 노드로부터의 정보가 독립적이라고 가정하고 얻은 메시지 전달 알고리즘에 부정적인 영향으로 작용하여 메시지가 수렴하지 않거나 때로는 발산하는 현상이 발생할 수 있다. 그림 5.7.5의 (a)와 (b)는 각각 길이 4 및 6을 갖는 그래프 상의 폐경로의 예를 나타낸다. 일반적으로 부호의 그래프 모형에서 가장 짧은 폐경로의 길이를 **거스(girth)**라고 정의하는데, LDPC 부호에 대한 반복적 복호 알고리즘의 수렴성과 오류 성능의 극대화를 위해서는 가능한 거스가 큰 값을 갖도록 그리고 거스를 더 이상 크게 만들 수 없다면 거스에 해당하는 짧은 사이클의 수가 적어지도록 부호를 설계할 것이 요구된다.

[예제 5.7.2]

식 (5.7.1)의 패리티 검사 행렬로 주어지는 Gallager LDPC 부호와 식 (5.7.8)의 행렬로 주어지는 Mackay–Neal의 LDPC 부호의 거스는 얼마인가? 또한, 거스에 해당하는 사이클의 수는 각각 몇 개인가?

[예제 5.7.3]

식 (5.7.1)의 패리티 검사행렬로 주어지는 Gallager LDPC 부호에 대해 예제 5.7.2를 수행해 보아라. 경판정 기반 메시지 전달 반복 복호 알고리즘은 수렴하는가?

5.7.3 LDPC 부호의 설계

LDPC 부호의 설계는 패리티 검사 행렬에서 몇 개의 1을 어느 위치에 배치할 것인가를 결정하는 것이며, 이때 각 행과 열에 대한 차수 분포의 최적화와 동시에 가능한 한 거스가 커지도록 1을 배치하는 것이 중요하다.

그동안 LDPC 부호 설계를 위한 많은 방법론이 제안되었으나 본 서에서는 이들 중 반-랜덤 구성(semi-random construction), Richardson-Urbanke 구성 및 블록 단위 구성(block-wise construction) 방법 세 가지만을 소개한다.

반-랜덤 구성 이 방식은 Gallager가 처음 LDPC 부호를 제안했을 당시에 제시된 방법으로 다음과 같은 형태를 갖는다.

$$\mathbf{H} = \begin{bmatrix} \mathbf{H}_1 \\ \mathbf{H}_2 \\ \vdots \\ \mathbf{H}_{N_c} \end{bmatrix} \tag{5.7.25}$$

1	1	1	1	0	0	0	0	0	0	0	0	0	0	0	0	0	0	0	0
0	0	0	0	1	1	1	1	0	0	0	0	0	0	0	0	0	0	0	0
0	0	0	0	0	0	0	0	1	1	1	1	0	0	0	0	0	0	0	0
0	0	0	0	0	0	0	0	0	0	0	0	1	1	1	1	0	0	0	0
0	0	0	0	0	0	0	0	0	0	0	0	0	0	0	0	1	1	1	1
1	0	0	0	1	0	0	0	1	0	0	0	1	0	0	0	0	0	0	0
0	1	0	0	0	1	0	0	0	1	0	0	0	0	0	0	1	0	0	0
0	0	1	0	0	0	1	0	0	0	0	0	0	1	0	0	0	1	0	0
0	0	0	1	0	0	0	0	0	0	1	0	0	0	1	0	0	0	1	0
0	0	0	0	0	0	0	1	0	0	0	1	0	0	0	1	0	0	0	1
1	0	0	0	0	1	0	0	0	0	0	1	0	0	0	0	0	1	0	0
0	1	0	0	0	0	1	0	0	0	1	0	0	0	0	1	0	0	0	0
0	0	1	0	0	0	0	1	0	0	0	0	1	0	0	0	0	0	1	0
0	0	0	1	0	0	0	0	1	0	0	0	0	1	0	0	1	0	0	0
0	0	0	0	1	0	0	0	0	1	0	0	0	0	1	0	0	0	0	1

그림 5.7.6 반-랜덤 구성에 따라 얻은 행 가중치 4, 열 가중치는 3, 길이 20비트의 정규 LDPC 부호에 대한 패리티 검사 행렬의 예(인용: R. Gallager, *Low-density parity-check codes*, MIT Press, Cambridge, MA, 1963)

여기서, $\mathbf{H}_1$은 행 가중치는 N_r이고 열 가중치는 1인 크기 $p \times p \cdot N_r$의 행렬이며 $\mathbf{H}_2$, $\mathbf{H}_3$, $\cdots$, $\mathbf{H}_{N_c}$는 $\mathbf{H}_1$의 각 열을 랜덤한 순열로 재배치하여 얻은 행렬로 식 (5.7.25)의 형태로 구성한 패리티 검사 행렬 $\mathbf{H}$는 행 가중치(체크노드의 차수)는 N_r이고 열 가중치(변수노드의 차수)는 N_c인 행렬로 정규 LDPC 부호를 구성한다. 그림 5.7.6은 행 가중치는 4이고 열 가중치는 3인 길이 20비트의 정규 LDPC 부호에 대한 패리티 검사 행렬의 예를 보여준다.

Richardson-Urbanke 구성 이 방법은 부호화기의 연산 복잡도를 최소화하기 위해 제안된 방법으로 일반적으로 블록 부호의 부호화는 입력 정보열과 생성 행렬의 곱이므로 부호어 길이의 제곱에 비례하는 연산 복잡도를 갖는데, Richardson-Urbanke의 구성 방법은 근사적으로 부호어 길이에 선형적으로 증가하는 연산 복잡도를 갖는다. 이 방법에서 패리티 검사 행렬의 일반적 형태는 다음과 같다.

$$\mathbf{H} = \begin{bmatrix} \mathbf{A} & \mathbf{B} & \mathbf{T} \\ \mathbf{C} & \mathbf{D} & \mathbf{E} \end{bmatrix} \tag{5.7.26}$$

여기서, 각 부 행렬의 크기는 그림 5.7.7에 나타내었는데 이는 다음과 같은 특징을 갖는다.

(1) $n \gg g$

(2) 행렬 $\mathbf{T}$는 하삼각 행렬이다(lower triangular form).

(3) 행렬 $\mathbf{D}$의 크기는 $g \times g$이며 다른 부행렬에 비해 크기는 매우 작으며 1의 밀도가 다른 부행렬에 비해 높다.

(4) 행렬 $\mathbf{D}$를 제외한 나머지 행렬은 매우 낮은 밀도의 1을 갖는다.

이제 시스터매틱 부호화를 가정해 보자. 그러면 부호어는 다음의 벡터로 표현할 수 있다.

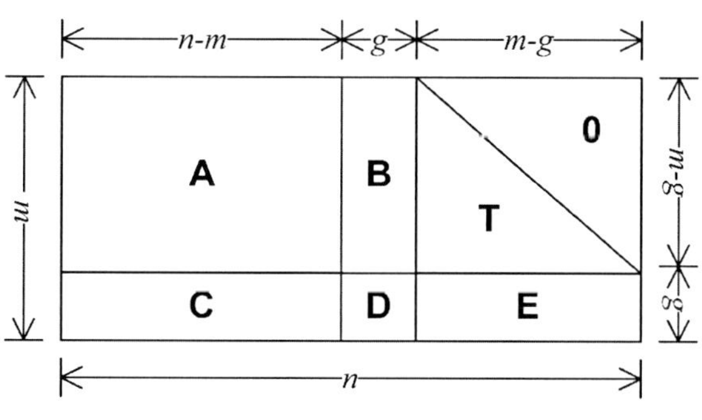

그림 5.7.7 Richardson-Urbanke 구성에 따른 패리티 검사 행렬의 일반적 형태

$$\mathbf{c} = [\mathbf{s} \quad \mathbf{p}_1 \quad \mathbf{p}_2] \tag{5.7.27}$$

여기서, $\mathbf{s}$는 시스터매틱 파트이며, $\mathbf{p}_1$과 $\mathbf{p}_2$는 각각 길이 g와 $m-g$인 패리티 비트 열로 $\mathbf{Hc}^T = \mathbf{0}$로부터 다음의 관계식을 만족함을 알 수 있다.

$$\mathbf{As}^T + \mathbf{Bp}_1^T + \mathbf{Tp}_2^T = \mathbf{0}^T \tag{5.7.28}$$

$$\mathbf{Cs}^T + \mathbf{Dp}_1^T + \mathbf{Ep}_2^T = \mathbf{0}^T \tag{5.7.29}$$

따라서 위의 두 식을 연립으로 풀면 패리티 비트 열 $\mathbf{p}_1$과 $\mathbf{p}_2$는 다음과 같이 얻을 수 있다.

$$\mathbf{p}_1^T = \mathbf{\Phi}^{-1}(-\mathbf{ET}^{-1}\mathbf{A} + \mathbf{C})\mathbf{s}^T \tag{5.7.30}$$

$$\mathbf{p}_2^T = -\mathbf{T}^{-1}(\mathbf{As}^T + \mathbf{Bp}_1^T) \tag{5.7.31}$$

여기서

$$\mathbf{\Phi} = (-\mathbf{ET}^{-1}\mathbf{B} + \mathbf{D}) \tag{5.7.32}$$

식 (5.7.30)과 (5.7.31)로 주어지는 부호화의 연산 복잡도는 식 (5.7.26)의 각 부행렬에 대해 상술한 4가지의 특징을 고려하면 대체로 $O(n+g^2)$ 정도의 복잡도를 갖는데, $n \gg g$이므로 결국 부호화의 연산 복잡도는 근사적으로 부호어 길이에 선형적으로 증가하게 됨을 알 수 있다.

블록 단위 구성 블록 단위 구성 방법은 단위 행렬을 열 천이(column shift)하여 얻은 행렬들을 2차원으로 배치하여 블록 행렬로 패리티 검사 행렬을 구성하는 방식으로 하나의 프로토타입을 정의하여 여러 가지 길이의 부호를 생성할 수 있다. 우선 단위 행렬을 우측으로 1만큼 천이한 행렬 α를 다음과 같이 정의하자.

$$\boldsymbol{\alpha} = \begin{bmatrix} 0 & 1 & 0 & \cdots & 0 \\ \vdots & 0 & 1 & \ddots & \vdots \\ \vdots & \vdots & 0 & \ddots & 0 \\ 0 & \vdots & \ddots & \ddots & 1 \\ 1 & 0 & \cdots & 0 & 0 \end{bmatrix} \tag{5.7.33}$$

정의로부터 정수 $k \geq 0$에 대해 α^k는 단위 행렬은 우측으로 k번 순회 천이한 행렬이며

$$\boldsymbol{\alpha}^{-1} = \mathbf{0} \tag{5.7.34}$$

으로 놓는다. 이를 이용하여 임의의 패리티 검사 행렬을 다음과 같이 정의한다.

$$\mathbf{H} = \begin{bmatrix} \boldsymbol{\alpha}^{k_{11}} & \boldsymbol{\alpha}^{k_{12}} & \cdots & \boldsymbol{\alpha}^{k_{1n}} \\ \boldsymbol{\alpha}^{k_{21}} & \boldsymbol{\alpha}^{k_{22}} & \cdots & \boldsymbol{\alpha}^{k_{2n}} \\ \vdots & \vdots & \ddots & \vdots \\ \boldsymbol{\alpha}^{k_{m1}} & \boldsymbol{\alpha}^{k_{m2}} & \cdots & \boldsymbol{\alpha}^{k_{mn}} \end{bmatrix} \tag{5.7.35}$$

여기서, $k_{jk} \geq -1$인 정수이다. 이러한 블록 구성 방식은 결국 성능, 복잡도 및 거스가 최적이 되도록 각 단위 행렬의 열 천이 값을 적절히 조정하는 방법이며 일반적으로 패리티 검사 행렬의 천이 값만으로 프로토타입 행렬을 표기한다.

IEEE 802.16e 규격에 채택된 LDPC 부호는 블록 단위 구성의 한 예로 그림 5.7.8의 (a)와 (b)는 각각 부호율 1/2 및 2/3인 LDPC 부호의 프로토타입 행렬을 보여준다. IEEE 802.16e 규격에 채택된 LDPC 부호의 기본 단위 행렬의 크기는 z-인자(z-factor)로 알려진 정수로 정의되는데, 24에서 96까지 4씩 증가되는 정수값을 가지며 이에 따라 576~2304비트의 부호길이를 갖는다. 또한, 그림에서도 알 수 있듯이 IEEE 802.16e 규격에 채택된 LDPC 부호의 패리티 검사행렬은 다음과 같이 시스터매틱 파트와 패리티 파트로 나누어진다.

-1	94	73	-1	-1	-1	-1	-1	55	83	-1	-1	7	0	-1	-1	-1	-1	-1	-1	-1	-1	-1	-1
-1	27	-1	-1	-1	22	79	9	-1	-1	-1	12	-1	0	0	-1	-1	-1	-1	-1	-1	-1	-1	-1
-1	-1	-1	24	22	81	-1	33	-1	-1	-1	0	-1	-1	0	0	-1	-1	-1	-1	-1	-1	-1	-1
61	-1	47	-1	-1	-1	-1	-1	65	25	-1	-1	-1	-1	-1	0	0	-1	-1	-1	-1	-1	-1	-1
-1	-1	39	-1	-1	-1	84	-1	-1	41	72	-1	-1	-1	-1	-1	0	0	-1	-1	-1	-1	-1	-1
-1	-1	-1	-1	46	40	-1	82	-1	-1	-1	79	0	-1	-1	-1	-1	0	0	-1	-1	-1	-1	-1
-1	-1	95	53	-1	-1	-1	-1	-1	14	18	-1	-1	-1	-1	-1	-1	-1	0	0	-1	-1	-1	-1
-1	11	73	-1	-1	-1	2	-1	-1	47	-1	-1	-1	-1	-1	-1	-1	-1	-1	0	0	-1	-1	-1
12	-1	-1	-1	83	24	-1	43	-1	-1	-1	51	-1	-1	-1	-1	-1	-1	-1	-1	0	0	-1	-1
-1	-1	-1	-1	-1	94	-1	59	-1	-1	70	72	-1	-1	-1	-1	-1	-1	-1	-1	-1	0	0	-1
-1	-1	7	65	-1	-1	-1	-1	39	49	-1	-1	-1	-1	-1	-1	-1	-1	-1	-1	-1	-1	0	0
43	-1	-1	-1	-1	66	-1	41	-1	-1	-1	26	7	-1	-1	-1	-1	-1	-1	-1	-1	-1	-1	0

(a) 부호율 1/2

3	0	-1	-1	2	0	-1	3	7	-1	1	1	-1	-1	-1	-1	1	0	-1	-1	-1	-1	-1	-1
-1	-1	1	-1	36	-1	-1	34	10	-1	-1	18	2	-1	3	0	-1	0	0	-1	-1	-1	-1	-1
-1	-1	12	2	-1	15	-1	40	-1	3	-1	15	-1	2	13	-1	-1	-1	0	0	-1	-1	-1	-1
-1	-1	19	24	-1	3	0	-1	6	-1	17	-1	-1	-1	8	39	-1	-1	-1	0	0	-1	-1	-1
20	-1	6	-1	-1	10	29	-1	-1	28	-1	14	-1	38	-1	-1	0	-1	-1	-1	0	0	-1	-1
-1	-1	10	-1	28	20	-1	-1	8	-1	36	-1	9	-1	21	45	-1	-1	-1	-1	-1	0	0	-1
35	25	-1	37	-1	21	-1	-1	5	-1	-1	0	-1	4	20	-1	-1	-1	-1	-1	-1	-1	0	0
-1	6	6	-1	-1	-1	4	-1	14	30	-1	3	36	-1	14	-1	1	-1	-1	-1	-1	-1	-1	0

(b) 부호율 2/3

그림 5.7.8 IEEE 802.16e 규격에 채택된 LDPC 부호의 프로토타입 행렬. (a) 부호율 1/2, (b) 부호율 2/3

$$\mathbf{H} = [\mathbf{H}_s \mid \mathbf{H}_p] \tag{5.7.36}$$

따라서 부호어를 $\mathbf{c} = [\mathbf{s} \mid \mathbf{p}]$로 놓으면 패리티 벡터 $\mathbf{p}$는 다음과 같이 얻어진다.

$$\mathbf{p}^T = \mathbf{H}_p^{-1}\mathbf{H}_s\mathbf{s}^T \tag{5.7.37}$$

한편, 패리티 파트 $\mathbf{H}_p$는 2중 대각구성을 갖는데, 이에 따라 $\mathbf{H}_p^{-1}$을 곱하는 연산은 누산기를 사용하여 쉽게 얻을 수 있다. 블록 단위로 구성된 LDPC 부호가 갖는 또 다른 장점으로 복호에서도 블록 단위의 처리가 가능하므로 각 블록에 대한 병렬 처리를 통해 연산지연을 줄일 수 있다는 점을 들 수 있다.

참고문헌

5.1 C. Berrou, A. Glavieux, and P. Thitimajshima, "Near Shannon limit error-correction coding and decoding: Turbo-codes," in *Proc. ICC'93*, Geneva, Switzerland, May 1993, pp.1064-1070.

5.2 J. Hagenauer, E. Offer, and L. Papke, "Iterative decoding of binary block and convolutional codes," *IEEE Trans. Inform. Theory*, vol. 42, pp.429-445, Mar. 1996.

5.3 P. Robertson, E. Villebrun, and P. Hoeher, "A comparison of optimal and sub-optimal decoding algorithms operating in the log domain," in *Proc ICC'95*, Seattle, WA, June 1995, pp.1009-1013.

5.4 R. J. McEliece, D. J. C. MacKay, and J.-F. Cheng, "Turbo decoding as an instance of Pearl's belief propagation algorithm," *IEEE J. Select. Areas Commun.*, vol. 16, pp.140-152, Feb. 1998.

5.5 S. Benedetto and G. Montorsi, "Unveiling turbo codes: Some results on parallel concatenated coding scheme", *IEEE Trans. on Information Theory*, Vol.42 pp.409-428, March. 1996

5.6 D. Divsalar and F. Pollara, "Weight Distributions for turbo codes using random and nonrandom permutations", JPL TDA Progress Report 42-122, pp.56-65, Aug. 1995

5.7 A.M. Viterbi & A.J. Viterbi, "Improved Union Bound on Linear Codes for Input-Binary AWGN Channel with Application to Turbo Codes", Proc. of ISIT 1998 pp.29, Cambridge, MA, Aug.16-21, 1998

5.8 L.C. Perez, J. Seghers and D.J. Costello Jr., "A Distance Spectrum Interpretation of

Turbo Codes", *IEEE Trans. on Info. Theory*, Vol42, No.6, pp.1698-1709, Nov. 1996

5.9 S. Yoon and Y. Bar-Ness, "A parallel MAP algorithm for low latency turbo decoding" *IEEE Commun. Lett.,* vol. 6, no. 7, pp.288-290, 2002

5.10 A. Nimbalker, T. K. Blankenship, B. Classon, T. E. Fuja, and D. J. Costello Jr., "Contention-free interleavers for high-throughput turbo decoding", *IEEE Transactions on Communications*, vol. 56, no. 8, pp.1258-1267, Aug. 2008.

5.11 R. Gallager, "Low-density parity-check codes", *IRE Trans. on Info. Theory*, pp.21-28, Jan. 1962

5.12 R.M. Tanner, "A recursive approach to low complexity codes", *IEEE Trans. on Info. Theory*, pp.533-547, Sept. 1981

5.13 D Mackay and R. Neal, "Good codes based on very sparse matrices", *Cryptography and coding, 5th IMA Conf.*, C. Boyd, Ed., *Lenture Notes in Computer Science*, pp.100-111, Berlin, Gemerny: Springer, 1995

5.14 D. Mackay, "Good error correcting codes based on very sparse matrices", *IEEE Trans. on Info. Theory*, pp.399-431, March 1999

5.15 T.J. Richardson and R. Urbanke, "Effiecient encoding for low-density parity-check codes", *IEEE Trans. on Info. Theory*, vol.47, pp.638-656, Feb. 2001

5.16 T.J. Richardson, A Shokrollahi and R. Urbanke, "Design of capacity-approaching irregular low-density parity-check codes", *IEEE Trans. on Info. Theory*, vol.47, pp.619-637, Feb. 2001

5.17 T. J. Richardson and R. L. Urbanke, "The Capacity of Low-Density Parity-Check Codes Under Message-Passing Decoding", *IEEE Trans. Inf. Theory,* vol. 47, no. 2, p. 599-618, Feb. 2001.

5.18 M. Luby, M. Mitzenmacher, M. Shokrollahi and D. Spielman, "Improved low-density parity-check codes using irregular graphs", *IEEE Trans. on Info. Theory*, vol.47, pp.585-598, Feb. 2001

5.19 M. G. Luby, M. Mitzenmacher, M. A. Shokrollahi, and D. A. Spielman. Analysis of low density codes and improved designs using irregular graphs. [Online]. Available: http://www.icsi.berkeley.edu/~luby/

5.20 S.Y. Chung, G.D. Forney, T.J. Richardson and R. Urbanke, "On the design of low-density parity-check codes within 0.0045 dB of Shannon limit", *IEEE Comm., Letters*, vol.5, pp.58-60, Feb. 2001

CHAPTER 06

적응형 변조/부호화와 사용자 다중화 이득

3세대 이동통신 시스템까지만 해도 1차적인 서비스는 음성 통화였는데, 음성 통화에서 각 사용자가 생성하는 트래픽은 다음과 같은 특징을 갖는다.

(1) **일정한 데이터율**: 8~16 kbps 정도의 정해진 데이터율을 갖는다.

(2) **전송 지연에 대한 민감성**: 통화는 음성이든 화상이든 기본적으로 실시간으로 이루어져야 하며 전송 지연이 제한범위 이내(end-to-end 지연 100 ms 이내)이어야 하기 때문에 수신단에서 전송 오류가 감지되어도 재전송은 불가능하다. 즉, ARQ의 적용이 불가능하며 따라서, 전송 중 발생하는 비트 오류율의 최소화가 요구된다.

(3) **성능 지표**: 하나의 셀에서 몇 명의 사용자가 동시에 통화가 가능한지를 나타내는 사용자 용량이 1차적인 시스템의 성능 지표이다.

이동통신 콘텐츠의 이와 같은 특징 때문에 과거에는 주로 끊김없는 서비스를 목표로 다이버시티 기술을 중심으로 한 시스템이 설계되었으나 4세대로 넘어오면서 (이메일 혹은 웹 서핑 등과 같은) 일반 데이터로 이동통신 콘텐츠가 변화하였는데, 이러한 데이터 트래픽의 특징은 다음과 같다.

(1) **연집 트래픽(bursty traffic)**: 기본적으로 데이터 트래픽은 일정한 데이터율을 갖는 음성이나 화상과는 달리 급작스럽게 보내야 할 많은 데이터가 연집하여 발생하고 랜덤한 시간 동안(보통 reading time이라고 하는 시간 동안) 트래픽이 발생하지 않는 특징을 갖는다.

(2) **전송 지연에는 둔감하며 비트 오류에는 민감**: 한편, 인터넷, 이메일 및 문자 메시지 등은 비트 오류가 나면 전체 메시지에 문제가 발생할 수 있는 반면 전송 지연에는 상대적으로 둔감하며 따라서 재전송(ARQ)의 적용이 필수적이다.

(3) **성능지표**: 서비스의 변화에 따라 성능 지표에서도 사용자 용량보다는 셀 전체의 유효

전송률인 셀당 수율(혹은 섹터당 수율)이나 사용자 간의 공평성(fairness)을 의미하는 사용자당 수율 등이 새로운 성능 지표가 되었다. 물론, VoIP 등의 실시간 서비스는 여전히 유효하므로 전송 지연에 대한 요구 조건 역시 부가적으로 필요하다.

이러한 1차 콘텐츠 및 서비스의 변화에 따라 이동통신 시스템 설계에서도 다이버시티 기술보다는 적응형 변조/부호화(adaptive modulation/coding)와 채널을 고려한 패킷 스케줄링 등 새로운 기술들이 등장하게 되었으며 본 장에서는 이러한 패러다임의 변화에 따라 도입된 기술들에 대해 알아본다.

6.1 다이버시티 기술과 적응형 변조/부호화 기술

6.1.1 통신 패러다임의 변화

다이버시티 기술이란 무선 채널에서 발생하는 신호 품질(신호대 잡음비)의 랜덤한 변동에 대처하여 안정된 링크 품질을 유지하기 위한 방법으로 하나의 비트를 (채널의 주파수 선택성과 시간 선택성을 감안하여) 여러 시간대 혹은 여러 개의 주파수 채널에 분산시켜 보내는 기술이다. 즉, 하나의 시간 혹은 주파수 자원을 이용해 보내는 경우 사용한 시간-주파수 자원이 깊은 페이딩에 빠지면 아예 복구가 안 되므로 이를 다양한 방법을 통해 분산시켜 전송하는 것인데, 대표적인 다이버시티 기술에는 다음과 같은 것들이 있다.

(1) 인터리빙과 채널 부호화의 조합을 이용한 시간/주파수 다이버시티 전송
(2) 확산 대역 통신
(3) 다중 안테나를 이용한 송신 및 수신 다이버시티

첫 번째의 방법은 이미 제5장에서도 설명하였듯이 채널 부호화를 하기 전에 채널의 변동 주기(코히어런스 시간 혹은 코히어런스 대역폭)보다 큰 깊이를 갖는 인터리빙을 수행함으로써 신호 품질이 좋은 수신 샘플과 나쁜 수신 샘플을 적절히 섞어주면 신호 품질이 좋은 수신 샘플로 그렇지 않은 샘플에서 발생하는 오류를 정정할 수 있다는 아이디어이다. 특히, 광대역 OFDM에서 주파수 선택성이 매우 강한 경우 데이터 심벌을 부반송파에 매핑하기 전에 주파수 영역에서 인터리빙을 수행하면 효과적인 주파수 영역 다이버시티 이득을 얻을 수 있다. 두 번째 방법은 시간, 주파수 또는 시간/주파수 양 영역에서 정의되는 수열을 이용하여 데이터를 확산시켜 전송하는 방식으로 하나의 데이터가 시간 및 주파수 영역에서 분산되어

전송되므로 수신단에서의 적절한 다이버시티 결합을 통해 시간 및 주파수 다이버시티 이득을 얻을 수 있다. 마지막으로 다중 안테나를 이용한 다이버시티 전송은 비교적 최근에 개발된 방법으로 공간 다이버시티라고도 하며 송신 및 수신 안테나의 요소 안테나 간 이격을 크게 하면 다이버시티 이득을 얻을 수 있다(공간 다이버시티에 대한 자세한 내용은 제7장에서 다시 다룰 것이다).

상술한 다이버시티 기술들은 그 방법상의 혹은 구현상의 차이는 있으나 기본적으로 하나의 데이터를 여러 번 혹은 여러 경로를 통해 동시에 보냄으로써 보다 안정된 링크 품질을 유지하기 위한 기술을 의미하여 기본적으로 송신단이 각 경로의 링크 품질에 대한 정보가 없거나 불완전할 때 적용되는 기술이다. 마치 카지노에서 룰렛을 할 때 어느 수가 나올지 모르므로 (혹은 주식투자에서 어느 종목이 이윤을 많이 남길지 예측할 수 없으므로) 여러 가지의 수에(종목에) 나눠서 돈을 걸거나 투자하는 것과 비슷하다. 통신의 용어로 설명한다면, 송신기가 수신단에서 경험하는 채널의 상태를 알 수 없고 어느 시간대 혹은 어느 주파수 대역이 더 좋고 나쁜지 사전에 알 수 없다면 하나의 데이터를 안정적으로 보내는 전략은 다이버시티 기술이 최선일 것이다. 그리고 (디지털 방송을 포함하여 전화와 같은) 일정한 데이터율의 트래픽을 무선 채널의 품질 변동에 따른 오류를 최소화하면서 수신단까지 안전하게 전달하는 것은 다이버시티 기술을 적용하기에 좋은 특징이기도 하다.

그러나 만약 송신기가 사전에(송신기가 데이터를 보내기 전에) 수신기가 경험하는 채널의 품질을 알 수 있다면 다이버시티 기술보다는 **적응형 변조/부호화**(adaptive modulation and coding, AMC) 기술로 알려진 방식이 여러 가지 면에서 보다 유리할 수 있는데, 적응형 변조 및 부호화란 송신기가 수신단에서 보는 채널 품질에 따라 전송 수율이 최대가 되는 **변조 및 부호화의 수준**(level of modulation and coding scheme, MCS level)을 선택하여 전송하는 방식으로 채널의 품질이(예를 들면 신호대 잡음비가) 좋은 경우 큰 변조 크기와 높은 부호율로 부호화하여 전송하고 그 반대의 경우 변조 크기도 줄이고 부호율도 낮춰 보낼 수 있다.

6.1.2 적응형 변조/부호화

이른바 AMC라고 하는 적응형 변조/부호화(Adaptive Modulation and Coding)는 말 그대로 채널의 상태 혹은 품질에 따라 변조 크기와 부호화율을 변경하여 전송하는 방식으로 AMC를 지원하는 통신 규격은 대개 MCS(Modulation and coding scheme) 표를 제공하는데, 이는 각 MCS 레벨에 대한 변조 크기와 부호화율 등을 정의한다. 표 6.1.1은 LTE 규격의

표 6.1.1 LTE 터보 부호의 MCS표. 단일 안테나 전송

CQI index	변조방식	부호율 × 1024	전송효율	SNR for 10^{-2} PER
0	out of range			
1	QPSK($m=2$)	78	0.1523	−7.3
2	QPSK	120	0.2344	−5.3
3	QPSK	193	0.3770	−3.2
4	QPSK	308	0.6016	−1.25
5	QPSK	449	0.8770	0.75
6	QPSK	602	1.1758	2.7
7	16QAM($m=4$)	378	1.4766	4.6
8	16QAM	490	1.9141	6.4
9	16QAM	616	2.4063	8.4
10	64QAM($m=6$)	466	2.7305	10.3
11	64QAM	567	3.3223	12.25
12	64QAM	666	3.9023	14.0
13	64QAM	772	4.5234	16.3
14	64QAM	873	5.1152	17.4
15	64QAM	948	5.5547	19.4

* 10^{-2} PER를 위한 SNR은 AWGN 채널에 대한 PER 곡선을 기준으로 하였음.

MCS 표를 나타내는데 3가지의 변조 방식(QPSK, 16QAM, 64QAM)과 다양한 부호율의 조합으로 15가지의 MCS 레벨을 제공한다. 표에서 전송 효율의 단위는 [bps/Hz]이며 심벌당 비트 수(m)와 부호율의 곱이다. 표의 맨 우측 열은 AWGN 채널에서 해당 MCS 레벨을 사용하여 전송할 때 패킷 오류율(PER) 10^{-2} 이하로 통신할 수 있는 최소 SNR을 나타내는데, 수신단에서의 실효 SNR이 정해지면 이에 따라 어느 정도의 전송 수율을 얻을 수 있는지를 대략적으로 보여준다. 그림 6.1.1은 링크레벨 시뮬레이션을 통해 얻은 PER 곡선이며, 표 6.1.1의 맨 오른쪽 열의 10^{-2} PER을 얻기 위해 요구되는 최소 SNR은 이로부터 얻었다. LTE 규격에서는 표 6.1.1의 MCS 레벨을 **채널 품질 정보**(Channel quality indicator, CQI)로 정의하여 AMC와 뒤에서 다룰 패킷 스케줄링을 위해 사용한다.

그림 6.1.2는 다이버시티 기술과 AMC 기술을 비교하여 보여 주는데, 그림 6.1.2(a)는 인터리빙과 채널 부호화를 적용한 시간(혹은 주파수) 다이버시티 방식을 가정했을 때 얻을 수 있는 평균 수율(그림에서는channel utilization이라고 하였음)을 개략적으로 나타내며 그림 6.1.2(b)는 송신단이 수신단에서 채널 추정을 통해 획득한 **채널 품질 정보**(CQI)를 바로 바로

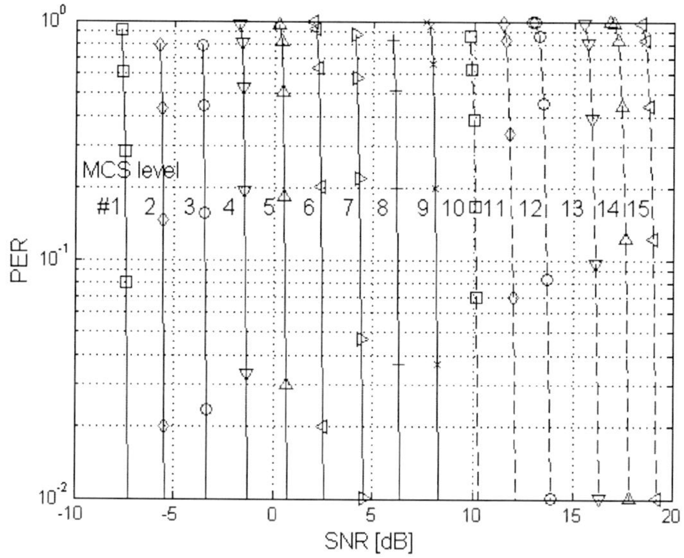

그림 6.1.1 LTE 터보 부호의 각 MCS 레벨에 대한 AWGN 채널에서의 PER 곡선(단일 안테나 전송 성능)

알 수 있다는 가정 하에 AMC를 통해 얻을 수 있는 수율 성능을 도식화하여 나타낸다. 물론, 인터리빙의 깊이와 채널 부호의 성능이 평균 수율을 결정하겠지만 이들 두 요소가 이상적이라고 한다면 다이버시티 기술로 얻어지는 수율과 AMC를 통해 얻는 수율의 차이는 크지 않을 것으로 보인다.

한편, 정보이론에서는 **물-채우기**(water-pouring) 알고리즘으로 알려진 전력제어를 시간/주파수 영역에서 수행함으로써 AMC를 적용한 시스템의 평균 수율을 더 높일 수 있음이 알려져 있다. 그림 6.1.2(c)는 물-채우기 알고리즘은 아니나 On-off 형태의 **전력제어**를 적용한 경우를 도식적으로 보여주는데 채널의 품질이 나쁜 경우 아예 채널을 사용하지 않고 품질이 좋은 경우에만(SNR이 일정 역치를 넘을 경우에만) 데이터를 전송하는 방식으로 6.1.2(b)의 경우와 동일한 '에너지'를 사용한다면 더 높은 수율을 얻을 수 있다.

또 한 가지 주목할 것은 송신기가 데이터를 항상 보내는 것이 아니므로 빈 슬롯이 생기는데, 만약 이를 다른 사용자가 사용한다면 이들 사용자들 모두의 수율을 합한 값은 6.1.2(a)의 경우 보다 훨씬 클 수 있다. AMC가 갖는 이상의 내용들을 종합해 보면 다음과 같은 전송 정책이 가능하다.

(1) **전송 에너지의 최소화**: 이동 단말과 같이 배터리로 동작하는 송신기의 경우 최소한의 (배터리) 에너지로 많은 데이터를 보내려면 전송을 결정하는 (on-off를 결정하는)

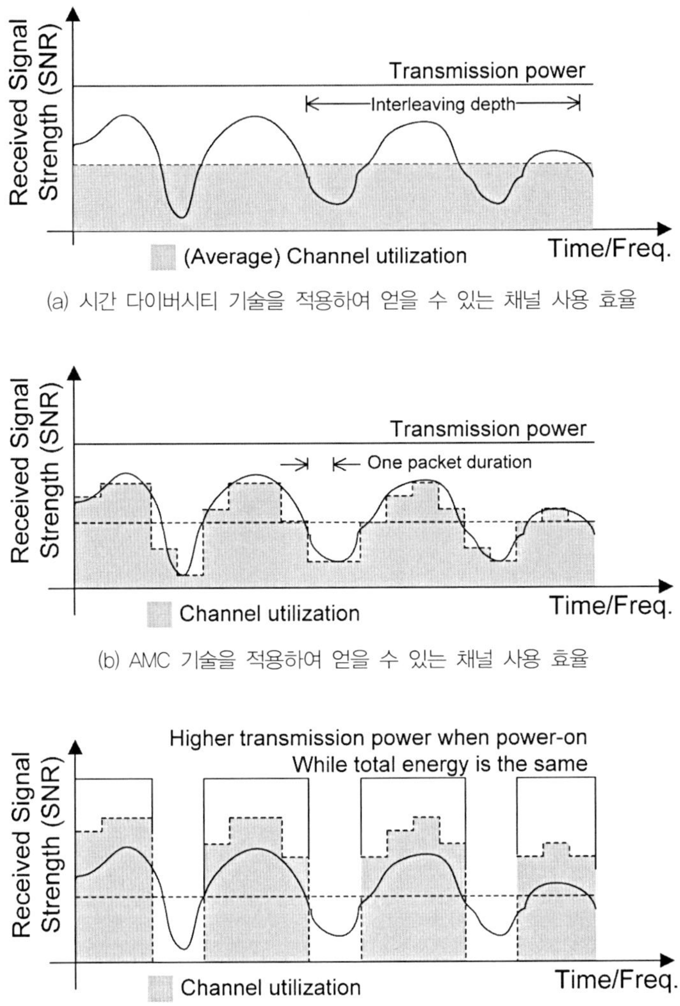

(a) 시간 다이버시티 기술을 적용하여 얻을 수 있는 채널 사용 효율

(b) AMC 기술을 적용하여 얻을 수 있는 채널 사용 효율

(c) AMC와 On–off 전력 제어를 적용하여 얻을 수 있는 채널 사용 효율

그림 6.1.2 다이버시티 기술과 AMC 기술을 적용하여 얻을 수 있는 채널 사용 효율

SNR의 역치(threshold)를 높여 채널이 좋은 슬롯만을 골라 보내는 전송 정책이 가능하다. 물론, SNR의 역치(threshold)를 높일수록 에너지 효율을 더 높일 수 있으나 전송 지연은 늘어날 것이다.

(2) 채널을 고려한 사용자 다중화: 여러 명의 사용자가 독립적인 페이딩을 겪는다고 가정하면 여러 명의 사용자로부터 채널 품질 정보를 획득하여 특정 슬롯에서 가장 큰 전송 수율을 얻을 수 있는 사용자에게 해당 슬롯을 할당함으로써 전체적인 시스템 수율

을 향상시킬 수 있다.

물론, 이들 방식은 모두 송신기가 수신단에서 경험하는 채널 품질을 안다는 가정 하에 적용 가능한 방식으로 송신기가 수신단에서 경험하는 채널 품질을 획득하는 방법은 직접적으로 수신기가 채널의 상태를 (역방향 링크를 통해) 송신단에 알려주거나 (채널의 대칭성 혹은 가역성을 고려하여) 간접적으로 획득하는 방법이 있다. 간접적인 채널 정보 획득 방식은 WLAN 혹은 TDD를 적용하는 이동통신 방식과 같이 송신과 수신이 같은 대역을 통해 이루어지는 경우 적용이 가능할 수 있으나 무선 채널의 대칭성이나 가역성이 보장되어도 채널 정보의 획득을 위해서는 역방향 링크를 통한 참조 신호의 전송이 필요하다. 다만, 통신에 참여하는 두 노드가 데이터를 주고 받으면서 상호 간의 채널 정보 획득은 가능하므로 함축적인 방법으로 AMC를 적용하는 것도 한 방법이 될 수 있다.

6.2 OFDM 기반의 다중접속과 LTE 시스템의 자원 구조

본 절에서는 OFDM 기반의 다중접속 방식에서 사용자 다중화(패킷 스케줄링)를 적용하기 위한 부채널 구조에 대해 설명하고 이와 관련하여 LTE 시스템의 하향 및 상향 링크의 다중접속 방식과 패킷 스케줄링을 위한 자원 구조에 대해 소개한다.

6.2.1 OFDM 기반의 다중접속 – OFDMA

4세대 이동통신 규격인 LTE는 하향 링크의 전송 및 다중접속 방식으로 OFDMA를 채택하고 있으며 상향 링크를 통해 이동 단말로부터 채널 정보를 획득하여 채널 품질을 고려한 자원할당(시간 슬롯 혹은 주파수 대역의 할당)을 수행한다. 그림 6.2.1은 OFDM을 이용한 다양한 다중접속 방식을 도식적으로 보여준다. 그림 6.2.1(a)의 OFDM-TDMA 방식은 OFDM이 전송방식으로 적용되기는 하나 기본적으로 시분할로 사용자 다중화를 하는 방식으로 한 번에 한 사용자가 전체 부반송파를 다 사용하며 주파수 다이버시티 효과를 얻기에 적당한 구조이다. 그림 6.2.1(b)는 OFDM의 2차원 평면 상에 2차원 부호를 이용하여 확산한 후 전송하는 OFDM-CDMA 방식으로 (b)의 방법보다 더 큰 다이버시티 이득을 얻을 수 있다. 마지막으로 6.2.1(c)는 (본 절에서 주목할) 주파수 영역을 분할하여 여러 명의 사용자에게 동시에 전송을 하는 OFDMA 방식으로 주파수 선택성이 있는 페이딩 채널에서 사용자의 각 반송파 혹은 각 부대역의 채널 품질에 따라 자원을 할당하고 MCS 레벨을 결정한다.

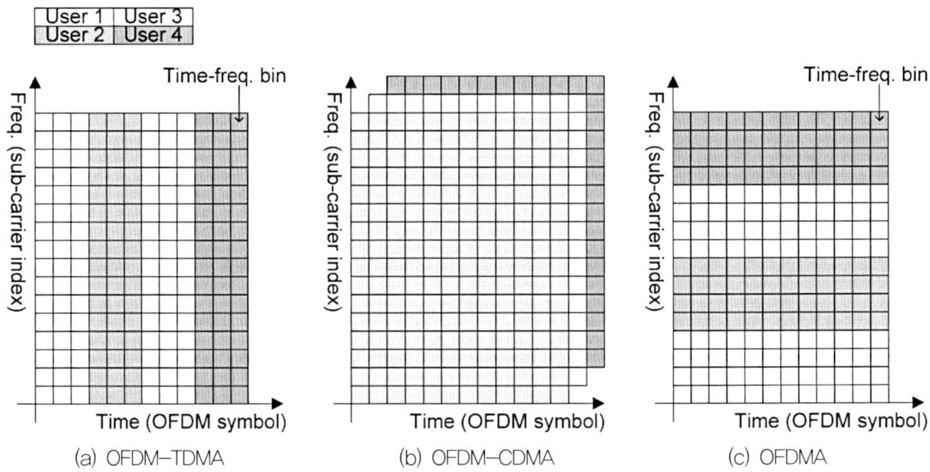

그림 6.2.1 OFDM 기반의 다중접속 방안

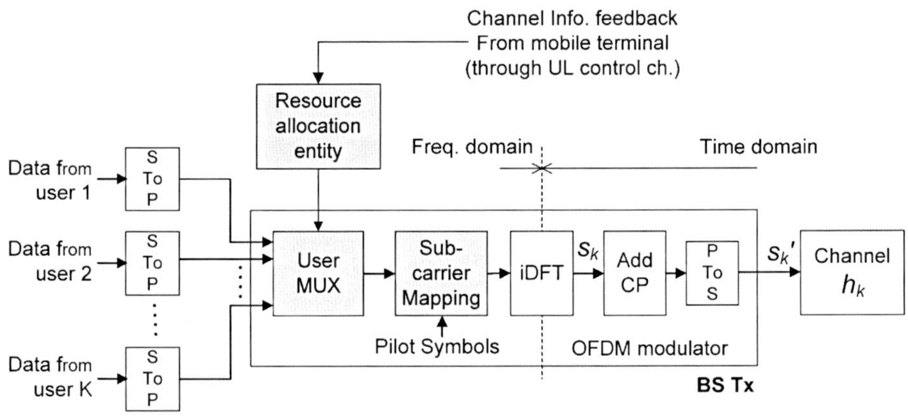

그림 6.2.2 이동통신 시스템 하향 링크를 기준으로 구성한 OFDMA 송신부

그림 6.2.2는 하향 링크를 기준으로 OFDMA 방식의 기지국 송신부 구성 예를 보여 준다. 그림에서 **자원 할당 제어기**(resource allocation entity)는 이동 단말들로부터 채널품질 정보를 받아 이를 기준으로 사용자 다중화를 수행하는데, 채널품질 정보(CQI)의 궤환 및 각 사용자에 대한 주파수 자원 할당의 단위는 운영의 효율성을 고려하여 여러 개의 부반송파를 그룹핑한 **부채널**(sub-channel) 혹은 **부대역**(sub-band)의 단위로 이루어진다. 이러한 부채널을 구성하는 방법은 2가지로 분류가 가능한데, 그림 6.2.3에 도시한 바와 같이 **분산 부채**

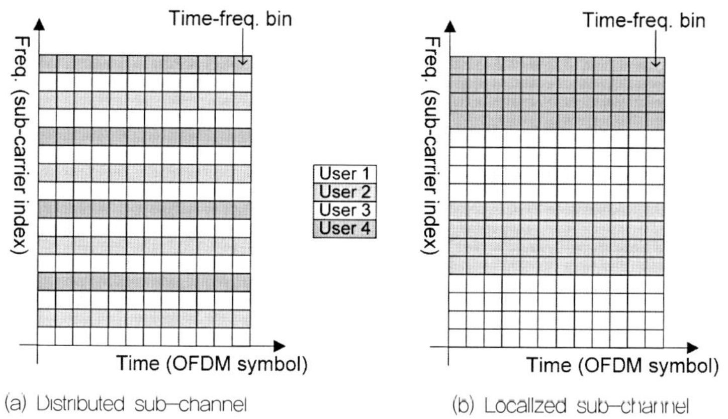

그림 6.2.3 OFDMA를 위한 2가지 부채널 구조

널(distributed sub-channel)과 **연속 부채널**(contiguous sub-channel)로 분류할 수 있다.

전자의 경우, 하나의 부채널을 구성하는 부반송파들이 전체 대역에 분산되어 흩어져 있는 구조를 말하는데, OFDM-TDMA와 유사하게 다이버시티 이득을 얻기에 적합한 구성이다. 반면, 연속 부채널의 경우 하나의 부채널을 구성하는 부반송파들이 물리적으로 인접한 주파수에 모여 있는 구조를 말하며 AMC를 적용하기에 적당한 구조로 **다중사용자 다이버시티 이득**(multiuser diversity gain)을 얻을 수 있어 분산 부채널 구성에 비해 우수한 수율 성능을 갖는다.

그림 6.2.4의 (a)와 (b)는 이 두 가지 부채널이 어떻게 성능 차이를 보이는지 설명해준다. 분산 부채널의 경우 그림 6.2.4(a)에 함축적으로 나타냈듯이 각 사용자의 입장에서 4개의 부채널을 봤을 때 각 부채널 품질 간의 차이는 거의 없으며 따라서 모든 사용자의 채널 품질의 평균이 같다면 특정 부채널에 특정 사용자를 선택한다 해도 크게 수율이 높아지지는 않는다. 반면, 그림 6.2.4(b)의 경우 각 사용자에 대해 부채널 간 현저한 채널 품질의 차이가 존재하며 어느 부채널을 할당 받느냐에 따라 수율의 차이가 발생하기 때문에 특정 부채널에 대해 예상 수율이 가장 큰 사용자를 선택함으로써 다중사용자 다이버시티 이득을 얻을 수 있다. 물론 이러한 이득의 극대화를 위해서는 다음의 항목들을 고려해야 한다.

(1) **전체 대역폭**: 분산 부채널 구조든 연속 부채널 구조든 전체 대역폭은 채널의 코히어런스 대역폭보다 충분히 커야 다이버시티 이득 혹은 다중사용자 다이버시티 이득을 얻을 수 있다.

(2) **부채널 별 채널 품질 정보의 궤환**: 연속 부채널 구조의 경우 부채널 별 채널 품질 정보

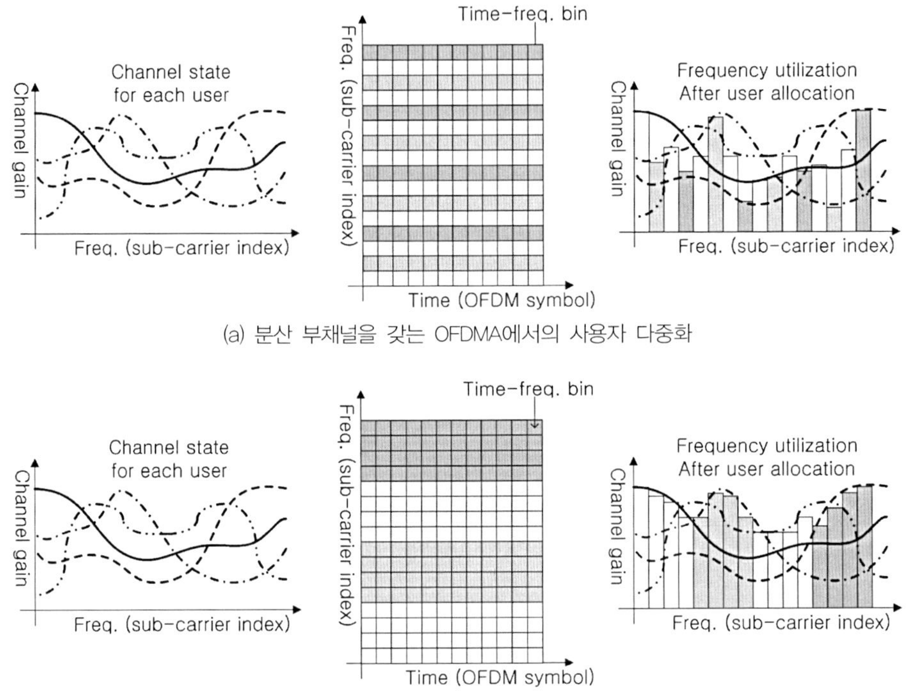

(a) 분산 부채널을 갖는 OFDMA에서의 사용자 다중화

(b) 연속 부채널을 갖는 OFDMA에서의 사용자 다중화

그림 6.2.4 OFDMA에서 사용자 다중화를 통한 이득

의 궤환은 다중사용자 다이버시티 이득을 위해서는 필수적이며 분산 부채널의 경우 모든 부채널에 대해 하나의 채널 품질 정보만 사용할 수 있다(왜 그런지는 6.5절에서 다룬다).

(3) **부채널의 대역폭 혹은 부채널당 부반송파의 개수:** 연속 부채널 구조의 경우 채널의 코히어런스 대역폭을 고려한 부채널 대역폭의 설정이 필요하다. 물론 가장 이상적인 성능은 채널 품질 정보 궤환과 자원 할당을 부반송파 단위로 수행하는 것이지만 일반적으로 부반송파의 개수가 너무 많으므로 부반송파 단위로 채널 품질 정보 궤환과 자원 할당을 수행할 경우 궤환 정보량의 부담과 운영 효율성이 떨어진다. 반면 부채널 대역폭을 너무 크게 설정하면 다중사용자 다이버시티 이득에서 손해를 보게 되므로 적절한 대역폭을 갖도록 설정하는 것이 중요하다(이 부분도 왜 그런지는 6.5절에서 다룬다).

(4) **이동 단말의 위치(기지국으로부터의 거리) 차이에 의한 공평성 문제:** 그림 6.2.4에서는 모든 사용자의 평균 수신 전력과 SNR의 평균값은 대체로 같다는 가정을 하였으나 실

제 시스템에서는 이동 단말이 기지국으로부터 얼마나 떨어져 있는가에 따라 수신 신호 전력과 SNR의 평균값에 큰 차이가 발생하며 이러한 평균 전력의 차이를 고려하지 않고 최대 수율을 얻는 사용자에게 자원을 할당한다면 기지국으로부터 먼 거리에 있는 이동 단말은 전혀 서비스를 받지 못하는 상황이 발생한다. 따라서 이러한 공평성의 문제를 고려한 자원할당이 필요하다.

위의 고려사항 중 다중사용자 다이버시티 이득과 부채널 대역폭, 공평성의 문제와 관련된 내용은 이후의 절에서 좀 더 구체적으로 다루기로 하고 먼저 OFDMA를 사용하는 LTE 시스템의 채널 및 프레임 구성을 알아보자.

6.2.2 LTE 시스템에서의 프레임 및 부채널 구조

LTE 시스템은 상하향 링크 모두 GSM과 유사하게 FDMA와 TDMA가 합쳐져 있는 형태로 볼 수 있는데, 아날로그 필터를 사용하는 FDM 대신 하향 링크에서는 OFDMA가 적용되고 상향 링크에서는 OFDMA의 변형으로 볼 수 있는 **단일 반송파** FDM(single-carrier frequency division multiplexing, SC-FDM)이 사용된다.

프레임 구조 FDD 모드에서 LTE 시스템의 프레임은 4.4절에서도 간략히 소개하였는데, 독

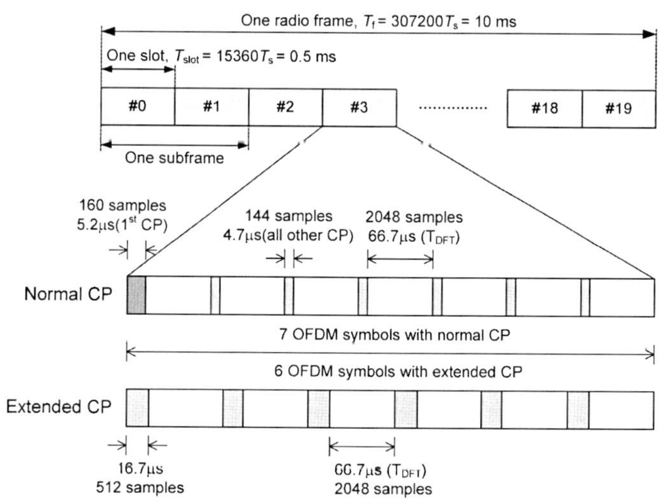

그림 6.2.5 LTE 주파수 분할 듀플렉싱 모드의 프레임 구조. 1개의 프레임은 20개의 슬롯으로 구성되며 각 슬롯은 6 혹은 7개의 OFDM 심벌(상향 링크의 경우 SC-FDM 심벌)로 구성된다(샘플 수는 표본화 주파수 30.72 Msps를 기준으로 한 값이다)

자들의 편의를 위해 그림 6.2.5에 다시 도시하였다. 앞에서도 언급했듯이 LTE의 한 프레임은 10 ms의 길이를 가지는데, 10개의 부프레임으로 구성되며 각 부프레임은 다시 2개의 슬롯으로 구성되어 있다. 각 슬롯은 0.5 ms 길이를 가지며 정상 CP의 경우 7개 OFDM 심벌로, 확장 CP의 경우 6개 OFDM 심벌로 구성된다.

자원 구조 LTE 규격서에서는 시간-주파수 자원의 기본 단위를 Resource Element(RE)로 정의하는데, 이는 하나의 OFDM 심벌의 1개 부반송파를 나타낸다. 또한, 시간-주파수 자원의 효율적 관리를 위해 인접 RE들의 묶음인 Resource Block(RB)을 정의하여 자원 할당(다중화)의 단위로 사용하는데, 하나의 RB는 주파수 영역에서는 12개의 부반송파와 시간 영역에서는 1개의 슬롯(6 혹은 7 OFDM 심벌 혹은 SC-FDM 심벌)으로 구성된다. LTE의 RB 구조를 그림 6.2.6에 나타내었는데, 하향 링크와 상향 링크 모두 그림에 도시한 동일한 RB 구조를 적용하여 AMC와 패킷 스케줄링을 적용한다.

LTE 시스템은 1.5, 3, 5, 10, 15, 20 MHz의 대역폭을 지원하는데, 부반송파 간 이격은 15 Hz로 고정되어 있는 것이 특징이며, 대역폭에 따라 DFT 크기와 사용되는 부반송파의 개수

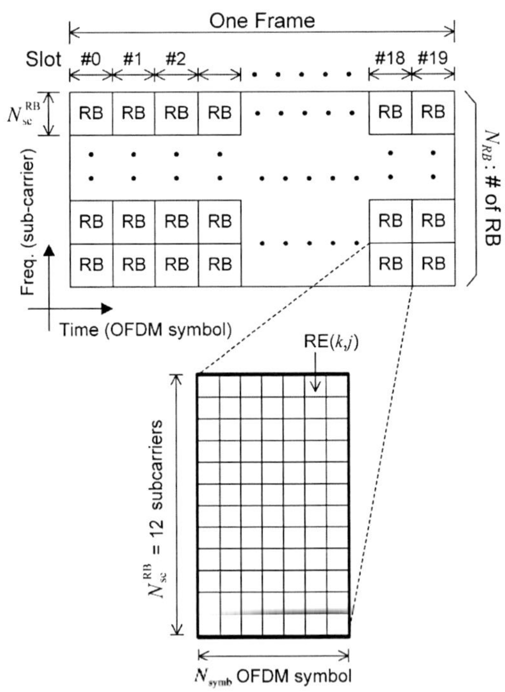

그림 6.2.6 LTE Resource block(RB) 구조. RE: resource element

가 달라진다. 따라서 RB의 대역폭은 전체 대역폭과 상관없이 15 kHz × 12 = 180 kHz이며 시간 길이는 0.5 ms(7 또는 6 OFDM 심벌)이다. 다음의 표 6.2.1은 대역폭 5, 10, 20에 대한 부반송파의 개수와 RB의 개수를 보여준다.

표 6.2.1 LTE 규격의 부반송파 수

대역폭(MHz)	5	10	20
사용되는 부반송파 수	300	600	1200
RB 수(NRB)	25	50	100

상술한 RB의 크기는 GSM의 슬롯 크기와 거의 비슷한데 셀룰라 시스템 환경에서의 전형적인 RMS 지연 확산이 1 μs라 하고 2 GHz 반송파에 100 km/hr의 이동성을 지원한다면 코히어런스 대역폭은 대략 1/(5.1μs) = 200 kHz, 코히어런스 시간은 대략 $1/(10f_D) \approx 0.5$ ms 정도가 되므로 상술한 RB 파라미터들은 (4.4절에서 기술한 파일럿 패턴도 마찬가지지만) 이동성과 현실적인 채널 환경을 고려한 값임을 알 수 있다.

한편, LTE 시스템은 분산 부채널 구조와 연속 부채널 구조를 모두 지원하는데, 이는 가상의 RB인 VRB(virtual RB)와 실제 부반송파에 순서대로 대응되는 PRB(physical RB) 간의 매핑으로 정의된다. 구체적인 내용을 기술하지는 않겠지만 연속 부채널의 경우 VRB 인덱스와 PRB 인덱스는 동일한 값을 가지며 분산 부채널의 경우 블록 인터리버를 이용하여 하나의 VRB에 속한 RE들을 전체 대역에 분산시키고 슬롯 기반의 주파수 호핑이 적용된다.

6.2.3 LTE 상향 링크: SC-FDM

LTE의 상향 링크는 OFDMA 대신 단일 반송파 FDM(single-carrier frequency division multiplexing, SC-FDM) 방식을 적용하는데, 이는 상대적으로 낮은 송신 전력을 갖는 단말에서 단일 반송파 방식을 채용하여 부분적으로 PAPR문제를 극복하고 송신 효율을 높이면서도 사용자 다중화를 통한 이득을 얻을 수 있도록 하기 위한 것이다. SC-FDM 신호의 생성은 OFDM의 기본구조를 거의 그대로 사용하나 데이터 심벌을 부반송파 매핑하기 전에 DFT 변환을 수행하는 것이 다르며 기본적으로 FDM이기 때문에 각 단말은 할당된 일부 대역만을 사용하여 데이터를 전송하는데, 이때 그림 6.2.6의 RB 구조가 동일하게 적용된다.

그림 6.2.7은 SC-FDM 변조기의 구성도를 나타내는데, 전송할 데이터 심벌 벡터 $[s'_0, s'_1, \cdots, s'_{M-1}]^T$은 먼저 M-point DFT를 통해 변환된 후 할당된 전송 대역(의 부반송파)에 (순서

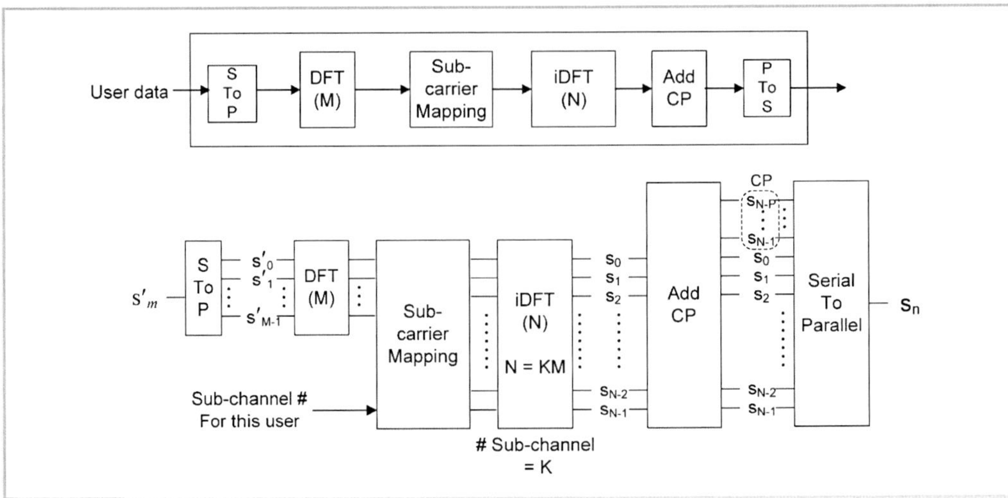

그림 6.2.7 LTE SC-FDM 변조부의 신호처리 흐름도

대로) 매핑되고 사용되지 않는(다른 사용자에게 할당된) 부분은 0으로 설정된 후 N-point iDFT가 수행되어 실제 전송될 시간 영역 수열 $[s'_0, s'_1, \cdots, s'_{N-1}]^T$이 얻어지면 여기에 CP를 붙여 송신한다. 따라서 각 단말의 데이터 심벌 벡터가 M-point DFT를 통해 또 다른 수열로 변환된다는 것을 제외하면 그림 6.2.2의 LTE 하향 링크 처리 블록도와 완전히 동일한 구성으로 볼 수 있다. 이상의 처리 과정에서 상수 M은 사용자에게 할당된 부반송파의 개수(대역폭)로 N과 마찬가지로 2의 거듭제곱으로 설정하는 것이 연산 복잡도 면에서 가장 좋은 선택이나 LTE의 상향 링크 역시 그림 6.2.6의 RB 구조를 동일하게 사용하며 RB의 대역폭은 12개 부반송파로 구성되기 때문에 M은 12의 배수로 설정되어야 하고 이에 따라 FFT 연산을 적용하는 것은 불가능하다. 다만, M을 다음의 식에 의해 주어지는 값으로 제한함으로써 부분적인 연산 복잡도의 감소는 가능하도록 하였다.

$$M = 2^{\alpha_2} \cdot 3^{\alpha_3} \cdot 5^{\alpha_5} \cdot N_{sc}^{RB} \tag{6.2.1}$$

여기서, α_2, α_3, α_5는 음이 아닌 정수이며 N_{sc}^{RB}는 RB당 부반송파수로 12이다.

한편, 그림 6.2.8은 LTE 시스템 상향 링크 다중접속의 개념도를 나타내는데, 여러 단말이 기지국으로부터의 주파수 자원할당 정보를 받아 그림 6.2.7의 과정을 거쳐 상향 링크 신호를 생성하여 송신하는 것을 나타낸다. 물론, 기지국에서 각 단말이 송신한 신호를 상호 간 간섭 없이 수신하기 위해서는 CP 길이 이내에서 전송 프레임이 정렬되어야 하며 이는 스케줄링 요청 과정에서의 송신 타이밍 조정 등을 통해 이루어진다. 마지막으로 그림 6.2.9는 LTE 시스템의 상향 링크 신호수신을 위한 (기지국 수신기에서의) 신호처리 흐름도를 나타낸다.

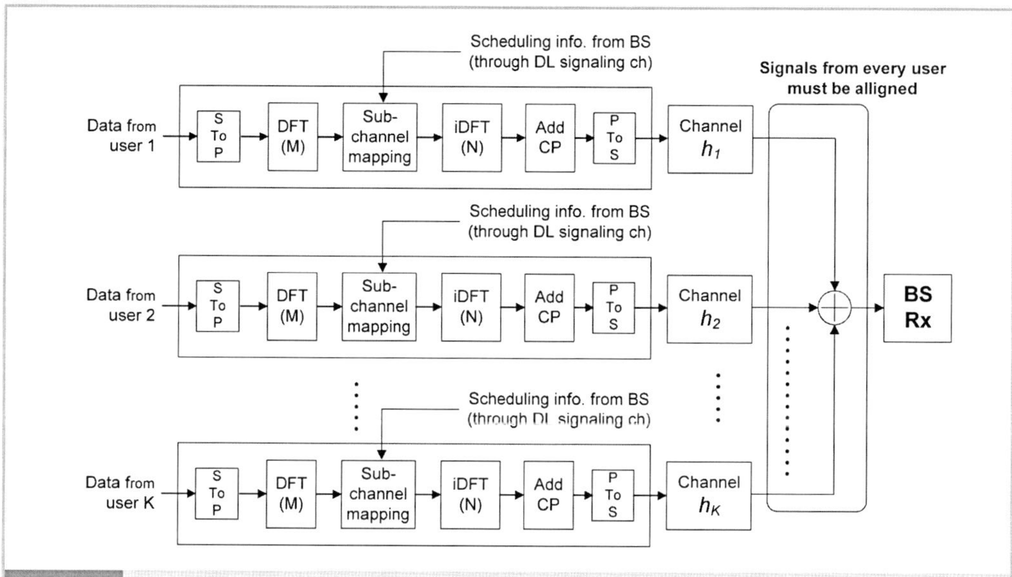

그림 6.2.8 LTE 시스템 상향 링크 개념도

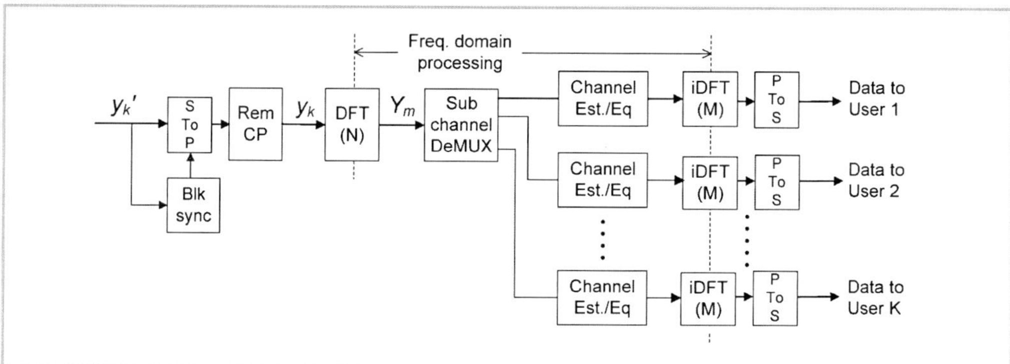

그림 6.2.9 LTE 시스템의 상향 링크 신호 수신을 위한 (기지국 수신기에서의) 신호처리 흐름도

6.3 채널 의존적 패킷 스케줄링과 다중사용자 다이버시티 이득(*)

본 절에서는 하향 링크 전송에서 채널 품질 정보에 기초한 패킷 스케줄링을 통해 얻을 수 있는 다중사용자 다이버시티 이득에 대해 논의한다.

본 절에서 고려하는 시스템은 그림 6.3.1에 나타낸 바와 같은 1개의 BS와 K명의 사용자로 구성된 단일 셀 시스템의 하향 링크로 다중접속 방식은 OFDMA를 가정하며 자원 할당은 부반송파

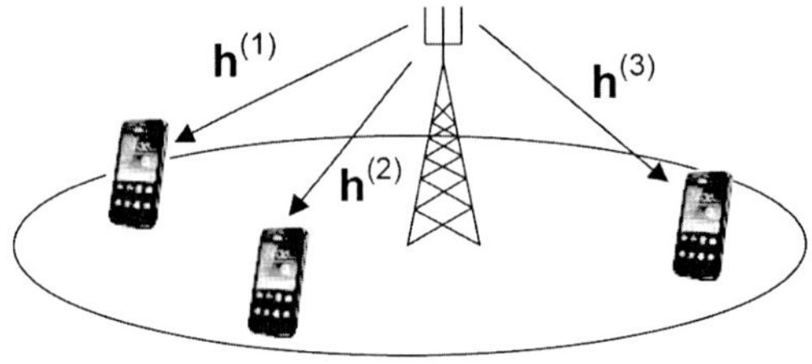

그림 6.3.1 OFDMA 기반 셀룰라 시스템의 하향 링크

단위로 이루어진다고 가정한다. 부반송파의 개수를 N이라 하고 $N \times 1$ 복소 벡터 $\mathbf{g}^{(k)} = [g_0^{(k)}, g_1^{(k)}, \ldots, g_{N-1}^{(k)}]^T$를 기지국과 k번째 사용자 간 채널의 주파수 응답이라 하자. 여기서 N은 부반송파의 개수이다. 다음을 가정한다.

(1) 각 사용자의 채널 벡터들은 서로 통계적으로 독립이며 동일한 평균 전력을 갖는다.

(2) $g^{(k)}$의 각 요소 $g_m^{(k)}$의 진폭은 레일리 분포를 따르며 채널 품질 $\gamma_m^{(k)}$의 정의와 분포는 다음과 같다.

$$\gamma_m^{(k)} \equiv \frac{|g_m^{(k)}|^2}{\sigma^2} \sim \frac{1}{\Gamma}\exp\left(-\frac{x}{\Gamma}\right),\ x \geq 0 \tag{6.3.1}$$

여기서 σ^2은 잡음전력이며 $\Gamma = E[\gamma_m^{(k)}] = 1/\sigma^2\ \forall k,\ m$이다.

(3) 수신 SNR은 다음과 같다.

$$\beta_m^{(k)} \equiv P_m \gamma_m^{(k)} \tag{6.3.2}$$

여기서 P_m은 m번째 부반송파의 전력이다.

한편, 자원 할당 과정은 다음과 같다.

(1) **참조 신호를 이용한 채널 추정**: 이동 단말은 기지국으로부터의 참조 신호(reference signal)을 수신하여 채널 $g^{(k)}$을 추정하고 각 부반송파 별 채널품질 벡터 $\boldsymbol{\gamma}^{(k)} = [\gamma_m^{(k)}, \gamma_m^{(k)}, \ldots, \gamma_m^{(k)}]^T$를 얻는다.

(2) **채널 품질 정보의 보고**: 이동 단말은 상향 링크를 통해 $\boldsymbol{\gamma}^{(k)} = [\gamma_m^{(k)}, \gamma_m^{(k)}, \ldots, \gamma_m^{(k)}]^T$를 기지국에 보고한다.

(3) **자원 할당**: 기지국은 셀 내의 모든 이동 단말로부터 채널품질 벡터를 획득하고 각 부반송파에 대해 다음과 같이 사용자를 선택한다.

$$\kappa_m = \arg\max_{1 \le k \le K} \gamma_m^{(k)} \tag{6.3.3}$$

여기서, κ_m은 m번째 부반송파를 사용할 이동 단말의 인덱스이다.

따라서 m번째 부반송파를 κ_m번째 이동 단말에 할당하여 얻어지는 SNR은 다음과 같다.

$$\gamma_m^* = \max_{1 \le k \le K} \gamma_m^{(k)} \tag{6.3.4}$$

이러한 이동 단말의 선택을 종종 **최대 SNR 스케줄링**(max SNR scheduling)이라 하는데, 식 (6.3.4)는 제4장의 부록에서 다루었던 다이버시티 결합 방식 중 선택적 결합 방식과 동일하며 K 명의 사용자 단말 중 가장 좋은 품질의 사용자 단말을 선택하였을 때 이의 확률분포와 1차 모멘트는 다음과 같다.

$$\gamma_m^* = \max_{1 \le k \le K} \gamma_m^{(k)} \sim K e^{-x/\Gamma} (1 - e^{-x/\Gamma})^{K-1} \tag{6.3.5}$$

$$E[\gamma_m^*] = \Gamma \cdot \sum_{k=1}^{K} \frac{1}{k} \to \frac{1}{\xi} \Gamma \cdot \log K \quad \text{for large } K \tag{6.3.6}$$

여기서, $\xi \approx 0.577$는 Euler-Mascheroni 상수이다.

이제 m번째 부반송파의 전송 수율을 다음과 같이 정의하자.

$$R_m = \log_2(1 + \gamma_m^*) \tag{6.3.7}$$

이의 평균치는 다음과 같다.

$$\begin{aligned} R_{\text{full CSI}} &= E[R_m] = E[\log_2(1+\gamma_m^*)] \\ &\to \log_2(1 + E[\gamma_m^*]) \\ &= \log_2\left(1 + \frac{1}{\sigma^2}\log K\right) \\ &\approx \log_2\left(\frac{1}{\sigma^2}\right) + \log_2 \log K \end{aligned} \tag{6.3.8}$$

여기서, 두 번째 줄은 다음의 lemma를 사용하였다: 양의 i.i.d. 랜덤 변수 $\{x_i\}_{i=1}^n$이 평균 μ_n, 분산 σ^2_n을 가지며 $E[\log^2(x_n)] < \infty$를 만족한다고 하면 $n \to \infty$에 따라 $\log(E[x_n]) - E[\log(x_n)] \to 0$이 된다.

식 (6.3.8)로 주어지는 수율 성능을 채널을 고려하지 않은 **라운드 로빈**(round robin) **스케줄링** 방식의 수율과 비교해 보자. 라운드 로빈 방식은 각 부반송파를 채널 품질과는 상관없이 순서에 따라 혹은 랜덤하게 선택하여 할당하며 모든 사용자에 대해 평균 수신 전력은 동일하므로 자원 할당 후 채널 품질의 평균값은 임의의 사용자에 대한 채널 품질의 평균값과 동일하다. 즉,

$$\gamma_m^* \overset{\circ}{=} \gamma_m^{(k)} \quad \text{for any } k \tag{6.3.9}$$

여기서, $\overset{\circ}{=}$는 확률 분포의 등가(equivalence in distribution)를 나타내며 따라서 식 (6.3.8)에서와 마찬가지로 이에 대한 평균 수율은 다음과 같다.

$$\begin{aligned} E[R_m] &\to \log_2(1+E[\gamma_m^{(k)}]) \\ &= \log_2\left(1+\frac{1}{\sigma^2}\right) \approx \log_2\left(\frac{1}{\sigma^2}\right) \end{aligned} \tag{6.3.10}$$

이를 식 (6.3.8)과 비교해 보면 사용자 선택을 통해 얻어지는 수율 상의 이득은 $\log_2 \log K$임을 알 수 있다. 이러한 이득은 선택적 다이버시티 결합 방식에서의 다이버시티 이득과 유사한 방식으로 얻어지는데, **다중사용자 다이버시티 이득**(multiuser diversity gain)이라고도 하며 종종 **스케줄링 이득**(scheduling gain)이라고도 한다. 그림 6.3.2는 식 (6.3.8)과 (6.3.10)을 $\log_2 K$의 함수로 나타내어 비교한다.

비례 공평 스케줄링 앞서의 논의에서는 사용자들의 평균 채널 품질은 모두 같다는 가정을 하였으나 (즉, $E[\gamma_m^{(k)}]=\Gamma\ \forall k,m$) 실제 셀 환경에서는 사용자 간 (기지국으로부터의 거리 차이와 이에 따른 경로손실에 의한) 평균 채널 품질의 큰 격차로 불공평한 자원 할당을 초래할 수 있다. 이러한 환경에서도 어느 정도의 공평성을 보장해 주기 위해 **비례 공평 스케줄링**(proportional fair scheduling) 방법이 제안되었는데, 여기서는 SNR 혹은 그 SNR에서 지원 가능한 전송률 자체를

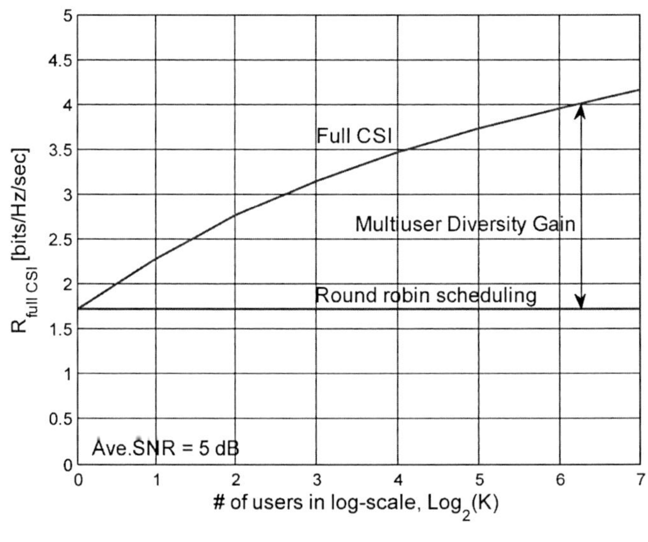

그림 6.3.2 최대 SNR 스케줄링과 라운드 로빈 스케줄링을 이용한 시스템 수율

순위 지표로 사용하는 대신 이를 평균 서비스 전송률로 나눈 값을 이용하여 자원을 할당한다. 즉,

$$\kappa_m = \arg\max_{1\le k\le K} \frac{R(\gamma_m^{(k)})}{[T_k(n)]^{\alpha}} \tag{6.3.11}$$

여기서, n은 시간 인덱스, α는 **공평성 지수**(fairness exponent), $R(\gamma_m^{(k)})$는 SNR $\gamma_m^{(k)}$에서 전송 가능한 최대 수율이며, $T_k(n)$은 기지국이 k번째 사용자에게 서비스한 평균 수율인데 다음과 같이 계산될 수 있다.

$$T_k(n+1) = (1-\omega)\cdot T_k(n) + \omega \cdot \sum_{m=1}^{N} R\left(\gamma_m^{(\kappa_m(n))}\right) \tag{6.3.12}$$

여기서, $\kappa_m(n)$는 n번째 시간에 m번째 부반송파를 할당받은 사용자의 인덱스이며, $1/\omega$은 이동평균을 위한 유효 윈도우 길이이다. 식 (6.3.11)에서 $\alpha = 1$이면 정상적인 비례 공평 스케줄링이 되며 $\alpha = 0$이면 이는 식 (6.3.3)과 동일해 진다.

6.4 부채널 구조가 다중사용자 다이버시티 이득에 미치는 영향(*)

앞 절에서는 부반송파 단위의 자원 할당을 가정한 이상적인 패킷 스케줄링을 고려하였는데 상향 링크를 통한 채널 품질 정보의 궤환에서의 정보량과 효율적인 시간-주파수 자원의 운영을 위해서는 부반송파의 묶음을 자원 할당 단위로 사용하는 것이 일반적이다. 본 절에서는 이러한 현실적인 자원 할당 단위를 고려했을 때 얻을 수 있는 다중사용자 다이버시티 이득에 대한 분석을 제시한다.

6.4.1 채널 모형(*)

기본적으로 앞 절에서의 채널에 대한 가정을 그대로 사용하되 몇 가지 가정을 추가한다.

채널의 임펄스 응답 임의의 전력-지연 프로파일을 갖는 다중경로 페이딩 채널을 고려하자. Wide-Sense Stationary Uncorrelated Scatter(WSSUS) 가정을 적용하여 각 경로의 페이딩 계수의 진폭이 상호 무상관인 레일리 분포를 갖는다고 가정하면 k번째 사용자의 채널의 임펄스 응답 $v_d^{(k)}$를 나음과 같이 표현할 수 있다.

$$v_d^{(k)} = \sqrt{q_d}\cdot w_d^{(k)},\ d = 0,\ 1,\ \cdots,\ D_{\max} \tag{6.4.1}$$

여기서, q_d는 이산 시간 전력-지연 프로파일 (PDP), $D_{\max}$는 최대 지연확산, w_d는 평균 0, 분산 1

의 원형대칭(circularly symmetric) 복소 가우시안 랜덤 변수이다. WSSUS로부터 w_d는 각각 서로 독립이라고 가정하며 따라서

$$E[w_i^{(k)^*} \cdot w_j^{(k)}] = \delta_{i-j} \tag{6.4.2}$$

이다. 여기서, δ_{i-j} 는 Kronecker 델타 함수이다. 일반적으로 PDP는 다음과 같이 정규화되어 있다고 가정한다.

$$\sum_{d=0}^{D} q_d = 1 \tag{6.4.3}$$

일반적으로 많이 사용되는 전력-지연 프로파일은 지수의 전력-지연 프로파일로 다음과 같다.

$$q_d = Ve^{-d/D} \tag{6.4.4}$$

여기서, D는 RMS 지연확산이며 식 (6.4.3)을 만족시키는 V는 정규화 상수이다.

채널의 주파수 응답 OFDM 시스템의 DFT 크기를 N이라 하자. 여기서, $N > D_{\max}$이다. k번째 사용자의 채널 주파수 응답 $g_n^{(k)}$는 다음과 같다.

$$g_n^{(k)} = DFT_N[v_d^{(k)}] \equiv \sum_{d=0}^{N-1} v_d^{(k)} \cdot \exp(-j2\pi dn/N) \tag{6.4.5}$$

이는 식 (6.4.1)로부터 다음과 같이 표현될 수 있다.

$$g_n^{(k)} = \eta_n^{(k)} \otimes \varepsilon_n = \sum_{i=0}^{N-1} \eta_i^{(k)} \cdot \varepsilon_{(n-i)_N} \tag{6.4.6}$$

여기서, ⊗는 순환 콘볼루션, $(\cdot)_N$는 modulo-N 연산이며 $\eta_n^{(k)}$와 ε_n은 각각

$$\eta_n^{(k)} = DFT_N[w_d^{(k)}] \tag{6.4.7}$$

$$\varepsilon_n = DFT_N[\sqrt{q_d}], \tag{6.4.8}$$

이다. 한편, 식(6.4.2)의 $w_d^{(k)}$에 대한 i.i.d.가정을 이용하면 다음을 확인할 수 있다.

$$\eta_n^{(k)} \sim CN(0,1), \quad E[\eta_i^{(k)^*} \eta_j^{(k)}] = \delta_{i-j} \tag{6.4.9}$$

$$g_n^{(k)} \sim CN(0,1), \quad E[g_i^{(k)^*} g_j^{(k)}] = \sum_{n=0}^{N-1} \varepsilon_n^* \varepsilon_{(n+j-i)_N} \tag{6.4.10}$$

여기서 $CN(a, b)$는 평균 a, 분산 b인 복소 가우시안 분포를 나타낸다.

코히어런스 대역폭 Ψ_d를 $g_n^{(k)}$의 자기 상관 함수로 (즉, $\psi_{i-j} \equiv E[g_i^{(k)^*} g_j^{(k)}]$), n_{cbw}를 임의의 주어진 양의 실수에 대해 $\mathrm{Re}[\psi_{n_{cbw}}]/\psi_0 \approx \rho$ 이 되는 정수로 정의하면, 부반송파 대역폭의 단위로 나타

낸 코히어런스 대역폭은 $2n_{cbw}$이다. 일반적으로 3 dB coherence 대역폭에 대해 $\rho = 0.5$가 적용된다. 본 장에서는 신호 대역폭으로 정규화한 코히어런스 대역폭을 $f_{cbw} = n_{cbw}/N$으로 정의하고 이후부터는 정규화된 코히어런스 대역폭을 사용할 것이다.

광대역 가정(Large bandwidth assumption) 분석의 단순화를 위하여 '광대역 가정'을 사용하는데 여기서는 실제 RMS 지연확산이 크지 않다 하더라도 신호의 대역폭이 충분히 크고 분해 가능한 경로도 충분히 많아서 전체 대역상에서 볼 때 주파수 선택성이 충분히 존재한다고 가정한다(즉, $n_{cbw} \ll N$). 이 경우 각 부반송파가 갖는 채널 주파수 이득의 경험적 분포(empirical distribution)가 식 (6.4.10)의 복소 가우스 분포에 수렴할 것이며, 따라서 큰 수의 법칙(law of large number)에 의해서, 큰 N값과 상대적으로 작은 n_{cbw}에 대해 다음의 조건이 만족된다고 가정한다.

$$\frac{1}{N}\sum_{n=0}^{N-1} g_n^{(k)} \rightarrow E[g_n^{(k)}] = 0 \tag{6.4.11}$$

$$\frac{1}{N}\sum_{n=0}^{N-1} | g_n^{(k)} |^2 \rightarrow Var[g_n^{(k)}] = 1 \tag{6.4.12}$$

여기서는 식 (6.4.11)과 (6.4.12)의 좌변을 '전역 평균(global average)'이라고 할 것인데 이는 이후에 정의될 부채널 상에서의 평균인 '지역 평균(local average)'과 구분하기 위한 것이다. 식 (6.4.10)과 위의 두 식은 6.3절에서의 채널에 대한 식 (6.3.1)의 가정과 완전히 일치한다.

이제 $y^{(k)} = [y_0^{(k)}, y_1^{(k)}, \cdots, y_{N-1}^{(k)}]$를 k번째 사용자가 수신한 OFDM 심벌 벡터라 하자. 벡터의 각 요소는 다음과 같이 표현 가능하다.

$$y_n^{(k)} = g_n^{(k)} \sqrt{P_n} x_n + n_n^{(k)} \tag{6.4.13}$$

여기서, P_n는 n번째 부반송파에 할당된 전송신호의 전력, x_n은 n번째 부반송파로 전송된 데이터 심벌, $n_n^{(k)}$는 n번째 부반송파에 대한 평균 0, 분산 σ^2인 복소 가우시언 잡음신호이다. 이로부터 n번째 부반송파의 채널 품질 $\gamma_n^{(k)}$의 정의와 분포는 식 (6.3.1)과 동일하게 다음과 같다.

$$\gamma_n^{(k)} \equiv \frac{| g_n^{(k)} |^2}{\sigma^2} \sim f(\gamma) = \frac{1}{\Gamma}\exp\left(-\frac{x}{\Gamma}\right),\ x \ge 0 \quad \forall k, n \tag{6.4.14}$$

여기서 σ^2는 잡음전력이며 채널 품질의 평균 $\Gamma = E[\gamma_m^{(k)}] = 1/\sigma^2 \ \forall k, m$이다. 또한, 수신 SNR은 다음과 같다.

$$\beta_n^{(k)} \equiv P_n \gamma_n^{(k)} \tag{6.4.15}$$

이상의 채널 모형을 적용한 경우 부반송파 단위의 스케줄링에 따른 다중사용자 다이버시티 이득은 이미 이전 절에서 다루었으며 여기서는 부채널 구조의 영향을 다룬다. 이를 위하여 먼저 부채널 구조를 정의하고 이에 기초하여 스케줄링 알고리즘을 변형해 보자.

6.4.2 부채널의 정의 및 통계 모형(*)

6.3절에서 복수 개의 부반송파를 하나의 부채널로 정의하였고 부채널의 일반적 구조로서 분산 부채널과 연속 부채널의 두 가지 구조를 살펴보았다. 이제 이러한 부채널 상에서 채널품질의 변동을 표현하기 위한 통계적 모형에 대해서 논의한다.

부채널 및 부채널 프로파일 먼저 부채널과 이의 채널 이득 벡터를 정의한다. L을 하나의 부채널에 속한 부반송파의 개수라 하고 부채널의 수는 $M=N/L$이라 하자. 또한, m번째 부채널에 속한 부반송파의 인덱스 집합을 C_m이라 하고 m번째 부채널의 l번째 부반송파의 인덱스를 $i(m, l)$이라 하자. 분산 부채널과 연속 부채널에 대해 부반송파 인덱스 집합은 다음과 같다.

$$\text{분산 부채널: } C_m = \{i(m,l) : i(m,l) = mL + l,\ l = 0,\ 1,\ \cdots,\ L-1\} \tag{6.4.16}$$

$$\text{연속 부채널: } C_m = \{i(m,l) : i(m,l) = m + lM,\ l = 0,\ 1,\ \cdots,\ L-1\} \tag{6.4.17}$$

또한, m번째 부채널의 부채널 프로파일 $u_{m,n}$을 각각 다음과 같이 정의한다.

$$u_{m,n} \equiv \begin{cases} 1/L & \text{for } n \in C_m \\ 0 & \text{otherwise} \end{cases} \tag{6.4.18}$$

부채널에 대한 복소 채널 이득의 통계적 모형화 k번째 사용자의 m번째 부채널의 복소 채널 이득 벡터 $\mathbf{g}_m^{(k)}$를 다음과 같이 정의한다.

$$\mathbf{g}_m^{(k)} = [g_{m,0}^{(k)}, g_{m,1}^{(k)}, \ldots, g_{m,L-1}^{(k)}] \tag{6.4.19}$$

이의 지역 평균(local average)과 이를 제거한 변동 분(fluctuating component)을 다음과 같이 정의한다.

$$G_m^{(k)} \equiv \frac{1}{L}\sum_{l=0}^{L-1} g_{m,l}^{(k)} = \sum_{l=0}^{L-1} g_n^{(k)} \cdot u_{m,n} \tag{6.4.20}$$

평균값이 제거된 변동 분은 다음과 같다.

$$h_{m,l}^{(k)} \equiv g_{m,l}^{(k)} - G_m^{(k)},\ l = 0,\ 1,\ \cdots,\ L-1 \tag{6.4.21}$$

그러면 식 (6.1.6) (6.4.12) 및 (6.4.18)을 이용하면 다음을 얻는다.

$$E[G_m^{(k)}] = 0 \tag{6.4.22}$$

$$E[|G_m^{(k)}|^2] = \Omega(L) \tag{6.4.23}$$

$$E\left[\frac{1}{L}\sum_{l=0}^{L-1} h_{m,l}^{(k)}\right]=0 \tag{6.4.24}$$

$$E\left[\frac{1}{L}\sum_{l=0}^{L-1} | h_{m,l}^{(k)} |^2\right]=1-\Omega(L) \tag{6.4.25}$$

여기서, $\Omega(L)$은

$$\Omega(L)=\sum_{l=0}^{L-1} | \varepsilon_n \otimes u_{m,n} |^2 \tag{6.4.26}$$

이며(유도 과정은 부록에 추가하였다), 이는 부채널 프로파일 $u_{m,n}$과 채널의 전력-지연 프로파일 q_d를 $G_m^{(k)}$과 $h_{m,l}^{(k)}$의 통계적 파라미터와 연결해 준다(식 (6.4.12)로부터 $0 \le \Omega(L) \le 1$임을 알 수 있다). 또한, 이상의 논의를 이용하면 다음과 같은 근사화가 가능하다.

A1 : $G_m^{(k)}$은 평균 0, 분산 $\Omega(L)$인 복소 가우시안 랜덤 변수이다. 즉,

$$G_m^{(k)} \sim CN(0,\Omega(L)) \tag{6.4.27}$$

또한, 광대역 가정을 이용하면 $G_m^{(k)}$의 도수분포는 $M \to \infty$에 따라 확률 분포에 수렴하며 이에 따라 다음을 얻는다.

$$\frac{1}{M}\sum_{m=0}^{M-1} G_m^{(k)} \to 0 \tag{6.4.28}$$

$$\frac{1}{M}\sum_{m=0}^{M-1} | G_m^{(k)} |^2 \to \Omega(L) \tag{6.4.29}$$

A2 : 부채널 상에서의 지역 변동 $\{h_{m,0}^{(k)}, h_{m,1}^{(k)},\dots,h_{m,L-1}^{(k)}\}$는 평균 0, 분산 $1-\Omega(L)$인 복소 가우시안 랜덤 변수이다. 즉,

$$h_{m,l}^{(k)} \sim CN(0,1-\Omega(L)) \tag{6.4.30}$$

또한, 분석의 단순화를 위한 보다 엄격한 조건으로 다음을 가정한다.

$$\frac{1}{L}\sum_{l=0}^{L-1} | h_{m,l}^{(k)} |^2 \to 1-\Omega(L) \;\; \forall m \tag{6.4.31}$$

사실상, $G_m^{(k)}$ 자체가 가우시안 랜덤 변수들의 합이기 때문에 식 (6.4.27)은 근사화가 아니라 당연한 결과이다. 반면, 식 (6.4.30)과 (6.4.31)은 근사화인데, 이의 배경은 특정 부채널에 대해 복소 채널 이득의 진폭 $| g_{m,l}^{(k)} |$을 라이스 랜덤 변수로 모형화하기 위한 것이다(물론, 이들 가정 및 근사

화의 정당성은 그들을 통해 얻어진 성능분석 결과의 유효성을 보임으로써 입증할 수 있을 것이며, 따라서 부가적인 모의실험 결과를 분석 결과와 비교해 보아야 할 것이다).

라이스 모형화 위의 가정을 이용하면, 하나의 부채널의 주파수 이득에 대한 도수 분포는 다음과 같이 정규화된 라이스 분포로 근사화할 수 있다. 즉, 임의의 m에 대해,

$$A_m^{(k)} \equiv |G_m^{(k)}|^2 / \sigma^2 \tag{6.4.32}$$

$$B_m^{(k)} \equiv (2\sigma^2 L)^{-1} \sum_{l=0}^{L-1} |h_{m,l}^{(k)}|^2 \tag{6.4.33}$$

를 정의하면 A1과 A2로부터 특정 (m번째) 부채널에 대한 $|g_{m,l}^{(k)}|$의 도수 분포는 다음과 같은 라이스 분포로 근사화된다.

$$\frac{|g_{m,l}^{(k)}|}{\sigma} \sim \mathcal{R}(x; A_m^{(k)},\ B_m^{(k)}) \tag{6.4.34}$$

여기서 $\mathcal{R}(x; A, B)$는 파라미터 A와 B를 갖는 라이스 분포로 이의 확률밀도 함수는 다음과 같다.

$$\mathcal{R}(x; A, B) = \frac{x}{B} I_0\left(\frac{\sqrt{A}x}{B}\right) \exp\left(-\frac{x^2 + A}{2B}\right),\ x \geq 0 \tag{6.4.35}$$

여기서

$$I_0(z) = (2\pi)^{-1} \int_0^{2\pi} \exp(z\cos(u))du \tag{6.4.36}$$

이고, 라이스 인자 K는 음이 아닌 두 실수 $A_m^{(k)}$와 $B_m^{(k)}$에 대해 $K = A_m^{(k)}/B_m^{(k)}$로 정의된다.

라이스 파라미터의 분포 이제 성능 분석을 위하여 위의 두 라이스 파라미터 $A_m^{(k)}$와 $B_m^{(k)}$의 분포를 고려해 보자. 위에서 제시한 A1과 A2를 이용하면 연속 부채널 구조에 대해 다음의 식을 얻을 수 있다.

$$A_m^{(k)} \sim \frac{1}{\Omega(L)/\sigma^2} \exp\left(-\frac{x}{\Omega(L)/\sigma^2}\right) \tag{6.4.37}$$

$$B_m^{(k)} = \frac{1-\Omega(L)}{2N_0} \tag{6.4.38}$$

여기서, $A_m^{(k)}$는 랜덤 변수인 반면 분산을 나타내는 $B_m^{(k)}$는 상수이다.

정규화된 부채널 대역폭 $f_{sub\text{-}ch} = L/N$를 갖는 연속 부채널 구조를 고려해 보자. 두 가지의 극한 상황을 고려해 볼 수 있다. 즉, (1) $f_{sub\text{-}ch} \ll f_{cbw}$인 경우와 (2) $f_{sub\text{-}ch} \gg f_{cbw}$인 경우이다. 우선 $f_{sub\text{-}ch} \ll f_{cbw}$인 경우, 인접 부반송파 간 높은 상관성으로 $g_{m,l}^{(k)}$은 거의 일정한 값을 가질 것이며,

따라서 평균값이 제거된 변동요소는 $h_{m,l}^{(k)} \approx 0$이 될 것이다. 이 경우 식 (6.4.37)과 (6.4.38)은 다음과 같이 된다.

$$\Omega(L)=1 \;\Rightarrow\; A_m^{(k)} \sim \frac{1}{\Gamma}\exp\left(-\frac{x}{\Gamma}\right),\; B_m^{(k)}=0 \tag{6.4.39}$$

사실상, $L=1$인 경우가 이런 경우에 해당한다. 한편, $f_{sub\text{-}ch} \gg f_{cbw}$인 경우, $G_m^{(k)} \approx 0$이고 $h_{m,l}^{(k)} \approx g_{m,l}^{(k)}$가 되어 식 (6.4.37)과 (6.4.38)은 다음과 같이 된다.

$$\Omega(L)=0 \quad\Rightarrow\quad A_m^{(k)}=0,\; B_m^{(k)}=\frac{1}{2\sigma^2}=\frac{\Gamma}{2} \tag{6.4.40}$$

$L=N \gg n_{cbw}$인 경우가 이에 해당하며 전체 대역이 하나의 부채널로 정의되므로 식 (6.4.11) 및 (6.4.12)에 의해 $G_m^{(k)} \to 0$, $(1/L)\sum_{l=0}^{L-1}|h_{m,l}^{(k)}|^2 \to 1$이 된다.

이제 위에서의 논의를 분산 부채널 구조에 적용해 보자. 앞서 언급했듯이 분산 구조는 부채널 인덱스에 해당하는 값의 오프셋을 갖고 일정한 주기로 이격된 부반송파들로 하나의 부채널이 구성되는데, 이 경우 부채널 상에서의 채널 주파수이득 벡터는 전체 대역에서 정의되는 원 주파수 이득 벡터를 특정 오프셋을 가지고 재 표본화하여 얻어진 벡터이며 따라서 광대역 가정을 적용하면 $G_m^{(k)} \approx 0\ \forall m$이고 $h_{m,l}^{(k)}$은 통계적으로 볼 때 모든 k에 대해 동일한 분포를 가질 것이다. 이를 요약하면 앞서 언급했던 세 가지 가정에서 $\Omega(L) \to 0$이 됨을 알 수 있다. 또한, 이는 식 (6.4.34)가 레일리 분포가 되는 것을 의미하며 두 개의 라이스 분포의 파라미터는 다음과 같이 된다.

$$A_m^{(k)}=0 \tag{6.4.41}$$

$$B_m^{(k)}=\frac{1}{2\sigma^2}=\frac{\Gamma}{2} \tag{6.4.42}$$

위의 두 식은 모든 부채널의 품질이 동일함을 의미하며, 또한 $f_{cbw} \ll f_{sub\text{-}ch}$인 경우의 식 (6.4.40)과도 동일함에 주목하라. 이는 분산 부채널 구조의 성능이 연속 부채널 구조가 $f_{cbw} \ll f_{sub\text{-}ch}$인 경우에 보일 성능과 동일해 진다는 것으로 해석할 수도 있는데, 이에 대해서는 다음의 두 절에서 자세히 논의될 것이다. 그림 6.4.1에 분산 부채널과 연속 부채널에 대한 채널 이득 값의 예를 나타내었는데 이를 보면 분산 부채널에 대한 식 (6.4.41)과 (6.4.42), 그리고 연속 부채널에 대한 식 (6.4.37)과 (6.4.38)의 의미가 보다 명확해질 것이다.

6.4.3 다중사용자 다이버시티 이득의 평가(*)

성능 평가를 위하여 먼저 이동 단말이 라이스 파라미터 쌍 $A_m^{(k)}$와 $B_m^{(k)}$을 기지국에 보고하고 이를 이용하여 자원할당을 한다고 가정하자. 스케줄링 알고리즘을 공식화하기 위해 라이스 파라

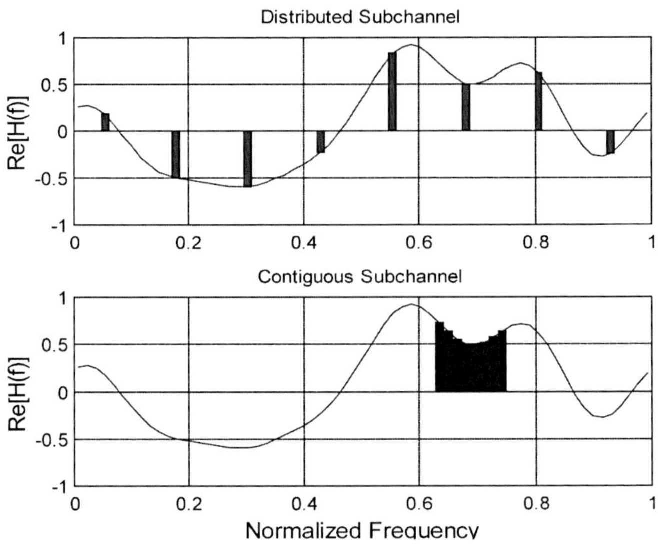

그림 6.4.1 분산 부채널과 연속 부채널에 대한 채널 이득 값

미터 (*a*, *b*)를 갖는 부채널의 주파수 효율을 다음과 같이 정의한다.

$$U(P,a,b) \equiv \int_0^\infty \log_2(1+Px^2)\,\mathcal{R}(x;a,b)dx \tag{6.4.43}$$

위의 주파수 효율은 주어진 *P*, *a*, *b*에 대해 지원 가능한 최대 전송률을 의미하며, 라이스 파라미터 (*a*, *b*)가 정해진 경우 *P*에 대한 단조 증가 함수이다. 이를 이용하면 다음의 자원 할당 알고리즘을 얻을 수 있다.

$$\kappa_m = \arg\max_{1\le k\le K} U(P, A_m^{(k)}, B_m^{(k)}) \quad \forall m \tag{6.4.44}$$

(상기 스케줄링이 제안된 원 논문에서는 전력할당이 포함되어 있으나 본 서에서는 문제의 단순화를 위해 전력 할당 부분은 다루지 않는다.) 한편, 식 (6.4.38) 및 (6.4.42)에 나타난 바와 같이 $B_m^{(k)}$는 모든 경우에서 상수이며 $U(P,\ A_m^{(k)},\ B_m^{(k)})$는 $A_m^{(k)}$만의 단조 증가 함수가 되므로 결국 식 (6.4.44)는 다음과 같이 단순화 된다.

$$\kappa_m = \arg\max_{1\le k\le K} A_m^{(k)} \quad \forall m \tag{6.4.45}$$

식 (6.4.45)의 스케줄링에 따른 주파수 효율을 다음과 같이 정의한다.

$$R_{sc} \equiv \frac{1}{M} E\left[\sum_{m=1}^{M-1} U(P, A_m^{(\kappa_m)}, B)\right] \tag{6.4.46}$$

여기서 $B_m^{(k)} = B$로 놓았으며 $A_m^{(\kappa_m)}$는 다음으로 주어진다.

$$A_m^{(\kappa_m)} = \max_{1 \le k \le K} A_m^{(k)} \tag{6.4.47}$$

이제 모든 사용자의 채널의 통계적 특성이 동일하다고 가정하자. 즉, 동일한 평균 수신 전력과 동일한 전력-지연 프로파일을 가지며 이에 따라 $A_m^{(k)}$의 분포가 모든 k에 대해 동일하다고 가정하면 $A_m^{(\kappa_m)}$의 누적분포 함수는 식 (6.4.37)을 이용하여 다음과 같이 얻어진다.

$$F_{\Omega_L}^{(K)}(a) \equiv \left(1 - \exp\left(-\frac{a}{\Omega_L}\right)\right)^K \tag{6.4.48}$$

여기서, $\Omega_L = \Omega(L)/\sigma^2$이다. 마지막으로, L과 n_{cbw}는 고정된 상태에서 N과 M이 ∞로 감에 따라 식 (6.4.46)의 평균 수율은 다음과 같은 적분으로 나타낼 수 있다.

$$R_{sc} = \int U(P, a, B) \cdot dF_{\Omega_L}^{(K)}(a) \tag{6.4.49}$$

식 (6.4.49)는 시스템의 수율이 $\Omega_L = \Omega(L)/\sigma^2$를 통해 부채널 프로파일 $u_{m,n}$ 및 채널의 전력-지연 프로파일(의 DFT) ε_n과 간접적으로 관련되어 있으므로 이는 시스템 수율과 여러 가지 시스템 파라미터가 어떻게 관련되는지 알아볼 수 있도록 해준다.

앞서 알아보았던 두 가지 극한 경우를 보자. 우선, $f_{sub\text{-}ch} \ll f_{cbw}$인 경우 식 (6.4.39)를 이용하면

$$\Pr\{A_m^{(\kappa_m)} = \max_{1 \le k \le K} A_m^{(k)} \le a\} = F_\Gamma^{(K)}(a) \tag{6.4.50}$$

를 얻고 $B = 0$인 경우 $\mathcal{R}(x; A, B) \to \delta(x - a)$가 되므로 식 (6.4.43)은

$$U(P, a, 0) = \log_2(1 + P \cdot a) \tag{6.4.51}$$

이 되고 따라서 식 (6.3.49)는 다음과 같이 단순화된다.

$$R_{sc} = \int \log_2(1 + P \cdot a) \cdot dF_\Gamma^{(K)}(a) \tag{6.4.52}$$

이는 6.3절의 식 (6.3.8)과 동일하다. 즉, $f_{sub\text{-}ch} \ll f_{cbw}$이면 모든 부반송파에 대한 CQI를 모두 알고 부반송파 단위로 자원할당을 하는 경우와 동일한 성능을 얻을 수 있음을 의미한다. 이제 $f_{sub\text{-}ch} \gg f_{cbw}$인 경우를 보자. 식 (6.4.40)으로부터

$$\begin{aligned} R_{sc} &= U\left(P, 0, \frac{\Gamma}{2}\right) = \int_0^\infty \log_2(1 + Px^2) \cdot \mathcal{R}(x; 0, \Gamma/2) dx \\ &= \int_0^\infty \log_2(1 + P \cdot z) \cdot dF_\Gamma^{(1)}(a) \end{aligned} \tag{6.4.53}$$

여기서, 마지막 줄은 $\mathcal{R}(x; 0, \Gamma/2)$이 레일리 분포이며 레일리 분포를 갖는 랜덤 변수의 제곱은 지

수분포를 갖는다는 사실을 이용하였다. 식 (6.4.53)은 6.3절의 식 (6.3.10)과 동일하며 이는 $f_{sub\text{-}ch} \gg f_{cbw}$인 경우 채널 상태를 고려하지 않은 라운드 로빈 스케줄링과 동일한 성능을 얻게 됨을 의미한다.

그림 6.4.2는 연속 부채널 구조에 대해 $\log_2 K$의 함수로 나타낸 시스템 수율 R_{sc}를 보여준다. 채널은 RMS 지연확산 $D = 42$인 지수 함수의 전력-지연 프로파일을 갖는 랜덤 채널을 생성하여 사용하였으며 이 경우 코히어런스 대역폭은 대략 $n_{cbw} \approx 16$이다. DFT의 크기 $N = 2048$로 놓았으며 부채널당 부반송파의 수 $L = 8$, 16, 32, 64, 128 및 512에 대한 결과를 도시하였다. 또한, 두 가지 극한 경우인 $\Omega(L) = 1$과 $\Omega(L) = 0$에 대한 수율을 나타내는 식 (6.4.52)와 (6.4.53) 역시 도시하였다. 그림에서 알 수 있듯이 L이 n_{cbw}에 비해 작은 경우, 이상적인 다중사용자 다이버시티 이득을 얻을 수 있으며, L이 n_{cbw}보다 커짐에 따라 이득은 작아진다. 물론, 이러한 이득의 감소는 부채널당 부반송파의 개수를 늘려 기지국에 보내야 하는 CQI의 양을 줄이기 위한 비용이다.

그림 6.4.3은 분산 부채널 구조에 대한 동일한 결과를 나타내는데, 이 경우 다중사용자 다이버시티 이득은 연속 부채널 구조에 비해 훨씬 작은 것을 볼 수 있으며, 이는 분산 부채널 구조가 주파수 다이버시티 이득을 얻기에는 좋은 구조이나 송신단에서의 채널 품질 정보를 이용한 공격적인 링크 적응을 통해 다중사용자 다이버시티 이득을 얻기 위한 구조는 아님을 의미한다.

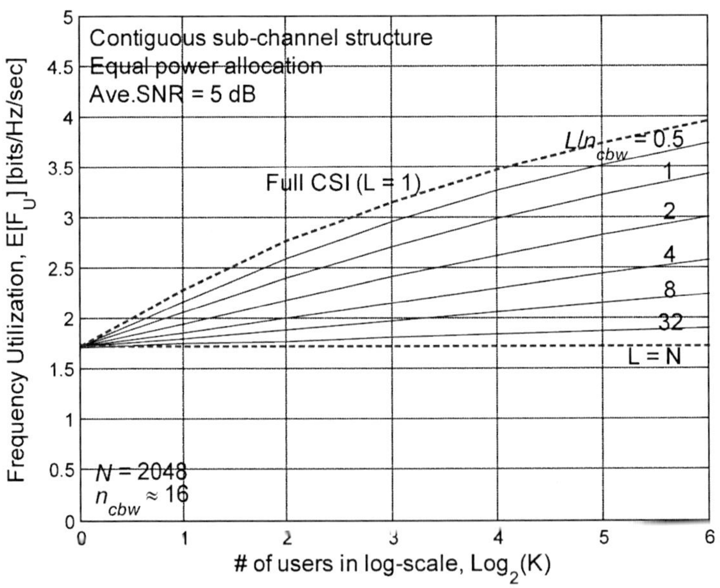

그림 6.4.2 연속 부채널에 대해 사용자 수의 함수로 나타낸 시스템 수율. 평균 SNR = 5dB, $N = 2048$, RMS 지역확산 $D = 42 \rightarrow n_{cbw} \approx 16$

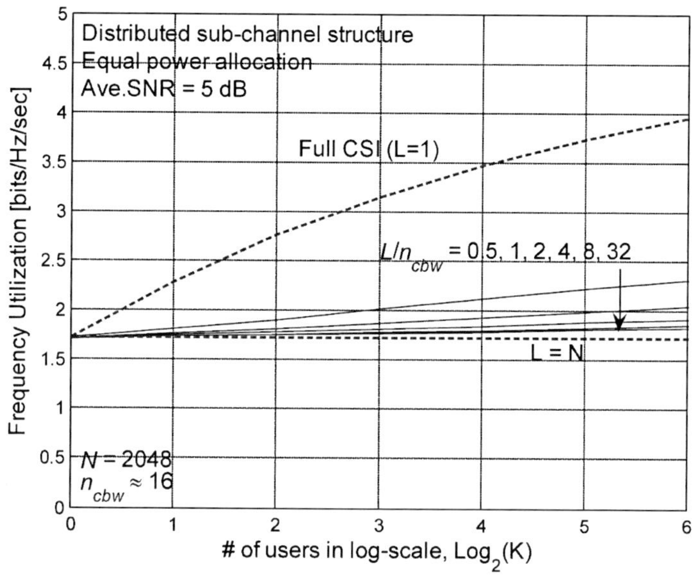

그림 6.4.3 분산 부채널에 대해 사용자 수의함수로 나타낸 시스템 수율. 평균 SNR = 5dB, $N = 2048$, RMS 지역확산 $D = 42 \rightarrow n_{cbw} \approx 16$

6.4.4 비례 공평성을 적용한 시스템에서의 성능

앞서의 논의에서는 사용자들의 평균 채널 품질 k는 모두 같다는 가정을 하였으나(즉, $E[\gamma_m^{(k)}] = \Gamma \, \forall k, m$), 6.3절 마지막에서 언급한 바와 같이 실제 셀 환경에서는 사용자 간(기지국으로부터의 거리 차이와 이에 따른 경로손실에 의한) 평균 채널 품질의 큰 격차로 불공평한 자원 할당을 초래한나. 식 (6.3.11)과 같은 비례 공평성에 근거한 자원 할당은 식 (6.4.44)에도 적용 가능하며 다음과 같이 나타낼 수 있다.

$$\kappa_m = \arg\max_k \frac{U\left(P, A_m^{(k)}(n), B_m^{(k)}(n)\right)}{[T_k(n)]^\alpha} \qquad m = 0,\ 1,\ \cdots,\ M-1 \tag{6.4.54}$$

여기서, 라이스 파라미터 쌍 ($A_m^{(k)}$, $B_m^{(k)}(n)$)는 n번째 슬롯에서 k번째 이동 단말이 기지국에 알려준 CQI 정보이며(송신 전력 P가 고정된 경우 굳이 두 값을 모두 보고할 필요는 없으나 여기서는 두 값을 모두 기지국에 알려준다고 가정한다.) 현재까지의 서비스 율 $T_k(n)$는 다음과 같이 갱신된다.

$$T_k(n+1) = (1-\omega) \cdot T_k(n) + \omega \cdot \sum_{m=1}^{N} U\left(P, A_m^{(k)}(n), B_m^{(k)}(n)\right) \tag{6.4.55}$$

이와 같은 비례 공평성 스케줄러의 효과를 확인하기 위하여 시스템 시뮬레이션을 수행하였으며 이에 대한 결과는 그림 6.4.4, 6.4.5 및 6.4.6에 도시하였다. 그림 6.4.4는 시뮬레이션 환경을 보여주는데, 3개의 섹터로 섹터화된 7개의 셀을 시뮬레이션에 포함시켰으며 주파수 재사용률 1을 적용하여 주변 셀 및 섹터로부터의 간섭을 고려하였다.

그림 6.4.5는 이동 단말의 수에 따른 섹터 수율을 나타내는데, 비례공평성 기반의 자원할당에서 부채널의 수(M)가 증가함에 따라 더 좋은 섹터 수율을 얻을 수 있음을 알 수 있으며 $M=16$의 경우 부채널의 대역폭은 5 MHz/16 ≈ 312.5 Hz로 채널의 코히어런스 대역폭(200 kHz)보다는 약간 큰 값을 갖는다. 한편, 최대 SNR 기반의 스케줄링의 경우는 비례 공평 스케줄링에 비해 월등한 섹터 수율을 갖는 것으로 나타났으나 부채널의 수(M)가 증가함에 따른 성능 이득은 나타나지 않았는데, 이는 시뮬레이션에서 최대 SNR을 (양자화 오차 등 구현 상의 여러 문제를 반영하여) 20 dB로 제한했기 때문이다. 라운드 로빈 스케줄링의 경우 채널품질을 고려하지 않고 순서대로 사용자에게 자원을 할당하기 때문에 사용자 수의 증가에 따른 다중사용자 이득은 나타나지 않았으며 전체적인 섹터 수율도 비례 공평성 스케줄링에 비해 낮은 수준을 유지한다. 주목할 것은 주파수 다이버시티를 얻기에 유리한 $M=1$인 경우가 오히려 다른 경우에 비해 약간 더 좋은 성능이 얻어졌다.

그림 6.4.6은 사용자당 수율의 누적분포를 나타내는데, $M=16$을 기준으로 50 kbps 미만의 서비스율을 받는 사용자의 퍼센트는 최대 SNR 스케줄링의 경우 80% 이상, 라운드 로빈 스케줄링의 경우 58%, 비례 공평성 알고리즘의 경우 5% 정도로 매우 낮게 나왔으며 이는 대부분의 사용자가 50 kbps 이상의 수율을 얻는다는 것을 나타낸다. 달리 얘기한다면, 하위

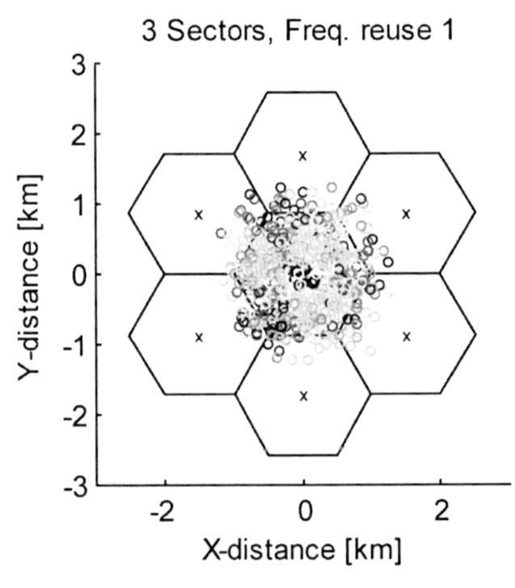

그림 6.4.4 시뮬레이션 환경

10%의 사용자가 얻는 수율은 최대 SNR 스케줄링의 경우 0 bps(그림을 보면 사실상 73%의 사용자는 전혀 서비스를 받지 못하는 것임을 알 수 있다), 라운드 로빈의 경우 10 kbps, 비례 공평성 스케줄링의 경우 65 kbps로 나타났다.

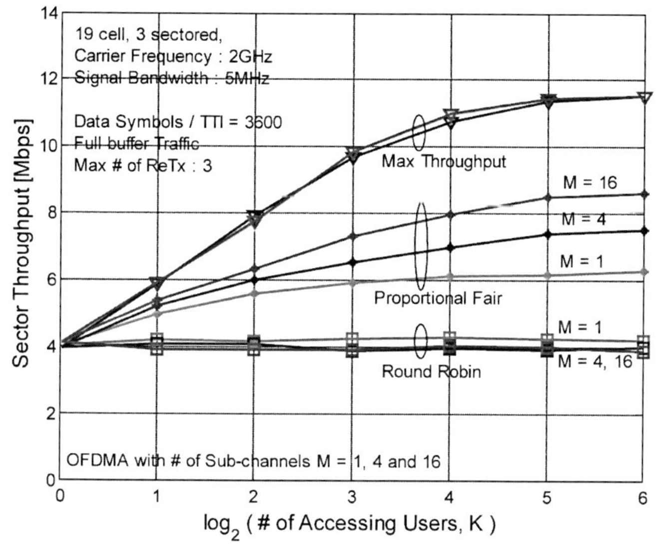

그림 6.4.5 섹터 수율의 비교. 전체 대역폭: 5 MHz, 부채널수 $M = 1,\ 4,\ 16$

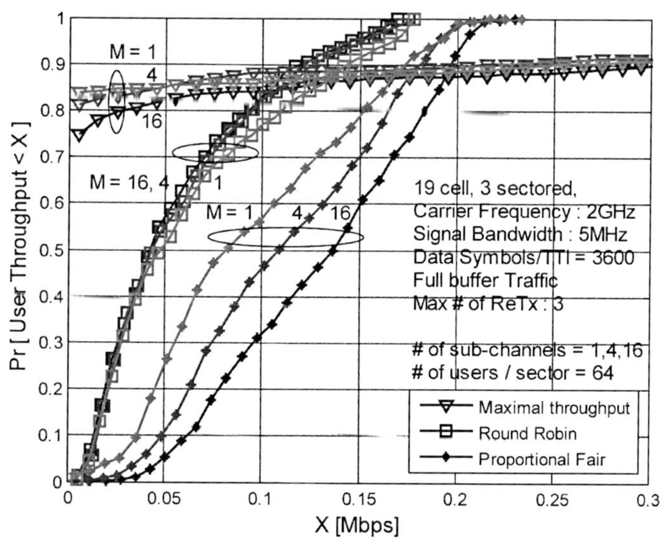

그림 6.4.6 사용자 수율의 누적분포. 전체 대역폭: 5 MHz, 부채널수 $M = 1,\ 4,\ 16$

■ 부록 6.A: 식 (6.4.23) 및 (6.4.25)의 유도(*)

식 (6.4.18)의 부채널 프로파일 $u_{m,n}$에 대한 정의와 식 (6.4.20)의 $G_m^{(k)}$에 대한 정의로부터 다음을 얻는다.

$$E[|G_m|^2] = \frac{1}{L^2} E\left[\left|\sum\nolimits_{n\in C_m} g_n\right|^2\right] = \frac{1}{L^2}\sum_{i\in C_m}\sum_{j\in C_m} E[g_i^* g_j] \tag{6.A.1}$$

여기서 식 (6.4.6)을 이용하면 다음을 얻는다.

$$\begin{aligned} E[g_i^* g_j] &= E\left[\left(\sum_p \eta_p \cdot \varepsilon^*_{(i-p)_N}\right)\cdot\left(\sum_q \eta_q^* \cdot \varepsilon_{(j-q)_N}\right)\right] \\ &= \sum_p\sum_q \varepsilon^*_{(i-p)_N}\varepsilon_{(j-q)_N} E[\eta_p \eta_q^*] \\ &= \sum_p \varepsilon^*_{(i-p)_N}\varepsilon_{(j-p)_N} \end{aligned} \tag{6.A.2}$$

여기서 $E[\eta_p\eta_q^*] = \delta_{p-q}$을 이용하였다. 이를 식 (6.A.1)에 대입하면

$$\begin{aligned} E[|G_m|^2] &= \frac{1}{L^2}\sum_{i\in C_m}\sum_{j\in C_m}\sum_p \varepsilon^*_{(i-p)_N}\varepsilon_{(j-p)_N} \\ &= \frac{1}{L^2}\sum_p\sum_{i\in C_m}\sum_{j\in C_m} \varepsilon^*_{(i-p)_N}\varepsilon_{(j-p)_N} \\ &= \frac{1}{L^2}\sum_p\left(\sum_{i\in C_m}\varepsilon^*_{(i-p)_N}\right)\cdot\left(\sum_{j\in C_m}\varepsilon_{(j-p)_N}\right) \\ &= \sum_p\left|\frac{1}{L}\sum_{i\in C_m}\varepsilon_{(i-p)_N}\right|^2 \end{aligned} \tag{6.A.3}$$

식 (6.4.18)의 부채널 프로파일 $u_{m,n}$에 대한 정의를 이용하면 식 (6.A.3)은 다음과 같다.

$$E[|G_m|^2] = \sum_p\left|\sum_{i=0_m}^{N-1} u^*_{m,i}\varepsilon_{(i-p)_N}\right|^2 = \sum_p\left|\varepsilon_p \otimes u_{m,p}\right|^2 \tag{6.A.4}$$

한편, (6.4.25)는 다음과 같이 얻어진다.

$$\begin{aligned} E\frac{1}{L}\sum_{l=0}^{L-1}\left|h_{m,l}^{(k)}\right|^2 &= \frac{1}{L}\sum_{l=0}^{L-1}E\left|h_{m,l}^{(k)}\right|^2 \\ &= \frac{1}{L}\sum_{l=0}^{L-1}E\left|g_{m,l}^{(k)} - G_m^{(k)}\right|^2 \end{aligned}$$

$$
\begin{aligned}
&= \frac{1}{L}\sum_{l=0}^{L-1}\left[E\,|\,g_{m,l}^{(k)}\,|^2 + E\,|\,G_m\,|^2 - 2\cdot E\,\mathrm{Re}[G_m^* \cdot g_{m,l}^{(k)}]\right] \\
&= 1+\Omega(L) - \frac{2}{L}\mathrm{Re}\left[\sum_{l=0}^{L-1} E[G_m^* \cdot g_{m,l}^{(k)}]\right] \\
&= 1-\Omega(L) - \frac{2}{L}\mathrm{Re}\,E[G_m^* \cdot \sum_{l=0}^{L-1} h_{m,l}^{(k)}] \\
&= 1-\Omega(L)
\end{aligned}
$$

위의 식 마지막 줄에서는 $\sum_{l=0}^{L-1} h_{m,l}^{(k)} = 0$를 이용하였다.

참고문헌

6.1 A. Goldsmith and P. Varaiya, "Increasing spectral efficiency through power control", Proc. of ICC'93.

6.2 A. Goldsmith and S. Chua, "Variable-Rate Variable-Power MQAM for Fading Channels," *IEEE Trans. on Communications*, Vol.45, No.10, pp.1218-1230, Oct. 1997

6.3 A. Goldsmith and S. Chua, "Adaptive Coded Modulation for Fading Channels," *IEEE Trans. on Communications*, Vol.46, No.5, pp.595-602, May 1998

6.4 R. Knopp and P. Humblet "Information capacity and power control in single-cell multiuser communications" *Proc. 1995 IEEE Int. Conf. Commun.,* pp.331-335, 1995

6.5 P.S. Chow, J.M. Cioffi and J.A.C. Bingham, "A practical discrete multitone transceiver loading algorithm for data transmission over spectrally shaped channels", *IEEE Trans. on Commun.*, Vol.43, No.234, pp.773-775, Feb./March/April 1995

6.6 C. Y. Wong, R. S. Cheng, K. B. Letaief and R. D. Murch, "Multiuser OFDM with Adaptive Subcarrier, Bit and Power Allocation," *IEEE Journal on Selected Areas in Communications*, Vol.17, No.10, pp.1747-1758, Oct. 1999

6.7 W. Rhee and J.M. Cioffi, "Increase in Capacity of Multiuser OFDM System Using Dynamic Sub-Channel Allocation", *Proc. IEEE Veh. Technol. Conf. 2000* Spring, Vol.2, pp.15-18 May 2000

6.8 P. Viswanath, D. N. C. Tse and R. Laroia "Opportunistic beamforming using dumb antennas" *IEEE Trans. Inf. Theory,* vol. 48, no. 6, pp.1277-1294, 2002

6.9 J. Jang and K. Lee, "Transmit Power Adaptation for Multiuser OFDM Systems," *IEEE J. on Sel. Areas Commun.*, Vol.21, No.2, pp.171-178, Feb. 2003

6.10 M. Sharif and B. Hassibi, "On the Capacity of MIMO broadcast channels with partial side information", *IEEE Trans. on Info. Theory*, Vol.51, No.2, pp.506-522, Feb. 2005.

6.11 R.S. Cheng and S. Verdu, "Gaussian Multiaccess Channels with ISI: Capacity Region and Multiuser Water-Filling", *IEEE Trans. on Info. Theory*, Vol.39, No.3, pp.773-785, May 1993

6.12 A.J. Goldsmith and M. Effros, "The Capacity Region of Broadcast Channels with Intersymbol Interference and Colored Gaussian Noise", *IEEE Trans. on Info. Theory*, Vol.47, No.1, pp.219-240, Jan. 2001

6.13 H. Yin, H. Liu, "An efficient multiuser loading algorithm for OFDM-based broadband wireless systems", *Proc. IEEE Globecom Conf. 2000*, Vol.1, pp.103-107, San Francisco, USA, 2000.

6.14 S. Pfletschinger, G. Müunz, J. Speidel, "Efficient Subcarrier Allocation for multiple access in OFDM Systems", *Proc. Intl. OFDM-Workshop*, pp.21-25, Sep. 2002, Hamburg

6.15 S. Sanayei, A. Nosratinia and N. Aldhahir, "Opportunistic dynamic subchannel allocation in multiuser OFDM networks with limited feedback", *Proc. Info. Theory Workshop 2004*, pp.182-186, Oct. 2004, San Antonio, TX.

6.16 D. Gesbert and S. Alouini, "Selective multiuser diversity", *Proc. Intl. Sym. Sig. Proc. & Info. Technol. Conf. 2003*, pp.162-165, Dec. 2003, Darmstadt, Germany.

6.17 S. Yoon, C. Suh, Y. Cho, DS Park and Y. Kim, "Orthogonal Frequency Division Multiple Access with an Aggregated Sub-channel Structure and Statistical Channel Quality Measurement", *Proc. IEEE Veh. Technol. Conf. 2004* Fall, Vol.2, pp.1023 -1027, Sep.26-29, Los Angeles, CA

6.18 S. Yoon "Ricean model based design and analysis of sub-channelized orthogonal frequency division multiplexing" *IEEE Trans. Wireless Commun.,* vol.7, no.7, pp.2480-2485, 2008

6.19 S. Yoon, O. Somekh, O. Simeone and Y. Bar-Ness, "A Comparison of Opportunistic Transmission Schemes with Reduced Channel Information Feedback in OFDMA Downlink", *Proc. IEEE Personal Indoor & Mobile Radio Comm. Conf.*

2007, Sep.3-7, Athene, Greece

6.20 D. Love, R. W. Heath Jr., V. Lau, D. Gesbert, B. Rao and M. Andrews "An overview of limited feedback in wireless communication systems" *IEEE J. Sel. Areas Commun.,* vol. 26, no. 8, pp.1341-1365, Oct., 2008

CHAPTER 07

다중 안테나 전송 기술

다중 안테나 전송 기술은 무선/이동통신 시스템에서 거의 필수적인 기술이 되었으며 많은 무선/이동통신 규격이 다중 안테나 전송 기술을 지원하고 있다. 특히, 4세대 이동통신 규격이 CDMA에서 OFDM 기반으로 바뀐 이유 중의 하나도, 물론 시스템 수율 상의 이점도 있지만, 공간 다중화나 공간 다이버시티 기술과 같은 다중 안테나 기술과의 결합이 용이하기 때문이다. 다중 안테나 기술은 크게 세 가지로 분류된다.

(1) 빔포밍(Beamforming) 기술
(2) 공간 다중화(spatial multiplexing) 기술
(3) 공간 다이버시티(spatial diversity) 기술

전통적인 다중 안테나 기술인 빔포밍은 전파전파에 방향성을 주어 특정 목표와의 링크 품질을 향상시키는 기술로 가장 오랫동안 연구되어 왔으며 섹터 안테나와 같은 고정형 빔포밍에서 스마트 안테나와 같은 적응형 빔포밍까지 다양한 방식들이 존재한다. 한편, MIMO 공간 다중화와 MIMO 공간 다이버시티 기술은 비교적 최근에 개발된 기술로 공간 도메인을 어떻게 활용하느냐에 따라 다중화와 다이버시티 기술로 분류된다. 공간 다중화는 시간 및 주파수 자원의 제약에 따른 전송률의 한계를 공간 도메인을 통해 해결하는 기술로 안테나 개수에 비례하는 수율 이득을 얻을 수 있는 방식이며, 공간 다이버시티의 경우 시공간 부호화(space-time coding)를 통해 다이버시티 및 SNR의 이득을 얻는 방식이다. 다음의 표 7.0.1은 세 가지 다중 안테나 기술을 비교한다.

표 7.0.1 세 가지 다중 안테나 기술의 비교(송신 안테나수 M, 수신 안테나 수 N)

항목	빔포밍	공간 다중화	공간 다이버시티
특징	• MIMO 채널에서 빔포밍을 통해 최선의 경로만을 활용함	• 다중의 가상 채널을 모두 활용한 데이터 다중화	• 다중의 가상 채널로 동일 데이터를 전송하여 다이버시티 이득 극대화 • 시공간 부호 사용
이득	• SNR 이득 $\leq MN$ • LOS 경로만 존재할 경우 최대 SNR 이득을 얻음	• 다중화이득 $= \max(M, N)$ • $N>M$인 경우 수신 다이버시티 이득 • $M>N$인 경우 프리코딩을 통한 빔포밍 이득	• 다이버시티 이득 (차수: MN) • SNR 이득 $= N$
동작	• 폐루프 빔포밍(SVD 기반, 코드북 기반) • 고정형 빔포밍	• 폐루프 공간 다중화(SVD 기반, 코드북 기반 + 선형/결합 수신기) • 개루프 공간 다중화 (선형/결합 수신기)	• 송신 다이버시티($N=1$) • 수신 다이버시티($M=1$) • 송신 + 수신 다이버시티
요구사항	• 채널 추정 및 채널 정보 궤환 • 반파장 혹은 그 이하의 안테나 이격	• 폐루프 SM: 수신단 채널 추정 및 채널 정보 궤환 • 개방루프 SM: 수신단 채널 추정 • 파장보다 큰 안테나 이격	• 수신단 채널 추정 • 파장보다 큰 안테나 이격

본 장에서는 이들 세 가지 기술의 이론과 실제를 중심으로 다음과 같은 주제를 다룰 것이다.

1. 위상 배열 안테나와 빔포밍 기초
2. MIMO 채널 모형과 OFDM-MIMO
3. 최적 빔포밍과 빔스위칭
4. MIMO 공간 다중화
5. 시공간 부호와 MIMO 공간 다이버시티 기술
6. LTE 하향 링크에서의 다중 안테나 전송
7. MIMO 공간 다중화 신호 수신 알고리즘

한편, 본 장에서 다루는 빔포밍에 대한 물리적인 모형은 기본적으로 1차원 안테나 배열을 고려한 2차원 공간 상에서 빔 패턴을 다루지만 이를 2차원 배열로 확장하여 3차원 공간 상에서의 빔 패턴을 다루는 것은 어렵지 않다. 2차원 배열을 이용한 3차원 빔에 대해서는 7.3절에서 다룰 예정이다.

7.1 위상 배열 안테나와 빔포밍 기술

위상 배열 안테나(Phased array antenna)는 전파의 송신 및 수신에서 **지향성**(directivity)을 만들기 위한 기술의 하나로 **위상 천이기**(phase shifter)가 달린 안테나들의 배열을 이용하는데, 안테나 간 간격은 반파장(half wave-length) 혹은 그 이하의 값을 갖는 것이 일반적이며 각 안테나로는 동일한 신호가 입력된다. 그림 7.1.1은 자유공간에서의 무지향성 **옴니 안테나**(Omni antenna)와 **지향성 안테나**(directional antenna)를 사용한 경우의 전파의 전파 특성을 보여준다. 옴니 안테나의 경우 하나의 안테나만을 사용한 경우이며 전파는 동심원을 따라 동일 위상과 진폭을 가지며 자유공간에서 송신 안테나로부터의 거리의 제곱에 반비례하여 신호 전력이 감쇠한다. 한편, 지향성 안테나의 경우 거리에 따른 전력 감쇠는 동일하나 전파의 진행 방향에 따라 다른 진폭과 위상을 갖는다. 즉, 특정 방향으로의 전파 진폭이 다른 방향으로의 전파 진폭에 비해 커지는 지향성을 나타낸다.

일반적으로 지향성의 정도를 말할 때 **빔폭**(beam width)이라는 지표를 사용하는데, 빔폭은 안테나 배열의 요소 안테나 개수를 늘리면 더 좁은 빔폭을 얻을 수 있어 지향성이 향상된다. 물론, 이러한 지향성을 만들기 위한 방법으로 배열 안테나 외에도 파라볼라 안테나(parabola antenna)와 같은 특정 구조를 갖는 안테나들이 있으나 이들 안테나는 전파의 방향이 안테나의 **보어사이트**(boresight)라고 하는 개구면 방향으로 고정되는 반면 배열 안테나의 경우 위상 천이기 배열을 통해 전자적으로 빔의 방향을 바꾸어 줄 수 있다.

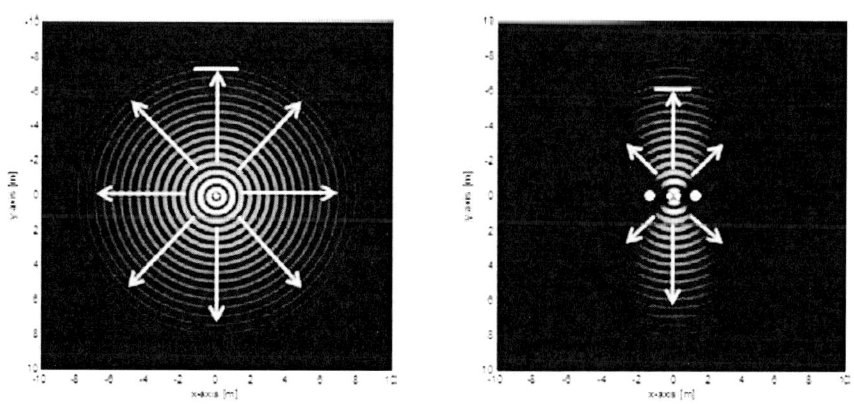

(a) 옴니 안테나의 전파전파　　(b) 지향성 안테나의 전파전파

그림 7.1.1 자유공간에서 무지향성 옴니 안테나와 지향성 안테나의 전파전파 특성

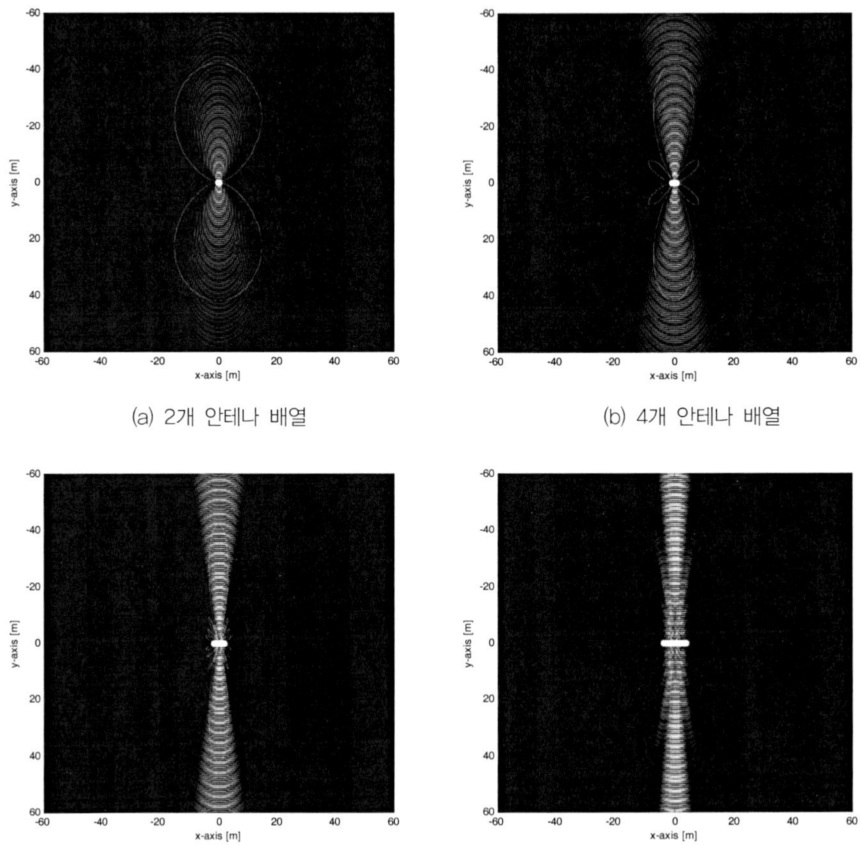

(a) 2개 안테나 배열 (b) 4개 안테나 배열

(c) 8개 안테나 배열 (d) 16개 안테나 배열

그림 7.1.2 2, 4, 8 및 16개로 구성된 1차원 안테나 배열의 전파 특성

7.1.1 배열 안테나와 빔포밍

송신 빔포밍 이제 이러한 지향성과 전파 특성이 어떻게 나타나는지 물리적인 모형을 이용하여 논의해 보자. 그림 7.1.3은 4개의 요소 안테나를 나열한 배열 안테나를 나타내는데, 그림에 포함된 각 변수와 요소는 다음과 같다.

(1) d: 안테나 간 간격(antenna spacing)으로 여기서는 반송파 파장의 반을 가정한다($d = \lambda / 2$).

(2) 보어사이트 각(bore-sight angle): 배열 안테나의 개구면에 수직한 방향으로 일반적으로는 단 방향이나 여기서는 배열 안테나 후면이 차폐되어 있지 않다고 가정하므로 양

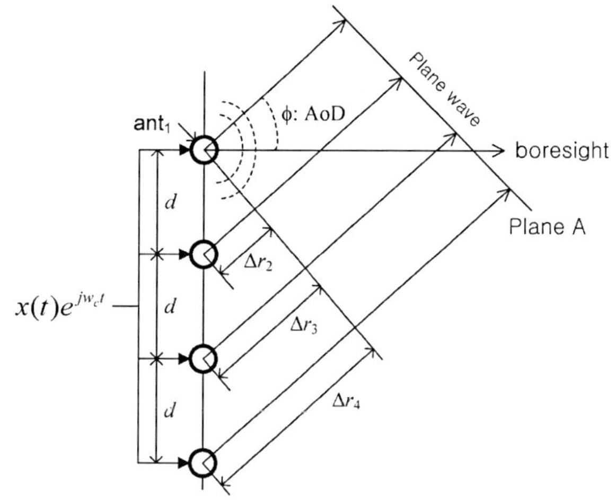

그림 7.1.3 배열 안테나를 이용한 송신 빔포밍 모형

방향을 갖는다. 그림에서는 편의상 오른쪽 방향을 보어사이트 각으로 정하였다.

(3) ϕ: 출발 각(angle of departure, AoD)을 나타내는 변수로 보어사이트 각과 전파의 특정 진행 방향이 이루는 각으로 정의된다.

(4) $e^{j\omega_c t}$: 주파수 $f_c = \omega_c / 2\pi$인 반송파. 파장은 $\lambda = c / f_c$

(5) $x(t)$: 데이터 신호로 이의 대역폭 B는 반송파 주파수보다 매우 작다고 가정한다. 따라서 편의상 상수(dc)로 봐도 무방하다. 한편, 신호 전력은 $E|x(t)|^2 = 1$이다.

또한, 분석의 단순화를 위해 다음과 같은 추가적인 가정을 할 것이다.

(6) 각 송신 안테나로부터의 송출전력은 1 W를 가정하며 M개 요소 안테나를 사용한 경우 전체 전력은 M[W]이다.

(7) 각 송신 안테나로부터 송출된 전파는 안테나로부터 멀리 떨어진 위치에서는 진행 방향에 수직한 평면(plane A)을 따라 (일정 영역 내에서는) 진폭, 위상, 시간 지연이 동일한 평면파(plane wave)를 형성한다.

(8) 특정 AoD 방향으로 멀리 떨어진 평면 A에서 각 송신 안테나로부터 송출된 평면파들은 서로 다른 (반송파) 위상을 갖지만 진폭과 (데이터 신호의) 시간 지연은 같다고 가정한다. 즉, 각 송신 안테나로부터 평면까지의 경로 거리는 조금씩 다르지만 반송파의 위상을 제외한 신호 진폭의 차이와 데이터 신호의 시간 지연 차이는 무시할 수 있다고 가정한다.

(9) 중요한 것은 각 평면파 간의 위상차이므로 송수신기 간 거리에 따른 진폭의 감쇠나 시간 지연은 고려하지 않는다. 편의상 각 송신 안테나로부터 송출된 평면파의 진폭은 1(송출 전력이 1이므로), 시간 지연은 0으로 놓는다.

이제 요소 안테나의 개수가 M개라고 하고 위의 가정을 근거로 특정 AoD ϕ로 진행하는 각 평면파가 일으키는 간섭을 고려해 보자. m번째 안테나로부터 송출된 평면파의 위상을 θ_m이라 하면 이들 평면파의 합은 다음과 같다.

$$x_T(t) = \sum_{m=1}^{M} x(t) e^{j(w_c t - \theta_m)} = x(t) e^{j(w_c t - \theta_1)} \sum_{m=1}^{M} e^{-j\Delta\theta_m} \tag{7.1.1}$$

여기서, 파수 $\eta = 2\pi / \lambda = 2\pi \cdot f_c / c$를 정의하면

$$\Delta r_m = (m-1) \cdot d \sin\phi \tag{7.1.2}$$

$$\Delta\theta_m = \theta_m - \theta_1 = \frac{2\pi}{\lambda} \Delta r_m = \eta d (m-1) \sin\phi \tag{7.1.3}$$

이며, 따라서 $x_T(t)$의 진폭은 다음과 같다.

$$A_{T,M}(\phi) = \left| \sum_{m=1}^{M} e^{-j\eta d(m-1)\sin\phi} \right| \tag{7.1.4}$$

이제 이해를 돕기 위해 안테나 간 간격이 반파장($d = \lambda / 2$)이라고 가정하고 $M = 2$인 경우를 고려해 보자. 이 경우 식 (7.1.4)는 다음과 같다.

$$A_{T,2}(\phi) = |1 + e^{-j\Delta\theta}| = |1 + e^{-j\pi\sin\phi}| = 2\cos\left(\frac{\pi}{2}\sin\phi\right) \tag{7.1.5}$$

위 식은 두 평면파의 간섭으로 주어지는 합 신호의 진폭이 AoD ϕ에 따라 달라짐을 의미한다. AoD ϕ에 따른 전파의 진폭의 변화를 **빔패턴**(beam pattern)이라 하는데 식(7.1.5)의 빔패턴을 ϕ의 함수로 도시해 보면 그림 7.1.4를 얻는다.

그림 7.1.5는 $M = 2$, 4, 8 및 16인 경우 식 (7.1.4)를 통해 얻은 빔패턴을 보여준다. 그림에서 알 수 있듯이 요소 안테나의 개수를 늘리면 빔폭은 좁아져 지향성이 향상된다. 그림 7.1.5의 각 그림은 스케일이 달라 잘 나타나지 않았으나 보어사이트 방향으로의 진폭은 요소 안테나의 수에 따라 더 커지는데, 식 (7.1.4)에 $\phi = 0$을 대입해보면 다음과 같다.

$$A_{T,M}(0) = M \tag{7.1.6}$$

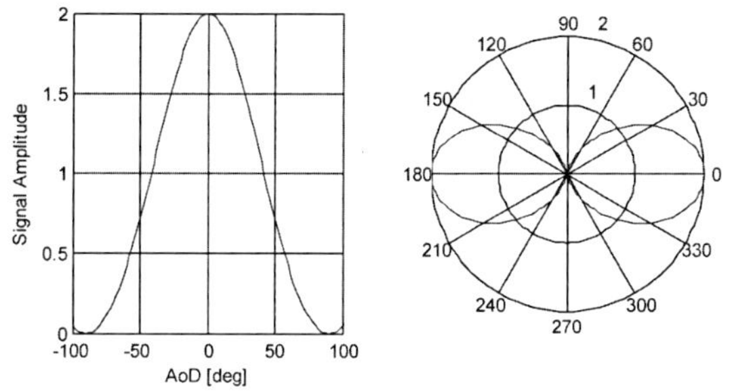

(a) 직각 좌표 표현 (b) 극좌표 표현

그림 7.1.4 2개 요소 안테나를 갖는 배열 안테나로부터 송출된 전파의 빔패턴

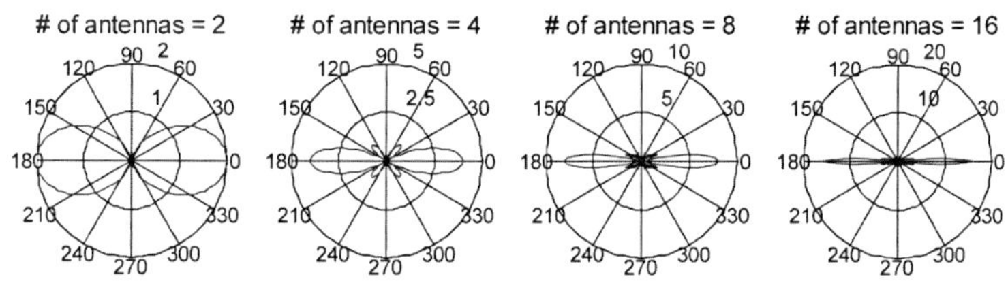

그림 7.1.5 2개, 4개, 8개 및 16개의 요소 안테나를 갖는 배열 안테나의 빔패턴

즉, 보어사이트 방향으로는 진폭이 안테나 개수 배로 늘어나는 것인데, 물론 M개의 안테나를 사용했으므로 송출 전력을 M배 더 사용하긴 했으나 신호 전력의 이득은 진폭의 제곱이므로 M배의 실효 이득이 있는 셈이다. 일반적으로 빔포밍 이득은 다음과 같이 정의된다.

$$G_{T,M}(\phi) = \frac{|A_{T,M}(\phi)|^2}{\text{Total Tx Power}} = \frac{|A_{T,M}(\phi)|^2}{M} \tag{7.1.7}$$

또한, 식 (7.1.4)로부터 다음을 얻는다.

$$G_{T,M}(0) = \frac{|A_{T,M}(0)|^2}{\text{Total Tx Power}} = M \tag{7.1.8}$$

수신 빔포밍 송신 빔포밍이 송신단에서 원하는 방향으로만 전파를 보내는 방법이라면 수신 빔포밍은 여러 방향에서 입사하는 평면파 중 특정 방향으로 입사하는 평면파만 걸러내는 기술로 방법은 유사하다. 한 가지 다른 점은 안테나로 수신된 신호는 결합기(combiner)에서 합쳐진 후 수신 회로로 전달된다.

송신 빔포밍에서와 비슷하게 다음을 정의한다.

(1) d: 안테나 간 간격. 송신 빔포밍과 동일

(2) 보어사이트 각(bore-sight angle): 송신 빔포밍과 동일. 위쪽 방향이 보어사이트 각임.

(3) ψ: 도착 각(angle of arrival, AoA)을 나타내는 변수로 보어사이트 각과 전파(평면파)의 입사 방향이 이루는 각으로 정의된다.

(4) $e^{j\omega_c t}$: 송신 빔포밍과 동일

(5) $y(t)$: 입사 데이터 신호. 편의상 상수로 봐도 무방하며 $E|y(t)|^2=1$이다.

또한, 분석의 단순화를 위해 다음과 같은 추가적인 내용을 가정한다.

(6) 입사파는 (특정 방향에서 입사하는 평면파) 하나만 존재한다.

(7) 특정 AoA ψ로 입사하는 평면파가 각 수신 안테나에 도착하는 시점은 조금씩 다르며 이에 따라 각 안테나에서의 수신 신호의 (반송파) 위상은 서로 다르지만 위상을 제외한 진폭과 (데이터 신호의) 시간 지연은 모두 같다고 가정한다.

(8) 각 요소 안테나에서 결합기 입력단까지의 경로상에서 발생하는 위상차와 전달 특성은 모두 동일하다.

(9) 각 요소 안테나에서 결합기 입력 단까지의 경로 상에서 인가된 잡음은 상호 무상관(uncorrelated)하며 이들의 전력은 σ^2로 동일하다고 가정한다.

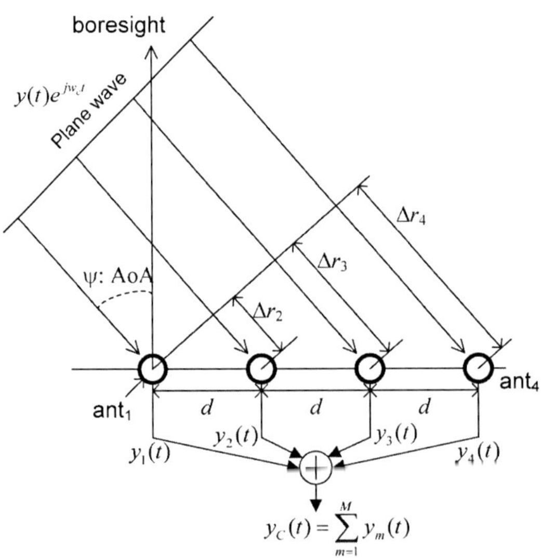

그림 7.1.6 배열 안테나를 이용한 수신 빔포밍 모형

이제 요소 안테나의 개수가 N개라고 하고 앞의 가정을 근거로 특정 AoA ψ로 입사하는 평면파에 대한 결합기 출력 신호를 고려해 보자. AoA ψ로 입사하는 평면파는 평면을 따라 동위상을 갖는데, 각 안테나에 도착하는 시점이 조금씩 달라 각 안테나로 수신된 신호 간 위상차가 발생하는데, m번째 안테나에서 수신된 신호의 위상을 θ_m이라 하면 결합기의 출력은 다음과 같다.

$$y_C(t) = \sum_{n=1}^{N} y_m(t) = y(t)e^{j(w_c t - \theta_1)} \sum_{n=1}^{N} e^{-j\Delta\theta_n} \tag{7.1.9}$$

여기서, 위상차 $\Delta\theta_n$은 송신 빔포밍에서와 유사하게

$$\Delta\theta_n = \theta_n - \theta_1 = \frac{2\pi}{\lambda}\Delta r_n = \eta d(n-1)\cdot\sin\psi \tag{7.1.10}$$

이며, 따라서 결합기 출력 신호의 진폭과 빔포밍 이득은 각각 다음과 같다.

$$A_{R,N}(\psi) = \left|\sum_{n=1}^{N} e^{-j\eta d(n-1)\sin\psi}\right| \tag{7.1.11}$$

$$G_{R,N}(\psi) = \frac{SNR_{N\text{ antennas}}}{SNR_{\text{single antenna}}} = \frac{|A_{R,N}(\psi)|^2 / N\sigma^2}{1/\sigma^2} = \frac{|A_{R,N}(\psi)|^2}{N} \tag{7.1.12}$$

식 (7.1.11)을 그림으로 나타내면 그림 7.1.5의 송신 빔포밍에 대한 빔패턴과 동일하다. 마찬가지로 결합기 출력의 진폭은 $\psi = 0$에서 최대이며 $A_{R,N}(0) = N$이고

$$G_{R,N}(0) = N \tag{7.1.13}$$

이 된다.

이제 자유공간에서 빔포밍을 이용한 통신을 고려해 보자. 송신 빔포밍과 수신 빔포밍을 모두 사용한다고 가정하면 전체 빔포밍 이득은 송신 빔포밍 이득과 수신 빔포밍 이득의 곱으로 다음과 같다.

$$G_{TR}(\phi_{AoD}, \phi_{AoA}) = G_{T,M}(\phi_{AoD})G_{R,N}(\phi_{AoA}) \tag{7.1.14}$$

그리고 이러한 이득을 극대화하려면 송신 안테나 배열과 수신 안테나 배열의 보어사이트가 서로 대면해야 한다. 정지 궤도 위성에서 송출한 신호를 파라볼라 안테나로 수신하는 위성 방송의 경우 '수작업'을 통해 송수신기의 보어사이트를 맞추는 것이 가능하며 실제로 그렇게 하고 있으나 일반 지상파 무선/이동통신에서는 불가능한 이야기이다. 그럼 이제 빔조정

에 대해 논의해 보자.

7.1.2 위상 배열을 이용한 빔 조정

위상 배열 안테나를 이용한 빔조정: 각 안테나에 위상 천이기를 사용한 것을 위상 배열 안테나라 하는데 이를 이용한 송신부 모형은 그림 7.1.7과 같다. 그림 7.1.7은 각 요소 안테나에 위상 천이기가 달려있는 것만 제외하면 그림 7.1.3과 동일하며 따라서 식 (7.1.1)의 신호 모형에 이 위상 천이기에 의한 위상 천이만 추가하면 된다.

그림에서 위상 천이기는 신호의 위상을 일정 값만큼(예를 들면 α만큼) 천이시키는 역할을 하는데 등가적으로 본다면 이득이 $e^{j\alpha}$인 증폭소자로 볼 수 있으며 이들 이득을 벡터로 표기한 것을 **빔조정 벡터**(beam steering vector)라 하며 다음과 같이 나타낼 수 있다.

$$\mathbf{w} = [w_1, w_2, ..., w_M]^T = [e^{-j\alpha_1}, e^{-j\alpha_2}, ..., e^{-j\alpha_M}]^T \tag{7.1.15}$$

여기서, w_m과 α_m은 각각 m번째 위상 천이기의 이득과 위상 천이 값으로 이를 이용하면 특정 AoD ϕ로 진행하는 M개 평면파들의 합과 이의 진폭은 다음과 같이 된다.

$$x_T(t) = x(t)e^{j(w_c t - \theta_1)} \sum_{m=1}^{M} w_m e^{-j\Delta\theta_m} = x(t)e^{j(w_c t - \theta_1)} \sum_{m=1}^{M} e^{-j(\Delta\theta_m + \alpha_m)} \tag{7.1.16}$$

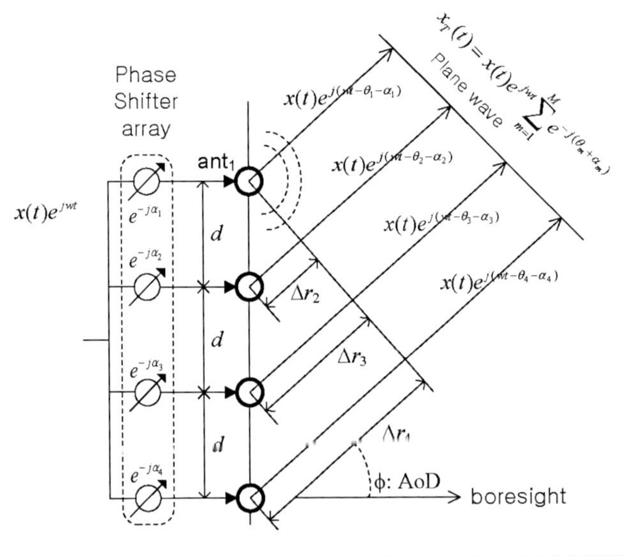

그림 7.1.7 위상 배열 안테나를 이용한 송신기 모형

$$A_T(\phi,\mathbf{w}) = \left|\sum_{m=1}^{M} w_m e^{-j\eta d(m-1)\sin\phi}\right| = \left|\sum_{m=1}^{M} e^{-j(\eta d(m-1)\sin\phi+\alpha_m)}\right| \qquad (7.1.17)$$

마찬가지로, 빔포밍 이득은 다음과 같다.

$$G_{T,M}(\phi,\mathbf{w}) = \frac{|A_T(\phi,\mathbf{w})|^2}{M} \qquad (7.1.18)$$

위 식이 의미하는 바는 빔조정 벡터 $\mathbf{w}$의 조정을 통해 원하는 방향으로의 **빔포밍(beam-forming)**이 가능하다는 것이다.

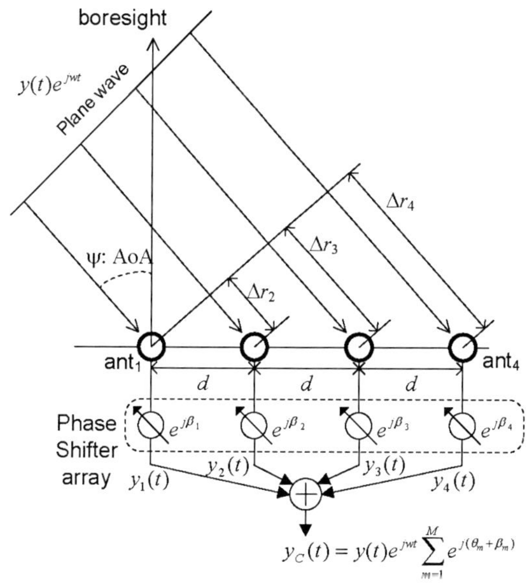

그림 7.1.8 위상 배열 안테나를 이용한 수신기 모형

수신단에서도 똑같은 방법으로 수신 빔포밍이 가능한데, 수신단 빔조정 벡터를

$$\mathbf{c} = [c_1, c_2, ..., c_N]^T = [e^{-j\beta_1}, e^{-j\beta_2}, ..., e^{-j\beta_N}]^T \qquad (7.1.19)$$

라 하면 AoA ψ로 입사하는 평면파에 대한 결합기 출력 신호와 이의 진폭 그리고 그에 따른 빔포밍 이득은 각각 다음과 같다.

$$y_C(t) = y(t)e^{j(w_c t-\theta_1)}\sum_{n=1}^{N} c_n e^{-j\Delta\theta_n} = y(t)e^{j(w_c t-\theta_1)}\sum_{n=1}^{N} e^{-j(\Delta\theta_n+\beta_n)} \qquad (7.1.20)$$

$$A_{R,N}(\psi,\mathbf{c})=\left|\sum_{n=1}^{N}c_n e^{-j\eta d(m-1)\sin\psi}\right|=\left|\sum_{n=1}^{N}e^{-j(\eta d(m-1)\sin\psi+\beta_n)}\right| \quad (7.1.21)$$

$$G_{R,N}(\psi,\mathbf{c})=\frac{|A_{R,N}(\psi,\mathbf{c})|^2}{N} \quad (7.1.22)$$

따라서 송신단과 수신단에서 모두 빔포밍을 적용하면 전체 빔포밍 이득은 다음과 같다.

$$G_{TR}(\phi_{AoD},\phi_{AoA},\mathbf{w},\mathbf{c})=G_{T,M}(\phi_{AoD},\mathbf{w})G_{R,N}(\phi_{AoA},\mathbf{c}) \quad (7.1.23)$$

그러면 송신단과 수신단의 빔조정 벡터 **w**와 **c**는 어떻게 설정해야 하는가? 자유공간의 경우 문제는 그리 어렵지 않다(물론, 실제 운영을 고려하면 그리 간단한 문제는 아니다).

[예제 7.1]

[빔포밍을 통한 LOS 경로 신호의 향상] 그림 7.1.9와 같은 배치를 고려해 보자. 우선 좌측 하부의 원점에 송신기가 위치해 있고 우측 상부 2시 방향 10 m 거리에 수신기가 있다. 송신기와 수신기의 보어사이트 각은 각각 90° 와 180° 이다. 따라서 송신부는 빔조정을 통해 목표 AoD인 −60° 방향으로 송신 빔을 형성해야 하고, 수신부의 경우 목표 AoA인 +30° 방향으로 수신 빔을 형성하면 된다. 따라서 목적 함수는

$$G_{TR}(-60°,30°,\mathbf{w},\mathbf{c})=G_{T,M}(-60°,\mathbf{w})G_{R,N}(30°,\mathbf{c})$$

이며, 안테나 간 간격이 반파장($d=\lambda/2$)이라 가정하면 이는 다음과 같은 빔조정 벡터의 설

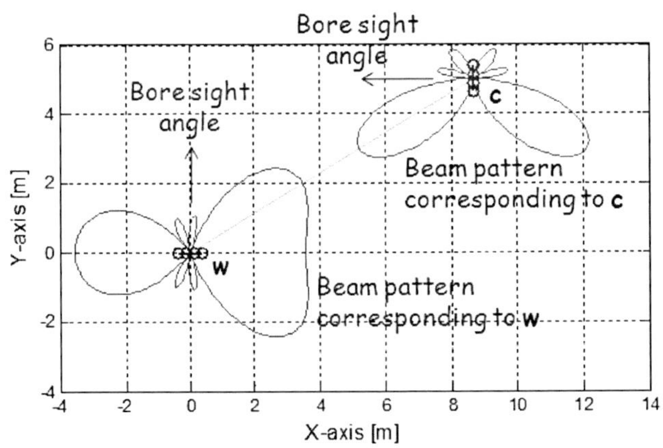

그림 7.1.9 자유공간에서의 최적 빔포밍 예

정을 통해 최대화된다.

$$\mathbf{w} = [1, e^{j\pi\sin(-60°)}, ..., e^{j\pi(M-1)\sin(-60°)}]^T$$

$$\mathbf{c} = [1, e^{-j\pi\sin(30°)}, ..., e^{-j\pi(M-1)\sin(30°)}]^T$$

위 두 빔조정 벡터에 대한 빔패턴은 그림에 나와 있는 바 그 이유를 설명해 보아라.

[풀이]

자유공간에서 LOS 경로 신호만 존재하는 경우, 빔의 방향은 목표 AoD 혹은 AoA를 향하도록 하면 빔포밍 이득이 극대화된다. 목표 AoD를 ϕ라 하면 송신단 빔포밍 이득은 $d = \lambda / 2$(반파장)인 경우

$$G_{T,M}(\phi, \mathbf{w}) = \frac{1}{M}\left|\sum_{m=1}^{M} w_m e^{-j\pi(m-1)\sin\phi}\right|^2 = \frac{1}{M}\left|\sum_{m=1}^{M} e^{-j(\pi(m-1)\sin\phi + \alpha_m)}\right|^2 \tag{7.1.24}$$

이므로 괄호 안의 각 항의 지수가 0이 되도록(혹은 동일한 위상을 갖도록) 설정하면 빔포밍 이득이 최대가 된다. 따라서

$$\pi(m-1)\sin\phi + \alpha_m = 0 \;\Rightarrow\; \alpha_m = -\pi(m-1)\sin\phi \tag{7.1.25}$$

수신단 빔조정 벡터 역시 마찬가지 방식으로 목표 AoA ψ에 대해

$$\pi(m-1)\sin\psi + \beta_m = 0 \;\Rightarrow\; \beta_n = -\pi(n-1)\sin\psi \tag{7.1.26}$$

로 설정하면 이득이 최대가 됨을 알 수 있다. 그림 7.1.10은 특정 목표 방향으로 빔조정 벡터를 설정하였을 때의 빔패턴을 보여준다.

상기의 예제는 빔조정 벡터를 목표 방향에 맞게 어떻게 설정하는지에 대한 예를 보여주며 송수신단 간 경로가 1개인 경우 송수신단의 빔포밍을 통해 (송신 안테나 수, M) × (수신 안테나 수, N)만큼의 빔포밍 이득을 얻을 수 있었다. 물론, 이러한 이득을 얻기 위해서는 AoD와 AoA(즉, 보어사이트 각을 기준으로 한 통신 대상의 방향)을 알아야 하며 이들의 추정을 위한 적당한 방안이 제시되어야 한다. 그러나 더 큰 문제는 경로가 여러 개인 다중 경로 채널에서의 빔조정 벡터의 설정 문제이다. 이 두 가지 문제는 다음 절에서 다룰 다중 안테나 전송 채널의 모형이 있어야 다룰 수 있는 문제이므로 다중 경로 채널에서의 빔조정 벡터의 설정 문제는 잠시 뒤로 미루고 다중 안테나 전송 채널의 모형을 먼저 다루기로 한다.

[예제 7.2]

MatLab을 이용하여 목표 AoD 10, 20, 45, 60로 빔조정 벡터를 설정했을 때의 빔패턴을 그려보아라.

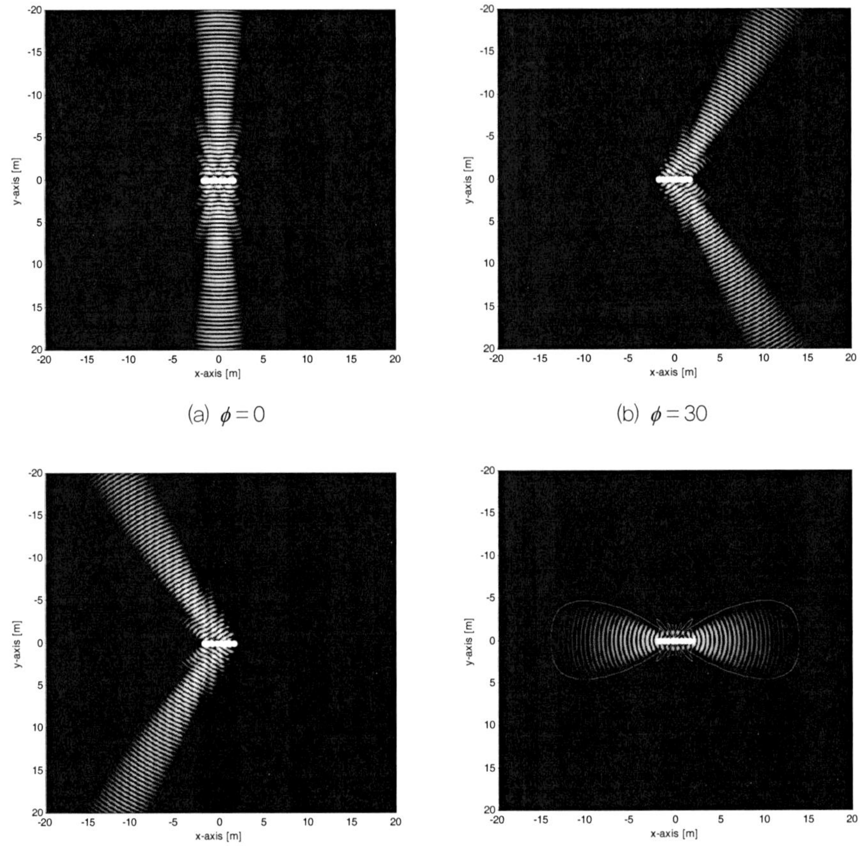

(a) $\phi=0$ (b) $\phi=30$ (c) $\phi=-30$ (d) $\phi=90$

그림 7.1.10 목표 AoD ϕ에 따라 빔조정 벡터를 세팅한 경우의 빔 패턴($M=8$)

7.2 MIMO 채널 모형

본 절에서는 MIMO 채널 모형에 대해 알아본다. 기본적으로 MIMO 채널은 제2장에서 다룬 단일 안테나 시스템의 채널 모형에 (안테나 배열의 배치와 각 경로의 입사각에 의해 결정되는) 안테나 간 상대적인 위상지연을 추가하여 모형화할 수 있다. 독자들의 이해를 위해 먼저 단일 경로 채널에 대해 MIMO 채널 행렬이 어떻게 표현되는지 알아보고 이를 다중경로 채널로 확장하여 설명한다.

7.2.1 단일 경로 채널에서의 MIMO 채널 모형

다중경로 채널에서의 MIMO 채널 모형을 다루기 전에 먼저 자유공간을 가정하고 LOS 경로만 있는 경우의 MIMO 채널 모형에 대해 알아보자. 그림 7.2.1에 4개의 송신 안테나와 동수의 수신 안테나를 갖는 다중 안테나 전송 시스템을 나타내었으며 이를 그림 7.2.2와 같은 구조로 모형화하려고 한다.

먼저, 제2장 무선 채널에서의 미시적 페이딩 모형을 이용하면 송신단 기준 안테나(첫 번째 안테나)와 수신단 기준 안테나(첫 번째 안테나) 간의 채널은 다음과 같이 모형화할 수 있다.

$$h(\tau) = h_0\delta(\tau - \tau_0) = a_0 e^{-j\theta_0}\delta(\tau - \tau_0) \tag{7.2.1}$$

여기서, a_0, θ_0, τ_0는 각각 송수신단의 첫 번째 안테나를 기준으로 본 채널의 진폭, 위상 및 시간 지연이다. 이제 식 (7.2.1)로부터 송수신단의 각 안테나 간 채널의 임펄스 응답을 확인하기 위해 앞 절에서의 가정 중 다음의 가정들을 동일하게 적용한다.

(1) 각 송신 안테나로부터 송출된 전파는 안테나로부터 멀리 떨어진 위치에서는 평면파 (plane wave)로 가정한다.

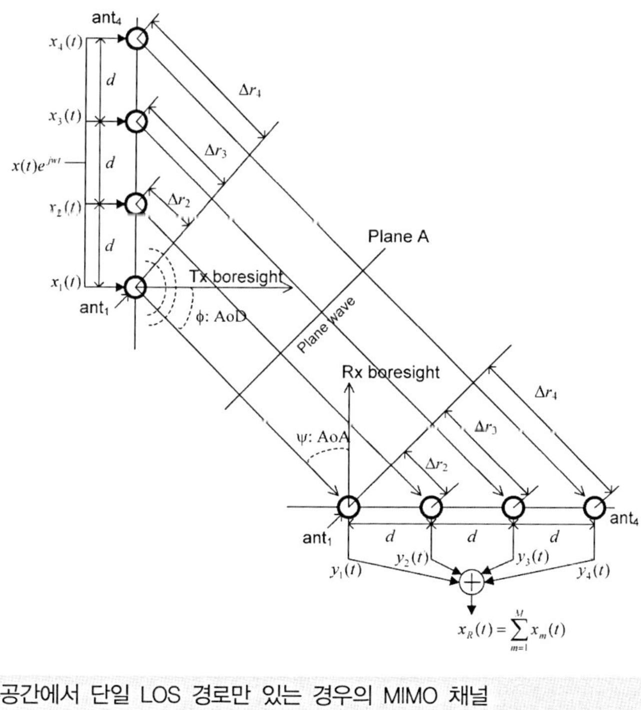

그림 7.2.1 자유공간에서 단일 LOS 경로만 있는 경우의 MIMO 채널

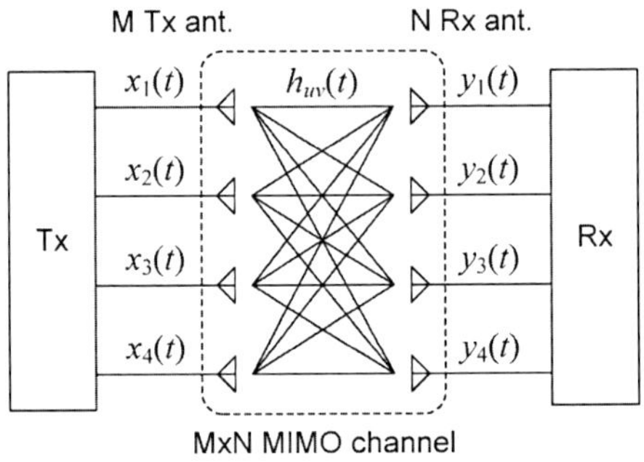

그림 7.2.2 MIMO 채널 모형

(2) 특정 AoD 방향으로 일정 거리 떨어진 평면 A에서 이들 평면파는 위상은 서로 다르지만 동일한 진폭과 시간 지연을 갖는다. 즉, 각 송신 안테나로부터 평면까지의 경로 거리는 조금씩 다르지만 반송파의 위상을 제외한 신호의 진폭과 데이터 신호의 시간 지연은 무시할 수 있다고 가정한다.

(3) 각 송신 안테나에서 방사되어 수신단에 도착한 모든 평면파는 동일한 진폭과 시간 지연을 가지므로 송수신기간 거리에 따른 진폭의 감쇠나 시간 지연은 고려하지 않고 편의상, 진폭은 a_0, 시간 지연은 $\tau_0 = 0$으로 가정한다.

(4) 특정 송신 안테나로부터 송출된 평면파가 각 수신 안테나에 도착하는 시점은 조금씩 다르며 이에 따라 수신 신호의 (반송파) 위상은 서로 다르다.

이러한 가정 하에서는 임의의 송수신 안테나 간 채널 응답은 첫 번째 송신 안테나와 첫 번째 수신 안테나 간 위상 지연(θ_0)을 기준으로 v번째 송신 안테나와 u번째 수신 안테나에 대해 상대적으로 나타나는 위상 지연만을 식 (7.2.1)에 추가하면 된다. 앞 절에서의 논의 내용을 이용하면 (안테나 배열의 배치와 각 경로의 입사각에 의해 결정되는) v번째 송신 안테나와 u번째 수신 안테나에 대한 추가적인 위상 지연은 다음과 같이 쓸 수 있다.

$$\begin{aligned}\Delta\Theta_{u,v}(\phi_0,\psi_0) &= \Delta\theta_v(\phi_0) + \Delta\theta_u(\psi_0) \\ &= \eta d_T(v-1)\cdot\sin\phi_0 + \eta d_R(u-1)\cdot\sin\psi_0\end{aligned} \tag{7.2.2}$$

여기서, ϕ_0와 ψ_0는 각각 AoD와 AoA이며 d_T와 d_R은 각각 송신 배열 안테나와 수신 배열 안테나의 안테나 간 이격이다. 한편, 위 식의 첫 번째 항은 v번째 송신 안테나로부터 방사된 평면파가 그림 7.2.1의 평면 A(plane A)에 도착했을 때의 (기준 송신 안테나($v = 1$)로부터의 평면파와의) 상대적인 위상차이며, 둘째 항은 이 평면파가 u번째 수신 안테나에 도착했을 때 (기준 송신 안테나($v = 1$)에서의 위상과의) 상대적인 위상차이다. 식 (7.2.2)로부터 v번째 송신 안테나와 u번째 수신 안테나 간의 추가적인 위상 지연에 따른 이득은 다음과 같이 쓸 수 있다.

$$e^{-j\Delta\Theta_{u,v}(\phi_0,\psi_0)} = e^{-j\Delta\theta_v(\phi_0)}e^{-j\Delta\theta_u(\psi_0)} \tag{7.2.3}$$

또한, 이를 식 (7.2.1)에 반영하면 v번째 송신 안테나와 u번째 수신 안테나 간의 채널의 임펄스 응답은

$$h_{u,v}(\tau) = a_0 e^{-j(\theta_0+\Delta\Theta_{u,v}(\phi_0,\psi_0))}\delta(\tau-\tau_0) \tag{7.2.4}$$

이 되고 그림 7.2.2의 시스템 모형을 기준으로 u번째 수신 안테나로 수신된 신호 $y_u(t)$는 다음과 같다.

$$\begin{aligned} y_u(t) &= \sum_{v=1}^{M} h_{u,v}(t) * x_v(t) + n_u(t) \\ &= \sum_{v=1}^{M} a_0 e^{-j(\theta_0+\Delta\Theta_{u,v}(\phi_0,\psi_0))} x_v(t-\tau_0) + n_u(t) \end{aligned} \tag{7.2.5}$$

각 안테나 간의 입출력 관계를 나타내는 식 (7.2.5)는 모든 송신 안테나와 모든 수신 안테나에 대해 다음과 같은 벡터-행렬식으로 나타낼 수 있다.

$$\begin{bmatrix} y_1(t) \\ y_2(t) \\ \vdots \\ y_N(t) \end{bmatrix} = \mathbf{H}_0 \begin{bmatrix} x_1(t-\tau_0) \\ x_2(t-\tau_0) \\ \vdots \\ x_M(t-\tau_0) \end{bmatrix} \tag{7.2.6}$$

여기서

$$\mathbf{H}_0 = \begin{bmatrix} e^{-j\Delta\theta_1(\psi_0)} \\ e^{-j\Delta\theta_2(\psi_0)} \\ \vdots \\ e^{-j\Delta\theta_N(\psi_0)} \end{bmatrix} a_0 e^{-j\theta_0} \begin{bmatrix} e^{-j\Delta\theta_1(\phi_0)} & e^{-j\Delta\theta_2(\phi_0)} & \cdots & e^{-j\Delta\theta_M(\phi_0)} \end{bmatrix} \tag{7.2.7}$$

식 (7.2.7)로 주어지는 행렬의 rank는 1이며 뒤에서 다시 나오겠지만 MIMO 채널 행렬의 rank는 그 MIMO 채널을 통해 전송할 수 있는 독립적인 스트림의 개수에 해당한다.

7.2.2 다중경로 채널에서의 MIMO 채널 모형

이제 7.2.1절에서 다룬 단일 경로 채널에서의 모형을 다중경로 채널로 확장해 보자. 그림

7.2.3은 제2장의 미시적 페이딩 모형에서도 다루었던 3경로 채널 모형을 보여주는데, 기존 모형에서는 각 경로에 대해 시간 지연과 (진폭과 위상을 포함하는) 페이딩 계수만을 고려한 필터(임펄스 응답) 모형을 사용하였으나 이제 이를 다중 안테나 채널 모형으로 확장하기 위해 채널이 L개의 다중경로로 구성된다고 가정하고 각 경로에 대해 다음의 두 가지 속성을 더 추가한다(여기서도 1차원 안테나 배열과 2차원 공간상에서의 빔만을 다룬다).

ϕ_l: l번째 경로의 AoD(송신 배열 안테나의 보어사이트 각 기준)

ψ_l: l번째 경로의 AoA(수신 배열 안테나의 보어사이트 각 기준)

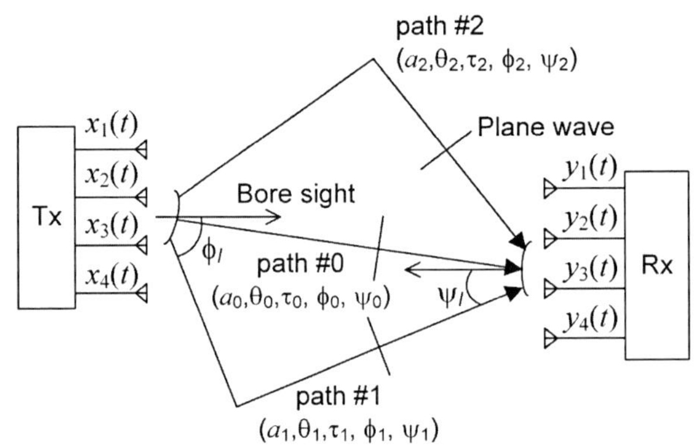

그림 7.2.3 3개의 경로를 갖는 채널 모형

그러면, 7.2.1절에서의 임펄스 응답 모형(식 (7.2.4))을 이용하여 v번째 송신 안테나와 u번째 수신 안테나 간 임펄스 응답 $h_{u,v}(t)$는 다음과 같이 쓸 수 있다.

$$\begin{aligned} h_{u,v}(\tau) &= \sum_{l=0}^{L-1} h_l \cdot e^{j\cdot\Delta\Theta_{u,v}(\phi_l,\psi_l)} \cdot \delta(\tau - \tau_l) \\ &= \sum_{l=0}^{L-1} a_l \cdot e^{-j\cdot(\theta_l + \Delta\Theta_{u,v}(\phi_l,\psi_l))} \cdot \delta(\tau - \tau_l) \end{aligned} \tag{7.2.8}$$

여기서, 단일 안테나 송수신기 기준(첫 번째($v=1$) 송신 안테나와 첫 번째($u=1$) 수신 안테나 기준)으로 l번째 경로의 위상 지연은 θ_l이며 v번째 송신 안테나와 u번째 수신 안테나 간에는 추가적인 위상 지연 $\Delta\Theta_{u,v}(\phi_l, \psi_l)$가 더해져 있다. 또한, 위식의 각 송수신 안테나 간 임펄스 응답을 이용하면 식 (7.2.5)에 상응한 다중경로 채널에서의 각 안테나 간 입출력 관계는 다음과 같이 쓸 수 있다.

$$
\begin{aligned}
y_u(t) &= \sum_{v=1}^{M} h_{u,v}(t) * x_v(t) + n_u(t) \\
&= \sum_{v=1}^{M} \sum_{l=0}^{L-1} a_l \cdot e^{-j\cdot(\theta_l + \Delta\Theta_{u,v}(\phi_l, \psi_l))} x_v(t-\tau_l) + n_u(t)
\end{aligned} \tag{7.2.9}
$$

여기서, $n_u(t)$는 u번째 수신 안테나 출력에 더해진 AWGN이다. 한편, 식 (7.2.9)의 시간 영역 표현은 식 (7.2.6)과 같은 벡터-행렬식의 형태로 나타낼 수 없는데, 이는 식 (7.2.9)의 우변 첫째 항에 포함된 신호 $x_v(t)$의 시간 지연이 경로마다 다르기 때문이다. 이제, 식 (7.2.9)의 주파수 영역 표현을 고려해 보자. 식 (7.2.9)를 푸리에 변환하면

$$
Y_u(\omega) = FT[y_u(t)] = \sum_{v=1}^{M} H_{u,v}(\omega) \cdot X_v(\omega) + N_u(\omega) \tag{7.2.10}
$$

이 얻어지며 이는 단일 경로 채널에서와 같이 벡터-행렬 표현을 사용하여 간결하게 나타낼 수 있다. 즉,

$$
\begin{bmatrix} Y_1(\omega) \\ Y_2(\omega) \\ \vdots \\ Y_N(\omega) \end{bmatrix} = \begin{bmatrix} H_{11}(\omega) & H_{12}(\omega) & \cdots & H_{1M}(\omega) \\ H_{21}(\omega) & H_{22}(\omega) & & H_{2M}(\omega) \\ \vdots & & \ddots & \vdots \\ H_{N1}(\omega) & H_{N2}(\omega) & \cdots & H_{NM}(\omega) \end{bmatrix} \cdot \begin{bmatrix} X_1(\omega) \\ X_2(\omega) \\ \vdots \\ X_M(\omega) \end{bmatrix} + \begin{bmatrix} N_1(\omega) \\ N_2(\omega) \\ \vdots \\ N_N(\omega) \end{bmatrix} \tag{7.2.11}
$$

여기서, $Y_u(\omega)$, $H_{uv}(\omega)$, $X_v(\omega)$는 각각 $y_u(t)$, $h_{u,v}(t)$, $x_v(t)$의 푸리에 변환이다. 위 식은 주파수 영역에서 볼 때, 다중경로를 갖는 MIMO 채널 모형은 단일 경로를 갖는 MIMO 채널 모형과 동일한 방법으로 나타낼 수 있음을 의미한다.

7.2.3 이산 신호 모형과 OFDM-MIMO

7.2.2절의 MIMO 채널 모형은 연속시간 신호 모형으로 유도된 것이나 만약 이산 시간 신호 모형을 사용하고 DFT를 적용한다면 결국은 각 이산 주파수(OFDM에서의 부반송파) 별 다중 안테나 채널 모형은 다음과 같다.

$$
\mathbf{y}_k = \mathbf{H}_k \mathbf{x}_k + \mathbf{n}_k \tag{7.2.12}
$$

여기시, k는 이산 주파수 인덱스, $\mathbf{y}_k = [y_{k,1}, y_{k,2}, \cdots, y_{k,N}]^T$, $\mathbf{n}_k = [n_{k,1}, n_{k,2}, \cdots, n_{k,N}]^T$, $\mathbf{x}_k = [x_{k,1}, x_{k,2}, \cdots, x_{k,M}]^T$, $\mathbf{H}_k = [h_{k,uv}]$는 각각 이산 주파수 k에 대한 $N \times 1$ 수신 신호 벡터, $N \times 1$ 잡음 벡터, $M \times 1$ 송신 데이터 벡터, $N \times M$ 채널 행렬이다.

실제로 많은 다중 안테나 기술은 OFDM 기반 위에서 구현하는데, 그 이유는 채널에서의

시간 지연에 의해 나타나는 ISI와 안테나 간 간섭을 동시에(joint로) 처리하기가 부담스럽기 때문이며 OFDM은 높은 전송률의 ISI 채널을 다수의 낮은 전송률을 갖는 평평한 페이딩 채널로 바꾸는 역할을 하기 때문에 각 부반송파 별로 식 (7.2.10)의 신호 모형에 근거하여 여러 가지 처리를 손쉽게 할 수 있다. 그림 7.2.4는 OFDM 기반 시스템 상에서 식 (7.2.12)로 표현되는 MIMO 채널 모형을 도식화하여 보여준다.

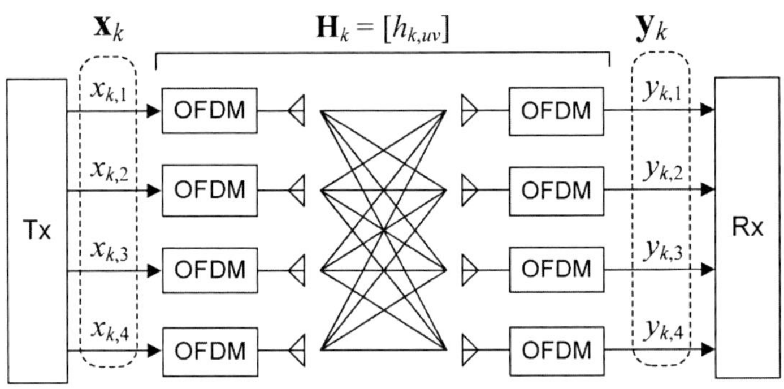

그림 7.2.4 OFDM 기반 시스템 상에서의 MIMO 채널 모형

따라서 이후부터는 기본적으로 다중 안테나 기술이 OFDM 기반 위에서 구현되고 각 부반송파 별로 처리된다는 가정 하에 부반송파 인덱스는 따로 사용하지 않고 다음과 같이 보다 단순한 표기를 사용할 것이다.

$$\mathbf{y} = \mathbf{H}\mathbf{x} + \mathbf{n} \tag{7.2.13}$$

여기서, 잡음과 송신 데이터는 모두 랜덤 변수이며 다음을 가정한다.

(1) $\mathbf{n}$: 평균 $\mathbf{0}$, 공분산 $E[\mathbf{n}\mathbf{n}^H] = \sigma^2\mathbf{I}$ 인 $N \times 1$ 복소 가우시안 잡음 벡터

(2) $\mathbf{x}$: 평균 $\mathbf{0}$, 합 전력 $E[\mathbf{x}^H\mathbf{x}] = P$ 인 $M \times 1$ 데이터 벡터

전단(front-end) 빔포밍과 후단(back-end) 빔포밍 다중 안테나 기술에 대해 알아보기 전에 OFDM 기반 시스템에서 빔포밍의 구현 방법에 대해 알아보자. 전단(front-end) 빔포밍과 후단(back-end) 빔포밍, 두 가지의 방안을 고려해 볼 수 있는데, 그림 7.2.5에 두 가지 구현 방법의 차이를 나타내었다. 전단 빔포밍의 경우 RF 전단에서 아날로그 소자로 위상 천이기를 이용하여 구현하는 방식으로 전통적인 빔포밍은 이러한 시스템을 가정하고 있다. 이러한 시스템의 장점은 디지털 처리기가 하나만 있으면 되므로 상대적으로 구현이 간단한 반면 설정

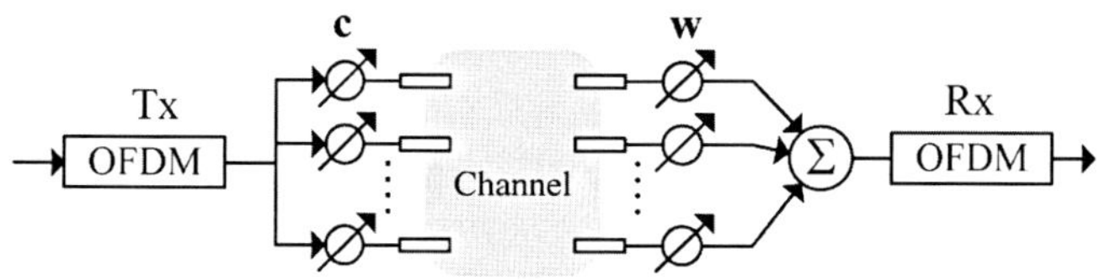

(a) 전단 빔포밍

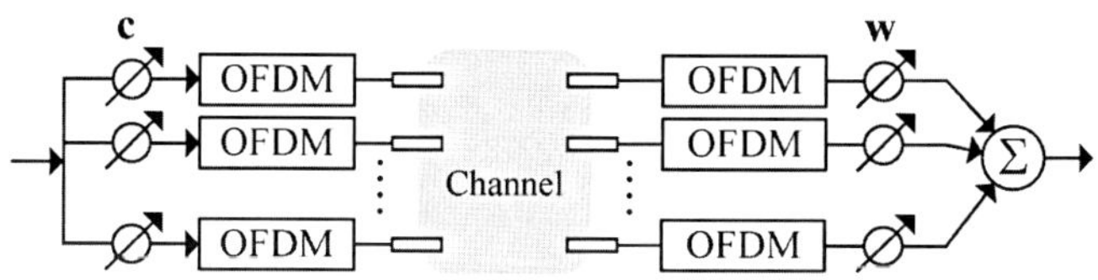

(b) 후단 빔포밍

그림 7.2.5 빔포밍의 2가지 구현 방안

된 빔조정 벡터가 모든 주파수에 공통으로 적용되기 때문에 LOS 경로가 없고 주파수 선택성이 큰 경우 빔 조정을 통한 이득이 상대적으로 작다. 한편, 후단 빔포밍의 경우 디지털 모뎀 후단에서 디지털 방식으로 빔 조정이 이루어지므로 빔 조정 벡터의 설정이 매우 유연하게 이루어질 수 있으며 각 부반송파에 대해 개별적인 최적화가 가능하므로 빔 조정을 통한 이득을 극대화할 수 있다. 문제는 각 안테나마다 디지털 처리부와 RF 부시스템이 따로 장착되어야 하므로 구현이 복잡하다. 이러한 이유로 전단 빔포밍은 채널의 LOS가 보장되고 (상대적으로 주파수 선택성이 낮고) 저전력의 소형 송수신기가 요구되는 무선 개인영역망(WPAN)에서 주로 고려되고 있으며 후단 빔포밍의 경우 셀룰라 이동통신 규격에서 고려되고 있다.

7.2.4 각 확산과 채널 행렬의 통계적 모형(*)

각 확산(Anglespead)이란 다중경로 채널에서 각 경로의 AoD 혹은AoA가 얼마나 넓게 퍼져있는가를 나타내는 지표로 각 확산이 클수록 채널 행렬 **H**의 각 원소 간 통계적 상관성이 작아지고 이에 따라 채널 용량은 향상되는 것으로 알려져 있다. 본 부절에서는 채널 행렬의 각 요소에 대한 통계적 특성과 모형화에 대해 알아본다.

7.2.1질과 7.2.2절에시의 논의에 근거해 보면 채널 행렬의 각 요소의 값을 결정하는 것은 각 경로의 페이딩 계수뿐 아니라 시간 지연에 따른 주파수 전달 특성과 AoD와 AoA에 의한 위상 지연 등 많은 요인이 작용한다. 식 (7.2.11)의 신호 모형을 고려해 보자. 주파수 ω에서 채널 행렬 **H**의 각 요소는 다음과 같이 나타낼 수 있다.

$$H_{u,v}(\omega) = \sum_{l=0}^{L-1} h_l \cdot e^{-j\cdot\Delta\Theta_{u,v}(\phi_l,\psi_l)} \cdot e^{-j\cdot\tau_l\omega} = \sum_{l=0}^{L-1} a_l \cdot e^{-j\cdot(\theta_l+\Delta\Theta_{u,v}(\phi_l,\psi_l)+\tau_l\omega)} \tag{7.2.14}$$

이제 페이딩 계수의 진폭 a_l이 동일한 분포(예를 들면 레일리 분포)를 갖는 독립 랜덤 변수이고 위상 지연 θ_l과 $\Delta\Theta_{u,v}(\phi_l, \psi_l)$들이 $[0,2\pi)$에서 균일한 분포를 갖는 독립 랜덤 변수라 하자. 그러면 $L \to \infty$라 하고 중심극한 정리를 적용하면 채널 행렬의 각 요소 $h_{uv} = H_{u,v}(\omega)$는 서로 통계적으로 독립인 순환 대칭의(circularly symmetric) 복소 가우시안 랜덤 변수로 통계적 모형화가 가능한데, 페이딩 계수의 평균은 0, 분산은 1로 정규화하여 다음과 같은 통계적 모형을 적용하는 것이 일반적이다.

$$h_{u,v} \overset{i.i.d.}{\sim} \Phi(h;0,1) \tag{7.2.15}$$

여기서, $\Phi(h\,;\mu,\ \sigma^2)$는 평균, 분산이 σ^2인 복소 가우시안 분포로 다음과 같이 정의된다.

$$\Phi(x;\mu,\sigma^2) \equiv \frac{1}{\pi\sigma^2}\exp\left(-\frac{|x-\mu|^2}{\sigma^2}\right) \tag{7.2.16}$$

물론, 중심극한 정리에 의한 통계적 모형이 실제 시스템의 통계적 분포와 잘 맞아 떨어지려면 $\Delta\Theta_{u,v}(\phi_l,\ \psi_l)$들이 영역 $[0,2\pi)$에서 균일하게 분포하고 상호 간 통계적 독립성(혹은 무상관성)을 유지해야 하는데, 이는 안테나 배열의 요소 안테나 간 이격이 크고 각 경로의 AoD와 AoA가 넓게 분포하는 경우(각 확산이 큰 경우)에 해당한다.

그림 7.2.6은 작은 각 확산과 큰 각 확산의 예를 보여주는데, 주변에 산란이나 회절을 일으키는 물체들이 없는 경우 AoD와 AoA의 확산은 작아지며 반대로 주변에 회절이나 산란을 일으키는 물체들이 다수 존재한다면 각 확산은 커지게 된다. 기지국 송수신기는 대개 빌딩 위의 높은 곳에 설치되는데, 이에 따라 주변의 물체들이 적어 각 확산은 상대적으로 작다고 볼 수 있으나 휴대 단말과 같이 송수신기의 높이가 낮고 주변의 벽면이나 빌딩에 의한 회절/산란의 영향으로

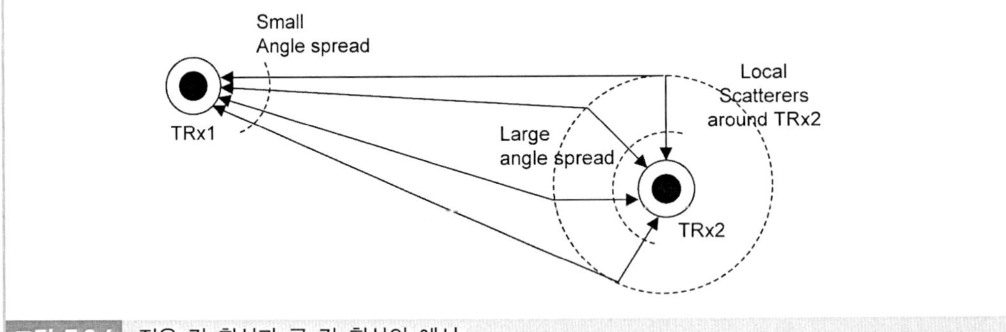

그림 7.2.6 작은 각 확산과 큰 각 확산의 예시

각 확산은 상대적으로 크다. 따라서 기지국과 같이 각 확산이 작은 경우 안테나 간 이격을 파장의 수 배 이상으로 크게 설치해야 채널 행렬의 각 요소 간 상관성을 줄일 수 있으며 휴대 단말의 경우는 상대적으로 작은 (그러나 파장의 수배 정도는 되는) 안테나 이격만으로도 안테나 간 상관성이 작아질 수 있다.

인접 안테나 간 상관성의 반영 이상의 논의로부터 안테나 간 이격이 작거나 채널의 각 확산이 작은 경우 인접 안테나 간 통계적 상관성이 나타날 수 있는데 송신단 안테나 간과 수신단 안테나 간의 통계적 상관도 모형은 다음과 같다.

$$\frac{1}{M}E[\mathbf{H}^H\mathbf{H}]=\mathbf{R}_T \tag{7.2.17}$$

$$\frac{1}{N}E[\mathbf{H}\mathbf{H}^H]=\mathbf{R}_R \tag{7.2.18}$$

여기서, R_T와 R_R는 각각 송신단 및 수신단의 안테나 간 상관행렬을 나타내는데, 일반적으로 다음과 같이 동일한 방식으로 모형화한다.

$$\mathbf{R}_{T\text{ or }R}=\begin{bmatrix} 1 & \rho & \rho^2 & \cdots & \rho^{M-1} \\ \rho & 1 & \rho & \ddots & \vdots \\ \rho^2 & \rho & \ddots & \ddots & \rho^2 \\ \vdots & \ddots & \ddots & \ddots & \rho \\ \rho^{M-1} & \cdots & \rho^2 & \rho & 1 \end{bmatrix} \tag{7.2.19}$$

여기서, ρ는 인접 안테나 간 상관도를 나타내는 상관계수이며, $0<\rho<1$의 범위를 갖는다. 따라서 송신단과 수신단의 안테나 간 상관도를 반영한 실효 채널 행렬 $\mathbf{H}_e$는 다음과 같이 모형화할 수 있다.

$$\mathbf{H}_e=\mathbf{R}_R^{1/2}\mathbf{H}\mathbf{R}_T^{1/2} \tag{7.2.20}$$

여기서, $\mathbf{H}$의 각 요소는 상호 독립인 랜덤 변수로 식 (7.2.15)의 분포를 가지며 송신단과 수신단의 인접 안테나 간 상관도 ρ는 각각 다른 값을 사용할 수 있다.

7.3 최적 빔포밍과 빔스위칭

본 절에서는 앞 절에서 제시한 채널 모형(식 (7.2.12) 및 (7.2.13))에 근거하여 빔포밍 기술에 대해 논의한다.

7.3.1 최적 빔포밍(optimum beamforming)

먼저, 후단 빔포밍을 가정하고 문제를 공식화 해 보자. 그림 7.3.1에 후단 빔포밍 시스템 모형을 나타내었다. 7.1절에서도 언급했지만 빔포밍 시스템은 송신단의 모든 안테나에 기본적으로 동일한 신호가 입력되고 수신단에서도 결합기를 거치고 나면 다시 하나의 신호만 얻어진다. 다만 각 안테나 입력과 안테나 출력단에서 위상을 적당히 설정하여 원하는 빔패턴을 만들어 송신/수신을 하는 것이다.

먼저, MIMO 채널이 $(N \times M)$ 행렬 $\mathbf{H}$로 주어지고 송신 및 수신단 빔조정 벡터를 각각 $\mathbf{w}$와 $\mathbf{c}$라 하자. $\mathbf{w}$는 $(M \times 1)$ 벡터로 전체 송출전력이 1이 되도록 정규화되었다고 가정한다. 한편, $\mathbf{c}$는 $(N \times 1)$ 벡터이며 굳이 정규화될 필요는 없으나 편의상 $\mathbf{w}$와 마찬가지로 정규화되었다고 가정한다. 즉,

$$\mathbf{w}^H \mathbf{w} = \mathbf{c}^H \mathbf{c} = 1 \tag{7.3.1}$$

한편, 7.2절에서는 빔조정 벡터의 각 원소를 크기가 동일한 (크기가 1인) 복소수로 제한하였으나 여기서는 이러한 제한을 없애고 좀 더 유연한 빔조정을 가정하는데, 실제로 후단 빔형성의 경우 빔조정 벡터의 각 원소의 크기는 다르게 설정하는 것이 가능하다.

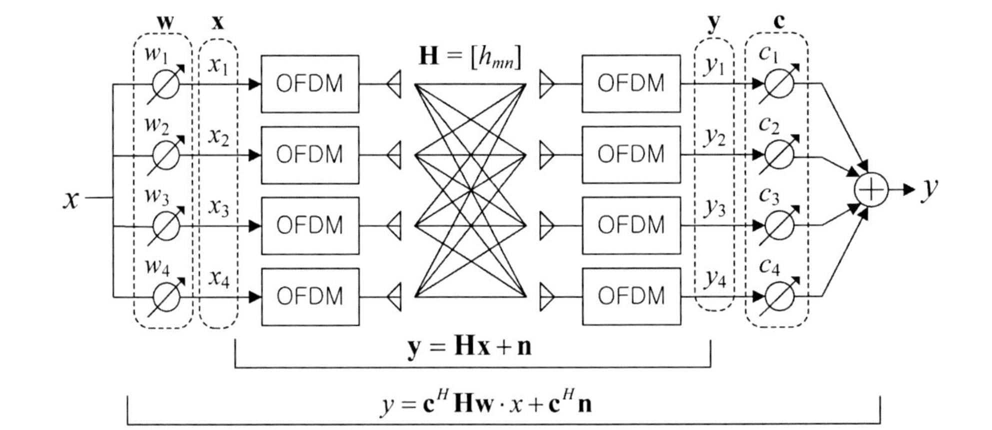

그림 7.3.1 후단 빔포밍 시스템 모형

이제 수신단 결합기 출력인 수신 심벌 y를 송신단 위상 배열 입력인 데이터 심벌 x의 항으로 나타내면 다음과 같다.

$$y = \mathbf{c}^H \mathbf{y}$$

$$
\begin{aligned}
&= \mathbf{c}^H(\overbrace{\mathbf{H}\underbrace{\mathbf{w}x}_{\mathbf{x}}+\mathbf{n}}^{\mathbf{y}}) \\
&= \underbrace{(\mathbf{c}^H\mathbf{H}\mathbf{w})x}_{\text{Signal}} + \underbrace{\tilde{n}}_{\text{Noise}} \\
&= \underbrace{a_{\text{eff}}x}_{\text{Signal}} + \underbrace{\tilde{n}}_{\text{Noise}} \leftarrow \text{SISO AWGN}
\end{aligned} \tag{7.3.2}
$$

위 식을 보면 결국 송신단 위상 배열 입력과 수신단 결합기 출력 양단에서 보면 등가 채널은 AWGN 채널임을 알 수 있으며 이 채널의 SNR은 다음과 같다.

$$
\begin{aligned}
SNR &= \frac{|\mathbf{c}^H\mathbf{H}\mathbf{w}|^2 \, E|x|^2}{E|\tilde{n}|^2} \\
&= \underbrace{\frac{|\mathbf{c}^H\mathbf{H}\mathbf{w}|^2}{(\mathbf{c}^H\mathbf{c})}}_{\substack{\text{Beamforming}\\ \text{gain}}} \cdot \underbrace{\frac{E|x|^2}{E|n|^2}}_{\substack{\text{SNR}\\ \text{without BF}}} \\
&= \underbrace{|\mathbf{c}^H\mathbf{H}\mathbf{w}|^2}_{\substack{\text{Beamforming}\\ \text{gain}}} \cdot SNR_{\mathbf{No}\ \text{BF}}
\end{aligned} \tag{7.3.3}
$$

따라서 문제는 주어진 채널 **H**에 대해 빔포밍 이득이 최대가 되는 벡터 **w**와 **c**를 찾는 것이다. 이러한 문제는 선형 대수학에서 이미 잘 알려진 문제이며 채널 행렬의 **특이값 분해**(singular value decomposition, SVD)를 통해 얻어질 수 있다(특이값 분해는 본 장의 부록에 추가하였다).

먼저 채널 행렬에 SVD를 적용하면 다음과 같이 나타낼 수 있다.

$$
\mathbf{H} = \mathbf{U} \cdot \mathbf{\Lambda} \cdot \mathbf{V}^H \tag{7.3.4}
$$

여기서, **U**와 **V**는 각각 $N \times N$ 및 $M \times M$의 유니터리 행렬이며(즉, $\mathbf{U}^{\mathrm{H}}\mathbf{U} = \mathbf{I}$이고 $\mathbf{V}^{\mathrm{H}}\mathbf{V} = \mathbf{I}$ 이며) $\mathbf{\Lambda}$는 $N \times M$ 행렬로 각 대각선 요소 $[\mathbf{\Lambda}]_{jj} = \lambda_j$는 채널 행렬 **H**의 특이 값이고 나머지 요소들은 모두 0이다. 이제 특이값들이 다음과 같이 내림차순으로 정렬되어 있다고 가정하자.

$$
\lambda_1 \geq \lambda_2 \geq \lambda_3 \geq \cdots
$$

그러면, 특이값 분해의 특성으로부터 다음을 얻는다.

$$
\max_{\substack{\mathbf{c},\mathbf{w} \\ \mathbf{c}^T\mathbf{c}=\mathbf{w}^T\mathbf{w}=1}} \frac{|\mathbf{c}^H\mathbf{H}\mathbf{w}|^2}{(\mathbf{c}^H\mathbf{c})} = |\mathbf{u}_1^H\mathbf{H}\mathbf{v}_1|^2 = \lambda_1^2 \tag{7.3.5}
$$

즉, 빔조정 벡터 **w**와 **c**를 다음과 같이 놓으면

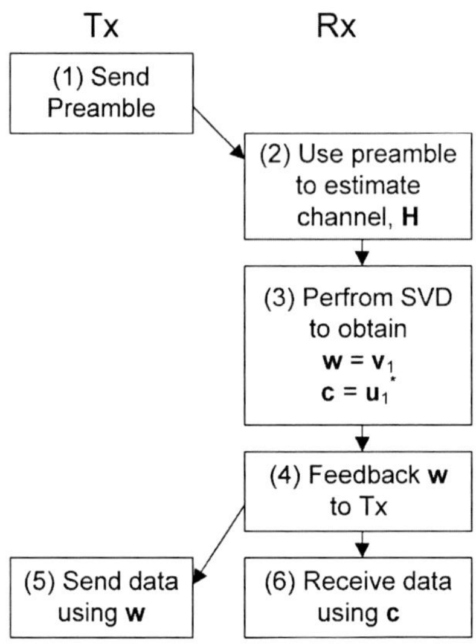

그림 7.3.2 최적 빔포밍의 처리 흐름도

$$\mathbf{w} = \mathbf{v}_1, \ \mathbf{c} = \mathbf{u}_1 \tag{7.3.6}$$

식 (7.3.3)의 빔포밍 이득이 최대가 되며, 이때의 이득값은 **H**의 최대 특이값의 제곱으로 주어진다. 이러한 특이값 분해를 이용한 최적 빔포밍을 구현하기 위한 처리 흐름도를 그림 7.3.2에 나타내었으며 각 단계에 대해 간단히 설명하면 다음과 같다.

(1) 수신단에서의 채널 추정을 위해 송신단은 훈련 열 혹은 참조 신호를 송신한다.
(2) 수신기는 참조 신호를 수신하고 채널 행렬 **H**를 추정한다.
(3) 수신기는 **H**의 SVD를 수행하여 빔 조정 벡터 **w**와 **c**를 계산한다.
(4) 수신기는 **w**를 (역방향 링크를 통해) 송신단에 알려준다.
(5) 송신기는 **w**를 빔 조정 벡터로 사용하여 데이터를 송신하고
(6) 수신기는 **c**를 빔 조정 벡터로 사용하여 데이터를 수신한다.

최적 빔포밍에서 현실적인 운영을 고려할 때 가장 문제가 되는 부분은 수신기가 역방향 링크를 통해 송신단에 빔 조정 벡터 **w**를 알려주어야 한다는 것이다. 물론 수신단에서 SVD를 수행하는 것도 연산량의 부담이기는 하나 지역적으로 이루어지는 과정이므로 크게 문제가 되지는 않는다. 그러나 수신기가 역방향 링크를 통해 송신단에 채널 상태를 전달하는 것은 상위 계층에서의 프로토콜 설계가 요구되며 이동 채널의 경우 이러한 과정을 자주 수행해야 하므로 이를 위한 역방향 링크의 오버헤드가 상당히 크다. 다만, WLAN과 같은 TDD

형식의 통신 시스템에서는 하향 링크와 상향 링크가 동일한 대역을 사용하며 두 링크의 채널이 가역적(reciprocal)이라고 가정할 수 있으므로 현실적으로 운영이 가능할 수는 있으나 (FDD나 그 외의 시스템에서는) **w** 값 자체를 송신단에 알려주는 것은 부담일 수 밖에 없다. 다음 절에서 다룰 빔 스위칭은 이러한 부담을 줄이기 위해 고안된 것이다.

7.3.2 빔스위칭 (beam-switching)

빔스위칭은 최적 빔포밍 방식을 좀 더 쉽게 구현하기 위한 방법으로 역방향 링크를 통한 빔 조정 벡터 값 **w** 자체를 전달하는 대신 미리 정해진 **빔 코드북**(beam codebook)을 송수신 양단이 공유하고 사용해야 할 송신단 빔 조정 벡터의 인덱스만을 전달하는 방식이다. 즉, 수신단에서는 SVD를 사용하여 **w**와 **c**를 구하는 대신 미리 정해진 **w**와 **c**의 집합에서 실효 SNR이 가장 큰 쌍을 다음과 같이 선택한다.

$$(\mathbf{c},\ \mathbf{w}) = \arg\max_{\mathbf{c},\mathbf{w}\in C} |\mathbf{c}^T \mathbf{H}\mathbf{w}|^2 \tag{7.3.7}$$

여기서, C는 빔 코드북이다. 그림 7.3.3은 이러한 빔 스위칭 방식의 처리 흐름도를 나타낸다. 전체적인 처리 흐름은 유사하며 단계 (3)과 (4)가 최적 빔포밍과 달라지는 부분이다.

이러한 빔 스위칭 방식에서는 빔 코드북의 설계가 중요한데, 대표적인 예로 WPAN에서

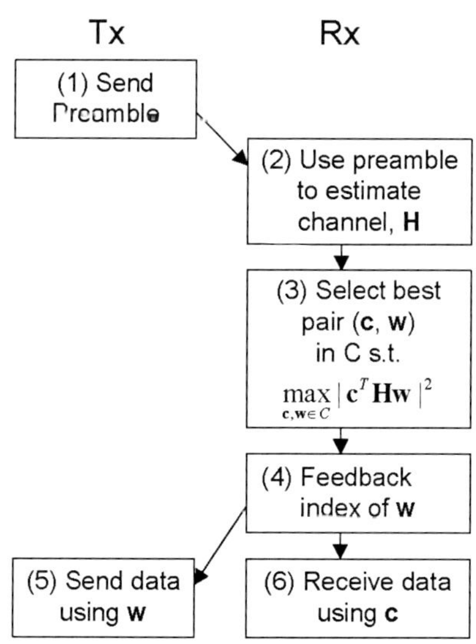

그림 7.3.3 빔 스위칭 방식의 처리 흐름도

사용되는 빔 코드북의 생성을 알아보자. WPAN에서는 안테나 수와 사용할 빔의 개수에 따른 일괄적인 빔 생성식을 제시한다. 우선 M개 안테나로 K개 빔을 지원하는 빔 코드북을 $M \times K$ 행렬 $\mathbf{W}^{(M,K)}$라 하자. $\mathbf{W}^{(M,K)}$의 각 열은 특정 빔의 빔 조정 벡터를 나타내며 이의 $(m,\ k)$ 번째 요소는 다음과 같이 정의된다.

$$w_{mk} = j^{f_{mk}} \tag{7.3.8}$$

여기서, $j = \sqrt{-1}$ 의 지수 f_{mk}는 다음과 같이 (실효적으로 0~3사이의 정수로) 주어진다.

$$f_{mk} = \text{Round}\left(\frac{m \cdot \text{mod}(k + K/2, K)}{K/4}\right) \tag{7.3.9}$$

한편, 빔 코드북을 $\mathbf{W}^{(M,K)}$의 지수 행렬 $\mathbf{F}^{(M,K)} = [f_{mk}]$로 나타내기도 한다. 그림 7.3.4와 7.3.5는 다음의 두 가지 빔 코드북에 대한 빔 패턴을 보여준다.

$$\mathbf{F}^{(2,4)} = \begin{bmatrix} 0 & 0 & 0 & 0 \\ 2 & 3 & 0 & 1 \end{bmatrix} \tag{7.3.10}$$

$$\mathbf{F}^{(4,8)} = \begin{bmatrix} 0 & 0 & 0 & 0 & 0 & 0 & 0 & 0 \\ 2 & 3 & 3 & 0 & 0 & 1 & 1 & 2 \\ 0 & 1 & 2 & 3 & 0 & 1 & 2 & 3 \\ 2 & 0 & 1 & 3 & 0 & 2 & 3 & 1 \end{bmatrix} \tag{7.3.11}$$

상기의 두 예는 1차원 배열 안테나를 사용한 2차원 빔 패턴을 보여주는데, 2차원 배열 안테나를 사용하면 3차원 빔 패턴을 생성할 수 있다. 2차원 배열 안테나의 빔 조정은 벡터가 아닌 행렬로 표현할 수 있는데 1차원 배열 안테나에 대한 빔 조정 벡터를 수평 빔과 수직 빔으로 각각 사용하여 다음과 같이 얻을 수 있다.

$$\mathbf{w}_{3D,v,h}^{(M,K)} = \mathbf{w}_v^{(M,K)} \cdot [\mathbf{w}_h^{(M,K)}]^T \tag{7.3.12}$$

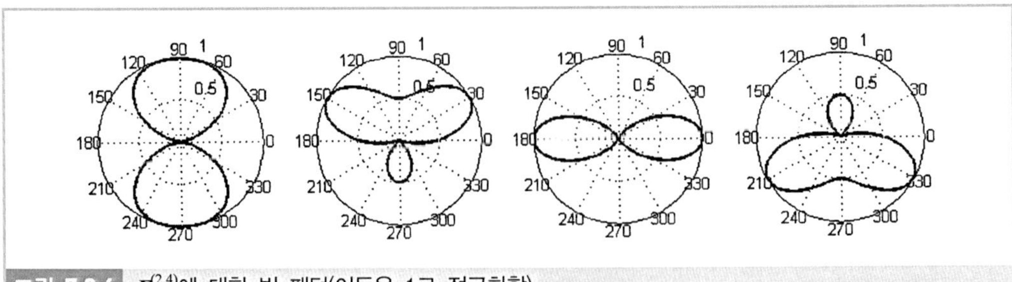

그림 7.3.4 $\mathbf{F}^{(2,4)}$에 대한 빔 패턴(이득은 1로 정규화함)

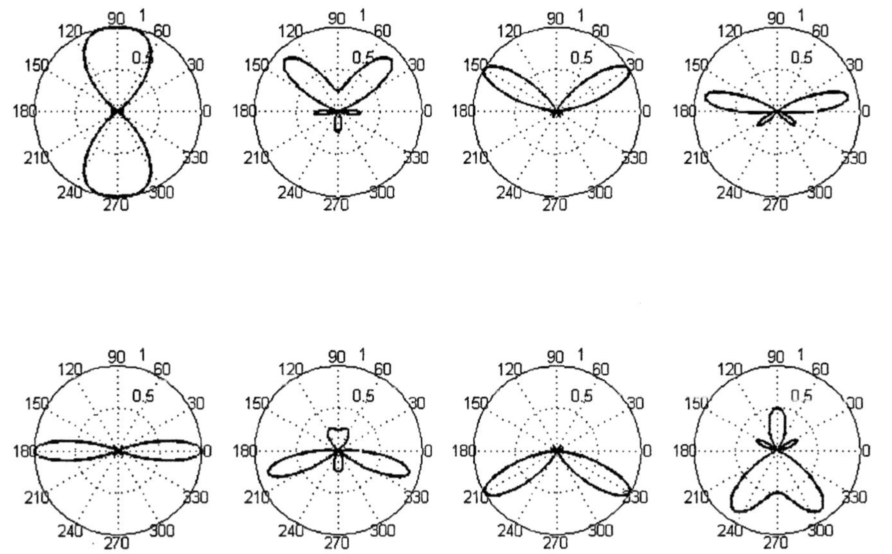

그림 7.3.5 $\mathbf{F}^{(4,8)}$에 대한 빔 패턴(이득은 1로 정규화함)

여기서, $\mathbf{w}_k^{(M,K)}$은 (*M, K*) 1차원 빔 코드북 $\mathbf{W}^{(M,K)}$의 *k*번째 빔의 빔 조정 벡터(*k*번째 열)를 나타내며 수직 빔 패턴은 $\mathbf{w}_v^{(M,K)}$, 수평 빔 패턴은 $\mathbf{w}_h^{(M,K)}$에 대응하는 3차원 빔의 빔 조정 행렬이다. 그림 7.3.6은 그림 7.3.4의 4가지 2차원 빔 패턴들의 조합으로 구성한 16가지 3차원 빔 패턴의 집합을 보여주는데, 보어 사이트는 위쪽 방향이며 배열 안테나의 후단이 개방

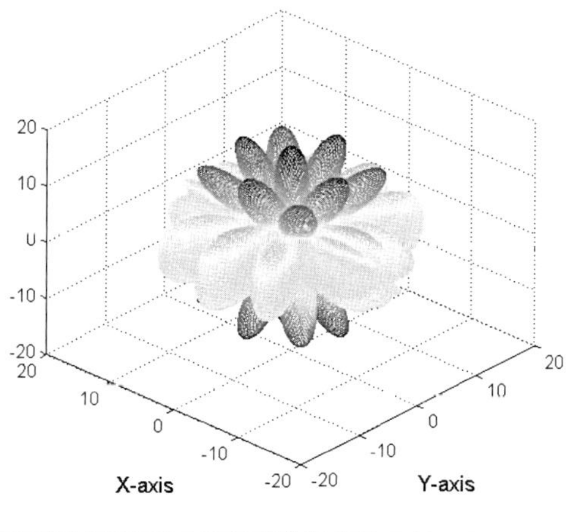

그림 7.3.6 4 x 4 배열 안테나를 이용하여 생성된 16개 3차원 빔의 패턴

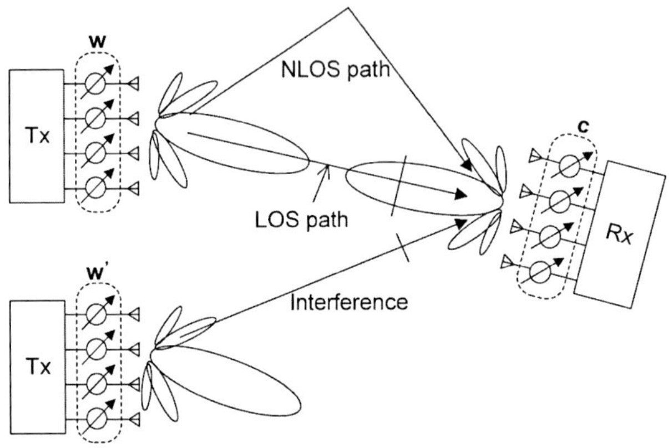

그림 7.3.7 빔포밍/빔 스위칭을 이용한 통신 품질의 향상

되어 있어 위쪽과 아래쪽이 쌍으로 하나의 빔이 구성되어 있다.

이상의 빔포밍 기술이 링크의 채널 품질 향상에 기여하는 방법은 기본적으로 특정 경로(즉, LOS 경로)의 이득을 극대화하는 것이지만 같은 방식으로 여러 개의 링크가 동시에 존재하는 경우 타 링크로부터의 간섭을 제거하는 데도 사용될 수 있다. 그림 7.3.4와 7.3.5에 나타난 빔 패턴을 보면 특정 방향으로의 이득은 최대화되는 반면 특정 각도에 대한 이득은 0이 됨을 알 수 있다. 따라서 그림 7.3.7에 나타낸 바와 같이 타 링크로부터의 신호 입사각에 이러한 널 점(null-point)을 배치함으로써 LOS 경로의 향상보다 더 큰 이득을 얻을 수도

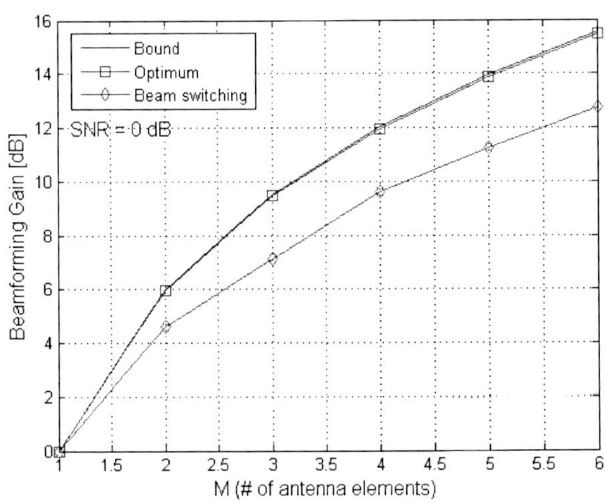

그림 7.3.8 LOS가 존재하는 WPAN 환경에서의 빔포밍 및 빔 스위칭의 SNR 이득. $N=M=K$

있다.

그림 7.3.8과 7.3.9는 각각 WPAN 환경에서 빔포밍과 빔 스위칭을 통해 얻어지는 평균적인 SNR 이득에 대해 모의실험을 통해 얻은 결과를 보여준다. 사용된 채널은 802.15.3c Working group의 채널 모형화 부위원회에서 제시한 채널 모형 중 CM1.4(LOS가 존재하는

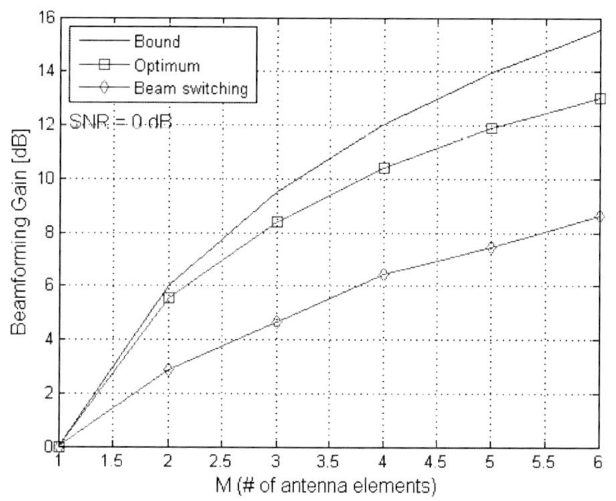

그림 7.3.9 LOS가 존재하지 않는 WPAN 환경에서의 빔포밍 및 빔 스위칭의 SNR 이득. $N=M=K$

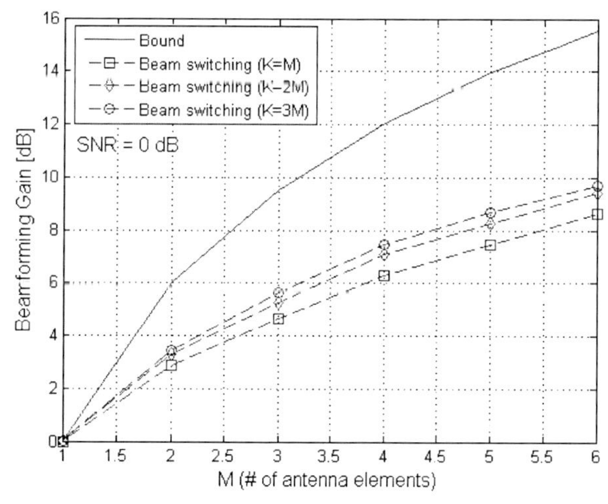

그림 7.3.10 빔 코드북의 크기에 따른 SNR 이득(LOS가 존재하지 않는 WPAN 환경). $N=M$, $K=M$, $2M$, $3M$

모형)와 CM2.4(LOS가 존재하지 않는 모형)를 각각 이용하였다. 또한, 비교를 위해 SNR 이득의 바운드도 나타내었는데 이는 $M \times N$으로 주어지며 모의실험의 경우 $N = M$으로 놓았고 빔의 수(빔 코드북의 크기) $K = M$으로 놓았다. 그림 7.3.8로부터 알 수 있듯이 LOS가 존재하는 경우 최적 빔포밍의 성능은 거의 바운드에 가까운 결과를 얻었으며 빔 스위칭의 경우 2~3 dB 정도 성능 열화가 발생하는 것을 볼 수 있다. 한편, 그림 7.3.9에 나타난 바와 같이 LOS가 존재하지 않는 경우 바운드와는 어느 정도 차이를 보이는데 특히 빔 스위칭의 경우 그 차이는 꽤 큰 것으로 나타났으며 빔포밍과 빔 스위칭은 LOS가 존재하는 환경에서 그 효과가 크다고 볼 수 있다. 그림 7.3.10은 LOS가 존재하지 않는 환경에서 빔 스위칭 방식에서 빔의 수(빔 코드북의 개수)를 늘려 얻을 수 있는 성능 향상을 나타내는데 기본적으로 빔의 수를 2배 혹은 3배로 늘려 얻을 수 있는 추가적인 이득은 그리 크지 않은 것으로 보인다.

7.4 MIMO 공간 다중화

MIMO 공간 다중화와 빔포밍의 가장 큰 차이점은 빔포밍의 경우 각 송신 안테나로 입력되는 신호는 위상만 다를 뿐 기본적으로 동일한 신호이나 MIMO 공간 다중화의 경우 서로 다른 신호가 입력된다. 즉, 독립적인 송신 스트림이 여러 개이며 따라서 수신만 가능하다면 (대역폭을 더 사용하지 않고도) 안테나 개수만큼 데이터 전송률을 높일 수 있다. 실제로 (채널의 경로수가 충분히 큰 경우) MIMO 채널의 용량(Capacity)은 송신 안테나 수를 M, 수신 안테나 수를 N이라 하면 min (M, N)에 비례하여 증가하는 것으로 알려져 있다. 한편, 빔포밍의 경우 배열 안테나의 요소 안테나 간 이격은 반파장을 적용하는 것이 일반적이나, MIMO 공간 다중화의 경우 채널 행렬의 각 요소 간 통계적 독립성 혹은 무상관성이 유지되어야 더 높은 채널 용량을 얻을 수 있기 때문에 요소 안테나 간 이격이 클수록 좋은 성능을 얻을 수 있으며 실험적 데이터들을 통해 최소한 파장의 수 배 정도는 떨어져야 어느 정도의 무상관성이 보장되는 것으로 보고되고 있다.

7.4.1 신호 모형

그림 7.4.1은 MIMO 채널을 통한 공간 다중화 시스템의 전형적인 모형을 보여준다. 우선 송신부(Tx)는 여러 개의 독립적인 데이터 스트림(stream) $\mathbf{x}' = [x'_1, x'_2, \cdots, x'_L]^T$를 전송하며 (여기서 $\mathbf{x}'$의 각 요소는 QPSK나 16QAM같은 변조 심벌임) 이는 프리코딩 행렬(Precoding matrix) $\mathbf{F}$를 통해 각 송신 안테나로 전달된다. 각 송신 안테나를 통해 송출된 신호 $\mathbf{x}$는

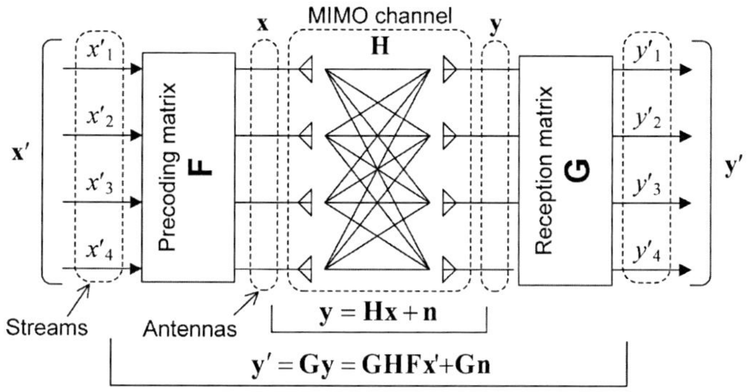

그림 7.4.1 MIMO 공간 다중화 시스템의 모형

MIMO 채널 **H**를 통해 수신 단에 도착되고 수신 안테나 입력 **y**는 수신 행렬 **G**을 거쳐 수신기(Rx)로 전달된다. 실제로는 각 송신 안테나와 수신 안테나에 OFDM 변조기와 복조기가 연결되어 있으나 편의상 생략하였으며 이를 그림 7.3.1의 빔포밍 시스템과 비교하면 차이점은 데이터 스트림이 여러 개라는 점과 빔포밍 시스템의 위상 배열이 프리코더(precoding matrix)와 수신 필터(reception matrix)로 바뀐 것이다.

다음을 정의하자.

L : 데이터 스트림 수

M : 송신 안테나 수

N : 수신 안테나 수

$\mathbf{x}'$: $L \times 1$ 데이터 스트림(L개의 독립 스트림으로 구성됨)

$\mathbf{F}$: $M \times L$ 프리코딩 행렬

$\mathbf{x}$: $M \times 1$ 채널 입력 벡터($\mathbf{x} = \mathbf{F}\mathbf{x}'$)

$\mathbf{H}$: $N \times M$ 채널 행렬

$\mathbf{y}$: $N \times 1$ 채널 출력 벡터($\mathbf{y} = \mathbf{H}\mathbf{x}$)

$\mathbf{G}$: $L \times N$ 수신 행렬

$\mathbf{y}'$: $L \times 1$ 수신 필터 출력($\mathbf{y}' = \mathbf{G}\mathbf{y}$)

위의 정의를 이용하면 MIMO 공간 다중화의 전체적인 신호 모형은 다음과 같다.

$$\begin{aligned}\mathbf{y}' &= \mathbf{G}\mathbf{y} = \mathbf{G}(\mathbf{H}\mathbf{x} + \mathbf{n}) \\ &= \underbrace{\mathbf{G}\mathbf{H}\mathbf{F}}_{\substack{\text{Effective} \\ \text{Channel}}} \cdot \mathbf{x}' + \underbrace{\mathbf{G}\mathbf{n}}_{\substack{\text{Effective} \\ \text{Noise}}}\end{aligned} \tag{7.4.1}$$

여기서, 수신 안테나에서 더해진 잡음 벡터 $\mathbf{n}$은 $E[\mathbf{n}]=0$, $E[\mathbf{nn}^H]=\sigma^2\mathbf{I}$인 복소 가우시안 랜덤 벡터이며 **F**, **G**, **H**가 정해진 행렬이라면 수신 필터를 거친 후의 잡음 벡터 $\tilde{\mathbf{n}}=\mathbf{Gn}$의 평균과 공분산은 각각 $E[\tilde{\mathbf{n}}]=E[\mathbf{Gn}]=\mathbf{G}E[\mathbf{n}]=0$와 $E[\tilde{\mathbf{n}}\tilde{\mathbf{n}}^H]=\sigma^2\mathbf{G}E[\mathbf{nn}^H]\mathbf{G}^H=\sigma^2\mathbf{GG}^H$이다.

7.4.2 SVD MIMO

SVD MIMO는 7.3절의 최적 빔포밍에서와 마찬가지로 특이값 분해를 적용한다. 채널 행렬에 특이값 분해를 적용하면

$$\mathbf{H}=\mathbf{U\Lambda V}^H \tag{7.4.2}$$

를 얻으며 여기서 **U**와 **V**는 각각 $N\times N$ 및 $M\times M$의 유니터리 행렬이며(즉, $\mathbf{U}^H\mathbf{U}=\mathbf{I}$이고 $\mathbf{V}^H\mathbf{V}=\mathbf{I}$이며) 는 $N\times M$ 행렬로 각 대각선 요소 $[\mathbf{\Lambda}]_{jj}=\lambda_j$는 채널 행렬 **H**의 특이값이고 나머지 요소들은 모두 **0**이다. 특이 값들이 다음과 같이 내림차순으로 정렬되어 있다고 가정하자.

$$\lambda_1\geq\lambda_2\geq\lambda_3\geq\cdots$$

이제 프리코딩 행렬과 수신 행렬을 각각

$$\mathbf{F}=\mathbf{V},\ \mathbf{G}=\mathbf{U}^H \tag{7.4.3}$$

로 놓고 이를 식 (7.4.1)에 대입하면 실효 채널 모형은 다음과 같다.

$$\begin{aligned}\mathbf{y}'&=\underbrace{\mathbf{U}^H\mathbf{HV}}_{\substack{\text{Effective}\\\text{Channel}}}\cdot\mathbf{x}'+\underbrace{\mathbf{U}^H\mathbf{n}}_{\substack{\text{Effective}\\\text{Noise}}}\\&=(\mathbf{U}^H\mathbf{U}\cdot\mathbf{\Lambda}\cdot\mathbf{V}^H\mathbf{V})\cdot\mathbf{x}'+\mathbf{U}^H\mathbf{n}\\&=\mathbf{\Lambda}\cdot\mathbf{x}'+\tilde{\mathbf{n}}\end{aligned} \tag{7.4.4}$$

여기서, 실효 잡음 벡터 $\tilde{\mathbf{n}}=\mathbf{U}^H\mathbf{n}$의 평균은 **0**이며 공분산은

$$E[\tilde{\mathbf{n}}\tilde{\mathbf{n}}^H]=\sigma^2\mathbf{U}^H\mathbf{U}=\sigma^2\mathbf{I} \tag{7.4.5}$$

로 수신 필터 전의 잡음 벡터 **n**과 동일한 분포를 갖는 복소 가우시안 랜덤 벡터이다. 식 (7.4.4)의 마지막 행에서 실효 채널 행렬 **Λ**는 $N\times M$의 대각 행렬로 이는 각 데이터 스트림별로 다음과 같이 AWGN 채널에 대한 신호 모형으로 나타낼 수 있다.

$$y'_j=\lambda_j x'_j+n'_j \quad \text{for } j=1,2,\ldots,L \tag{7.4.6}$$

여기서 각 스트림에 대한 SNR은 다음과 같다.

$$SNR_j \equiv \frac{E|\lambda_j x_j|^2}{E|n'_j|^2} = \frac{|\lambda_j|^2}{\sigma^2} \tag{7.4.7}$$

식 (7.4.4)와 (7.4.6)이 의미하는 바는 SVD로부터 얻은 프리코더와 수신 필터를 적용하면 $N \times M$ MIMO 채널은 여러 개의 병렬 AWGN 채널로 변환되는데, 생성되는 병렬 채널의 수 L은 다음으로 주어진다.

$$L \le \min(M, N) \tag{7.4.8}$$

그림 7.4.2는 SVD MIMO의 실효 채널에 대한 등가 모형을 보여준다. 결국 L개의 송수신 안테나를 사용하면 최대 L개의 스트림을 병렬로 전송할 수 있으며 이에 따라 안테나 수에 비례하여 단일 안테나 시스템 대비 전송률을 L배로 늘릴 수 있다는 결론을 얻는다.

여기서 중요한 고려 사항은 "각 병렬 채널의 품질이 동일한 전력을 사용하는 단일 안테나 시스템에서의 SNR과 동등한 값을 유지 할 수 있는가"이며 물론 현실적인 구현을 고려할 때 각 병렬 채널의 (평균적인) 품질은 단일 안테나 시스템의 채널 품질보다는 대체로 낮아진다고 볼 수 있다. 그러나 각 병렬 채널을 통한 전송률의 합은 단일 안테나 시스템의 전송률보다 크며 min(M, N)에 따라 선형적으로 증가하는 것으로 알려져 있다. AWGN 채널의 경우 이론적으로 오류 없이 전송 가능한 최대의 전송률은 SNR의 항으로 $\log_2(1 + SNR)$이므로 식 (7.4.7)로부터 L개의 병렬 채널을 통해 얻을 수 있는 합 전송률은 다음과 같다.

$$R_T = \sum_{j=1}^{M} \log_2\left(1 + \frac{|\lambda_j|^2}{\sigma^2}\right) \tag{7.4.9}$$

(다수의 병렬 채널에 대한 적절한 전력 분배를 통해 합 전송률의 추가적인 향상을 얻을 수 있는데, 이에 대해서는 부록의 MIMO 채널 용량에서 다룬다)

한편, 식 (7.4.8)은 L개의 독립된 스트림을 동시에 전송하려면 송신 안테나와 수신 안테나가 모두 최소 L개는 있어야 한다는 것인데, 그렇다면, 송신 안테나 수 M과 수신 안테나 수 N이 L보다 크면 어떻게 될까? 단일 경로 채널에서의 빔포밍의 경우 송신 안테나를 더 많이 사용하면 형성된 빔의 분해능은 더 좋아지고 안테나 수에 비례하여 SNR이 증가함을 보았다. SVD MIMO의 경우도 (단일 경로 채널에서만큼은 아니더라도) 송신 안테나를 더 많이 사용하면 이에 따른 빔포밍 이득이 발생하여 특이값의 제곱으로 나타나는 SNR이 향상된다. 한편, 수신 안테나의 개수가 L보다 커지는 경우도 수신단 빔포밍과 유사하게 수신 다이버시티 이득(receive diversity gain)이 추가적으로 발생하며 (수신 다이버시티 이득에 대해서는 이후에 다시 다룰 것이다) 이 역시 SVD의 특이값의 향상으로 SNR 이득에 반영된다. 물론,

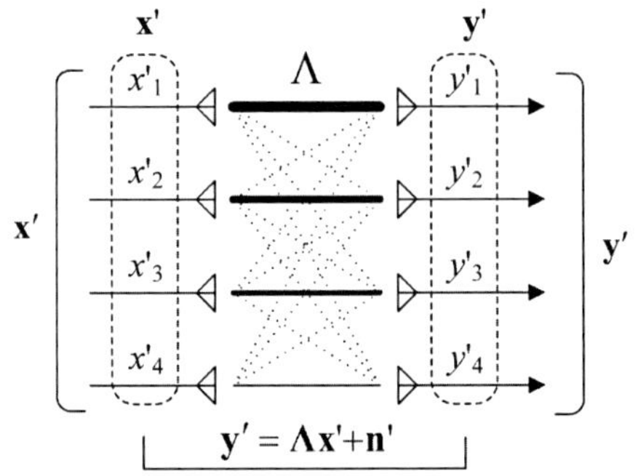

그림 7.4.2 SVD MIMO의 등가 채널

이러한 특징은 SVD MIMO에만 국한된 특성은 아니며 MIMO 공간 다중화 방식에 일반적으로 적용되는 특징들이다.

이제 SVD MIMO를 7.3.1절의 최적 빔포밍과 비교해 보자. 사실상, SVD MIMO에서 스트림 수 L을 1로 놓으면 프리코딩 행렬과 수신 필터 행렬은 각각 $M \times 1$ 및 $N \times 1$의 벡터가 되는데 이들에 각각 $\mathbf{V}$와 $\mathbf{U}$의 (최대 특이값에 상응한) 첫 번째 열을 대입하면, 즉,

$$\mathbf{F} = \mathbf{v}_1, \ \mathbf{G} = \mathbf{u}_1^H \tag{7.4.10}$$

로 놓으면 SVD MIMO는 최적 빔포밍 시스템과 동일해 진다. 그림 7.4.3(a)와 (b)에 이 두 시스템의 모형을 비교하였다. (a)의 빔포밍의 경우 빔 조정 벡터에 의해 형성되는 최선의 빔 하나만을 사용하는 반면 SVD MIMO의 경우 프리코딩 행렬의 각 열은 하나의 빔 조정 벡터로 볼 수 있으며, 결국 여러 개의 경로에 상응한 빔을 동시에 형성하여 각 경로를 통해 다른 데이터 스트림을 동시에 전송하는 것으로 볼 수 있다. 이러한 이유로 공간 다중화는 다중경로가 매우 많은 채널(rich scattering channel)에서 더욱 좋은 성능을 갖는 것으로 알려져 있으며 경로의 수가 무한히 많다면 송수신 안테나 개수를 늘려 빔의 공간 선택성을 늘리고 분해 가능한 경로마다 하나의 독립적인 데이터 스트림을 전송할 수 있으므로 안테나 수에 비례한 전송률의 증가를 얻을 수 있는 것이다. 물론 이러한 다중경로 채널이 비슷한 방향에 몰려 있다면(각 확산이 작다면) 안테나를 아무리 늘려도 각각의 경로를 따로 분리해내는 것은 쉽지 않을 것이다.

SVD MIMO는 특이값 분해를 이용한 최적 빔포밍과 마찬가지로 이의 구현을 위해서는 송수신단에서 채널의 특이값 분해로 얻어진 프리코딩 행렬과 수신 행렬을 알아야 하는데, 무선랜(Wireless local area network, WLAN)과 같이 TDD 형식의 통신 시스템이 아니거나

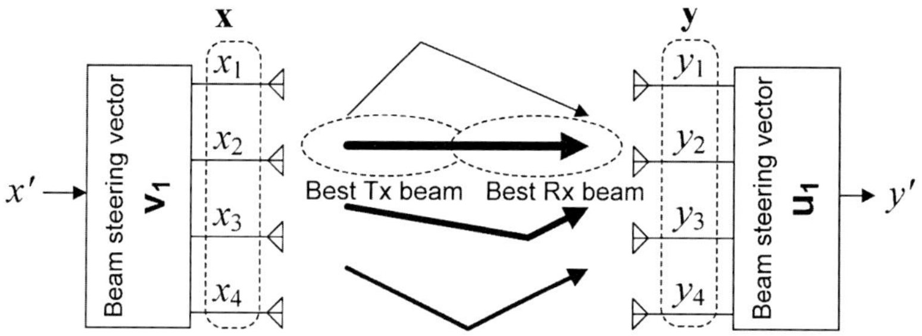

(a) 최적 빔포밍 시스템의 모형

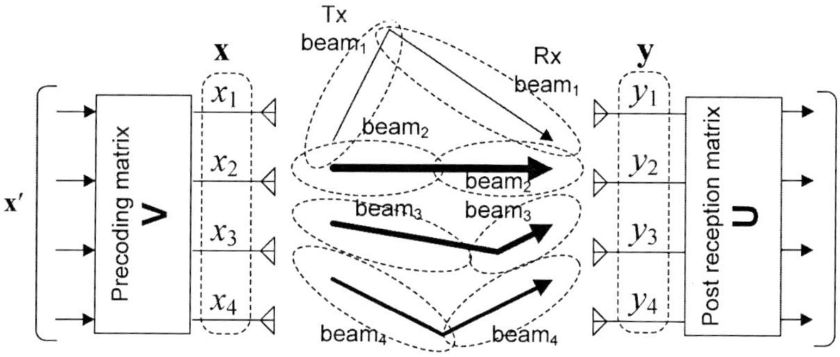

(a) SVD MIMO 시스템의 모형

그림 7.4.3 최적 빔포밍과 SVD MIMO의 비교

TDD 형식의 시스템이라 하더라도 채널의 가역성이 보장되지 않으면 수신단에서 채널 추정을 통해 얻은 프리코딩 행렬을 역방향 링크를 통해 송신단에 알려주어야 한다. 물론, 이러한 정보의 궤환이 부담스럽다면 빔 스위칭에서와 마찬가지로 코드북 기반의 프리코딩도 가능하다. 즉, 빔 스위칭과 유사하게 역방향 링크를 통해 프리코딩 행렬 자체를 전달하는 대신 미리 정해진 '프리코더 코드북(precoder codebook)'을 송수신 양단이 공유하고 사용해야 할 송신단 프리코딩 행렬의 인덱스만을 전달하는 방식으로 역방향 링크를 통한 채널 정보 궤환의 부담을 줄이면서 어느 정도의 빔포밍 이득을 얻을 수 있다.

7.4.3 ZF 및 MMSE 수신기

앞 절에서 논의했듯이 프리코딩의 사용을 위해서는 수신단에서 송신단으로의 채널 정보의 궤환이 요구되는데, 이는 상위 계층에서의 프로토콜 설계가 요구되며 이동 채널의 경우 이러한 과정을 자주 수행해야 하므로 이를 위한 역방향 링크의 오버헤드가 발생한다. 한편,

성능에서 어느 정도의 손해를 감수할 수 있다면 수신단에서의 수신 행렬만으로도 안테나 수에 비례한 전송률의 증대는 얻을 수 있다.

$M = L \le N$을 가정하고 다음과 같은 프리코더와 수신 행렬을 고려해 보자.

$$\mathbf{F} = \mathbf{I} \tag{7.4.11}$$

$$\mathbf{G} = (\mathbf{H}^H\mathbf{H})^{-1}\mathbf{H}^H \tag{7.4.12}$$

위의 프리코딩 행렬과 수신 행렬을 식 (7.4.1)에 대입하면 다음과 같다.

$$\begin{aligned}\mathbf{y} &= \underbrace{(\mathbf{H}^H\mathbf{H})^{-1}\mathbf{H}^H\mathbf{H}}_{\substack{\text{Effective}\\ \text{Channel}}}\cdot\mathbf{x} + \underbrace{(\mathbf{H}^H\mathbf{H})^{-1}\mathbf{H}^H\mathbf{n}}_{\substack{\text{Effective}\\ \text{Noise}}} \\ &= \mathbf{x} + \tilde{\mathbf{n}}\end{aligned} \tag{7.4.13}$$

여기서, $\tilde{\mathbf{n}} = (\mathbf{H}^H\mathbf{H})^{-1}\mathbf{H}^H\mathbf{n}$이며 이의 공분산은 $E[\tilde{\mathbf{n}}\tilde{\mathbf{n}}^H] = \sigma^2(\mathbf{H}^H\mathbf{H})^{-1}$이다. 식 (7.4.13) 역시 (SVD MIMO에서와 마찬가지로) 여러 개의 병렬 AWGN 채널을 형성하는데, 한 가지 주목할 점은 식 (7.4.12)의 형태를 얻으려면 $\mathbf{H}^H\mathbf{H}$의 역행렬이 존재해야 하며 이는 $M \le N$인 경우에만 존재한다. 물론 엄밀히 얘기한다면 조건 $M \le N$은 역행렬이 존재하기 위한 필요조건으로 $M \le N$이라고 해서 모두 역행렬이 존재하는 것은 아니나 랜덤 채널에 대해 $M \le N$이 만족되면 $\mathbf{H}^H\mathbf{H}$의 역행렬이 존재할 확률은 안테나 수가 많아지면 1에 수렴하는 것으로 알려져 있다.

식 (7.4.12)의 수신 행렬은 식 (7.4.13)의 마지막 줄에 나타난 바와 같이 안테나 간 간섭을 0으로 강제하기 때문에 영-강제(zero-forcing, ZF) 등화기라고 하며 제4장에서 다룬 ISI의 제거를 위한 영-강제 등화기와 같이 잡음의 증폭이 (혹은 실효 신호 전력의 감쇠가) 발생하여 SNR에서의 손실을 가져오는데 식 (7.4.13)의 마지막 줄로부터 j번째 스트림의 SNR은 다음과 같다.

$$SNR_{ZF,j} = \frac{1}{\sigma^2\eta_j} \tag{7.4.14}$$

여기서,

$$\eta_j = [(\mathbf{H}^H\mathbf{H})^{-1}]_{jj} \tag{7.4.15}$$

$[\mathbf{A}]_{jj}$는 정방 행렬 $\mathbf{A}$의 j번째 대각선 요소를 의미한다.

일반적으로 ZF 등화기의 잡음 증폭은 꽤 크기 때문에 SNR이 낮은 영역에서 동작할 경우 특히 성능 열화가 심각하게 나타나며 이에 따라 ZF 등화기 보다는 다음과 같은 수신 행렬을 갖는 MMSE 등화기가 보다 일반적으로 사용된다.

$$\mathbf{G} = \mathbf{H}^H(\sigma^2\mathbf{I} + \mathbf{H}\mathbf{H}^H)^{-1} = (\sigma^2\mathbf{I} + \mathbf{H}^H\mathbf{H})^{-1}\mathbf{H}^H \quad (7.4.16)$$

식 (7.4.16)의 MMSE 등화기는 잔류 간섭(residual interference)을 허용하는 대신 잡음의 증폭을 줄이는 방식으로 증폭된 잡음과 잔류 간섭의 합을 최소화하는 행렬이며 이의 적용에 따른 j번째 스트림의 SINR은 다음과 같다.

$$SINR_{MMSE,j} = \frac{\mathbf{h}_j^H(\sigma^2\mathbf{I} + \mathbf{H}\mathbf{H}^H)^{-1}\mathbf{h}_j}{1 - \mathbf{h}_j^H(\sigma^2\mathbf{I} + \mathbf{H}\mathbf{H}^H)^{-1}\mathbf{h}_j} \quad (7.4.17)$$

여기서, $\mathbf{h}_j$는 $\mathbf{H}$의 j번째 열이며 우변의 분모항은 j번째 데이터 심벌의 최소 평균 제곱 오차이다. 즉,

$$MMSE_j = 1 - [\mathbf{H}^H(\sigma^2\mathbf{I} + \mathbf{H}\mathbf{H}^H)^{-1}\mathbf{H}]_{jj} \quad (7.4.18)$$

이다.

이와 같은 선형 등화기는 전송단에서 프리코딩을 사용하든 그렇지 않든 적용이 가능하며 $M \le N$의 조건이 만족되면 M개의 병렬 채널을 형성하며 이들 병렬 채널을 통한 (오류 없이 전송 가능한) 합 전송률의 이론치는 SVD MIMO에서와 마찬가지로 $SINR$(혹은 SNR)의 항으로 다음과 같이 얻어진다.

$$R_T = \sum_{j=1}^{M} \log_2\left(1 + SINR_{MMSE,j}\right) \quad (7.4.19)$$

이상의 선형 수신기는 (SVD MIMO도 마찬가지지만) 안테나 간 간섭이 있는 MIMO 채널을 간섭이 없는 병렬의 AWGN 채널로 변환해주는 역할을 하기 때문에 전송된 데이터 벡터 $\mathbf{x}$에 포함된 각 심벌에 대한 검파를 독립적으로 수행할 수 있다. 문제는 수신 필터의 사용에 따른 잡음의 증폭인데, 수신 필터를 사용하지 않고 결합 검파(Joint detection)를 수행하면 더 좋은 성능을 얻을 수 있지만 이러한 결합 검파는 스트림의 수에 따라 지수함수적으로 증가하는 복잡도를 갖기 때문에 스트림 수가 많을 경우 이를 사용하기는 쉽지 않다. 결합 검파와 저복잡도 수신 알고리즘은 7.7절에서 자세히 다룬다.

ZF 등화기와 MMSE 등화기의 또 다른 공식화와 특성 마지막으로 선형 수신기와 관련된 다음의 몇 가지 특성들을 확인해 보자.

(1) $\eta_j \mathbf{h}_j^H \mathbf{h}_j$는 ZF 등화기의 잡음 증폭인자(Noise boost factor)로 알려져 있으며 1보다 크거

나 같다.

(2) $\sigma^2 \to 0$이면 MMSE 등화가는 ZF 등화기에 수렴한다.

이들 특성을 확인하기 위해 식 (7.2.13)의 신호 모형을 다음과 같이 나타내 보자.

$$\mathbf{y} = \mathbf{H}\mathbf{x} + \mathbf{n} = \sum_{i=1}^{M} \mathbf{h}_i x_i + \mathbf{n} = \underbrace{\mathbf{h}_j x_j}_{\text{Signal}} + \underbrace{\sum\nolimits_{i \neq j} \mathbf{h}_i x_i}_{\text{Interference}} + \underbrace{\mathbf{n}}_{\text{Noise}} \tag{7.4.20}$$

j번째 데이터 심벌의 검파를 위한 ZF 등화 필터는 다음과 같이 쓸 수 있다.

$$\mathbf{c}_{ZF,j} = a_j \mathbf{P}_{\{j\}} \mathbf{h}_j \tag{7.4.21}$$

여기서 $\mathbf{P}_{\{j\}}$는 투영 행렬(projection matrix)로 $\mathbf{H}$에서 j번째 열 $\mathbf{h}_j$를 제외한 행렬을 $\mathbf{H}_{\{j\}}$라 하면 다음과 같이 정의된다.

$$\mathbf{P}_{\{j\}} = \mathbf{I} - \mathbf{H}_{\{j\}}(\mathbf{H}_{\{j\}}^H \mathbf{H}_{\{j\}})^{-1} \mathbf{H}_{\{j\}}^H \tag{7.4.22}$$

이러한 투영 행렬 $\mathbf{P}_{\{j\}}$는 임의의 벡터 $\mathbf{h}_j$를 ($\mathbf{H}_{\{j\}}$의 열 공간 $V\{\mathbf{H}_{\{j\}}\}$ 에 수직한) $\mathbf{H}_{\{j\}}$의 널 공간(null space) $V^{\perp}\{\mathbf{H}_{\{j\}}\}$으로 투영하므로 $\mathbf{P}_{\{j\}}\mathbf{H}_{\{j\}} = \mathbf{0}$이다. 식 (7.4.21)에서 상수 a_j는 정규화 상수로 $\mathbf{c}_{ZF,j}^H \mathbf{h}_j = 1$이 되도록 설정되며 따라서 다음과 같이 주어진다.

$$a_j = \frac{1}{\mathbf{h}_j^H \mathbf{P}_{\{j\}} \mathbf{h}_j} \tag{7.4.23}$$

이러한 정의를 이용하면 식 (7.4.12)의 ZF 등화 행렬은 식 (7.4.21)을 이용하여 다음과 같이 나타낼 수 있다.

$$\mathbf{G} = [\mathbf{c}_{ZF,1}\ \mathbf{c}_{ZF,2} \cdots \mathbf{c}_{ZF,M}]^H \tag{7.4.24}$$

이제 식 (7.4.21)의 등화 필터를 식 (7.4.20)의 수신 신호 모형에 적용하면 다음을 얻는다.

$$\mathbf{c}_{ZF,j}^H \mathbf{y} = \mathbf{c}_{ZF,j}^H \mathbf{H}\mathbf{x} + \mathbf{c}_{ZF,j}^H \mathbf{n} = x_j + \mathbf{c}_{ZF,j}^H \mathbf{n} \tag{7.4.25}$$

또한, 이로부터 SNR은 다음과 같다.

$$SNR_{ZF,j} = \frac{1}{\sigma^2(\mathbf{c}_{ZF,j}^H \mathbf{c}_{ZF,j})} = \frac{\mathbf{h}_j^H \mathbf{P}_{\{j\}} \mathbf{h}_j}{\sigma^2} = \frac{\mathbf{h}_j^H \mathbf{h}_j}{\sigma^2 \mathbf{h}_j^H \mathbf{h}_j (\mathbf{h}_j^H \mathbf{P}_{\{j\}} \mathbf{h}_j)^{-1}} \tag{7.4.26}$$

여기서, $E|x_j|^2 = 1$을 이용하였으며 이를 식 (7.4.14)와 비교해 보면 다음을 얻는다.

$$\text{잡음의 증폭 : } \eta_j(\mathbf{h}_j^H\mathbf{h}_j) = \frac{\mathbf{h}_j^H\mathbf{h}_j}{\mathbf{h}_j^H\mathbf{P}_{\{j\}}\mathbf{h}_j} \geq 1 \tag{7.2.27}$$

한편, MMSE 등화 행렬도 다음과 같은 공식화가 가능하다. 먼저, 수신 신호를 식 (7.4.20)과 유사하게 다음과 같이 나타내 보자.

$$\mathbf{y} = \underbrace{\mathbf{h}_j x_j}_{\text{Signal}} + \underbrace{\sum\nolimits_{i\neq j}\mathbf{h}_i x_i + \mathbf{n}}_{\text{Interference+Noise}} = \underbrace{\mathbf{h}_j x_j}_{\text{Signal}} + \underbrace{\mathbf{z}_j}_{\text{Interference+Noise}} \tag{7.2.28}$$

그러면 x_j의 복조를 위한 MMSE 필터는 다음과 같다.

$$\mathbf{c}_{MMSE,j} = \mathbf{K}_{\{j\}}^{-1}\mathbf{h}_j \tag{7.4.29}$$

여기서, 간섭 및 잡음에 대한 공분산 행렬 $\mathbf{K}_{\{j\}}$는 다음과 같다.

$$\mathbf{K}_{\{j\}} = E[\mathbf{z}_j\mathbf{z}_j^H] = \sum_{i\neq j}\mathbf{h}_i\mathbf{h}_i^H + \sigma^2\mathbf{I} = \mathbf{H}_{\{j\}}\mathbf{H}_{\{j\}}^H + \sigma^2\mathbf{I} \tag{7.4.30}$$

위의 MMSE 필터를 식 (7.4.28)의 수신 신호 모형에 적용하면 다음을 얻는다.

$$\mathbf{c}_{MMSE,j}^H\mathbf{y} = \mathbf{h}_j^H\mathbf{K}_{\{j\}}^{-1}\mathbf{h}_j \cdot x_j + \mathbf{h}_j^H\mathbf{K}_{\{j\}}^{-1}\mathbf{z}_j \tag{7.4.31}$$

따라서 신호대 간섭+잡음비는 다음과 같다.

$$\begin{aligned} SINR_{MMSE,j} &= \frac{|\mathbf{h}_j^H\mathbf{K}_{\{j\}}^{-1}\mathbf{h}_j|^2}{\mathbf{h}_j^H\mathbf{K}_{\{j\}}^{-1}E[\mathbf{z}_j\mathbf{z}_j^H]\mathbf{K}_{\{j\}}^{-1}\mathbf{h}_j} \\ &= \mathbf{h}_j^H\mathbf{K}_{\{j\}}^{-1}\mathbf{h}_j \\ &= \frac{\mathbf{h}_j^H\mathbf{K}^{-1}\mathbf{h}_j}{1-\mathbf{h}_j^H\mathbf{K}^{-1}\mathbf{h}_j} \end{aligned} \tag{7.4.32}$$

여기서, 공분산 행렬 $\mathbf{K}$는

$$\mathbf{K} = \sum\nolimits_{i=1}^M \mathbf{h}_i\mathbf{h}_i^H + \sigma^2\mathbf{I} = \mathbf{H}\mathbf{H}^H + \sigma^2\mathbf{I} \tag{7.4.33}$$

이며, 마지막 항은 다음의 **행렬의 역 정리**(Matrix inversion lemma)를 이용하였다.

$$(\mathbf{A}+\mathbf{B}\mathbf{B}^H)^{-1} = \mathbf{A}^{-1} - \mathbf{A}^{-1}\mathbf{B}(\mathbf{I}+\mathbf{B}^H\mathbf{A}^{-1}\mathbf{B})^{-1}\mathbf{B}^H\mathbf{A}^{-1} \tag{7.4.34}$$

이제 $\sigma^2 \to 0$이면 MMSE 등화기가 ZF 등화기에 수렴함을 알아보자. 행렬의 역 정리를 이용하면 다음을 얻는다.

$$\mathbf{K}_{\{j\}}^{-1} = (\sigma^2\mathbf{I} + \mathbf{H}_{\{j\}}\mathbf{H}_{\{j\}}^H)^{-1} = \sigma^{-2}\mathbf{I} - \sigma^{-2}\mathbf{H}_{\{j\}}(\sigma^2\mathbf{I} + \mathbf{H}_{\{j\}}^H\mathbf{H}_{\{j\}})^{-1}\mathbf{H}_{\{j\}}^H$$

따라서

$$\lim_{\sigma^2 \to 0} \sigma^2\mathbf{K}_{\{j\}}^{-1} = \mathbf{I} - \mathbf{H}_{\{j\}}(\mathbf{H}_{\{j\}}^H\mathbf{H}_{\{j\}})^{-1}\mathbf{H}_{\{j\}}^H = \mathbf{P}_{\{j\}} \tag{7.4.35}$$

이 되며 마찬가지로 다음을 확인할 수 있다.

$$\lim_{\sigma^2 \to 0} \sigma^2\mathbf{c}_{MMSE,j} = \mathbf{P}_{\{j\}}\mathbf{h}_j = \mathbf{c}_{ZF,j} \tag{7.4.36}$$

$$\lim_{\sigma^2 \to 0} \sigma^2 SINR_{MMSE,j} = \mathbf{h}_j^H\mathbf{P}_{\{j\}}\mathbf{h}_j = \sigma^2 SNR_{ZF,j} \tag{7.4.37}$$

실제로 MMSE 등화기는 SNR이 크면 ZF 등화기처럼 동작을 하며 반대로 SNR이 작으면 정합필터처럼 동작하는 것으로 알려져 있다.

7.4.4 MIMO 공간 다중화 전송 시스템 구조

MIMO 공간 다중화는 미국의 벨 연구소에서 1990년대 중반에 처음 개발하였으며 당시에는 벨 연구소의 이름을 붙여 BLAST(Bell-lab LAyered Space-Time)란 명칭으로 불렸다. 초기의 BLAST 시스템의 송신기 구조를 그림 7.4.4에 나타내었는데, 송신부의 입력은 단일 스트림으로 구성되어 있으며 채널 부호화와 심벌 사상기를 거친 변조 심벌의 스트림을 여러 개의 스트림으로 분리하여 각 안테나를 통해 전송하는 구조이다. 이러한 구성은 모든 안테나가 동일한 채널 부호화와 변조 심벌을 사용하기 때문에 **수직 부호화(vertical coding) 방식**이라 하며 수신단에서는 앞 절에서 논의한 선형 검파기나 결합 검파기(joint detector)를 사

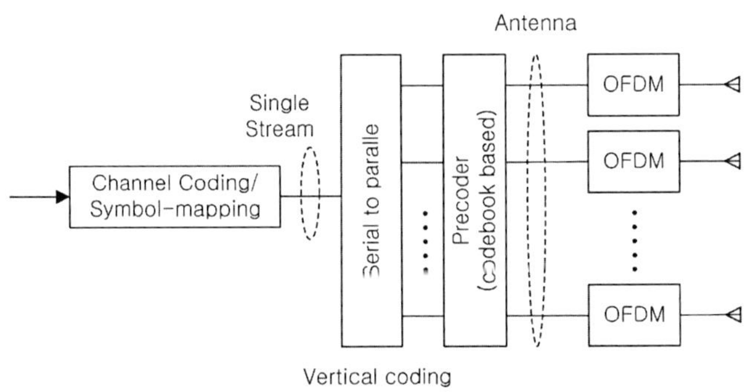

그림 7.4.4 BLAST 시스템의 송신부 구조

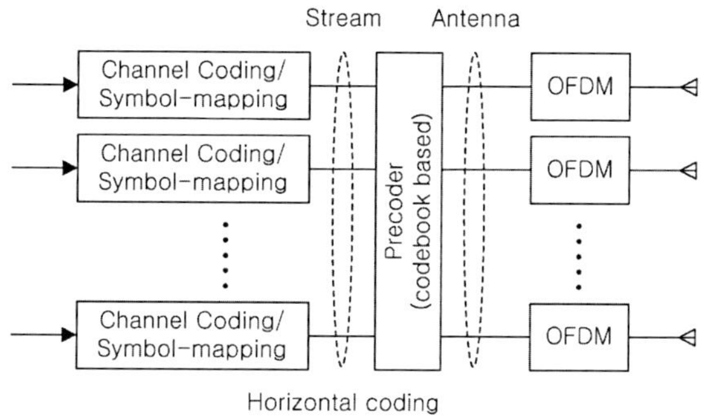

그림 7.4.5 PARC 시스템의 송신부 구조

용한다.

한편, 7.4.2절의 SVD MIMO나 7.4.3절의 선형 수신기를 이용하면 MIMO 채널을 여러 개의 병렬 AWGN 채널로 변환할 수 있는데 얻어진 AWGN 채널은 서로 다른 채널 품질을 가질 수 있으므로 채널 품질에 따라 채널 부호율과 변조 크기를 다르게 하여 데이터를 전송함으로써 전송 수율을 극대화할 수 있다. 그림 7.4.5는 각 안테나 별로 채널 품질을 고려하여 채널 부호화와 변조 크기를 선택할 수 있도록 구성한 MIMO 송신기로 PARC(Per-Antenna Rate Control) 방식이라 부르며 각 안테나 별로 따로 채널 부호화와 변조 크기를 선택하기 때문에 **수평 부호화**(horizontal coding) 방식이라 한다.

이러한 송신 구조는 특히 수신단에서 **MMSE 기반의 순차 간섭 제거기**(MMSE based successive interference cancellation, MMSE-SIC)를 이용하면 전송률을 극대화할 수 있는데,

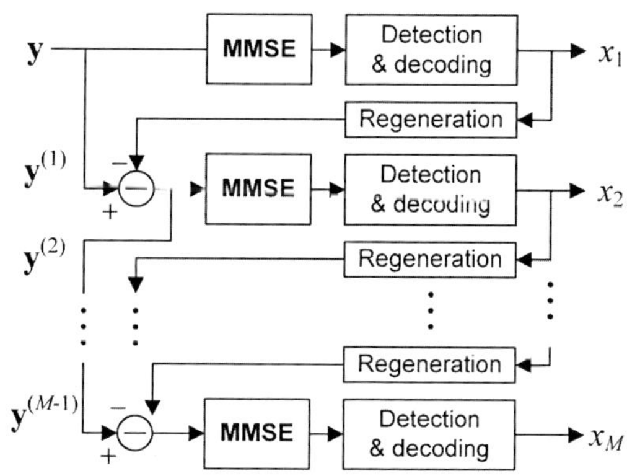

그림 7.4.6 MMSE 기반 순차 간섭제거 수신기(MMSE-SIC 수신기)

MMSE 기반 순차 간섭 제거기의 처리 과정은 그림 7.4.6과 같다. 그림의 수신기는 먼저 첫 번째 스트림에 대해 MMSE 필터를 적용하여 검파와 복호를 수행한 뒤 오류가 없는 경우 원 신호를 재생하여 이를 수신 신호에서 제거한 후 다음 번 스트림의 검파와 복호, 간섭의 제거를 순차적으로 반복하여 수행한다. 물론, 최초 스트림에 대해서는 잡음의 증폭과 잔류 간섭으로 인해 신호의 품질이 낮을 것이나 검파와 복호, 간섭의 제거를 순차적으로 반복하여 수행하면 이후의 스트림은 점차 높은 SINR을 갖게 되기 때문에 더 높은 부호율과 변조 크기를 사용할 수 있어 전체적인 전송 수율을 높일 수 있다는 아이디어이다.

MMSE 기반 순차 간섭 제거의 동작을 설명하기 위해 식 (7.2.13)의 신호 모형을 다음과 같이 나타내 보자.

$$\mathbf{y} = \mathbf{H}\mathbf{x} + \mathbf{n} = \sum_{i=1}^{M} \mathbf{h}_i x_i + \mathbf{n} \tag{7.4.38}$$

순차 간섭 제거는 각 데이터 스트림 $\{x_i : i = 1,\ 2,\ \cdots,\ M\}$를 x_1부터 시작하여 MMSE 검파 및 복호를 수행하고 이를 수신 신호에서 제거하는 과정을 모든 스트림에 대해 순차적으로 수행하는 것인데, x_1부터 x_{j-1}까지 검파 및 복호가 완료되었다고 가정하고 MMSE 순차 간섭 제거 과정을 기술해 보자. 우선 복호가 완료된 스트림을 수신 신호에서 제거하여 다음을 얻는다.

$$\mathbf{y}^{(j)} = \mathbf{y} - \sum_{i=1}^{j-1} \mathbf{h}_i x_i = \mathbf{h}_j x_j + \sum_{i=j+1}^{M} \mathbf{h}_i x_i + \mathbf{n} = \mathbf{h}_j x_j + \mathbf{z}_{>j} \tag{7.4.39}$$

여기서, $\mathbf{z}_{>j}$는 잡음과 잔여 간섭의 합으로 다음과 같다.

$$\mathbf{z}_{>j} = \sum_{i=j+1}^{M} \mathbf{h}_i x_i + \mathbf{n} \tag{7.4.40}$$

이제 x_j의 복조를 위한 MMSE 필터는 다음과 같다.

$$\mathbf{c}_{MMSE-SIC,j} = \mathbf{K}_{>j}^{-1} \mathbf{h}_j \tag{7.4.41}$$

여기서, 부분 공분산 행렬 $\mathbf{K}_{>j}$는 다음과 같다.

$$\mathbf{K}_{>j} = E[\mathbf{z}_{>j} \mathbf{z}_{>j}^H] = \sum_{i=j+1}^{M} \mathbf{h}_i \mathbf{h}_i^H + \sigma^2 \mathbf{I} \tag{7.4.42}$$

위의 MMSE 필터를 $\mathbf{y}^{(j)}$에 적용하면

$$\mathbf{c}_{MMSE-SIC,j}^H \mathbf{y}^{(j)} = (\mathbf{h}_j^H \mathbf{K}_{>j}^{-1} \mathbf{h}_j) \cdot x_j + \mathbf{h}_j^H \mathbf{K}_{>j}^{-1} \mathbf{z}_{>j} \tag{7.4.43}$$

를 얻고 j번째 스트림의 신호대 간섭+잡음비는 다음과 같이 얻어진다.

$$SINR_{MMSE-SIC,j} = \frac{|\mathbf{h}_j^H \mathbf{K}_{>j}^{-1} \mathbf{h}_j|^2}{E[\mathbf{h}_j^H \mathbf{K}_{>j}^{-1} \mathbf{z}_{>j} \mathbf{z}_{>j}^H \mathbf{K}_{>j}^{-1} \mathbf{h}_j]} = \mathbf{h}_j^H \mathbf{K}_{>j}^{-1} \mathbf{h}_j \tag{7.4.44}$$

이러한 순차 간섭을 통해 얻어지는 j번째 스트림의 SINR, $SINR_{MMSE\text{-}SIC,j}$을 식 (7.4.19)로 주어지는 MMSE 필터를 적용하여 얻은 SINR, $SINR_{MMSE,j}$와 비교하면

$$SINR_{MMSE-SIC,1} = SINR_{MMSE,1}$$

$$SINR_{MMSE-SIC,j} \geq SINR_{MMSE,j} \quad \text{for } j > 1$$

$$SINR_{MMSE-SIC,M} = \frac{\mathbf{h}_M^H \mathbf{h}_M}{\sigma^2}$$

가 된다. 따라서 송신단에서 더 높은 부호율 및 변조 크기를 사용함으로써 더 높은 전송률을 얻을 수 있다. 이론적으로 위의 각 스트림별 SINR을 갖는 AWGN 채널을 통해 전송할 수 있는 최대의 전송률은 $\log_2(1 + SINR_{MMSE\text{-}SIC,j})$이므로 모든 스트림을 통해 얻을 수 있는 합 전송률은 다음과 같다.

$$R_T = \sum_{k=1}^{M} \log_2(1 + \mathbf{h}_k^H \mathbf{K}_{>k}^{-1} \mathbf{h}_k) \tag{7.4.45}$$

부록에서 다루겠지만 MMSE 기반의 순차 간섭 제거기는 송신단 채널 정보가 없을 때의 채널 용량을 얻을 수 있는 최선의 방법으로 알려져 있다.

이러한 순차 간섭 제거 방식을 실제 시스템에 적용할 때의 현실적인 문제로는 (1) 일반적으로 채널 추성은 완벽하지 못하기 때문에 간섭 제거시 완전한 제거는 불가능하며 이러한 잔류 간섭은 순차 간섭 제거의 반복에 따라 계속적으로 누적된다는 것과 (2) 순차적인 처리 단계에서 특정 스트림의 복호가 실패할 경우 이후 스트림의 복호는 모두 불가능하다는 것이 있다. 이러한 현실적인 제한 때문에 대개의 경우 전체 스트림의 개수를 2 혹은 3으로 제한할 수밖에 없으며 이외에도 송신부에서의 전송률의 할당은 연속적으로 이루어 질 수 없기 때문에 할당 가능한 전송률은 $\log_2(1 + SINR_{MMSE\text{-}SIC,j})$보다 작게 되며 이에 따라 실제로 얻을 수 있는 합전송률은 식 (7.4.45)와는 많은 차이를 보일 수밖에 없다.

7.4.5 다중사용자 MIMO 공간 다중화

다중사용자 MIMO는 4세대 이동통신 시스템에 도입된 기술로 하나의 기지국이 공간 다

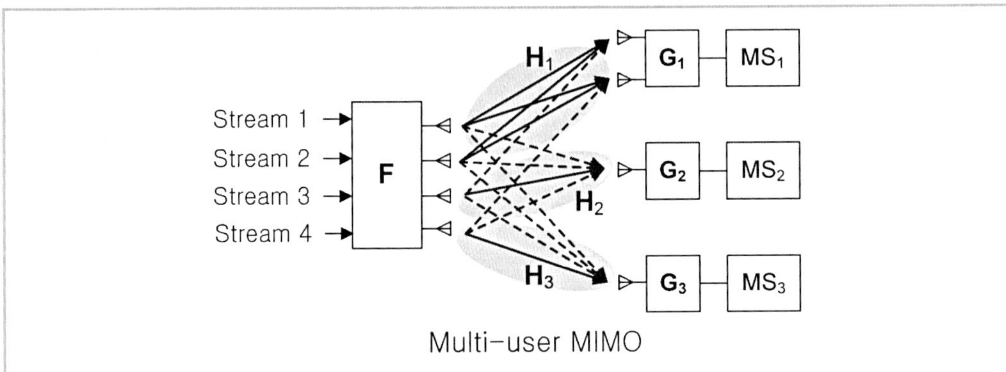

그림 7.4.7 다중사용자 MIMO 공간 다중화 시스템 구성도

중화를 통해 여러 명의 사용자에게 동시에 데이터를 전송하는 개념인데, 이러한 기술의 배경은 기지국의 안테나 수에 비해 사용자 단말의 안테나 수는 현실적으로 많지 않다는 데 있다. 앞에서도 언급했지만 L개의 독립적인 스트림의 전송을 위해서는 송신단과 수신단 안테나가 모두 L개 혹은 그 이상이 요구되는데 일반적인 단말의 사이즈를 고려할 때 파장의 수배로 이격된 안테나를 2개 이상 장착하는 것은 현실적으로 어려울 수 있기 때문이다. 한편, 여러 명의 사용자 단말을 그룹핑하여 하나의 수신기로 본다면 MIMO 공간 다중화가 가능할 수 있는데 이러한 구성을 그림 7.4.7에 나타내었다.

이러한 구성의 문제는 수신 단말들이 멀리 떨어진 거리에서 독립적으로 동작하기 때문에 사용자 간 간섭이 존재하는 경우 수신단에서는 이들을 처리할 수 없다는 데 있다. 따라서 사용자간 간섭의 제거는 송신단에서 처리할 수밖에 없으며, 이에 따라 기지국 송단단은 각 사용자와의 채널 정보를 알아야 한다. 물론, 기지국 송신기가 얼마나 정확한 채널 정보를 가지느냐에 따라 사용자 간 간섭을 얼마나 잘 사전에 제거할 수 있느냐가 결정될 것이다.

그림 7.4.7을 기준으로 설명하자면, 만약 기지국 송신단이 각 사용자와의 채널 $\mathbf{H}_1$, $\mathbf{H}_2$ 및 $\mathbf{H}_3$를 완벽히 아는 경우 가장 간단한 방식으로 7.4.3절에서와 같은 ZF 혹은 MMSE 필터를 송신단에서 적용하는 것이 가능하다. 즉, 기지국 송신기의 프리코딩 행렬 **F**를 다음과 같이 설정한다.

$$\mathbf{F} = \alpha \cdot \mathbf{H}^H (\mathbf{H}\mathbf{H}^H)^{-1} \tag{7.4.46}$$

여기서, **H**는 기지국 송신기와 모든 사용자 간의 채널 행렬로 그림 7.4.7을 기준으로 보면 다음과 같다.

$$\mathbf{H} = [\mathbf{H}_1 \mid \mathbf{H}_2 \mid \mathbf{H}_3] \tag{7.4.47}$$

이제 각 사용자의 수신 신호를 각각 $\mathbf{y}_1$, $\mathbf{y}_2$, $\mathbf{y}_3$라 하고 $\mathbf{y} = [\mathbf{y}_1^T, \mathbf{y}_2^T, \mathbf{y}_3^T]^T$라 하면 다음을 얻는다.

$$\mathbf{y} = \mathbf{HFx} + \mathbf{n} = \alpha \cdot \mathbf{x} + \mathbf{n} \tag{7.4.48}$$

여기서 $\mathbf{x} = [\mathbf{x}_1^T, \mathbf{x}_2^T, \mathbf{x}_3^T]^T$이며 상수 α는 송신단의 전력을 정해진 값으로 맞추기 위해 필요한 값으로 수신단에서의 ZF 등화가 잡음의 증폭을 가져오는 것과 마찬가지로 식 (7.4.46)과 같은 비직교 프리코딩 행렬은 입력단 전력 대비 출력단 송신 전력의 증가를 가져오므로 적당한 값을 설정하여 송신 전력을 제한할 필요가 있다. 한편, 이러한 방식의 가장 큰 문제는 기지국 송신부가 각 사용자와의 채널에 대한 정확한 정보를 필요로 하며 FDD 방식으로 주로 상용화되어 있는 이동통신 시스템에서는 역방향 링크의 부담이 상당히 크기 때문에 실제 적용이 쉽지 않다.

코드북 기반의 프리코딩은 다중사용자 MIMO에도 확장될 수 있는데, 다음과 같은 단계로 구현이 가능하다.

(1) 각 사용자 단말은 자신에게 가장 적합한 프리코더의 인덱스와 이를 사용해서 얻을 수 있는 각 스트림 별 SINR 값(벡터)을 기지국에 보고한다.

(2) 기지국은 모든 단말로부터의 보고 내용을 모아 동일한 프리코더를 선택한 단말들로 그룹을 만들고 각 그룹 내에서 합전송률이 최대가 되도록 단말들을 선택한다.

(3) 각 그룹에 대한 합전송률에 기초하여 우선순위를 판단하고 가장 우선순위가 높은 그룹을 선택하여 전송한다.

이러한 코드북 기반의 프리코딩을 다중사용자 MIMO 전송에 적용하는 경우 필연적으로 사용자간 잔류 간섭이 존재하게 되는데 이러한 잔류 간섭을 최소화하고 프리코딩이 효과를 높이기 위한 방안으로는 코드북의 크기를 늘리거나 적응적인 방식으로 조정 가능한 코드북을 사용하는 방안 등이 고려될 수 있다.

7.5 시공간 부호화와 공간 다이버시티 기술(*)

공간 다중화가 공간 상의 다중경로를 데이터의 다중화로 활용하는 기술이라면 공간 다이버시티에서는 공간 상의 다중경로를 다이버시티 이득의 향상을 위해 활용하는데, 그 구체적인 방법의 하나가 시공간 부호화이다. 물론, 다이버시티 이득의 극대화를 위해서는 공간 다중화에서처럼 안테나 간 이격이 커서 안테나 간 페이딩 계수의 통계적 무상관성이 유지되어야 한다. 본 절에서는

7.2.3절의 MIMO 신호 모형을 그대로 사용하되 채널에 대한 몇 가지 가정을 추가하여 여러 가지 안테나 구성을 통한 다이버시티 이득에 대해 논의한다. 채널은 기본적으로 레일리 페이딩을 고려하는데 이와 관련한 구체적인 가정은 다음과 같다.

(1) 송수신단 모두에서의 안테나 간 이격이 커서 채널 행렬 **H**의 각 요소(안테나 간 복소 채널 이득 혹은 페이딩 계수 $h_{u,v}$)의 진폭 $|h_{u,v}|$은 상호 무상관인 레일리 분포를 갖는다고 가정하며 복소 채널 이득의 절댓값 제곱을 잡음 전력으로 나눈 값을 경로 품질 $\gamma_{u,v}$로 정의하면 이의 확률 밀도 함수는 다음과 같다.

$$\gamma_{u,v} \equiv \frac{|h_{u,v}|^2}{\sigma^2} \overset{i.i.d.}{\sim} \frac{1}{\Gamma}\exp\left(-\frac{\gamma}{\Gamma}\right), \quad \gamma \geq 0 \tag{7.5.1}$$

여기서, $\Gamma = E[\gamma_{u,v}]$는 각 안테나 간 경로 품질의 평균값으로 모든 경로에 대해 동일하다.

(2) 수신단은 채널 추정을 통해 채널 행렬 **H**를 안다고 가정한다.

7.5.1 시공간 블록 부호와 송신 다이버시티(*)

시공간 블록 부호(space time block code, STBC)의 대표격인 Almouti 부호는 1998년 Almouti에 의해 처음 제안되었는데, 2개의 송신 안테나를 사용하며 직교 부호를 이용하여 송신 다이버시티 이득을 얻을 수 있다. 그림 7.5.1은 Alamouti 시공간 부호화를 이용한 송신 다이버시티(transmit diversity, TD) 시스템의 구성도를 나타내는데, 2개의 송신 안테나와 1개의 수신 안테나

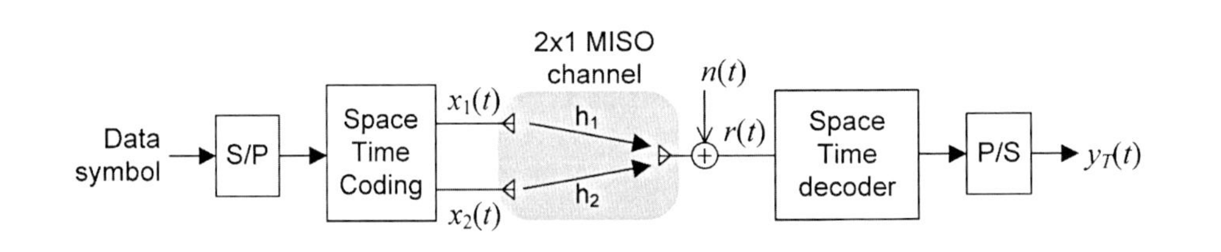

그림 7.5.1 시공간 블록 부호(STBC)를 이용한 송신 다이버시티 시스템의 구성도

$$\frac{1}{\sqrt{2}} \cdot \begin{bmatrix} s_1 & s_2^* \\ s_2 & -s_1^* \end{bmatrix} \begin{matrix} \rightarrow \text{Antenna 1} \\ \rightarrow \text{Antenna 2} \end{matrix}$$

$t=1, \quad t=2$

그림 7.5.2 시공간 블록 부호(STBC)의 부호화

를 사용한다.

그림에 표기된 시공간 부호화기(space-time coding)의 부호화 과정은 그림 7.5.2에 나타내었는데 먼저 데이터 입력단으로부터 (복소의) 두 데이터 심벌 s_1와 s_2을 취하여 각각을 2개의 안테나로 송신하는데 이를 두 번 전송한다. 즉, $t=1$에서는 두 안테나 입력이 $[\mathbf{s}_1, \mathbf{s}_2]^T$이며 $t=2$에서는 $[s_2^*, -s_1^*]^T$이다. 이러한 Alamouti 시공간 부호의 특징은 다음과 같다.

(1) 그림 7.5.2의 행렬로 표현되는 이러한 입력은 다음과 같은 직교성을 갖기 때문에 **직교부호**(orthogonal code)라고 한다.

$$\begin{bmatrix} s_1 & s_2^* \\ s_2 & -s_1^* \end{bmatrix} \cdot \begin{bmatrix} s_1 & s_2^* \\ s_2 & -s_1^* \end{bmatrix}^H = \begin{bmatrix} |s_1|^2 + |s_2|^2 & 0 \\ 0 & |s_1|^2 + |s_2|^2 \end{bmatrix} \tag{7.5.2}$$

(2) 2개의 데이터 심벌을 2개의 안테나로 2회 송신하기 때문에 다중 안테나를 통한 다중화 이득은 없으며 **정규화 전송률**은 1이다.

(3) 그림 7.5.2의 행렬에 곱해진 인자 $1/\sqrt{2}$ 는 전력 정규화 인자로 전체 송신 전력을 1로 정규화한다.

이러한 전송에 따른 $t=1$ 및 $t=2$에서의 수신 신호는 각각 다음과 같다.

$$\begin{aligned} y(1) &= \frac{1}{\sqrt{2}}\left(h_1 s_1 + h_2 s_2\right) + n(1) \\ y(2) &= \frac{1}{\sqrt{2}}\left(h_1 s_2^* - h_2 s_1^*\right) + n(2) \end{aligned} \tag{7.5.3}$$

여기서, 잡음 항 $n(1)$와 $n(2)$는 상호 무상관이며 평균 $E[n(t)]=0$, 분산 $E|n(t)|^2=\sigma^2$인 복소 가우시안 잡음이다. 한편, 위의 식은 $y(2)$에 복소 공액을 취하고 $y(1)$과 $y(2)$을 벡터로 표현하면 다음과 같이 표현할 수 있다.

$$\begin{pmatrix} y(1) \\ y^*(2) \end{pmatrix} = \frac{1}{\sqrt{2}} \begin{pmatrix} h_1 & h_2 \\ h_2^* & -h_1^* \end{pmatrix} \cdot \begin{pmatrix} s_1 \\ s_2 \end{pmatrix} + \begin{pmatrix} n(1) \\ n(2) \end{pmatrix} \Rightarrow \mathbf{r} = \frac{1}{\sqrt{2}}\mathbf{Hs} + \mathbf{n} \tag{7.5.4}$$

여기서, 채널 행렬 $\mathbf{H}$는 식 (7.5.2)와 같은 형태의 직교성을 갖는데 이러한 직교성을 이용하면 매우 간단한 복호화가 가능하다.

그림 7.5.1의 시공간 복호기(space-time decoding)의 복호화는 다음과 같다: 우선, 식 (7.5.4)에 채널 행렬의 공액 전치(conjugate transpose or Hermitian transpose)를 곱하면 다음을 얻는다.

$$\mathbf{y}_T = \mathbf{H}^H \mathbf{r} = \frac{1}{\sqrt{2}}\mathbf{H}^H\mathbf{Hs} + \mathbf{H}^H\mathbf{n} = \frac{\alpha}{\sqrt{2}} \cdot \mathbf{s} + \mathbf{n}' \tag{7.5.5}$$

여기서, $\alpha = |h_1|^2 + |h_2|^2$이며 $\mathbf{n}'$의 공분산은 $E[\mathbf{n}'\mathbf{n}'^H] = \alpha\sigma^2\mathbf{I}$임을 알 수 있다. 또한, $\mathbf{y}_T$의 각 요소

는 상호 간 간섭이 없는 AWGN 채널이며 이들의 SNR은 다음과 같이 **최대 비 결합**(maximal ratio combining)된 값임을 알 수 있다.

$$SNR_{2\times1,STBC} = \frac{\alpha^2/2}{\alpha\sigma^2} = \frac{|h_1|^2+|h_2|^2}{2}\cdot\frac{1}{\sigma^2} = \frac{\gamma_1+\gamma_2}{2} \tag{7.5.6}$$

이를 단일 전송 안테나를 사용하는 일반 전송 시스템과 비교해 보자. 편의상 첫 번째 송신 안테나를 사용한다고 가정하면 이의 SNR은 다음과 같다.

$$SNR_{SISO} = \frac{|h_1|^2}{\sigma^2} = \gamma_1 \tag{7.5.7}$$

STBC의 경우 전체 송신 전력을 1로 정규화 하기 위해 각 안테나의 송신 전력을 반으로 줄였으며 이에 따라 평균 SNR은 STBC나 SISO 시스템이나 동일하다. 즉, 식 (7.5.1)의 가정에 의해 다음과 같다.

$$E[SNR_{2\times1,STBC}] = E[SNR_{SISO}] = \Gamma \tag{7.5.8}$$

위 식은 STBC를 적용하여 얻은 SNR의 평균치가 단일 안테나 전송 시스템의 평균 SNR과 동일하다는 결론인데, 그러면 STBC를 통해 얻을 수 있는 이득은 무엇인가? 이는 이른바 다이버시티 이득으로 분류되는데, SNR의 확률 분포를 따져 보면 알 수 있다.

일반화를 위하여 다음과 같은 L개의 i.i.d.(동일 독립 분포를 갖는) 랜덤 변수의 평균을 고려해 보자.

$$\gamma^{(L)} = \frac{\gamma_1+\gamma_2+\cdots+\gamma_L}{L} \tag{7.5.9}$$

여기서, 각 랜덤 변수 γ_j가 서로 독립이고 이들의 분포가 모두 식 (7.5.1)의 지수분포를 갖는다면 이들 평균의 분포는 다음과 같은 자유도가 $2L$인 χ^2(Kai-square) 분포를 갖는다.

$$\gamma^{(L)} \sim \chi^2(x;2L,\Gamma) \tag{7.5.10}$$

여기서, χ^2(Kai-square) 분포는

$$\chi^2(x;N,\lambda) = \frac{N}{\lambda}\cdot\frac{\left((N/\lambda)x\right)^{N/2-1}}{2^{N/2}\cdot\Gamma(N/2)}\exp\left(-\frac{N}{\lambda}\cdot\frac{x}{2}\right) \tag{7.5.11}$$

로 정의되며 두 개의 파라미터 N과 λ는 각각 자유도와 평균을 나타낸다. $L=1$인 경우 자유도가 2가 되며 이 경우 χ^2 분포는 지수 분포가 된다. 이러한 χ^2 분포를 이용하면 식 (7.5.6)과 (7.5.7)의 분포는 각각 다음과 같다.

$$SNR_{2\times1,STBC} \sim \chi^2(x;4,\Gamma) \tag{7.5.12}$$

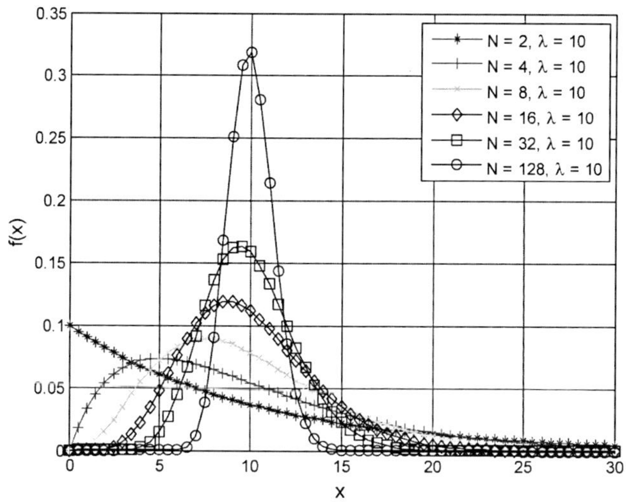

그림 7.5.3 χ^2 분포. $\lambda = 10$, $N = 2, 4, 8, 16, 32, 128$

$$SNR_{SISO} \sim \chi^2(x; 2, \Gamma) \tag{7.5.13}$$

그림 7.5.3은 평균이 10인 χ^2 분포를 나타내는데 자유도에 따라 분포가 어떻게 달라지는지를 나타낸다. SISO 시스템의 경우 (자유도가 2인) 지수 분포인데 평균은 10이라 하더라도 SNR이 1 혹은 2 이하와 같이 매우 낮은 값을 가질 확률이 높은 데 반해 자유도가 증가하면서 이러한 확률이 줄어듦을 알 수 있다.

이러한 다이버시티 이득은 채널 부호화를 사용하지 않은 경우의 비트 오류 확률을 봐도 알 수 있는데 BPSK 변조를 가정하면 비트 오류 확률은 다음과 같다.

$$P_b = \int_0^{\infty} Q(2\gamma) p(\gamma) d\gamma \tag{7.5.14}$$

여기서, $p(\gamma)$는 SNR의 확률 분포로 각각이 레일리 분포를 갖는 L개 경로의 수신 신호를 최대비 결합하면 식(7.5.9)로 주어지는 SNR은 식(7.5.10)의 χ^2 분포로 주어진다. 따라서 이를 사용하여 적분을 풀면 다음과 같은 결과를 얻는다(John G. Proakis, *Digital Communications*, 5th ed., McGraw-Hill, 2007 참조).

$$P_b = \left(\frac{1-\mu}{2}\right)^L \sum_{k=0}^{L-1} \binom{L-1-k}{k} \left(\frac{1+\mu}{2}\right)^k \tag{7.5.15}$$

여기서,

$$\mu = \sqrt{\frac{\Gamma}{L+\Gamma}} \tag{7.5.16}$$

이고, Γ / L은 각 경로당 평균 SNR이다. 그림 7.5.4에 식 (7.5.15)로 주어지는 비트 오류 확률을 도시하였다. 앞서 언급했듯이 각각이 통계적으로 독립인 L개 경로에 대해 최대 비 결합을 사용하면 SNR의 분포는 자유도가 $2L$인 χ^2(Kai-square) 분포를 갖는데 그림 7.5.4는 이러한 채널에 대해 채널 부호화를 사용하지 않았을 때의 비트 오류 확률을 보여준다. 그림으로부터, 더 많은 독립 경로를 통해 수신된 신호를 최대 비 결합하면 SNR의 변동이 없는 AWGN 채널의 성능에 근접하게 됨을 알 수 있다. 결국 다이버시티 이득이란 채널 품질의 변동 혹은 채널 품질이 매우 나쁜 상태에 빠지는 확률을 줄여서 얻는 실효 SNR의 향상을 의미한다.

불행하게도 직교성을 가지면서 Full rate을 지원하는 STBC는 2개의 송신 안테나까지만 가능하며 3 혹은 4개 송신 안테나에 대해 직교성을 갖는 STBC는 있으나 full rate은 지원하지 못한다는 단점이 있다. 이에 대해서는 뒤로 미루고 이제 수신 안테나 다이버시티에 대해 알아보자.

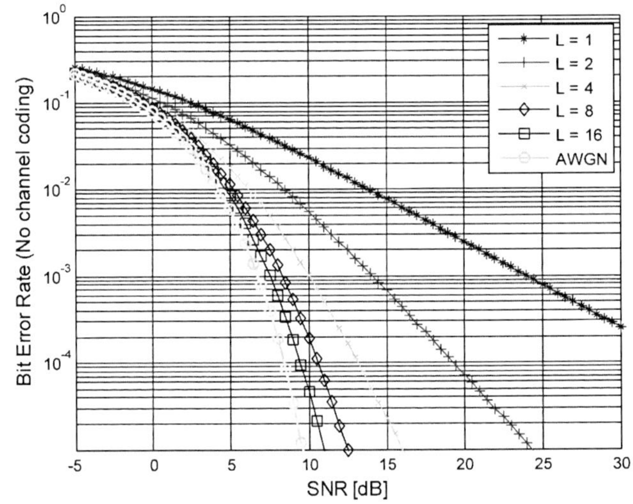

그림 7.5.4 L개 경로에 대해 최대 비 결합을 사용한 경우의 비트 오류 확률

7.5.2 수신(안테나) 다이버시티(*)

가장 간단하게 다이버시티 이득을 얻는 방법은 수신 안테나를 여러 개 사용하는 것이다. 그림 7.5.5의 시스템을 고려해 보자. 이는 송신 안테나는 하나이며 이로부터 송출된 신호를 여러 개의 수신 안테나로 수신을 하는 단일 입력 다중 출력(single input multi output, SIMO) 모형으로 모

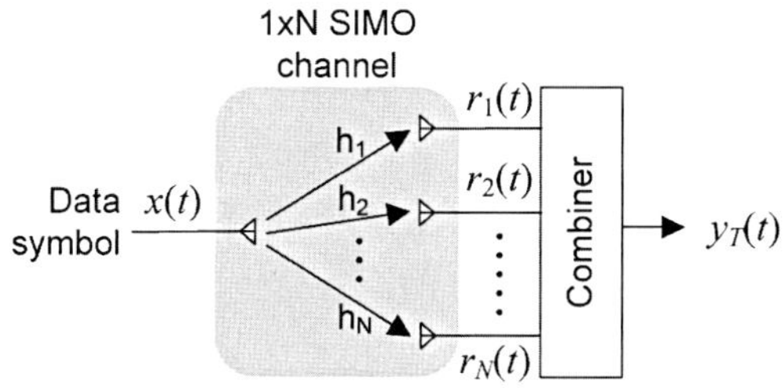

그림 7.5.5 다중(수신)안테나를 통한 수신 다이버시티 시스템의 구성도

형 자체는 수신단 빔포밍시스템과 유사하나 반파장 이격이 주로 사용되는 빔포밍 시스템과는 달리 (본 절의 도입부에 제시한 가정에 따라) 수신 안테나 간 이격이 충분히 커서 송신 안테나와 각 수신 안테나 간의 채널 이득의 통계적 상관도가 낮으며 기본적으로 각 수신 안테나마다 복조기가 따로 있어서 채널 추정이 수신 안테나 별로 따로 이루어진다.

위 모형에 대한 수신 신호 모형은 다음과 같다.

$$y_m(t) = h_m x(t) + n_m(t) \quad \text{for } m = 1,\ 2,\ \cdots,\ N \tag{7.5.17}$$

여기서, 채널 이득 h_m, 데이터 신호 $x(t)$ 및 각 수신 안테나에서의 잡음 $n_m(t)$에 대한 가정은 이전과 동일하다. 이들 수신 신호는 모두 동일한 데이터에 대한 정보를 포함하고 있으므로 적절한 결합을 통해 SNR을 향상 시킬 수 있는데, 가장 대표적인 것으로 제4장의 부록에서도 다루었던 최대 비 결합(maximal ratio combining, MRC)과 선택 결합(selective combining, SC) 두 가지가 있다. 우선 최대 비 결합을 사용할 경우 결합기 출력은

$$y_T(t) = \sum_{m=1}^{N} h_m^* y_m(t) = \left(\sum_{m=1}^{N} |h_m|^2\right) \cdot x(t) + \left(\sum_{m=1}^{N} h_m^* n_m(t)\right) \tag{7.5.18}$$

이며, 여기서의 SNR은

$$\begin{aligned} SNR_{1\times N,MRC} &= \frac{\left(\sum_{m=1}^{N} |h_m|^2\right)^2 E|x(t)|^2}{E\left|\sum_{m=1}^{N} h_m^* n_m(t)\right|^2} = \frac{\left(\sum_{m=1}^{N} |h_m|^2\right)^2}{\sigma^2 \cdot \sum_{m=1}^{N} |h_m|^2} \\ &= \sum_{m=1}^{N} \frac{|h_m|^2}{\sigma^2} = \sum_{m=1}^{N} \gamma_m \end{aligned} \tag{7.5.19}$$

이다. 식 (7.5.19)의 마지막 항을 식 (7.5.9)와 비교하면 이의 분포는 다음과 같다.

$$SNR_{1\times N,MRC} \sim \chi^2(x; 2N, N\Gamma) \tag{7.5.20}$$

즉, N차의 다이버시티 이득과 함께 평균 SNR이 N배로 커졌으므로 N배의 SNR 이득이 함께 얻

어진다.

최대 비 결합(MRC) 외에 수신 신호의 결합 방법으로 최선의 방식은 아니지만 선택적 결합(selective combining, SC)도 사용이 가능하다. 선택적 결합(SC)은 채널의 이득이 가장 큰 안테나로 수신된 신호를 선택하여 사용하는 방식으로 결합기 출력은 다음과 같다.

$$y_T(t) = y_{m^*}(t) \quad \text{여기서,} \quad m^* = \arg\max_m |h_m|^2 \tag{7.5.21}$$

따라서 식 (7.5.17)의 신호 모형과 채널 이득의 진폭에 대한 확률 분포로부터 다음을 얻는다.

$$SNR_{1\times N,SC} = \max_m |h_m|^2 \sim Ne^{-x/\Gamma}(1-e^{-x/\Gamma})^{N-1} \tag{7.5.22}$$

$$E[SNR_{1\times N,SC}] = \Gamma \cdot \sum_{k=1}^{N} \frac{1}{k} \approx \Gamma \cdot \frac{\log N}{\xi} \quad \text{for large } N \tag{7.5.23}$$

여기서, $\xi \approx 0.577$는 Euler-Mascheroni 상수이다. 식 (7.5.23)으로부터 $(\log N)/\xi$만큼의 SNR 이득이 존재함을 알 수 있다.

한편, 7.5.1절의 시공간 블록 부호에 대해 수신 안테나를 여러 개 사용하여 더 높은 다이버시티 이득과 SNR 이득을 얻을 수 있는데, 그림 7.5.6은 Alamouti의 시공간 블록 부호를 2개 수신 안테나와 함께 사용한 예를 보여준다. 송신부의 시공간 부호화는 7.5.1절과 동일하며 다른 점은 2개의 수신 안테나를 갖는 구성이다. 분석 방법 역시 1개 수신 안테나를 갖는 경우와 유사하며 일반적으로 N개의 수신 안테나를 사용할 경우 SNR의 분포는 다음과 같다.

$$SNR_{2\times N,STBC} \sim \chi^2(x; 4N, N\Gamma) \tag{7.5.24}$$

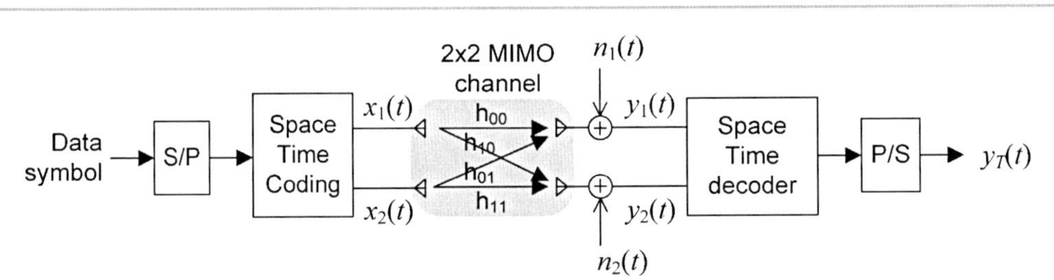

그림 7.5.6 2개의 수신 안테나를 갖는 시공간 블록 부호(STBC) 시스템의 구성도

7.5.3 3개 이상의 송신 안테나를 지원하는 직교 시공간 블록 부호

3 이상의 송신 안테나를 지원하는 직교 시공간 부호는 다음의 두 가지가 있다.

$$C_{3,3/4} = \begin{bmatrix} s_0 & -s_1^* & \frac{s_2^*}{\sqrt{2}} & \frac{s_2^*}{\sqrt{2}} \\ s_1 & s_0^* & \frac{s_2^*}{\sqrt{2}} & -\frac{s_2^*}{\sqrt{2}} \\ \frac{s_2}{\sqrt{2}} & \frac{s_2}{\sqrt{2}} & \frac{-s_0 - s_0^* + s_1 - s_1^*}{2} & \frac{s_0 - s_0^* + s_1 + s_1^*}{2} \end{bmatrix} \tag{7.5.25}$$

$$C_{4,3/4} = \begin{bmatrix} s_0 & -s_1^* & \frac{s_2^*}{\sqrt{2}} & \frac{s_2^*}{\sqrt{2}} \\ s_1 & s_0^* & \frac{s_2^*}{\sqrt{2}} & -\frac{s_2^*}{\sqrt{2}} \\ \frac{s_2}{\sqrt{2}} & \frac{s_2}{\sqrt{2}} & \frac{-s_0 - s_0^* + s_1 - s_1^*}{2} & \frac{s_0 - s_0^* + s_1 + s_1^*}{2} \\ \frac{s_2}{\sqrt{2}} & -\frac{s_2}{\sqrt{2}} & \frac{s_0 - s_0^* - s_1 - s_1^*}{2} & -\frac{s_0 + s_0^* + s_1 - s_1^*}{2} \end{bmatrix} \tag{7.5.26}$$

식 (7.5.25)의 경우 3개 안테나를, 식 (7.5.26)의 경우 4개 안테나를 사용한다. 두 방식 모두 직교성을 가지고 있어 Alamouti 부호와 유사하게 복호 과정은 단순하나 3개의 데이터 심벌을 4회 전송하므로 정규화 전송률은 3/4으로 Alamouti 부호보다는 낮으며 또 한 가지의 단점은 각 안테나의 송신 전력이 다르다는 것이다.

STBC는 종종 시공간 송신 다이버시티(space time transmit diversity, STTD)라고 불리기도 하는데, Alamouti 부호를 단순 확장하여 4개의 안테나를 사용하는 2중 STTD가 LTE 시스템에 도입되었으며 다음의 행렬로 표현된다.

$$\begin{bmatrix} s_0 & -s_1^* & 0 & 0 \\ s_1 & s_0^* & 0 & 0 \\ 0 & 0 & s_2 & -s_3^* \\ 0 & 0 & s_3 & s_2^* \end{bmatrix} \tag{7.5.27}$$

이는 직교 부호이며 full rate을 지원하나 다이버시티 이득은 제한된다. 또한, 직교성을 갖지는 않으나 2배의 전송률을 갖는 다음과 같은 시공간 부호도 제안되었다.

$$\begin{bmatrix} s_0 & -s_1^* & s_4 & -s_6^* \\ s_1 & s_0^* & s_5 & -s_7^* \\ s_2 & -s_3^* & s_6 & s_4^* \\ s_3 & s_2^* & s_7 & s_5^* \end{bmatrix} \tag{7.5.28}$$

물론, 이러한 시공간 부호는 직교성이 없어 복호가 매우 복잡한 단점이 있다.

7.5.4 순환 지연 다이버시티

순환 지연 다이버시티(Cyclic delay diversity) 기술은 OFDM 기반 다중 안테나 전송 시스템에 적용되는 기술로 전송단에서 여러 개의 안테나에 동일한 정보를 실어 전송하되 상이한 순환 천이를 적용하여 전송한다. 그림 7.5.7은 순환 지연 다이버시티 전송 방식의 개념도를 보여주는데, 역 DFT를 취한 신호 블록 $x(t)$를 적당한 샘플만큼(j번째 안테나에 대해 δ_j 샘플만큼) 순환 지연시켜 여러 안테나에 매핑하여 전송한다. 이러한 시간 영역에서의 순환 지연은 주파수 영역에 보면 k번째 부반송파에 대해 $\exp(-j2\pi\delta_j k / N)$을 곱한 결과로 나타나며 각 송신 안테나로 전송되는 신호에 상이한 순환 지연을 적용하면(채널에 의한 주파수 선택성이 나타나지 않더라도) 수신 신호의 주파수 선택성이 커지는 효과를 가져오기 때문에 주파수 영역에서 따로 인터리빙을 적용하지 않더라도 채널 부호화를 통한 (주파수) 다이버시티 이득을 향상시킬 수 있다.

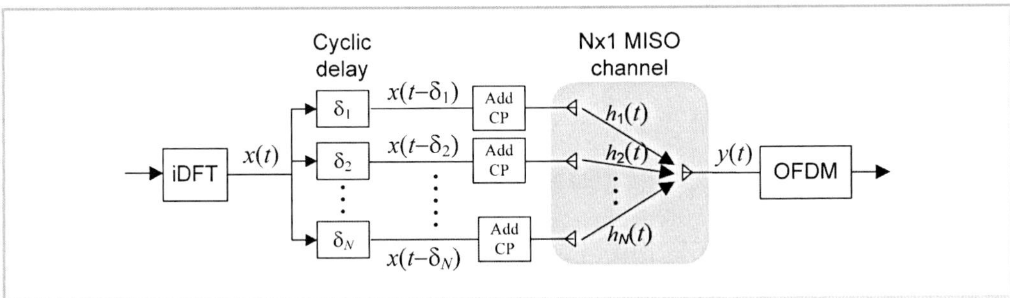

그림 7.5.7 순환 지연 다이버시티 전송 방식의 개념도

7.6 LTE 하향 링크에서의 다중 안테나 전송

본 절에서는 다중 안테나 전송을 지원하는 LTE 시스템의 하향 링크 전송 구조를 소개하는데, 그림 7.6.1에 그 구조를 나타내었다. 그림에서 볼 수 있듯 하나의 슬롯(혹은 부프레임)을 통한 전송은 여러 개의 부호어(codeword)를 포함할 수 있는데, 부호어란 독립적으로 채널 부호화되어 패리티가 추가된 블록을 말하며 LTE 시스템의 경우 하향 링크에서의 다중사용자 MIMO와 단일 사용자 MIMO라 하더라도 순차 간섭 제거를 사용할 수 있도록 2개의 **부호어**까지 동시 전송이 가능하도록 설계하였다. 이러한 부호어들의 각 비트는 Layer mapping을 통해 여러 개의 **계층**(Layer)으로 분산되며 다시 프리코딩을 거쳐 각 **안테나 포트**로

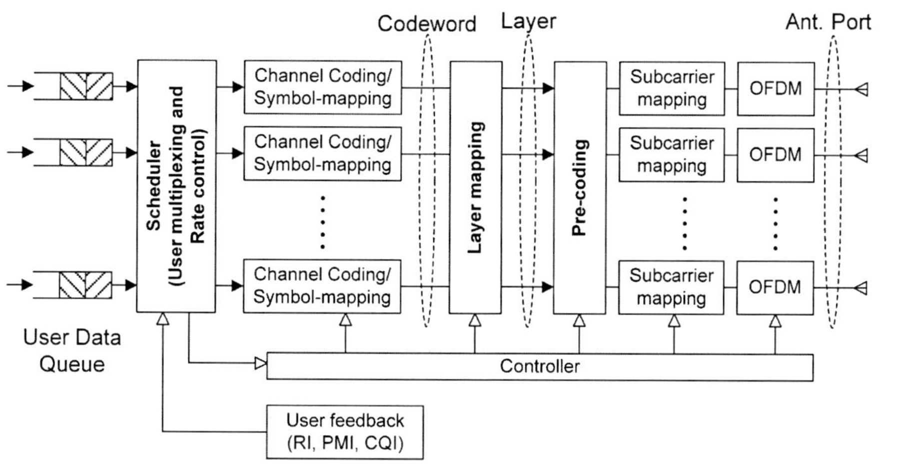

그림 7.6.1 LTE 하향 링크 전송 시스템 구조

매핑된다. 각 안테나 포트에 입력된 데이터 스트림은 부반송파 매핑(파일럿 추가 등 포함)과 OFDM 변조가 수행되어 전송된다.

7.6.1 LTE 하향 링크 전송 모드

LTE 하향 링크는 (Rel.10 기준으로) 그림 7.6.1의 구조를 이용하여 9가지 전송모드를 지원하는데 이를 표 7.6.1에 요약하였다.

표 7.6.1 LTE 규격에서의 9가지 전송모드

모드 #	전송방식	사용되는 안테나 포트 수
1	단일 안테나 전송	1
2	송신 다이버시티(SFBC)	2 또는 4
3	CDD를 적용한 개루프 공간다중화	2 또는 4
4	폐루프 공간다중화(코드북 기반)	2 또는 4
5	폐루프 다중사용자 공간다중화(코드북 기반)	2 또는 4
6	폐루프 빔포밍(코드북 기반)	2 또는 4
7	빔포밍(UE specific RS 사용)	1(가상포트 사용)
8	2계층 빔포밍(UE specific RS 사용)	2(가상포트 사용)
9	공간다중화(8계층까지 지원)	~8(가상포트 사용)

전송 모드 2는 기본적으로 7.5.1절에서 기술한 Alamauti 부호를 사용하는데, 시간 영역에서 2번을 보내는 대신 인접한 두 부반송파를 이용하여 전송하는 것이 다르며, 이 때문에 Space-Frequency Block Code(SFBC)라 부른다. 2개의 안테나 포트가 사용될 경우 부호는 그림 7.5.2와 같으며 4개 안테나 포트의 경우는 식 (7.5.27)과 같다.

모드 4, 5, 6은 다음 절에서 설명할 코드북 기반 폐루프 공간 다중화로 모두 모드 4를 기반으로 설명 가능한데, 모드 5의 경우 두 개의 부호어에 서로 다른 수신단말로 전송될 데이터가 실리는 것이 다르며, 모드 6의 경우는 하나의 계층만을 사용하는 모드 4의 특수한 경우로 7.3.2절에서 설명한 코드북 기반 빔포밍(즉, 빔 스위칭)으로 볼 수 있다.

모드 7 및 8의 경우도 빔포밍 기술이기는 하나 모드 6과는 구현 방식이 다른데, 모드 6이 디지털 영역에서 코드북 기반으로 빔을 조정하는 후단 빔포밍 방식이라면 모드 7과 8은 아날로그 영역에서 물리적인 빔을 형성하는 전통적인 전단 빔포밍 방식으로 볼 수 있다. 모드 9의 경우도 모드 8의 확장으로 8개 계층까지의 공간 다중화가 가능한 모드이다. 모드 7~9의 빔포밍이나 공간 다중화가 모드 3~6의 방식들과 다른 점은 모드 3~6의 경우 (모드 2도 마찬가지지만) 사용되는 각 안테나 포트로 수신된 신호간 통계적 상관도가 높으면 성능에서 손해를 보게 되므로 안테나간 이격은 크게 설정해야 좋으나 이 경우 모드 7~9와 같은 전단 빔포밍/공간 다중화의 구현은 쉽지 않다. 따라서 모드 7~9의 경우 가상 안테나 포트(5, 7~14번 포트)를 정의하여 이를 사용하는 것으로 정의되어 있다.

7.6.2 폐루프 코드북 기반 공간 다중화/빔포밍

폐루프 기반 공간 다중화/빔포밍이란 하향 링크를 통한 데이터 전송을 위해 상향 링크를 통해 채널 정보를 수신하고 이들 과정을 주기적으로 수행하는 것을 의미하며 LTE 전송모드 4~6이 이 범주에 속한다고 볼 수 있는데 다음의 절차에 따라 전송이 이루어진다.

1. 수신 단말: 채널 추정 및 상향 링크를 통한 채널 정보의 전송
2. 기지국: 셀 혹은 섹터 내 수신 단말로부터의 채널 정보를 이용한 자원 할당
3. 기지국: 자원할당에 따라 정해진 수신 단말 및 전송 모드에 따른 데이터 전송

상기의 과정 1은 기지국이 하향 링크를 통해 전송한 참조 신호(Reference signal)를 사용하는데, 이는 수신단에서의 채널 추정을 위해 사용되는 파일럿으로 단일 안테나 전송의 경우 4.4.4절에서도 소개한 바 있으며 1개, 2개 및 4개 안테나 포트를 사용할 경우의 참조 신호의 배치 예를 그림 7.6.2에 도시하였다.

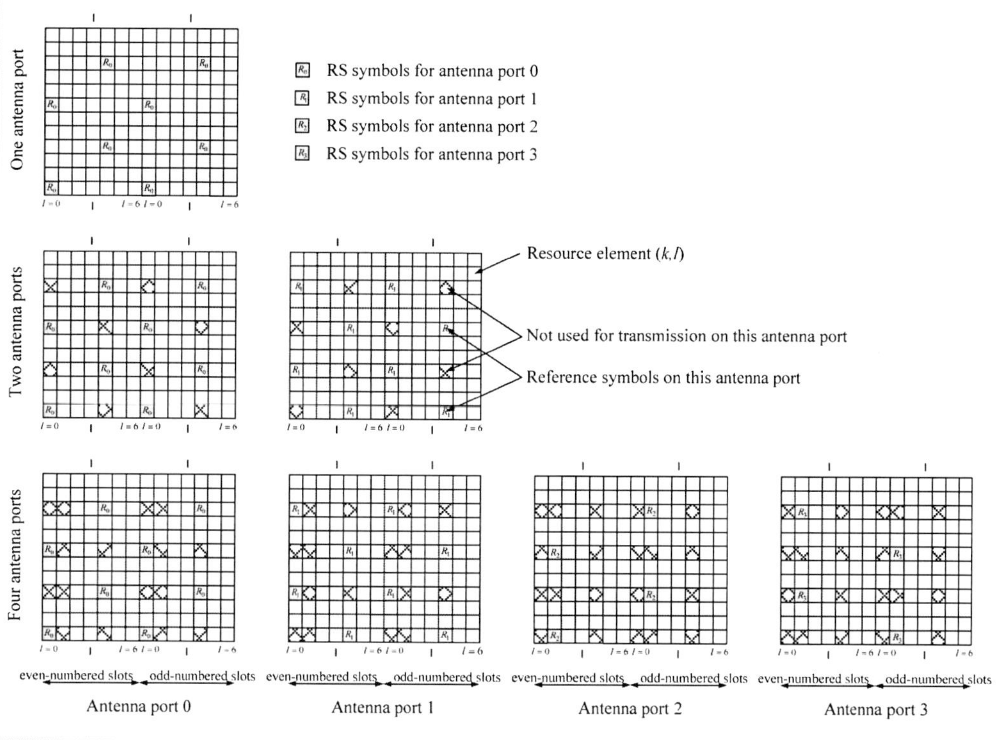

그림 7.6.2 LTE 참조 신호 배치예(정상 CP를 사용할 경우)

참조 신호를 이용한 채널 추정이 완료되면 이로부터 기지국에 보고하기 위한 채널 정보를 추출하는데, 코드북 기반의 페루프 공간 다중화/빔포밍을 위해 LTE/LTE-A에서는 다음의 3가지 정보(채널에 대한 간접 정보)를 정의한다.

- RI(Rank Indicator): 수신단(단말)에서 사용 가능한 최대 유효 계층 수
- PMI(Precoder Matrix Indicator): 해당 수신기로의 데이터 송신을 위해 송신단(기지국)에서 사용할 프리코딩 행렬의 인덱스 값
- CQI(Channel Quality Indicator): 해당 PMI를 사용할 경우 사용 가능한 최대 MCS 인덱스

일단 셀 혹은 섹터 내 수신 단말(들)로부터 이들 정보가 수신되면 과정 2에서 기지국은 자원할당을 통해 각 수신 단말에 사용될 시공간 자원, 전송 모드 및 전송 파라미터를 결정하고 필요 시 이들 정보를 제어채널을 통해 공지한 후 마지막으로 과정 3에서 수신단말에 데이터를 전송하게 된다.

코드북의 구성 폐루프 공간 다중화는 2개 혹은 4개의 안테나 포트를 사용하는데, 2개의 안테나만을 사용할 경우에 대한 코드북은 다음의 표 7.6.2와 같다. 4개 안테나를 사용할 경우 프리코딩 행렬은 다음의 식으로 주어진다.

$$W_n = I_4 - 2u_n u_n^H / u_n^H u_n \tag{7.6.1}$$

여기서, n은 프리코더 행렬의 인덱스로 0~15의 정수이며 I_4는 4 × 4 단위 행렬이고 벡터 u_n과 이로부터 구성한 프리코딩 행렬은 표 7.6.3과 같다.

표 7.6.2 2개 안테나 포트를 사용할 경우의 코드북

Precoder index	Number of layers	
	1	2
0	$\begin{bmatrix}1\\0\end{bmatrix}$	$\frac{1}{\sqrt{2}}\begin{bmatrix}1&0\\0&1\end{bmatrix}$
1	$\begin{bmatrix}0\\1\end{bmatrix}$	$\frac{1}{2}\begin{bmatrix}1&1\\1&-1\end{bmatrix}$
2	$\frac{1}{\sqrt{2}}\begin{bmatrix}1\\1\end{bmatrix}$	$\frac{1}{2}\begin{bmatrix}1&1\\j&-j\end{bmatrix}$
3	$\frac{1}{\sqrt{2}}\begin{bmatrix}1\\-1\end{bmatrix}$	–
4	$\frac{1}{\sqrt{2}}\begin{bmatrix}1\\j\end{bmatrix}$	–
5	$\frac{1}{\sqrt{2}}\begin{bmatrix}1\\-j\end{bmatrix}$	–

표 7.6.3 4개 안테나 포트를 사용할 경우의 코드북

Precoder index	u_n	Number of layers v			
		1	2	3	4
0	$u_0 = [1\ \ -1\ \ -1\ \ -1]^T$	$W_0^{\{1\}}$	$W_0^{\{14\}}/\sqrt{2}$	$W_0^{\{124\}}/\sqrt{3}$	$W_0^{\{1234\}}/2$
1	$u_1 = [1\ \ -j\ \ 1\ \ j]^T$	$W_1^{\{1\}}$	$W_1^{\{12\}}/\sqrt{2}$	$W_1^{\{123\}}/\sqrt{3}$	$W_1^{\{1234\}}/2$
2	$u_2 = [1\ \ 1\ \ -1\ \ 1]^T$	$W_2^{\{1\}}$	$W_2^{\{12\}}/\sqrt{2}$	$W_2^{\{123\}}/\sqrt{3}$	$W_2^{\{3214\}}/2$
3	$u_3 = [1\ \ j\ \ 1\ \ -j]^T$	$W_3^{\{1\}}$	$W_3^{\{12\}}/\sqrt{2}$	$W_3^{\{123\}}/\sqrt{3}$	$W_3^{\{3214\}}/2$

표 7.6.3 4개 안테나 포트를 사용할 경우의 코드북(계속)

Precoder index	u_n	Number of layers v			
		1	2	3	4
4	$u_4=\begin{bmatrix}1 & (-1-j)/\sqrt{2} & -j & (1-j)/\sqrt{2}\end{bmatrix}^T$	$W_4^{\{1\}}$	$W_4^{\{14\}}/\sqrt{2}$	$W_4^{\{124\}}/\sqrt{3}$	$W_4^{\{1234\}}/2$
5	$u_5=\begin{bmatrix}1 & (1-j)/\sqrt{2} & j & (-1-j)/\sqrt{2}\end{bmatrix}^T$	$W_5^{\{1\}}$	$W_5^{\{14\}}/\sqrt{2}$	$W_5^{\{124\}}/\sqrt{3}$	$W_5^{\{1234\}}/2$
6	$u_6=\begin{bmatrix}1 & (1+j)/\sqrt{2} & -j & (-1+j)/\sqrt{2}\end{bmatrix}^T$	$W_6^{\{1\}}$	$W_6^{\{13\}}/\sqrt{2}$	$W_6^{\{134\}}/\sqrt{3}$	$W_6^{\{1324\}}/2$
7	$u_7=\begin{bmatrix}1 & (-1+j)/\sqrt{2} & j & (1+j)/\sqrt{2}\end{bmatrix}^T$	$W_7^{\{1\}}$	$W_7^{\{13\}}/\sqrt{2}$	$W_7^{\{134\}}/\sqrt{3}$	$W_7^{\{1324\}}/2$
8	$u_8=\begin{bmatrix}1 & -1 & 1 & 1\end{bmatrix}^T$	$W_8^{\{1\}}$	$W_8^{\{12\}}/\sqrt{2}$	$W_8^{\{124\}}/\sqrt{3}$	$W_8^{\{1234\}}/2$
9	$u_9=\begin{bmatrix}1 & -j & -1 & -j\end{bmatrix}^T$	$W_9^{\{1\}}$	$W_9^{\{14\}}/\sqrt{2}$	$W_9^{\{134\}}/\sqrt{3}$	$W_9^{\{1234\}}/2$
10	$u_{10}=\begin{bmatrix}1 & 1 & 1 & -1\end{bmatrix}^T$	$W_{10}^{\{1\}}$	$W_{10}^{\{13\}}/\sqrt{2}$	$W_{10}^{\{123\}}/\sqrt{3}$	$W_{10}^{\{1324\}}/2$
11	$u_{11}=\begin{bmatrix}1 & j & -1 & j\end{bmatrix}^T$	$W_{11}^{\{1\}}$	$W_{11}^{\{13\}}/\sqrt{2}$	$W_{11}^{\{134\}}/\sqrt{3}$	$W_{11}^{\{1324\}}/2$
12	$u_{12}=\begin{bmatrix}1 & -1 & -1 & 1\end{bmatrix}^T$	$W_{12}^{\{1\}}$	$W_{12}^{\{12\}}/\sqrt{2}$	$W_{12}^{\{123\}}/\sqrt{3}$	$W_{12}^{\{1234\}}/2$
13	$u_{13}=\begin{bmatrix}1 & -1 & 1 & -1\end{bmatrix}^T$	$W_{13}^{\{1\}}$	$W_{13}^{\{13\}}/\sqrt{2}$	$W_{13}^{\{123\}}/\sqrt{3}$	$W_{13}^{\{1324\}}/2$
14	$u_{14}=\begin{bmatrix}1 & 1 & -1 & -1\end{bmatrix}^T$	$W_{14}^{\{1\}}$	$W_{14}^{\{13\}}/\sqrt{2}$	$W_{14}^{\{123\}}/\sqrt{3}$	$W_{14}^{\{3214\}}/2$
15	$u_{15}=\begin{bmatrix}1 & 1 & 1 & 1\end{bmatrix}^T$	$W_{15}^{\{1\}}$	$W_{15}^{\{12\}}/\sqrt{2}$	$W_{15}^{\{123\}}/\sqrt{3}$	$W_{15}^{\{1234\}}/2$

* $W_n^{(j)}$는 행렬 W_n의 j번째 열을 의미한다.

표 7.6.4 큰 지연을 갖는 CDD에 적용되는 행렬 $\mathbf{D}(k_i)$와 $\mathbf{U}$

Number of layers	$\mathbf{U}$	$\mathbf{D}(i)$
1	$[1]$	$[1]$
2	$\frac{1}{\sqrt{2}}\begin{bmatrix}1 & 1\\ 1 & e^{-j2\pi/2}\end{bmatrix}$	$\begin{bmatrix}1 & 0\\ 0 & e^{-j2\pi i/2}\end{bmatrix}$
3	$\frac{1}{\sqrt{3}}\begin{bmatrix}1 & 1 & 1\\ 1 & e^{-j2\pi/3} & e^{-j4\pi/3}\\ 1 & e^{-j4\pi/3} & e^{-j8\pi/3}\end{bmatrix}$	$\begin{bmatrix}1 & 0 & 0\\ 0 & e^{-j2\pi i/3} & 0\\ 0 & 0 & e^{-j4\pi i/3}\end{bmatrix}$
4	$\frac{1}{2}\begin{bmatrix}1 & 1 & 1 & 1\\ 1 & e^{-j2\pi/4} & e^{-j4\pi/4} & e^{-j6\pi/4}\\ 1 & e^{-j4\pi/4} & e^{-j8\pi/4} & e^{-j12\pi/4}\\ 1 & e^{-j6\pi/4} & e^{-j12\pi/4} & e^{-j18\pi/4}\end{bmatrix}$	$\begin{bmatrix}1 & 0 & 0 & 0\\ 0 & e^{-j2\pi i/4} & 0 & 0\\ 0 & 0 & e^{-j4\pi i/4} & 0\\ 0 & 0 & 0 & e^{-j6\pi i/4}\end{bmatrix}$

7.6.3 개루프 공간 다중화

폐루프 공간 다중화의 경우 채널 상태가 변하지 않는 저속 환경에서 운영이 가능하나 고속의 이동환경에서와 같이 채널 상태가 빠르게 변하는 경우에는 적용이 어려운데, 그 이유는 수신 단말이 채널 추정을 통해 채널 상태를 획득한 시점과 송신기가 이 채널 정보에 따라 실제 데이터를 전송하고 수신 단말이 이를 실제로 수신하는 시점에서의 채널 상태가 다를 수 있으며 이에 따라 채널 상태 정보에 불확실성이 커지기 때문이다. 개루프 공간 다중화는 이러한 상황을 고려하여 제안된 방식으로 (4 안테나 포트의 경우) 프리코딩 행렬을 주기적으로 변경하여 사용하며 주파수 다이버시티 효과의 극대화를 위해 CDD를 동시에 적용한다. LTE 규격에 정의된 개루프 공간 다중화 전송 모드에서의 프리코딩은 다음과 같다.

$$\mathbf{z}(i) = \mathbf{W}(i)\mathbf{D}(k_i)\mathbf{U}\mathbf{x}(i) \tag{7.6.2}$$

여기서, $\mathbf{x}(i)$와 $\mathbf{z}(i)$는 각각 i번째의 입력과 출력 심벌 벡터이며, 행렬 $\mathbf{W}(i)$는 폐루프 공간 다중화에서 사용되는 프리코딩 행렬을 정해진 규칙에 따라 선택하여 사용한다. CDD를 위한 프리코더 $\mathbf{D}(k_i)$와 $\mathbf{U}$는 각각 표 7.6.4로 주어진다(k_i는 i번째 심벌 벡터 $\mathbf{z}(i)$가 매핑되는 부반송파 인덱스를 나타낸다).

7.7 MIMO 공간 다중화 신호의 수신 – 저복잡도 수신기 설계(*)

7.4절에서 MIMO 공간 다중화 방식의 특징과 원리를 중심으로 다루었으며 수신기와 관련하여서는 선형 수신기와 MMSE 기반 간섭 제거 방식에 대해 알아보았다. 이러한 MIMO 수신기에 관한 연구는 1990년대 부호 분할 다중접속(CDMA) 방식의 다중사용자 수신기에 대한 연구에서 시작하여 최대 우도(Maximum likelihood, ML)/최대 사후 확률(maximum a posteriori, MAP) 수신기, 선형 수신기(linear receivers), 병렬 및 순차 간섭 제거(parallel and successive interference cancellation, PIC/SIC) 수신기 등 많은 연구가 진행되어 왔으며 최근에는 스피어 복호기(sphere decoding, SD)에 대한 많은 연구가 진행되었다. 한편, 스피어 복호기에 비해 많은 연구는 진행되지 않았으나 그래프와 신뢰 전파(belief propagation) 알고리즘에 기초한 수신기 설계 방법에 대한 연구도 진행되었다.

이러한 MIMO 수신 알고리즘의 설계는 성능과 연산 복잡도간의 교환특성(tradeoff)를 고려하여 이루어져야 하는데, 수신기 설계의 목표는 주어진 연산 복잡도에서 최선의 성능을 얻을 수 있는 방식의 설계 또는 동일한 성능이라면 가능한 낮은 연산 복잡도를 갖도록 설계해야 함을 의미하며 여러 가지의 다양한 방식의 비교에서도 성능과 복잡도를 모두 고려한 비교가 필요하다.

본 절에서는 QR 분해 기반의 스피어 복호기와 그래프 및 신뢰전파 알고리즘 기반의 수신기 등 비교적 최근의 수신 기술들을 소개하며 성능 및 복잡도의 상대적 비교를 위해 최대우도 수신기와 선형 수신기에 대해서도 그래프 관점에서 재조명해 본다.

7.7.1 MAP 및 스피어 검파(*)

우선 본 절에서 사용하는 신호 모형은 7.2.3절에서 제시한 다음의 신호 모형을 사용한다.

$$\mathbf{y} = \mathbf{H}\mathbf{x} + \mathbf{n} \tag{7.7.1}$$

여기서, $\mathbf{y}$는 $N \times 1$의 수신 신호 벡터이며, $\mathbf{H}$는 $N \times M$의 채널 행렬, $\mathbf{x}$는 $M \times 1$의 송신 데이터 벡터로 $E[\mathbf{x}\mathbf{x}^H] = \mathbf{I}$이며, $\mathbf{n}$은 $N \times 1$의 가우시안 잡음 벡터로 평균은 $\mathbf{0}$, 공분산 $E[\mathbf{n}\mathbf{n}^H] = \sigma^2\mathbf{I}$이다. 즉,

$$p(\mathbf{y}|\mathbf{x}) = \Phi(\mathbf{y}; \mathbf{H}\mathbf{x}, \sigma^2\mathbf{I}) \tag{7.7.2}$$

이며 여기서, $\Phi(\mathbf{y}\,; \boldsymbol{\mu}, \mathbf{C})$는 평균 $\boldsymbol{\mu}$, 공분산이 $\mathbf{C}$인 복소 가우시안 분포로 다음과 같이 정의된다.

$$\Phi(\mathbf{y}; \boldsymbol{\mu}, \mathbf{C}) \equiv \frac{\exp(-(\mathbf{y}-\boldsymbol{\mu})^H \mathbf{C}^{-1}(\mathbf{y}-\boldsymbol{\mu}))}{\pi^M \det(\mathbf{C})} \tag{7.7.3}$$

한편, 데이터 벡터 $\mathbf{x}$의 각 요소 x_j는 QPSK 혹은 16QAM 등의 2^m-ary변조 심벌로 $x_j \in \Sigma$인 심벌집합 Σ의 크기는 2^m이며 x_j는 m개의 데이터 비트로 구성된다. 따라서 데이터 심벌 x_j에 포함된 k번째 데이터 비트를 b_{jk}라 놓으면 $x_j \leftrightarrow \mathbf{b}_j = [b_{j1}, b_{j2}, \cdots, b_{jm}]$의 대응관계와 $\mathbf{x} = [x_1, x_2, \cdots, x_M] \leftrightarrow \mathbf{b} = [\mathbf{b}_1, \mathbf{b}_2, \cdots, \mathbf{b}_M]$의 대응관계를 정의할 수 있다. 일반적으로 비가우시안(non-Gaussian) 랜덤변수에 대해 무상관 조건 $E[\mathbf{x}\mathbf{x}^H] = \mathbf{I}$이 각 요소 x_j 간의 통계적 독립성을 의미하지는 않으나 본 절에서는 각 데이터 비트/심벌 간 통계적 독립성을 가정할 것이다. 즉,

$$P(\mathbf{x}) = \prod_{j=1}^{M} p(x_j) \tag{7.7.4}$$

$$P(\mathbf{b}) = \prod_{j=1}^{M} \prod_{k=1}^{m} p(b_{jk}) \tag{7.7.5}$$

MAP 검파

MAP 검파는 사후 확률 $p(\mathbf{x} \mid \mathbf{y}) = p(\mathbf{y} \mid \mathbf{x})\, p(\mathbf{x}) \mid p(\mathbf{y})$로부터 데이터 심벌 혹은 그에 포함된 데이터 비트에 대한 경판정 또는 연판정(주변확률) 값을 결정하는 방식으로 경판정의 경우

$$\begin{aligned}\hat{\mathbf{x}} &= \arg\max_{\mathbf{x}\in\Xi^M} p(\mathbf{x}|\mathbf{y}) = \arg\max_{\mathbf{x}\in\Xi^M} p(\mathbf{y}|\mathbf{x})p(\mathbf{x}) \\ &= \arg\min_{\mathbf{x}\in\Xi^M} \left(\frac{1}{\sigma^2}\|\mathbf{y}-\mathbf{H}\mathbf{x}\|^2 + \log p(\mathbf{x})\right)\end{aligned} \tag{7.7.6}$$

로 주어진다. 한편, 연판정은 각 데이터 심벌 혹은 각 데이터 비트에 대한 주변 확률로 정의되는데 각 데이터 심벌에 대한 주변 확률은 $p(\mathbf{x} \mid \mathbf{y})$에 대한 주변화(marginalization) 연산을 통해 다음과 같이 얻어진다.

$$p(x_j = x|\mathbf{y}) = A_j \cdot p(x_j = x) \cdot \sum_{x \setminus x_j \in \Xi^{M-1}} P(\mathbf{y}|\mathbf{x} \setminus x_j, x_j = x) \prod_{k \neq j} p(x_k) \tag{7.7.7}$$

한편, 데이터 비트 b_{jk}에 대한 연판정 값은 LLR(log-likelihood ratio) 값으로 요약할 수 있으며 다음과 같이 얻어진다.

$$L_{jk} \equiv \log \frac{p(b_{jk} = 0 \mid \mathbf{y})}{p(b_{jk} = 1 \mid \mathbf{y})} = \log \frac{\sum_{\mathbf{b}:b_{jk}=0} P(\mathbf{y}|\mathbf{x}(\mathbf{b}))p(\mathbf{b})}{\sum_{\mathbf{b}:b_{jk}=1} P(\mathbf{y}|\mathbf{x}(\mathbf{b}))p(\mathbf{b})} \tag{7.7.8}$$

❖ Max-Log-MAP

제5장에서 다룬 $\log(e^a + e^b) \approx \max(a, b)$의 근사화를 적용하면 식 (7.7.8)은 다음과 같이 근사화할 수 있다.

$$\begin{aligned} L_{jk} &\approx \log \max_{\mathbf{b}:b_{jk}=0} \left(P(\mathbf{y}|\mathbf{x}(\mathbf{b}))p(\mathbf{b}) \right) - \log \max_{\mathbf{b}:b_{jk}=1} \left(P(\mathbf{y}|\mathbf{x}(\mathbf{b}))p(\mathbf{b}) \right) \\ &= \frac{1}{\sigma^2} \left(\min_{\mathbf{b}:b_{jk}=0} \|\mathbf{y} - \mathbf{Hx}(\mathbf{b})\|^2 - \min_{\mathbf{b}:b_{jk}=1} \|\mathbf{y} - \mathbf{Hx}(\mathbf{b})\|^2 \right) \end{aligned} \tag{7.7.9}$$

식 (7.7.9)의 괄호 안에서 첫 번째 항 $\min_{\mathbf{b}:b_{jk}=0} \| \mathbf{y} - \mathbf{Hx}(\mathbf{b}) \|^2$은 $b_{jk} = 0$인 모든 데이터 비트 벡터 $\mathbf{b}$에 대한 유클리드 거리 $\| \mathbf{y} - \mathbf{Hx}(\mathbf{b}) \|$ 중 가장 작은 값의 제곱에 해당하며, 두 번째 항은 $b_{jk} = 1$인 데이터 비트 벡터 $\mathbf{b}$에 대한 유클리드 거리 $\| \mathbf{y} - \mathbf{Hx}(\mathbf{b}) \|$ 중에서 가장 작은 값의 제곱에 해당하는데 이의 연산에 대한 설명을 그림 7.7.1에 도시하였다. 식 (7.7.9)로 주어지는 MAP 검파는 (1) 모

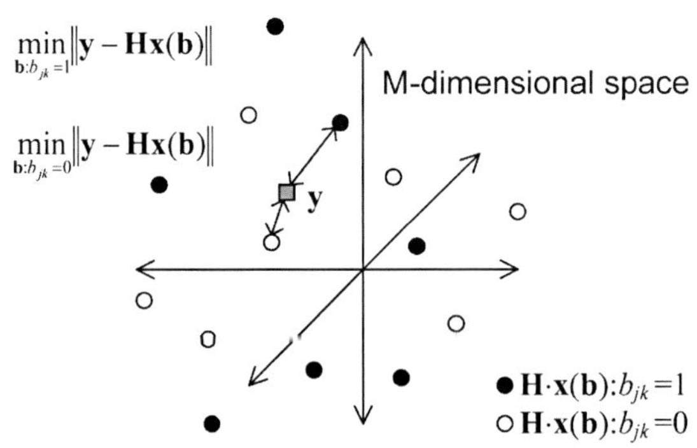

그림 7.7.1 식 (7.7.9)의 근사화된 LLR 값의 결정에 대한 설명

든 데이터 벡터 $\mathbf{x}(\mathbf{b})$에 대한 유클리드 거리 $\|\mathbf{y}-\mathbf{Hx}(\mathbf{b})\|$의 연산과 (2) 이들 값 중 최솟값의 탐색에 대한 연산으로 구성되는데 이는 $O(NM\cdot 2^{mM})$ 정도의 복잡도를 가짐을 알 수 있다.

❖ 스피어 복호

스피어 복호는 소위 QR 분해를 이용하여 채널 행렬 **H**를 삼각행렬로 변환한 후 나무 탐색(Tree search)을 적용하는 방식으로 나무 탐색 시 모든 가지를 탐색하지 않고 일부 가지만을 탐색함으로써 복잡도를 줄이는 방식이다.

QR-분해는 채널 행렬 **H**를 다음과 같이 분해한다.

$$\mathbf{H}=\mathbf{QR} \tag{7.7.10}$$

여기서, **Q**는 유니터리 행렬로 $\mathbf{Q}^H\mathbf{Q}=\mathbf{I}$이며 **R**은 상 삼각 행렬로 ($M=4$인 경우) 다음과 같은 형태를 갖는다(실제로 QR 분해는 실수부와 허수부를 확장한 실 행렬에 대해 연산되나 본 서에서는 구체적인 내용은 다루지 않는다).

$$\mathbf{R}=\mathbf{Q}^H\mathbf{H}=\begin{bmatrix} r_{11} & r_{12} & r_{13} & r_{14} \\ 0 & r_{22} & r_{23} & r_{24} \\ 0 & 0 & r_{33} & r_{34} \\ 0 & 0 & 0 & r_{44} \end{bmatrix} \tag{7.7.11}$$

이제 $\mathbf{Q}^H$를 식 (7.7.1)의 수신 신호 벡터에 곱하면 다음을 얻는다.

$$\mathbf{y}'=\mathbf{Q}^H\mathbf{y}=\mathbf{Rx}+\mathbf{Q}^H\mathbf{n}=\mathbf{Rx}+\mathbf{n}' \tag{7.7.12}$$

여기서, 실효 잡음 $\mathbf{n}'$의 공분산은 다음과 같다.

$$E[\mathbf{n}'\mathbf{n}'^H]=\mathbf{Q}^H E[\mathbf{nn}^H]\mathbf{Q}=\sigma^2\mathbf{Q}^H\mathbf{Q}=\sigma^2\mathbf{I} \tag{7.7.13}$$

스피어 복호의 아이디어는 모든 가능한 데이터 벡터 $\mathbf{x}(\mathbf{b})$에 대해 유클리드 거리 $\|\mathbf{y}-\mathbf{Hx}(\mathbf{b})\|$를 모두 계산하여 최솟값을 탐색하는 대신 상 삼각행렬로 주어지는 실효 채널 모형을 이용한 나무 탐색을 통해 M-차원 공간상에서 정해진 반경을 갖는 하이퍼-스피어(hyper-sphere) 내에서만 최솟값을 탐색하여 복잡도를 줄이는 것이다.

우선, 설계 파라미터인 스피어의 반경을 R이라 하자. 수신 신호에 해당하는 M-차원 공간 상의 점 $\mathbf{y}'$로부터 반경 R내에 있는 모든 점 $\mathbf{Rx}$는 $\|\mathbf{y}'-\mathbf{Rx}\|\le R$의 조건을 만족하며 이로부터 다음을 알 수 있다.

$$d^2(\mathbf{x})\equiv\|\mathbf{y}'-\mathbf{Rx}\|^2\le R^2 \Rightarrow d^2(\mathbf{x}_k^M)\equiv\left\|\mathbf{y}'^M_k-\mathbf{R}_k^M\mathbf{x}_k^M\right\|^2\le R^2\ \forall k \tag{7.7.14}$$

여기서, $\mathbf{y}'^M_k=[y'_k,y'_{k+1},\ldots,y'_M]^T$이며, $\mathbf{R}_k^M$는 행렬 **R**의 k번째에서 M번째 행과 k번째에서 M번째

열로 구성되는 $(M-k+1)\times(M-k+1)$의 부분 행렬이며 $d(\mathbf{x}_k^M)\equiv\left\|\mathbf{y'}_k^M-\mathbf{R}_k^M\mathbf{x}_k^M\right\|$는 부분 유클리드 거리 PED(Partial Euclidian Distance)로 다음과 같다.

$$d^2(\mathbf{x}_k^M)\equiv\left\|\mathbf{y'}_k^M-\mathbf{R}_k^M\mathbf{x}_k^M\right\|^2=\sum_{j=k}^{M}\left|y'_j-\sum_{i=j}^{M}r_{ji}x_i\right|^2 \tag{7.7.15}$$

그림 7.7.2는 수신점 **y'**을 중심으로 한 반경 R인 하이퍼 스피어와 그 안에 포함된 점들을 도식적으로 나타낸다. 문제는 낮은 복잡도로 이들 점 **x**를 찾고 이들과 수신점 **y'** 간의 거리 $\|\mathbf{y'}-\mathbf{Rx}\|$를 계산하는 것이며 일단 이 점들과 이로부터 수신점까지의 거리가 얻어지면 이들로부터 경판정값과 '근사적인' 연판정 값을 얻을 수 있다.

한편, 반경 R 내에서의 이들 점의 탐색과 거리의 계산은 식 (7.7.14)의 조건을 이용한 나무 탐색을 통해 이루어지는데, 이른바 **리스트 스피어 복호**(list sphere decoding, LSD)로 알려진 알

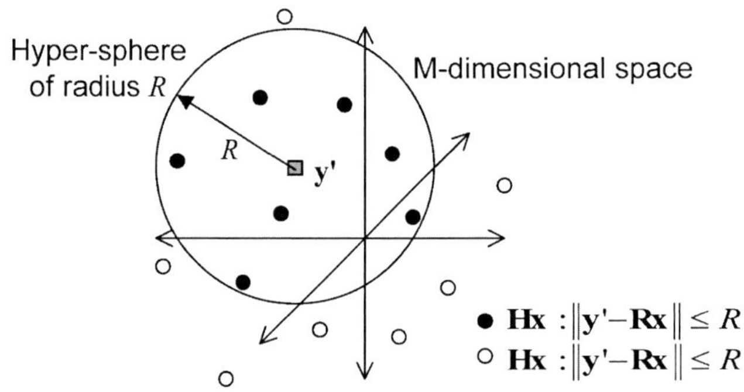

그림 7.7.2 수신점 **y'**를 중심으로 한 반경 R인 하이퍼 스피어와 그 안에 포함된 점들의 도식적 표현

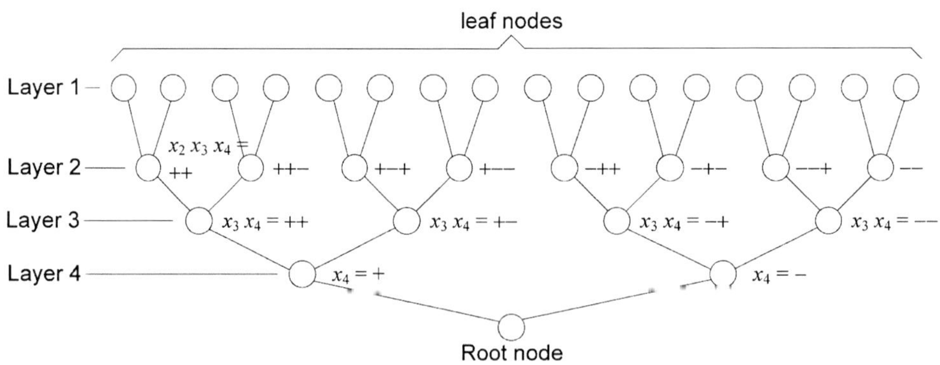

그림 7.7.3 $M=4$인 경우에 대한 2진 트리(2진 데이터 심벌을 가정함)

고리즘을 통해 연판정 값을 얻는다. 그림 7.7.3은 $M=4$이고 2진 데이터 심벌이 사용된 경우에 대한 2진 트리 구성을 보여준다. 이러한 트리상에서의 리스트 스피어 복호 알고리즘을 설명하기 위해 먼저 다음을 정의한다.

L_k: k번째 계층에서 탐색된 노드의 집합

D_k: L_k의 각 원소에 대한 부분 유클리드 거리 집합. $D_k = \{d^2(\mathbf{x}_k^M) : \mathbf{x}_k^M \in L_k\}$

```
================================================================================
입력: y', R
초기화: L_M = D_M = {}(empty set)
        For x ∈ Ξ
            x_M^M = x
            If d^2(x_M^M) = ‖y'_M^M − R_M^M x_M^M‖^2 ≤ R^2
                L_M = L_M + x_M^M
                D_M = D_M + d^2(x_M^M)
            End
        End
나무 탐색:
        For k = M−1: −1 : 1
            If L_{k+1} = φ,
                break;
            Else
                L_k = D_k = {} (empty set)
                For all x_{k+1}^M ∈ L_{k+1}
                    For x ∈ Ξ
                        x_k^M = [x_{k+1}^M ; x]
                        If d^2(x_k^M) = ‖y'_k^M − R_k^M x_k^M‖^2 ≤ R^2
                            L_k = L_k + x_k^M
                            D_k = D_k + d^2(x_k^M)
                    End
                End
```

End

End

End

출력: L_1, D_1

===

위에서 기술한 LSD의 한 가지 문제는 특정 계층의 탐색이 종료된 후 $L_k = \phi$인 경우가 발생할 수 있는데 일단 이러한 상황이 발생하면 더 이상의 나무 탐색이 이루어질 수 없다. 이러한 상황의 발생은 탐색 반경 R이 너무 작은 경우 발생할 수 있으므로 R을 적절한 값으로 설정해야 하는데, $L_k = \phi$인 경우가 발생했을 때의 한 가지 해결 방법은 탐색 반경 R을 증가시켜 처음부터 다시 탐색을 수행하는 것이다. 물론 R을 증가시켜 재탐색을 수행하는 것은 알고리즘의 연산 복잡도를 증가시키므로 초기에 탐색 반경을 적절한 값으로 설정하는 것이 중요하다.

이상의 과정을 통해 점 $\mathbf{y}'$으로부터 반경 R 내에 있는 점 $\mathbf{x}$의 집합 L_1과 L_1의 각 원소에 대한 거리 집합 D_1 얻어지면 이로부터 경판정 및 연판정 값을 얻을 수 있는데, 경판정의 경우 다음과 같다.

$$\hat{\mathbf{x}} = \arg\min_{\mathbf{x}\in L_1} d^2(\mathbf{x}) \tag{7.7.16}$$

한편, 연판정의 경우 식 (7.7.8) 혹은 식 (7.7.9)와 유사한 방식으로 각 데이터 비트에 대한 LLR을 얻을 수 있는데 식 (7.7.9)의 연산을 그대로 적용하면 다음과 같다.

$$L_{jk} \approx \frac{1}{\sigma^2}\left(\min_{\mathbf{x}(\mathbf{b})\in L_1(b_{jk}=0)} d^2(\mathbf{x}(\mathbf{b})) - \min_{\mathbf{x}(\mathbf{b})\in L_1(b_{jk}=1)} d^2(\mathbf{x}(\mathbf{b}))\right)$$

여기서, $L_1(b_{jk}=0)$와 $L_1(b_{jk}=1)$는 L_1에 포함된 데이터 심벌 벡터 $\mathbf{x}$ 중 데이터 비트 b_{jk}가 각각 0 및 1인 벡터들로 구성된 L_1의 부분집합이다. 문제는 $L_1(b_{jk}=0)$ 또는 $L_1(b_{jk}=1)$, 혹은 두 집합이 모두 공집합인 경우 LLR 값이 정의되지 않으므로 최소 거리에 대한 수정이 필요하며 한 가지 방법은 다음과 같다.

$$L_{jk} \approx \frac{1}{\sigma^2}\left(D_{jk}^0 - D_{jk}^1\right) \tag{7.7.17}$$

여기서, 정해진 상수 $D_{max} \geq R$에 대해 D_{jk}^0 및 D_{jk}^1는 다음과 같이 얻는다.

$$D_{jk}^b = \begin{cases} D_{\max} & \text{If } L_1(b_{jk}=b)=\phi \\ \min\limits_{\mathbf{x}(\mathbf{b})\in L_1(b_{jk}=b)} d^2(\mathbf{x}(\mathbf{b})) & \text{Otherwise} \end{cases} \tag{7.7.18}$$

이렇게 생성한 LLR 값은 일부 데이터 비트에 대해 식 (7.7.9)를 이용하여 계산한 값과는 차이가 있으며 이에 따라 성능 열화가 발생하는데 탐색 반경 R을 증가시켜 더 많은 후보 벡터를 탐색함으로써 성능 열화를 줄일 수 있으나 앞서 언급한 바와 같이 탐색 반경 R을 증가시키면 동시에 연산 복잡도도 증가하므로 탐색 반경 R을 적절히 설정할 필요가 있다.

LSD의 경우 각 계층에서 탐색된 후보 벡터들의 수는 채널에 따라 달라지므로 알고리즘의 복잡도 역시 가변일 수밖에 없는데, 실제 수신기 구현에서 이러한 연산 복잡도의 가변성은 실시간 처리에 부담으로 작용한다. 이에 따라 고정 복잡도를 갖는 K-Best LSD 알고리즘이 제안되었으며 여기서는 반경을 제한하여 탐색하는 대신 각 계층에서 탐색할 후보 벡터의 수(리스트의 크기)를 고정된 값으로 제한하는 방법을 사용한다.

MMSE 기반 QR 분해 선형 수신기에서 잡음 전력이 상대적으로 큰 경우 ZF 수신기보다 MMSE 수신기의 성능이 더 좋은데, QR 분해의 경우도 MMSE 기반의 QR 분해를 통한 성능 향상이 가능하다. 우선, 다음의 확장된 채널 행렬과 수신 신호 벡터를 정의하자.

$$\widetilde{\mathbf{H}} = \begin{bmatrix} \mathbf{H} \\ \sigma \cdot \mathbf{I}_M \end{bmatrix} \tag{7.7.19}$$

$$\widetilde{\mathbf{y}} = \begin{bmatrix} \mathbf{y} \\ \mathbf{0}_{Mx1} \end{bmatrix} \tag{7.7.20}$$

그러면 다음을 얻는다.

$$\widetilde{\mathbf{H}} = \widetilde{\mathbf{Q}}\widetilde{\mathbf{R}} = \begin{bmatrix} \mathbf{Q}_1 \\ \mathbf{Q}_2 \end{bmatrix} \widetilde{\mathbf{R}} \tag{7.7.21}$$

여기서, $\widetilde{\mathbf{Q}}$는 $(M+N) \times M$인 유니터리 행렬이며 $\widetilde{\mathbf{R}}$은 $M \times M$인 상삼각 행렬이다. 식 (7.7.19)와 식 (7.7.21)을 비교해보면 $\mathbf{Q}_2 = \sigma\widetilde{\mathbf{R}}^{-1}$로 $\widetilde{\mathbf{R}}$과 마찬가지로 상삼각 행렬임을 알 수 있다. $\widetilde{\mathbf{Q}}$를 $\widetilde{\mathbf{y}}$에 곱하면 다음을 얻는다.

$$\widetilde{\mathbf{Q}}^H \widetilde{\mathbf{y}} = \widetilde{\mathbf{R}}\mathbf{x} - \sigma \cdot \mathbf{Q}_2^H \mathbf{x} + \mathbf{Q}_1^H \mathbf{n} \tag{7.7.22}$$

여기서, 우변의 두 번째 항은 잉여 간섭이며 k번째 계층의 실효잡음 전력은 $\sigma^2(\widetilde{\mathbf{H}}^H \widetilde{\mathbf{H}})^{-1}$의 k번째 대각 요소로 주어진다.

7.7.2 그래프 및 BP 기반 수신기(*)

상술한 MAP 검파는 그림 7.7.4와 같은 인수 그래프(factor graph) 모형상에서의 BP 알고리즘

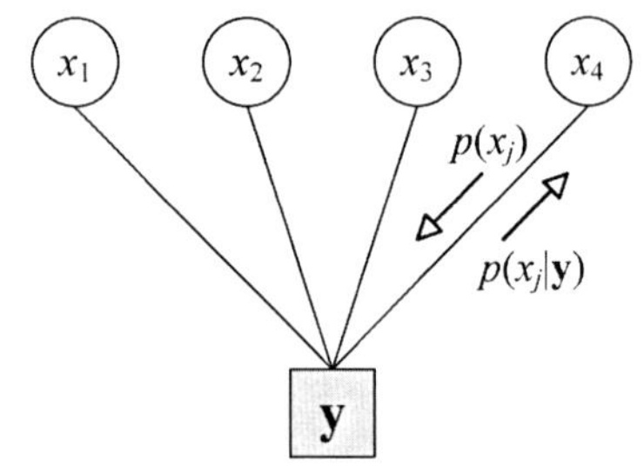

그림 7.7.4 MAP 검파에 대한 그래프 모형. $M=4$인 경우

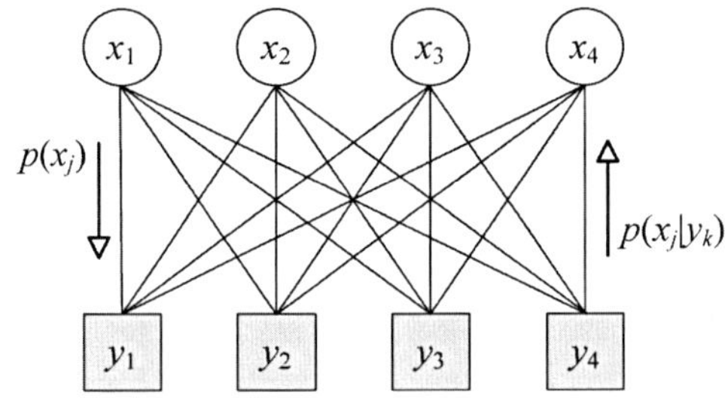

그림 7.7.5 완전 연결(full connection)을 갖는 인수 그래프 모형. $M=4$인 경우

으로 설명될 수 있는데, 그림에서 각 원은 각 데이터 심벌에 해당하는 변수 노드(variable node)이며, 아래쪽의 사각형은 수신 신호 벡터를 나타내는 인수 노드(factor node)이다. 이러한 그래프에서의 BP 알고리즘은 먼저 각 변수 노드가 사전 확률 $p(x_j)$를 인수 노드에게 메시지로 전달하고 인수 노드는 이들 메시지와 수신 신호의 확률 모형으로부터 변수 노드들의 사후 확률을 계산하여 이를 다시 변수 노드에 메시지로 전달하는 것으로 볼 수 있다. 여기서 인수 노드에서의 연산 복잡도는 인수 노드와 연결된 변수 노드의 수 또는 가지(edge)의 수(M)와 각 데이터 심벌의 심벌당 비트 수(m)에 지수적으로 증가하며 따라서 MAP 검파의 복잡도는 $O(M2^{mM})$으로 표현될 수 있다.

한편, 전송 심벌 $\mathbf{x}$가 주어진 경우 수신 신호벡터 $\mathbf{y}$의 각 요소는 조건부 독립이므로 그림 7.7.5와 같은 인수 그래프 모형으로 나타낼 수 있으며 일반적으로 BP 기반의 수신 알고리즘은 그림 7.7.5의 인수 모형 상에서 기술된다. 이러한 완전 연결형 인수그래프에 대한 BP 알고리즘은 다음과 같다.

==

초기화: For all edge $e(i, j)$,

$$\lambda_{j\to i}(x_j) = p(x_j) \tag{7.7.23}$$

루프:

(1) 인수 노드 연산(c-to-v 메시지):

$$\pi_{i\to j}(x_j) = A\cdot \sum_{\mathbf{x}\backslash x_j\in\Xi^{M-1}} p(y_k \mid x_1, x_2,.., x_j,..., x_M)\prod_{k\neq j}\lambda_{k\to i}(x_k) \tag{7.7.24}$$

(2) 신뢰값 갱신:

$$b(x_j) = \prod_{i=1}^{M}\pi_{i\to j}(x_j) \tag{7.7.25}$$

(3) 변수 노드 연산(v-to-c 메시지):

$$\lambda_{j\to i}(x_j) = \prod_{k\neq i}\pi_{k\to j}(x_j) = b(x_j)/\pi_{i\to j}(x_j) \tag{7.7.26}$$

==

식 (7.7.24)에서 $p(y_k \mid x_1, x_2,.., x_j,..., x_M)$는

$$p(y_k \mid x_1, x_2,.., x_j,..., x_M) = \Phi\left(y_k; \sum_{j=1}^{M} h_{kj}x_j, \sigma^2\right) \tag{7.7.27}$$

이며, 루프는 정해진 횟수만큼 혹은 신뢰값이 더 이상 변하지 않을 때까지 반복한다.

한편, 식 (7.7.23)의 초기화와 함께 첫 번째 반복에서 식 (7.7.24)~(7.7.25)를 결합해 보면 다음을 얻는다.

$$b(x_j) \propto \prod_{i=1}^{M} p(x_j \mid y_i) \tag{7.7.28}$$

위 식은 분명 $p(x_j = x \mid \mathbf{y})$로 주어지는 MAP 검파기의 연판정 값과는 다르다. 즉, BP 알고리즘의 경우 먼저 $p(\mathbf{x} \mid y_k)$을 주변화하여 $p(x_j = x \mid y_k)$를 얻고 이들의 곱으로 연판정 값에 해당하는 신뢰 값을 생성하는 반면 MAP 검파의 경우 $p(\mathbf{x} \mid \mathbf{y})$를 한 번에 주변화하여 연판정 값에 해당하는 주변 확률 $p(x_j = x \mid \mathbf{y})$을 얻는다. 그러나 이러한 차이에도 불구하고 BP 알고리즘은 그래프가 충분히 성긴 경우 MAP 검파기의 성능과 동일한 성능을 얻는다는 것이 증명되었다. 물론, 이러한 BP 기반의 수신 알고리즘 역시 하나의 인수 노드에 연결된 가지의 수는 M이기 때문에 MAP 검파와 동일한 복잡도를 가지며 일반적으로 여러 번의 반복적인 메시지 갱신이 필요하므로 전체적인 복잡도는 반복 횟수에 비례하여 더욱 늘어난다.

가지치기를 통한 BP 알고리즘의 복잡도 감소 저밀도 패리티 검사(low density parity check, LDPC) 부호의 반복적인 복호에서도 마찬가지이지만, 인수 그래프 상에서의 BP 알고리즘의 복잡도는 각 인수 노드에 연결된 가지의 수에 지수적으로 증가하기 때문에 안테나 간 채널의 강도가

특정한 역치 값 이하인 경우 이에 해당하는 가지의 가지치기(edge prunning)를 통해 BP 알고리즘의 복잡도를 낮추는 아이디어가 제안되었는데, 이는 그림 7.7.5의 완전 연결을 갖는 그래프에서 h_{ij}의 절댓값이 작은 값을 갖는 가지를 제거함으로써 복잡도를 $1/2^d$로 줄일 수 있다는 아이디어이다. 그러나 이러한 단순한 가지치기는 참고문헌 7.17에 나타난 바와 같이 작은 수의 가지치기만으로도 성능의 열화가 매우 크게 나타난다는 문제가 있어 실제 시스템에 적용되기는 어렵다.

한편, 참고문헌 7.18과 19에서는 선형변환을 통한 그래프 모형의 단순화에 대한 연구를 수행하였는데, 예를 들면, 변환 행렬 **T**를 채널 행렬 **H**에 곱하여 다음과 같은 형태로 변환한다.

$$\mathbf{T}^H\mathbf{H} = \begin{bmatrix} a_{11} & 0 & 0 & a_{14} \\ a_{21} & a_{22} & 0 & 0 \\ 0 & a_{32} & a_{33} & 0 \\ 0 & 0 & a_{43} & a_{44} \end{bmatrix} \tag{7.7.29}$$

여기서, $\mathbf{T}^H$는 다중 대각화 행렬(poly-diagonalization matrix)이라고 하며 이를 식 (7.7.1)의 수신 신호 벡터에 곱한 벡터를 **y'**이라 하면 이의 j번째 요소는 다음과 같다.

$$y'_j = a_{jj}x_j + a_{j,j-1}x_{j-1} + n'_j \tag{7.7.30}$$

여기서, n'_j는 벡터 $\mathbf{T}^H\mathbf{n}$의 j번째 요소이다. 식 (7.7.30)으로부터 변환된 MIMO 시스템의 그래프 모형은 그림 7.7.6과 같은 성긴 그래프(sparse graph)로 표현될 수 있음을 알 수 있다. 그림 7.7.6에서 각 인수 노드는 2개의 가지만을 갖기 때문에 이러한 그래프 상에서의 BP 알고리즘의 연산 복잡도는 $O(M2^{2m})$가 된다.

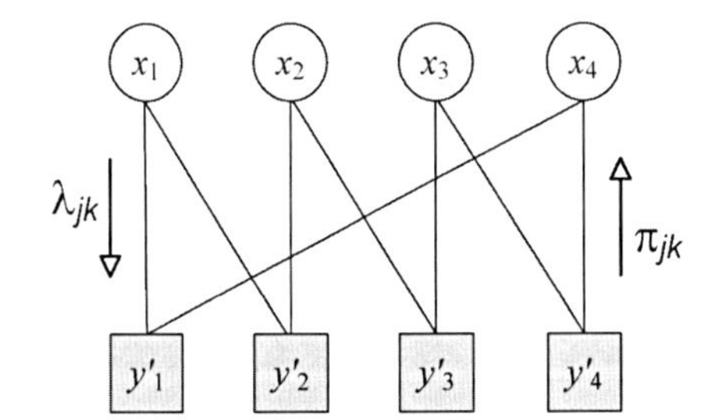

그림 7.7.6 성긴 그래프 모형. $M=4$인 경우

식 (7.7.30)의 형태를 얻기 위한 선형 변환은 여러 가지 해가 가능한데 참고문헌 7.18의 경우 최소 심벌 오류지표를 사용하여 2중 대각화를 제안하였으며 사후 결합검파는 Viterbi 알고리즘을 적용하였다. 이와는 독립적으로, 참고문헌 7.19에서는 2중 대각화을 일반화한 다중 대각화의 형태로 문제를 공식화하였고, ZF 및 MMSE 지표를 적용하여 다중 대각화 행렬 **T**를 얻는 방법을

제안하였으며 사후 결합 검파로는 Forward-backward 알고리즘을 적용하였다.

선형 수신기의 경우 상술한 다중 대각화를 이용한 유효 채널의 변환에서 다중 대각화 차수가 $L=1$인 특수한 경우로 볼 수 있는데, 이는 결국 ZF 혹은 MMSE의 지표를 적용한 선형 변환을 통해 채널을 다음과 같이 대각화하는 것이다.

$$\mathbf{T}^H\mathbf{H} = \begin{bmatrix} a_{11} & 0 & 0 & 0 \\ 0 & a_{22} & 0 & 0 \\ 0 & 0 & a_{33} & 0 \\ 0 & 0 & 0 & a_{44} \end{bmatrix} \tag{7.7.31}$$

이러한 선형 수신기의 그래프 모형을 그림 7.7.7에 나타내었으며 여기서는 각 데이터 심벌에 대해 따로 복조가 가능하기 때문에 연산 복잡도는 $O(M2^m)$이나 잡음의 증폭(Noise enhancement) 효과로 MAP 복호 대비 상당한 성능 열화가 발생하게 된다.

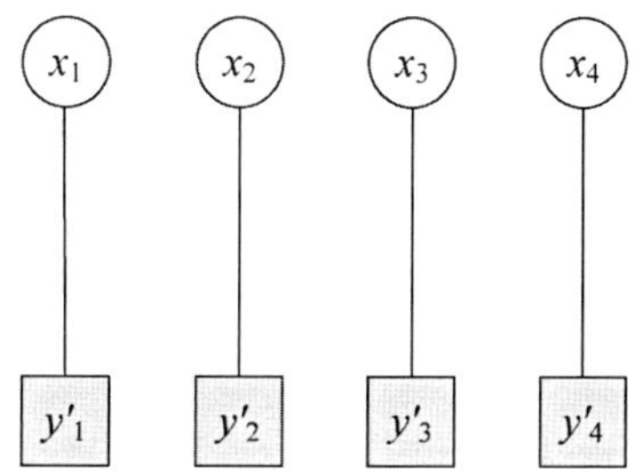

그림 7.7.7 선형 수신기의 그래프 모형, $M=4$인 경우

이와 같은 잡음의 증폭은 L차의 다중 대각화에도 그대로 적용되나 L이 클수록 잡음의 증폭은 작아지며 대신 하나의 관측값에 L개의 신호가 동시에 존재하므로 결합 검파가 적용되어야 한다. 즉, L차의 다중 대각화를 통해 얻어지는 인수 그래프의 인수 노드는 L개의 가지를 갖는데, 그림 7.7.6과 같은 규칙적 그래프(regular graph)의 형태를 이용하여 $L-1$개의 연속된 데이터 심벌을 상태로 정의하고 2^{L-1}개의 상태를 갖는 트렐리스 상에서의 전향-후향 알고리즘을 적용한 사후 결합 검파를 적용하면 이의 연산 복잡도는 $O(M2^{2mL})$이다.

앞 절에서 설명한 스피어 복호는 QR 분해를 사용하는데, 이로부터 얻은 실효 채널에 대한 그래프 모형을 고려해 보자. QR 분해를 통해 얻어지는 실효 채널은 식 (7.7.11)의 행렬 $\mathbf{R}$로 주어지는데 이에 대한 그래프 모형은 그림 7.7.8과 같다. 그림 7.7.8의 경우 BP 알고리즘을 그대로 적용하기는 부담스러운데, 그래프의 특징상 BP 알고리즘은 트리 탐색(Tree search)이 되며 트리 상의 잎새(leaf)들을 모두 탐색하는 것은 ML 검파의 복잡도와 동일하게 되기 때문이다. 따라서 스피어

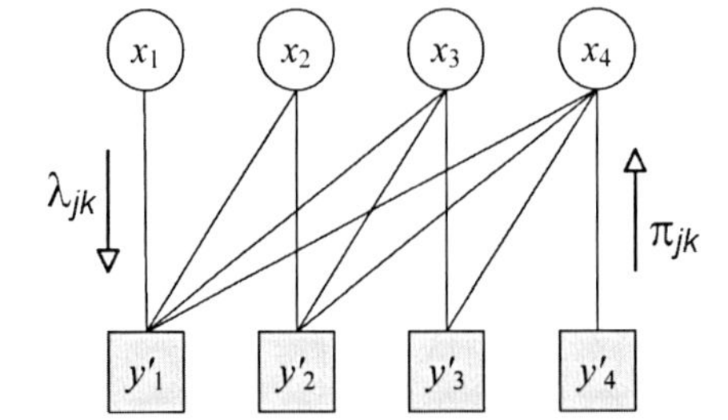

그림 7.7.8 채널이 삼각 행렬로 주어지는 MIMO 시스템의 그래프 모형. $M=4$인 경우

복호에서는 복잡도의 감소를 위해 수신 신호로부터 일정 반경 이내에 있는 잎새들만 탐색을 하거나 또는 각 트리 탐색 단계에서 정해진 수의 잎새만을 탐색하는 방식을 적용한다.

한편, QR 분해를 통해 삼각화된 채널을 갖는 MIMO 시스템에 대해서는 7.4절에서도 소개한 순차 간섭 제거를 적용하는 것도 가능하다. 즉, 그림 7.7.8에서 x_4를 관측값 y'_4을 이용하여 먼저 복조와 복호를 수행하고 이의 경판정 값을 이용하여 다음 계층의 관측값 y'_3에서 x_4를 제거한 후 x_3의 복조와 복호를 수행하고 이러한 순차 복조/복호/제거 과정을 x_1까지 반복함으로써 매우 낮은 복잡도로 각 데이터 스트림을 복호하는 것이 가능하다. 7.4절에서도 언급했지만, MMSE 기반의 순차 간섭 제거는 수신단 채널 정보만 존재하는 경우의 MIMO 채널 용량을 달성할 수 있는 방법인데, 실제로 전처리만을 본다면 수신 신호 벡터에 유니터리 행렬 **Q**를 곱하여 선형 변환을 수행하는 것 자체는 성능에 아무런 영향을 주지 않는다. 물론 (앞서 언급했듯이) 채널 용량의 달성을 위해서는 완벽한 채널 추정과 함께 각 계층 별로 채널 부호화가 따로 이루어지는 수평 부호화(horizontal coding) 방식이 적용되어야 하며 임의의 부호율로 부호화가 가능해야 한다는 조건이 만족되어야 하는데, 채널 추정 오차 등을 고려하면 3계층 이상에 대해 순차 간섭 제거를 적용하는 것도 쉽지 않을뿐더러 부호율의 할당 역시 일반적으로 단속적인 값들만을 가질 수 있으므로 이러한 현실적인 제약을 고려할 때 어느 정도의 성능 열화는 감수할 수밖에 없다.

7.7.3 쌍별 그래프에 기초한 수신 알고리즘(*)

본 절에서는 비교적 최근에 제안된 **쌍별**(pair-wise) **마르코프 랜덤 필드**(Markov random field, MRF) 기반의 MIMO 수신 알고리즘을 소개한다. MRF는 (노드로 표현되는) 랜덤 변수들 간의 상관관계를 가지(edge)로 나타내는 그래프로 결합 확률 분포를 인수 분해하여 얻어진 (더 이상 분해 불가능한) 각 인수에 포함된 변수들의 (부분)집합은 MRF의 '클릭(clique)'을 구성한다. 쌍별 MRF란 결합 확률 분포가 다음과 같이 2개 혹은 그 이하의 랜덤 변수들의 인수로 분해되는 경우를 말한다.

$$f(x_1, x_2, ..., x_M) = \prod_{i \in N} \psi_i(x_i) \prod_{(i,j) \in E} \phi_{i,j}(x_i, x_j) \tag{7.7.32}$$

여기서, 함수 $\phi_{i,j}(x_i, x_j)$은 퍼텐셜 함수라 하는데, ($\psi_i(x_i)$는 자기 퍼텐셜이라 함) 두 개의 랜덤 변수 x_i와 x_j의 상관관계를 나타낸다. 그림 7.7.9는 4개의 변수를 갖는 쌍별 MRF의 두 가지 예를 보여주는데 그림에서 두 변수를 연결하는 가지는 두 랜덤 변수가 상관관계를 가짐을 의미한다.

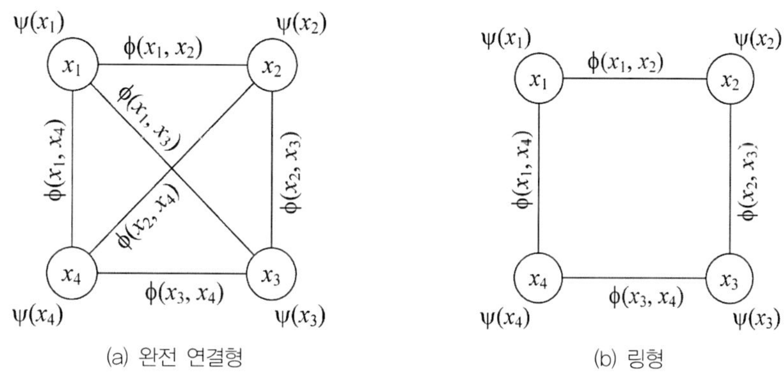

그림 7.7.9 쌍별 MRF의 예. $M = 4$인 경우

가우시안 쌍별(pair-wise) MRF 가우시안 분포함수는 쌍별 MRF의 한 예로 다음과 같이 인수분해 될 수 있다.

$$\exp\left(-\frac{(\mathbf{y}-\mathbf{Hx})^H(\mathbf{y}-\mathbf{Hx})}{\sigma^2}\right) = \prod_{i \in N} \psi_i(x_i) \prod_{(i,j) \in E} \phi_{i,j}(x_i, x_j) \tag{7.7.33}$$

여기서,

$$\psi_i(x_i) = A_i \exp\left(-\frac{2\,\mathrm{Re}[x_i^* z_i] - r_{ii}|x_i|^2}{\sigma^2}\right) \tag{7.7.34}$$

$$\phi_{i,j}(x_i, x_j) = A_{i,j} \exp\left(-\frac{2\,\mathrm{Re}[x_i^* r_{ii} x_j]}{\sigma^2}\right) \tag{7.7.35}$$

이고, $r_{ij} = [\mathbf{H}^H\mathbf{H}]_{ij}$, $z_i = [\mathbf{H}^H\mathbf{y}]_i$이다. 참고문헌 7.20과 21에서는 이러한 가우시안 MRF에 기초한 연구가 진행되었는데, 식 (7.7.33)~(7.7.35)로 주어지는 가우시안 쌍별 MRF에 가우시안 BP를 적용한 방법과 동일한 MRF에 일반적인 BP를 적용하는 방법 등이 제안되었다.

우선, 가우시안 BP를 사용하는 방법의 경우 입력 데이터 심볼이 가우시안 랜덤 변수라는 가정하에 BP 알고리즘의 메시지와 신뢰값(belief)을 모두 가우시안 분포로 보고 이들을 평균과 분산의 쌍으로 나타내는 방법으로 참고문헌 7.16에서 증명한 바와 같이 가우시안 BP의 반복횟수가 증가함에 따라 평균과 분산이 각각 선형 MMSE 추정치와 MSE에 수렴하는 것으로 알려져 있다. 사실상 가우시안 입력에 대해서 MAP 검파는 MMSE 추정과 동일해지며, 따라서 MMSE 추정이 최선이지만 일반적인 데이터 심벌은 가우시안이 아닌 QPSK나 16QAM과 같은 이산 알파벳을 사용하며, 따라서 가우시안 BP의 성능은 일반적인 MAP이나 다른 결합 검파 방식에 비해 성능이 열등한 것으로 알려져 있다.

두 번째로 가우시안 쌍별 MRF에 일반적인 BP를 적용한 방법의 경우 BPSK와 같은 낮은 변조 수준의 데이터에 대해서는 잘 동작하나 16QAM과 같은 고차 변조를 사용하면 잘 동작하지 않는다는 문제점이 있다(참고문헌 7.21). 이러한 문제점은 그림 7.7.9의 MRF가 작은 지역 루프들을 갖기 때문에 수렴이 제대로 이루어지지 않았기 때문일 수 있으나 저차 변조에서는 동작하고 고차 변조를 사용할 경우 잘 동작하지 않는 문제는 아직 확실하게 밝혀진 바는 없다.

채널 단축을 이용한 근사화된 쌍별 MRF 가우시안 쌍별 MRF가 고차 변조에 대해 잘 동작하지 않는 문제점을 해결하기 위한 방식으로 도입된 것이 채널 단축을 이용한 근사화된 쌍별 MRF인데, 참고문헌 7.22에서는 2차원 공간으로의 투영(projection)을 이용한 방법을 제안하였으며 참고문헌 7.23에서는 MMSE 지표를 이용한 쌍별 퍼텐셜의 유도와 함께 완전연결 MRF보다 수렴성이 좋은 링형의 쌍별 MRF를 제안하였다.

참고문헌 7.23에서 제안한 쌍별 퍼텐셜 함수는 조건부 MMSE 추정기를 이용하며 방향성을 가지고 있다. 먼저, 두 개의 랜덤 변수 x_i와 x_j를 고려해 보자. x_i가 주어진 경우 x_j에 대한 조건부 MMSE 추정기는 다음과 같다.

$$\mathbf{c}_{j|i} = \mathbf{K}_{\{i,j\}}^{-1}\mathbf{h}_j \tag{7.7.36}$$

여기서,

$$\mathbf{K}_{\{i,j\}} = \sum_{k\neq i,j}\mathbf{h}_k\mathbf{h}_k^H + \sigma^2\mathbf{I}$$

이며, 이를 수신 신호 벡터 $\mathbf{y}$에 적용하면 다음을 얻는다.

$$\mathbf{c}_{j|i}^H\mathbf{y} \equiv y'_{j|i} = a_{j|i,j}x_j + a_{j|i,i}x_i + n'_{j|i} \tag{7.7.37}$$

여기서,

$$a_{j|k,k} = \mathbf{c}_{j|k}^H\mathbf{h}_k = \mathbf{h}_j^H\mathbf{K}_{\{j,k\}}^{-1}\mathbf{h}_k \tag{7.7.38}$$

$$n'_{j|k} = \mathbf{c}_{j|k}^H\left(\sum\nolimits_{k\neq i,j}\mathbf{h}_k + \mathbf{n}\right) \tag{7.7.39}$$

이며,

$$E\,|\,n'_{j|k}\,|^2 = \sigma'^2_{j|k} = \mathbf{h}_j^H \mathbf{K}_{\{j,k\}}^{-1} \mathbf{h}_j = a_{j|k,j}$$

이다. $n'_{j|i}$을 가우시안 랜덤 변수라고 가정하면 다음을 얻는다.

$$p(y'_{j|i}|x_j, x_i) \propto \exp\left(-\frac{\left|y'_{j|i} - a_{j|i,j}x_j - a_{j|i,i}x_i\right|^2}{\sigma_{j|i}^{\;2}}\right) \tag{7.7.40}$$

위의 함수는 방향성을 갖는데 $y'_{j|i} \neq y'_{i|j}$로부터 쉽게 알 수 있으며 이러한 방향성 때문에 퍼텐셜 함수로 기능하지는 않으나 BP 알고리즘에 적용은 가능하며 이를 이용한 BP 알고리즘은 다음과 같이 요약된다.

==

(1) 메시지 번역

$$\pi_{i\to j}(x_j) = \sum_{x_i \in \Xi} p(y'_{j|i}|x_i, x_j)\lambda_{i\to j}(x_i) \tag{7.7.41}$$

(2) 신뢰값 갱신

$$b(x_i) = \prod_{k\in V(i)} \pi_{k\to i}(x_i) \tag{7.7.42}$$

(3) 메시지 갱신

$$\lambda_{i\to j}(x_i) = \prod_{k\in V(i)\setminus j} \pi_{k\to i}(x_i) = \frac{b(x_i)}{\pi_{j\to i}(x_i)} \tag{7.7.43}$$

여기서, $V(i)$는 변수 i와 연결된 변수 노드들의 집합이며 $V(i)\setminus j$는 $V(i)$에서 j번째 노드를 제외한 집합이다.

==

식 (7.7.41)~(7.7.43)의 BP 알고리즘은 임의의 MRF에 대해 적용 가능한데, 참고문헌 7.23에서는 그림 7.7.9(a)로 주어지는 완전 연결을 갖는 MRF와 그림 7.7.9(b)로 주어지는 링형의 MRF에 적용하였으며 링형의 MRF를 이용한 경우 고차 변조를 사용하더라도 수렴성이 보장됨을 실험을 통해 확인하였다. 사실상 M개의 변수가 존재하는 경우 가능한 변수 쌍의 개수는 $M(M-1)/2$이며 이를 모두 사용한다면 완전 연결형의 MRF가 얻어지나 일부분만을 사용한다면 임의의 쌍별 MRF의 구성이 가능하다.

한편, 쌍별 MRF의 복잡도는 그림 7.7.10에 나타낸 쌍별 MRF에 상응한 인수 그래프를 보면 알 수 있는데, 그림에 나타낸 바와 같이 각 인수 노드는 2개의 가지만을 갖기 때문에 이러한 그

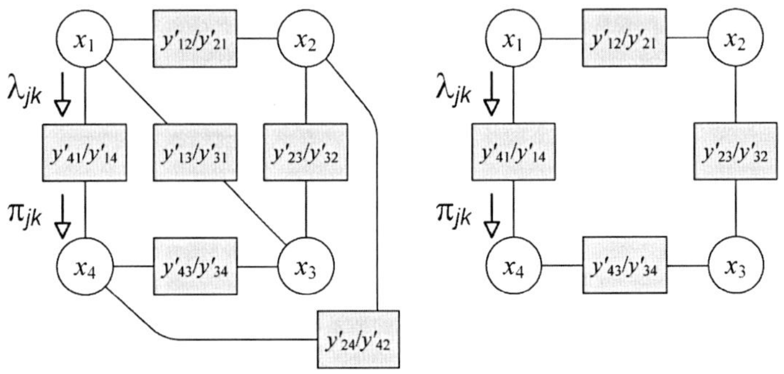

(a) 완전 연결형 (b) 링형

그림 7.7.10 그림 7.7.9의 쌍별 MRF에 대한 인수 그래프 모형

래프 상에서의 BP 알고리즘의 복잡도는 반복횟수를 v라 할 때, 완전 연결형의 경우 $O(vM(M-1)2^{2m})$이며 링형의 경우 $O(v2M2^{2m})$이 된다. 구체적인 복잡도 분석 결과가 참고문헌 7.23에 제시되었으며 그림 7.7.11은 이 결과에 기초하여 노드당 2회의 반복($v=2$)을 가정할 경우 안테나 수에 따른 연산 복잡도를 나타낸다. 그림으로부터 링형에 대해 BP 기반 알고리즘의 복잡도는 ($M=8$에 대해) 선형 MMSE 수신기의 복잡도의 4~8배 정도임을 알 수 있다.

링형에서의 BP 알고리즘의 경우 링을 구성하는 변수의 순서에 따라 성능 차이가 발생하는데,

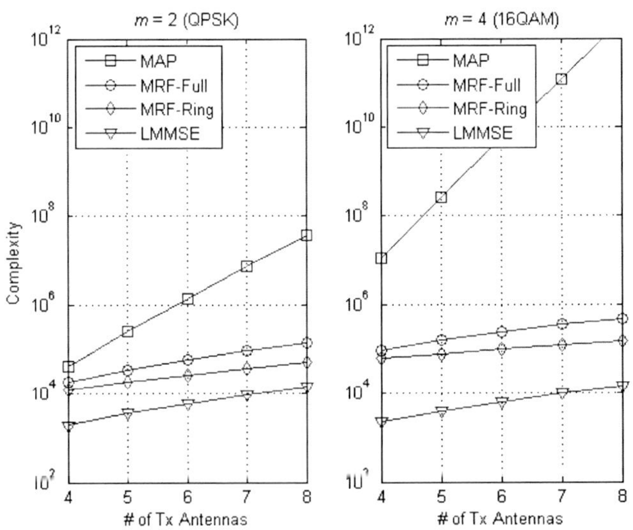

그림 7.7.11 안테나 수에 따른 완전 연결형과 링형 MRF를 이용한 BP 기반 수신 알고리즘의 복잡도 비교. 참조 복잡도로 MAP과 선형 MMSE 수신기에 대한 복잡도도 나타내었다

모든 가능한 링 구성의 수는 $(M-1)!/2$개이며 이를 모두 탐색하여 최선의 링을 찾는 것은 NP-hard 문제로 안테나 수가 많아지면 모든 가능한 구성을 다 따져보는 것은 쉽지 않다. 이 경우 조건부 SINR을 최대화하는 쌍을 순차적인 방식으로 탐색하여 링을 구성하는 방법이 제안되었으며 이로부터 추가적인 SNR 이득을 얻을 수 있다.

반복적 검파 및 복호 마지막으로 참고문헌 7.30에서는 이상의 방식을 반복적 검파 및 복호(iterative detection and decoding) 방식에 적용하였는데, 그림 7.7.12는 반복적 검파 및 복호를 적용한 수신기 구성을 보여준다. 이 연구에서는 채널 부호로 콘볼루션 부호를 적용하였으며 1~2회의 터보 반복으로 (터보 반복을 사용하지 않은) MAP 성능보다 더 좋은 성능을 얻었으며 복잡도 분석을 통해 1회의 터보 반복에 요구되는 (채널 복호와 MIMO 검파를 모두 포함한) 전체적인 복잡도가 선형 MMSE 수신기 복잡도의 4~6배 정도임을 보여 매우 낮은 복잡도로 (터보 반복을 사용하지 않은) MAP 성능을 얻을 수 있음을 확인하였다.

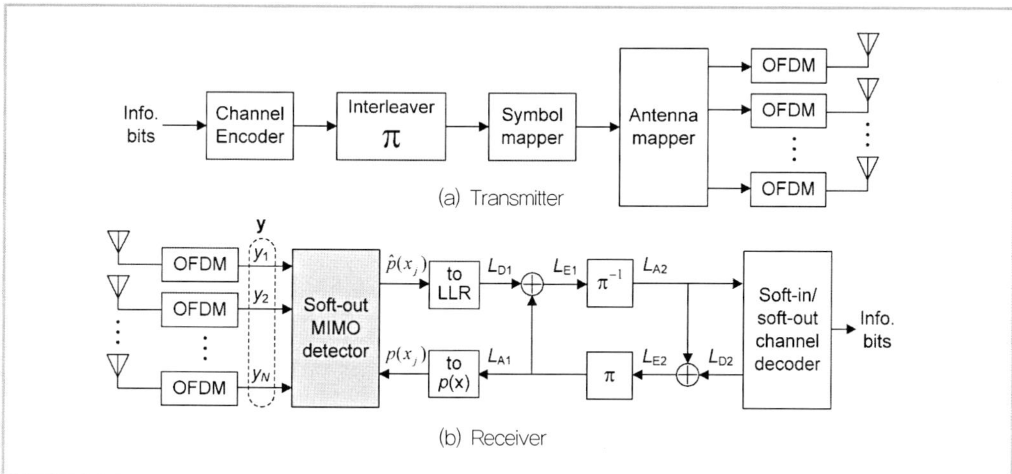

그림 7.7.12 MIMO 송신기와 반복적 검파 및 복호 방식을 적용한 MIMO 수신기

■ 부록 7.A 특이값 분해

임의의 크기를 갖는 $N \times M$ 행렬 $\mathbf{H}$는 다음과 같은 형태로 분해될 수 있다.

$$\mathbf{H} = \mathbf{U} \cdot \mathbf{\Lambda} \cdot \mathbf{V}^H \tag{7.A.1}$$

여기서, $\mathbf{U}$와 $\mathbf{V}$는 각각 $N \times N$ 및 $M \times M$의 유니터리 행렬이며(즉, $\mathbf{U}^H\mathbf{U} = \mathbf{I}$이고 $\mathbf{V}^H\mathbf{V} = \mathbf{I}$이며) Λ는 $N \times M$ 행렬로 각 대각선 요소 $[\Lambda]_{jj} = \lambda_j$는 채널 행렬 $\mathbf{H}$의 특이값이고 나머지 요소들은 모두 0이다. 위와 같은 분해는 **고유 분해**(eigen decomposition)를 통해 얻어질 수 있는

데 **H**를 이용해 얻어지는 두 행렬 $\mathbf{HH}^H$와 $\mathbf{H}^H\mathbf{H}$를 고려해 보자. $\mathbf{HH}^H$와 $\mathbf{H}^H\mathbf{H}$는 모두 공액전치 행렬(Hermitian matrix)이므로 고유 분해를 통해 얻어지는 고유값은 실수이다. 이 두 행렬을 고유 분해하면 다음을 얻는다.

$$\mathbf{HH}^H = \mathbf{UDU}^H \tag{7.A.2}$$

$$\mathbf{H}^H\mathbf{H} = \mathbf{VDV}^H \tag{7.A.3}$$

여기서, **D**는 대각행렬로 각 대각선 요소(d_j)는 실수인 고유값이며 특이값과는 다음과 같은 관계를 갖는다.

$$\lambda_j = \sqrt{d_j} \tag{7.A.4}$$

[예제]

다음 행렬을 식 (7.A.1)의 형태로 특이값 분해를 할 때 얻어지는 행렬 **U**와 **V**를 결정하고 특이 값들을 구하라.

$$\mathbf{H} = \begin{pmatrix} 1 & 1 \\ 0 & 1 \\ 1 & 0 \end{pmatrix}$$

답

$$\mathbf{H} = \underbrace{\begin{pmatrix} \sqrt{2/3} & 0 & +\sqrt{1/3} \\ \sqrt{1/6} & +\sqrt{1/2} & -\sqrt{1/3} \\ \sqrt{1/6} & -\sqrt{1/2} & -\sqrt{1/3} \end{pmatrix}}_{\mathbf{U}} \cdot \underbrace{\begin{pmatrix} \sqrt{3} & 0 \\ 0 & 1 \\ 0 & 0 \end{pmatrix}}_{\Lambda} \cdot \underbrace{\begin{pmatrix} +\sqrt{1/2} & +\sqrt{1/2} \\ -\sqrt{1/2} & +\sqrt{1/2} \end{pmatrix}}_{\mathbf{V}^H}$$

$\mathbf{u}_j$와 $\mathbf{v}_j$를 각각 **U**와 **V**의 j번째 열이라 하면 특이값 분해에 관한 다음의 특성들을 확인할 수 있다.

$$1.\ \ \mathbf{u}_i^H\mathbf{u}_j = \mathbf{v}_i^H\mathbf{v}_j = \begin{cases} 1 & \text{if } i=j \\ 0 & \text{otherwise} \end{cases} \tag{7.A.5}$$

$$2.\ \ \mathbf{u}_i^H\mathbf{H}\mathbf{v}_j = \begin{cases} \lambda_j & \text{if } i=j \\ 0 & \text{otherwise} \end{cases} \tag{7.A.6}$$

$$3.\ \ \max_{\substack{\mathbf{c},\mathbf{w} \\ \mathbf{c}^H\mathbf{c}=\mathbf{w}^H\mathbf{w}=1}} |\mathbf{c}^H\mathbf{H}\mathbf{w}|^2 = |\mathbf{u}_1^H\mathbf{H}\mathbf{v}_1|^2 = \lambda_1^2 \tag{7.A.7}$$

■ 부록 7.B MIMO 채널의 용량(capacity)(*)

먼저, 식 (7.2.11)으로 정의되는 MIMO 채널의 용량을 고려해 보자. 평균 **0**, 공분산 $E[\mathbf{n}\mathbf{n}^H] = \sigma^2\mathbf{I}$인 **원형 대칭**(circular symmetric) 복소 가우시안 잡음을 가정하면 채널의 천이 확률(transition probability)은 다음과 같다.

$$p(\mathbf{y} \mid \mathbf{x}) = \Phi(\mathbf{y}; \mathbf{Hx}, \sigma^2\mathbf{I}) \tag{7.B.1}$$

여기서, $\Phi(\mathbf{y};\mathbf{m},\mathbf{C})$는 평균이 **m**, 공분산이 **C**인 복소 가우시안 분포를 나타내며 다음과 같이 정의된다.

$$\Phi(\mathbf{y};\mathbf{m},\mathbf{C}) \equiv \frac{1}{\pi^N \det \mathbf{C}} \exp\left(-(\mathbf{y}-\mathbf{m})^H \mathbf{C}^{-1}(\mathbf{y}-\mathbf{m})\right) \tag{7.B.2}$$

한편, 채널 용량(channel capacity)은 **x**와 **y**의 상호 정보량 $I(\mathbf{x};\mathbf{y})$의 최댓값으로 다음과 같이 정의된다.

$$C(\mathbf{H}) = \max_{p(\mathbf{x}):\, tr[E[\mathbf{x}\mathbf{x}^H]] \le P} I(\mathbf{x};\mathbf{y}) \tag{7.B.3}$$

여기서, 상호 정보량 $I(\mathbf{x};\mathbf{y})$는 미분 엔트로피(differential entropy)를 이용하여 다음과 같이 나타낼 수 있다.

$$I(\mathbf{x};\mathbf{y}) = h(\mathbf{x}) - h(\mathbf{x} \mid \mathbf{y}) = h(\mathbf{y}) - h(\mathbf{y} \mid \mathbf{x}) \tag{7.B.4}$$

한편, 전송 전력이 제한된 가우시안 채널에서 상호 정보량은 입력 데이터 **x**가 **0** 평균의 (원형 대칭) 가우시안 분포일 때 얻어지므로 채널 용량을 얻기 위해 결정해야 할 것은 **x**의 공분산이다. 이를 위해 $\mathbf{x} = \mathbf{Fx'}$라 놓고 여기서 $E[\mathbf{x'}] = 0$, $E[\mathbf{x'x'}^H] = \frac{1}{M}\mathbf{I}$, $tr[E[\mathbf{x}\mathbf{x}^H]] = tr[E[\mathbf{F}\mathbf{F}^H]] \le 1$라 하자. 그러면 **y** 역시 가우시안 분포로 평균은 **0**이며 공분산은

$$\mathbf{K} = E(\mathbf{HFx'}+\mathbf{n})(\mathbf{HFx'}+\mathbf{n})^H = E\left(\mathbf{HF}\mathbf{F}^H\mathbf{H}^H + \sigma^2\mathbf{I}\right) \tag{7.B.5}$$

이다. 즉, **y**의 PDF는 다음과 같다.

$$p(\mathbf{y}) = \Phi(\mathbf{y};\mathbf{0},\mathbf{K}) \tag{7.B.6}$$

이제 $p(\mathbf{y} \mid \mathbf{x})$와 $p(\mathbf{y})$를 이용하면 다음을 얻는다.

$$h(\mathbf{y} \mid \mathbf{x}) = h(\mathbf{n}) = N\log(\pi e) + N\log(\sigma^2) \tag{7.B.7}$$

$$h(\mathbf{y}) = N\log(\pi e) + \log(\det \mathbf{K}) \tag{7.B.8}$$

따라서 채널 용량은 다음과 같다.

$$C_{\text{CSIT}}(\mathbf{H}) = \max_{\mathbf{F}:tr(\mathbf{F}\mathbf{F}^H)\le 1} \log\det\left(\mathbf{I} + \sigma^{-2}\mathbf{H}\mathbf{F}\mathbf{F}^H\mathbf{H}^H\right) \tag{7.B.9}$$

이제 채널 행렬 $\mathbf{H}$에 SVD를 적용하여 $\mathbf{H} = \mathbf{U}\cdot\mathbf{\Lambda}\cdot\mathbf{V}^H$를 얻고 프리코딩 행렬을 다음과 같이 놓는다.

$$\mathbf{F} = \mathbf{V}\mathbf{D} \tag{7.B.10}$$

여기서, 미정의 행렬 $\mathbf{D}$는 대각 행렬로 각 대각선 요소를 μ_j라 하고 다음을 만족한다고 하자.

$$\det(\mathbf{D}^2) = \sum_{m=1}^{M} \mu_m^2 \le 1 \tag{7.B.11}$$

또한, 수신 신호 벡터 $\mathbf{y}$에 $\mathbf{U}^H$를 곱하여 다음을 얻는다.

$$\mathbf{y}' = \mathbf{U}^H\mathbf{y} = \mathbf{\Lambda}\mathbf{D}\mathbf{x} + \mathbf{n}' \tag{7.B.12}$$

이를 각 요소 별로 다시 쓰면 다음과 같다.

$$y'_j = \lambda_j\mu_j x'_j + n'_j \quad \text{for } j = 1, 2, ..., L \tag{7.B.13}$$

여기서, μ_j는 식 (7.B.11)을 만족해야 한다. 결국, 식 (7.B.9)의 최대화 문제는 병렬의 가우시안 채널에 대한 전력 분배의 문제이며 다음으로 주어지는 **물 채우기**(water filling) 해에 의해 최대화된다.

$$(\mu_j^*)^2 = (\bar{\mu} - (\lambda_j^2/\sigma^2)^{-1})_+ \tag{7.B.14}$$

여기서,

$$(x)_+ \equiv \begin{cases} x & \text{if } x > 0 \\ 0 & \text{otherwise} \end{cases} \tag{7.B.15}$$

이고, $\bar{\mu}$는 다음을 만족하는 실수이다.

$$P = \sum_{j=1}^{M} (\bar{\mu} - (\lambda_j^2/\sigma^2)^{-1})_+ \tag{7.B.16}$$

따라서 MIMO 채널의 용량은 다음과 같다.

$$C(\mathbf{H}) = \log\det\left(\mathbf{I} + \sigma^{-2}(\mathbf{\Lambda}\mathbf{D}^*)(\mathbf{\Lambda}\mathbf{D}^*)^H\right) = \sum_{j=1}^{M}\left(\log\frac{(\lambda_j\mu_j^*)^2}{\sigma^2}\right) \tag{7.B.17}$$

이상의 경우 송신단에서 채널 행렬 $\mathbf{H}$를 안다는 가정 하에 $\mathbf{H}$에 상응한 프리코딩 행렬 $\mathbf{F}$를 설정하여 얻을 수 있는데, 송신단에서 채널 행렬에 대한 정보가 없다면 채널 용량은 다음과 같다.

$$C_{\text{CSIR}}(\mathbf{H}) = \log\det\left(\mathbf{I} + \sigma^{-2}\mathbf{H}\mathbf{H}^H\right) \text{ with } \mathbf{F} = \mathbf{I} \tag{7.B.18}$$

이러한 채널 용량은 수신단에서 MMSE 기반의 순차 간섭 제거기를 이용하여 얻을 수 있다는 것이 알려져 있는데 이에 대해서는 이미 7.4.4절에서 다루었으며 여기서는 순차 간섭 제거기를 통해 얻어지는 합 전송률(식 (7.4.45))이 식 (7.B.18)과 같음을 보인다.

우선, 다음의 채널을 고려해 보자.

$$\mathbf{y} = \mathbf{h}x + \mathbf{z} \tag{7.B.19}$$

여기서, x는 스칼라 값으로 전송 데이터이며, $\mathbf{z}$는 공분산 $\mathbf{K}_z$인 복소 가우시안 잡음 벡터이다. 만약, x가 가우시안 분포를 가지면 MMSE 필터의 충분성(sufficiency)에 의해 다음과 같은 등식이 성립한다.

$$I(x;\mathbf{y}) = I(x;\mathbf{c}_{MMSE}^{H}\mathbf{y}) \tag{7.B.20}$$

여기서, $\mathbf{c}_{MMSE}$는 x의 추정을 위한 MMSE 필터로 다음과 같다.

$$\mathbf{c}_{MMSE} = \mathbf{K}_z^{-1}\mathbf{h} \tag{7.B.21}$$

이제 상호 정보량에 대한 연쇄 법칙을 적용하면 다음을 얻는다.

$$\begin{aligned} I(\mathbf{x};\mathbf{y}) &= I(x_1, x_2, .., x_M; \mathbf{y}) \\ &= I(x_1;\mathbf{y}) + I(x_2;\mathbf{y} \mid x_1) + \ldots + I(x_M;\mathbf{y} \mid x_1, .., x_{M-1}) \end{aligned} \tag{7.B.22}$$

여기서,

$$I(x_j;\mathbf{y} \mid x_1, .., x_{j-1}) = I(x_j;\mathbf{y}^{(j)}) = I(x_j;\mathbf{c}_{MMSE-SIC,j}^{H}\mathbf{y}^{(j)}) \tag{7.B.23}$$

이며, 우변의 마지막 항은 식 (7.4.41)~(7.4.44)로부터 다음과 같다.

$$I(x_j;\mathbf{c}_{MMSE-SIC,j}^{H}\mathbf{y}) = \log_2(1 + \mathbf{h}_j^H \mathbf{K}_{>j}^{-1}\mathbf{h}_j) \tag{7.B.24}$$

따라서 다음과 같이 식 (7.4.45)의 합 전송률이 채널 용량과 같음을 알 수 있다.

$$\begin{aligned} I(\mathbf{x};\mathbf{y}) &= \log\det\left(\mathbf{I} + \sigma^{-2}\mathbf{H}\mathbf{H}^H\right) \\ &= \sum_{k=1}^{M} I(x_k;\mathbf{c}_{MMSE-SIC,j}^{H}\mathbf{y}^{(j)}) \\ &= \sum_{k=1}^{M} \log(1 + SINR_{MMSE-SIC,k}) \\ &- \sum_{k=1}^{M} \log(1 + \mathbf{h}_k^H \mathbf{K}_{>k}^{-1}\mathbf{h}_k) \end{aligned} \tag{7.B.25}$$

참고문헌

7.1 G. J. Foschini, "Layered Space-time Architecture for Wireless Communication in a Fading Environment When Using Multi-Element Antennas", *Bell Labs Technical Journal*, **1**(2), 1996, 41-59

7.2 G. J. Foschini, "On the limit of Wireless Communications in a fading environment when using multiple antennas," *Wireless Personal Comm.*, No.6, pp.315-335, 1998.

7.3 I. E. Telatar, "Capacity of Multi-antenna Gaussian Channel", *Eur. Trans. on Telecomm.*, Vol.10, pp.585-595, Nov. 1999

7.4 P.W. Wolniansky, G.J. Foschini, G.D. Golden and R.A. Valenzuela, "V-BAST: An Architecture for Realizing Very High Data Rate over the Rich-Scattering Wireless Channel", *Proc. of URSI International Symposium on Signal, Systems and Electronics Conference*, pp.295-300, NY, 1998

7.5 S. M. Alamouti, "A simple transmitter diversity scheme for wireless communications," *IEEE J. Select. Areas Commun.*, vol.16, pp.1451-1458, Oct. 1998.

7.6 V. Tarokh, H. Jafarkhani, and A. R. Calderbank, "Space-time block codes from orthogonal designs," *IEEE Trans. Inform*. Theory, vol.45, pp.1456-1467, July 1999.

7.7 V. Tarokh, N. Seshadri, and A. R. Calderbank, "Space-time codes for high data rate wireless communication: Performance analysis and code construction," *IEEE Trans. Inform. Theory*, vol.44, pp.744-765, Mar. 1998.

7.8 S. Verdúu, *Multiuser Detection*, Cambridge University Press, 1998

7.9 M. K. Varanishi and T. Guess, "Optimum Decision Feedback Multiuser Equalization with Successive Decoding Achieves the Total Capacity of Gaussian Multiple Access Channel," *Proc. of Ashilomar Conference* 1998, pp.1405-1409, 1998

7.10 H. Vikalo and B. Hassibi, "Modified Fincke-Poste Algorithm for Low-Complexity Iterative Decoding over Multiple Antenna Channel", *Proc. of ISIT* 2002, pp.390, July, 2002, Laussane, Switzerland

7.11 U. Fincke and M. Pohst, "Improved methods for calculating vectors of short length in a Lattice, including a complexity analysis", *Math. Comput*. Vol.44, pp.463-471, Apr. 1985

7.12 G. Caire, "Statistical physics and the analysis of exact belief-propagation decoding of CDMA," in *Proc. JWCC. Barolo, Italy*, 2002, pp.30-32.

7.13 T. Tanaka and M. Okada, "Approximate Belief Propagation, Density Evolution, and

Neurodynamics for CDMA Multiuser Detection", *IEEE Trans. Inform. Theory*, vol. 51, pp.700-706, 2005

7.14 Montanari and D. Tse, "Analysis of belief propagation for nonlinear problems: The example of CDMA(or: How to prove Tanaka's formula)", in *Proc. IEEE Inform. Theory Workshop*, pp.122-126, Punta del Este, Uruguay, Mar. 2006.

7.15 C.-C. Wang and D. Guo, "Belief Propagation Is Asymptotically Equivalent to MAP Estimation for Sparse Linear Systems", *Proc. of Allerton Conf.* 2006, pp.926-935, Sep. 2006

7.16 Montanari, B. Prabhakar, and D. Tse, "Belief propagation based multi-user detection", *Proc. of Allerton Conf. on Comm., Control and Computing, Monticello*, IL, USA, Sept. 2005

7.17 J. Hu and T. M. Duman, "Graph-based detector for BLAST architecture", *Proc. of ICC* 2007

7.18 W. Jiang, Y. Li and X. Yu, "Truncation for Low-Complexity MIMO Signal Detection", *IEEE Trans. on Inform. Theory*, vol.53, pp.1564-1571, April 2007

7.19 S. Yoon and S. Lee, "A Detection Algorithm for Multi-Input Multi-Output (MIMO) Transmission using Poly-Diagonalization and Trellis Decoding", *IEEE Journal on Selected Areas in Comm.*, Vol.26, No.8, pp.993-1002, Aug. 2008

7.20 D. Bickson, O. Shental, P. H. Siegel, J. K. Wolf, and D. Dolev, "Gaussian belief propagation based multiuser detection", *Proc of ISIT*, 2008

7.21 P. Som, T. Datta, N. Srinidhi, A. Chockalingam, and B. S. Rajan, "Low-Complexity Detection in Large-Dimension MIMO-ISI Channels Using Graphical Models", *IEEE JSTSP*, vol.5, No.8, pp.1497-1511, Dec. 2011

7.22 J. Goldberger and A. Leshem, "Iterative Tomographic Solution of Integer Least Squares Problems With Applications to MIMO Detection". *IEEE JSTSP*, vol.5, No.8, pp.1486-1496, Dec. 2011

7.23 S. Yoon and C.-B. Chae, "Low Complexity MIMO Detection Based on Belief Propagation over Pair-wise Graphs", *IEEE Trans. on Veh. Tech.* Vol.63, No.5, pp.2363-2377

7.24 S. Yoon, K. Seo and T. Jeon, "Antenna Ordering in Low Complexity MIMO Detection Based on Ring-Type Markov Random Fields", *IEICE Trans. on Comm.* Vol. E95-B, No.11, pp.3621-3624, 2012

7.25 S. L. Ariyavisitakul, "Turbo spacetime processing to improve wireless channel capacity", *IEEE Trans. Commun.*, vol.48, pp.1347-1359, Aug. 2000.

7.26 M. Sellathurai and S. Haykin, "Turbo-BLAST for Wireless Communications: Theory and Experiments", *IEEE Trans. Sig. Proc.*, vol.50, Oct. 2002, pp.2538-2546.

7.27 A. M. Tonello, "MIMO MAP equalization and turbo decoding in interleaved space time coded systems", *IEEE Trans. Commun.*, vol.51, no.2, pp.155-160, Feb. 2003.

7.28 B. M. Hochwald and S. ten Brink, "Achieving near-capacity on multiple-antenna channel", *IEEE Trans. Commun.*, vol.51, no.3, pp.389-399, March 2003.

7.29 I. Lee, A. Chan, and C.-E. W. Sundberg, "Space-Time Bit-Interleaved Coded Modulation for OFDM Systems", *IEEE Trans. Sig. Proc., Mar.* 2004, pp.820-825.

7.30 S. Yoon, "Iterative Detection and Decoding of MIMO Signals Using a Low-Complexity Soft-In/Soft-Out Detector", *IEICE Trans. on Commun.* May 2015.

찾아보기

ㅇ

ㅈ

ㅍ

ㅎ

저자약력

윤 석 현

1992년 성균관대학교 전자공학과 학사

1996년 성균관대학교 전자공학과 석사

2003년 뉴저지 공대 (New Jersey Institute of Technology) 전기컴퓨터공학과 박사

2003년 3월~2005년 2월 삼성전자 통신연구소 책임연구원

2005년 3월~현재, 단국대학교 전자전기공학부 조교수/부교수

정가 25,000원

무선이동통신기술의 이해

2015년 8월 20일 초판 인쇄
2015년 8월 29일 초판 발행
저　자 : 윤석현
발행자 : 우명찬 · 송　준
발행처 : 홍릉과학출판사
주　소 : 서울시 강북구 인수봉로 50길 10
01093
등　록 : 1976년 10월 21일 제5-66호
전　화 : (02) 999-2274~5, 903-7037
팩　스 : (02) 905-6729
e-mail: hongpub@hongpub.co.kr
http://www.hongpub.co.kr
ISBN: 979-11-5600-385-4

저자와의
협의하에
인지생략